—上外文库—

本书获中央高校基本科研业务费专项资助

上外文库

文艺复兴时期意大利人文主义者的国家观

郭 琳 著

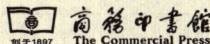

图书在版编目（CIP）数据

文艺复兴时期意大利人文主义者的国家观 / 郭琳著．
—北京：商务印书馆，2024．—（上外文库）．— ISBN 978-7-100-24290-5

Ⅰ．B82-095.46

中国国家版本馆 CIP 数据核字第 202468AU70 号

权利保留，侵权必究。

文艺复兴时期意大利人文主义者的国家观

郭　琳　著

商务印书馆出版
（北京王府井大街36号　邮政编码100710）
商务印书馆发行
北京盛通印刷股份有限公司印刷
ISBN 978-7-100-24290-5

2024年8月第1版　开本 670×970　1/16
2024年8月第1次印刷　印张 25¼

定价：128.00元

总 序
献礼上海外国语大学 75 周年校庆

光阴荏苒,岁月积淀,栉风沐雨,历久弥坚。在中华人民共和国75周年华诞之际,与共和国同成长的上海外国语大学迎来了75周年校庆。值此佳际,上外隆重推出"上外文库"系列丛书,将众多优秀上外学人的思想瑰宝精心编撰、结集成册,力求呈现一批原创性、系统性、标志性的研究成果,深耕学术之壤,凝聚智慧之光。

参天之木,必有其根;怀山之水,必有其源。回望校史,上海外国语大学首任校长姜椿芳先生,以其"为党育人、为国育才"的教育理念,为新中国外语教育事业铸就了一座不朽的丰碑。在上海俄文专科学校(上海外国语大学前身)开学典礼上,他深情嘱托学子:"我们的学校不是一般的学校,而是一所革命学校。为什么叫'革命学校'?因为这所学校的学习目的非常明确,那就是满足国家的当前建设需要,让我们国家的人民能过上更加美好的生活。"为此,"语文工作队"响应国家号召,奔赴朝鲜战场;"翻译国家队"领受党中央使命,远赴北京翻译马列著作;"参军毕业生"听从祖国召唤,紧急驰援中印边境……一代又一代上外人秉承报国理念,肩负时代使命,前赴后继,勇往直前。这些红色基因持续照亮着上外人前行的道路,激励着上外人不懈奋斗,再续新篇。

播火传薪,夙兴外学;多科并进,协调发展。历经75载风雨洗礼,上外不仅积淀了深厚的学术底蕴,更见证了新中国外语教育事业的崛起与腾飞。初创之际,上外以俄语教育为主轴,为国家培养了众多急需的外语人才，成为新中国外交事业的坚实后盾。至 20 世纪 50 年代中期，上外逐渐羽翼丰满，由单一的俄语教育发展为多语种并存的外语学院。英语、法语、德语等多个专业语种的开设，不仅丰富了学校的学科体系，更为国家输送了大批精通多国语言的外交和经贸人才。乘着改革开放的春风，上外审时度势，率先转型为多科性外国语大学，以外国语言文学为龙头，文、教、经、管、法等多学科协调发展，一举打造成为培养国家急需外语人才的新高地。新世纪伊始，上外再次扬帆起航，以"高水平国际化多科性外国语大学"为目标，锐意进取，开拓创新，在学术研究、国际交流与合作等方面取得了显著成果，逐渐发展成为国别区域全球知识领域特色鲜明的世界一流外国语大学。

格高志远，学贯中外；笃学尚行，创新领航。习近平总书记在党的二十大报告中强调："着力造就拔尖创新人才，聚天下英才而用之。"新时代新征程，高校必须想国家之所想、急国家之所急、应国家之所需，更好把为党育人、为国育才落到实处。上外以实际行动探索出了一系列特色鲜明的外国语大学人才培养方案。"多语种+"卓越国际化人才培养目标，"课程育人、田野育人、智库育人"的三三制、三结合区域国别人才强化培养模式，"三进"思政育人体系，"高校+媒体"协同育人合作新模式等，都是上外在积极探索培养国际化、专业化人才道路上的重要举措，更是给党和国家交上了一份新时代外语人才培养的"上外答卷"。"上外文库"系列丛书为上外的学术道统建设、"双一流"建设提供了新思路，也为上外统一思想、凝心聚力注入了强大动力。

浦江碧水，化育文脉；七五春秋，弦歌不辍。"上外文库"系列丛书的问世，将更加有力记录上外学人辉煌的学术成就，也将激励着全体上外人锐意进取，勇攀学术高峰，为推动构建具有深厚中国底蕴、独特中国视角、鲜明时代特色的哲学社会科学大厦，持续注入更为雄厚的智识与动能！

序　言

　　本书紧密围绕文艺复兴时期意大利人文主义者治国理政思想中的三个核心要素（权力合法性、道德合理性、国家治理有效性）展开，从14至16世纪意大利人文主义者的政治视野出发，以国家政治共同体的建构为主线进行叙述，旨在揭示德性在意大利人文主义者国家政治价值观中占主导地位，展现文艺复兴时期人文主义的德性政治在西方德性政治传统中的独特性，并力图勾勒出意大利人文主义者国家观和政治思想的重心经历了一个从"德性政治"向"国家理性"演变的过程。

　　通过阅读大量文本后可以发现，文艺复兴时期大多数意大利人文主义者在谈到国家政治层面各具体问题时，较之于国家统治模式、良善政体的类型、统治集团内部如何实现权力分配等问题，他们更加关切的还是权力合法性的问题。换言之，人文主义者关注的重点不在于国家政体，而是在于统治国家的个体（或统治集团），执政者的德性或者说施行权力的方式要比某个特定的政体类型远为重要。这种政治关怀的倾向在本书中被冠以"德性政治"的标签加以阐述。对于德性的强调与重视早已跨越了道德伦理的藩篱，成为文艺复兴早期意大利人文主义政治思想的砥柱。然而到了马基雅维利时代，特定的历史环境与政治现实让马基雅维利、圭恰迪尼等文艺复兴晚期人文主义者从权力与道德的博弈中抽离。在政治权力游戏中，他们的眼睛始终牢牢盯着国家利益与民族利益，"国家理性"无疑是他们政治现实主义淋漓尽致的体现。

可以毫不夸张地认为，今天西方国家所走的政治路线就是文艺复兴时期意大利政治思想家们所开辟的道路，而西方现代政治中遇到的各种问题，包括精英危机、公民美德的培育、公民社会的发展、法治国家的建设、民主问责制的弊端等，都可以从文艺复兴时期意大利人文主义者的国家政治观念中追溯其思想渊源。文艺复兴时期的意大利人文主义者大多都有在各国政府部门、宫廷、教廷任职的经历。作为近代早期的思想家，意大利人文主义者们看到了道德教化在治国理政中发挥的效用，对于统治权力的合法性、德性与法律的权重等问题有着独到的思考，他们提出了许多即便用当代政治学眼光看来都颇具现代性、前瞻性和启发性的国家政治理论。尤其是在彼特拉克的引领下，14、15世纪涌现了大批论述政治德性的论著，其中就包括一种较为常见的政治写作体裁——"君主镜鉴"（mirrors of princes; *specula principum*）。在意大利文艺复兴时期，彼特拉克的《论统治者应当如何统治国家》、科鲁乔·萨卢塔蒂（Coluccio Salutati）的《论僭政》、锡耶纳的帕特里齐（Patrizi of Siena）的《论君王教育》、奥雷利奥·利波·布朗多利尼（Aurelio Lippo Brandolini）的《共和国与君主国对比》、巴托洛缪·普拉蒂纳（Bartolomeo Platina）的《论君主》、马基雅维利的《君主论》等都属于"君主镜鉴"的典型作品。尽管对于像彼特拉克和马基雅维利这样知名的人文主义者已形成了较为体系化的研究，对于同时期大部分其他人文主义者的政治思想，尤其是以德性政治为核心的"君主镜鉴"的研究和讨论却并不充分。有鉴于此，本书聚焦文艺复兴时期人文主义国家观和政治思想重心的演进，挖掘文艺复兴时期人文主义的德性政治是如何在融合了古典、中世纪传统德性智识资源的基础上进行了创造性的转化，它又是如何致力于一场以君主驯化为出发点的政治改革，通过对执政者的道德教化从而引发全社会道德风气的改善和提升。本书的主体内容共分为五个部分。

第一章勾勒从中世纪晚期到文艺复兴时期的国家形态，从整体上把握文艺复兴时期人文主义者的国家观。该部分主要搞清楚两大问题：其一，由中世纪"公社"（commune）发展而来的城邦政治生活对人文主义政治思想的影响；其二，人文主义者的国家观是以 respublica（近代民族国家 state 的雏形）为中心的，这种以 respublica 为中心的人文主义国家观念一方面从古典政治哲学中汲取养分，另一方面它又是一个结合特定的时代需求，基于"德性"之上的人文主义政治思想产物。

第二章是德性政治与国家统治权力的合法性，研究统治阶层施行权力的方式，以及从德性与高贵之辩、德性与法律的关系、德性与荣誉的塑造这三个方面剖析"德性"之于人文主义者的重要意义及其内在的政治逻辑。14、15世纪，意大利政治局势的转变使得权力合法性的传统源头趋于枯竭。为各国宫廷效力的人文主义思想家迫切需要让那些带有头衔缺陷的执政者权力变得合法，于是人文主义者另辟蹊径，把"德性"作为衡量权力合法性的尺度，在德性政治的统摄下提出了一套修身术（soulcraft）和治国术（statecraft），其中涉及德性与法律的权重、对要职公共权力的限定、实施短暂任期制、城市显贵控制选举等问题。

第三章是国家与公民间关系，即道德品行的合理性与公民权的问题。在亚里士多德那里，政治是一项不断追求善的事业，政治生活理应成为具备了足够的需用的德性以至于能够拥有适合于德性的行为的生活，而在文艺复兴时期人文主义者那里，统治者和政治精英应当遵循善道，道德合理性源于公正、适度、仁慈，以及是否尊重公民自由等品格与行为方式。这种人文主义德性政治的立场部分地破坏了中世纪宗教性德性理念，并与之后马基雅维利国家观、德性说中的善恶论形成了反差。自彼特拉克以降，始终困扰当时人们的一个难题是"积极入世"或"消极遁世"这两种生活方式哪一种更为可取。15、16世纪的人文主义者通过两大途径扩大了积极生活的内涵。其一，重估古典文化中的公民美德；其二，颠覆基督教传统文化中的荣耀观、财富观、婚姻观。在文艺复兴早期意大利人文主义者的身上，公民意识正逐渐觉醒。到了马基雅维利时代，意大利人文主义思想家已经充分认识到了公民在参政议政过程中的权利与价值。

在对意大利人文主义者国家观演进的历时性研究中，国家与公民之间的关系除了公民权、公民生活方式、公民社会建设等问题之外，在该时期意大利人文主义者的政治思考中还包括新古典主义荣辱观的建构。因此，在对相关主题的研究中，尤其需要侧重于人文主义政治思想中政治教育途径，如精英培育、政德构建的剖析，以及人文主义道德教化的实践路径，借此探求人文主义者关于改善政治生态、实现政治变革的理论思考和实践瓶颈，挖掘人文主义的德性教育资源，从而服务于反思当代西方政治理论的缺失，构建新的政治德性学说，重申德性在现代政治生活中重要地位。

第四章是国家理性与国家机器的有效运作。14、15 世纪，意大利城市国家统治者普遍缺乏以"国家理性"为导向的职能技术化支持。到了 16 世纪，法国、西班牙等近代西方民族国家强大有力的国家机器与当时四分五裂的意大利各城邦政治治理形成了鲜明对比。文艺复兴早期意大利人文主义者主张的围绕统治阶层道德教化与树立德性楷模以实现社会道德风气革新的理念对于马基雅维利、圭恰迪尼时代而言已然过时。16 世纪的意大利政治思想家在有关国家治理的"君主镜鉴"论著中融入了现代政治理念，强调理性化的民族国家才是一种国家统治模式的发展趋势。他们摒弃了传统伦理道德，转而主张政治功能化和德性制度化，由此扭转了人文主义德性政治的风向。

第五章是对文艺复兴时期人文主义者国家政治理论中三点未尽问题的探讨。作为本书主体部分内容的延伸，该部分从政体倾向、政治辩护、政治道德这三个问题着手做进一步的深化研究。文艺复兴早期意大利人文主义者的贡献并不在于提出了系统性的理论体系，而是在于营造了有利于迸发思想火花的氛围环境。直至16世纪，在马基雅维利、圭恰迪尼等晚期人文主义者的政治著述中，方才流露出近代政治思想中特有的张力与两难的特征。

余论部分研究人文主义德性政治与中国儒家贤能政治（meritocracy）之间的异同。从思想背景、培育途径、教育原则、价值目标等方面探讨中西方在选贤任能思想传统方面跨越时空的相似之处。相较于政体、律法、制度等具体的政治内容，儒家与人文主义都更看重治国者是否拥有德性，更强调政治稳定性。换言之，孔子和彼特拉克都属于保守的温和派政治改革家，自下而上的民主革命从来都不是他们的政治改革目标。通过比较研究发现，儒家与人文主义的差异在于，儒家道德哲学比人文主义者更强调敬奉祖先、重视家庭；人文主义者虽然肯定了德性相对于欲望的优先性，但他们更看重商业利益。这些差异在一定程度上解释了为何贤能政治在西方社会远不如在中国儒家社会中走得更远，以及德性政治最终走向衰败的关键原因。本书的主要观点如下：

第一，通过勾勒文艺复兴时期人文主义者的国家观历经从"德性"到"理性"的演进，指出人文主义德性政治与之后马基雅维利德性政治理论的区别，以及德性原则是如何被逐步替代的，特别是当德性原则的缺乏导致现代社会的政治运转出现问题时，呼吁应当重新援引人文主义德性资源。

第二，在厘定人文主义的德性内涵基础上，提出意大利人文主义德性政治在西方德治传统中具有承上启下的作用，并对现代政治秩序的形成产生了影响。

第三，辨析人文主义政治著作的写作动机与真实意图。文艺复兴时期人文主义者在政治意识形态上往往抱有双重标准或具有双重倾向，在涉及具体的议题时（如正义、平等、自由）经常会改变政治立场，故我们需要在真实动机与修辞技巧中加以辨析。

第四，提出将历史情境理解模式与政治概念诠释模式相结合，以此考量具体政治概念的内涵如何带有历史时期的印记，充分运用政治心理学、道德心理学、环境心理学等交叉学科的研究方法来分析德性的环境对政治教育的作用。

合理地参照近代西方国家的政治运作模式，探究文艺复兴时期人文主义者政治视阈下的国家观念演变，有助于我们深入认识和把握近代早期西方国家政治观念的本质，为新时代中国特色社会主义国家的治理与建设提供有效的经验借鉴与问题规避。再者，以中国传统文化为支点，将中国儒家贤能政治与西方人文主义德性政治进行比较，尤其是在公民道德建设领域挖掘两者异同，阐明中国道德建设的独特优势，有助于增进文化自信，在此基础上进一步促进中西方文明的互鉴与融通。衷心希望本书的出版能够为促进国内文艺复兴和西方政治思想史领域的相关研究做出绵薄贡献。

郭　琳

2024 年 1 月 25 日

目 录

导 论 ………………………………………………………………… 1

第一章 中世纪晚期到文艺复兴时期的"国家" ………………… 31

  第一节　中世纪多元化思想中的"国家" / 34

  第二节　意大利文艺复兴时期的"国家" / 56

  第三节　文艺复兴时期人文主义者国家观的特征 / 68

第二章 德性政治与国家统治权力的合法性 …………………… 83

  第一节　文艺复兴时期人文主义德性政治的演进 / 87

  第二节　权力合法性危机及应对 / 108

  第三节　德性政治统摄下的人文主义治国术 / 127

第三章 国家与公民关系 ………………………………………… 157

  第一节　人文主义思想中的公民观 / 160

  第二节　人文主义者政治实践的路径 / 178

  第三节　重估公民积极生活的价值 / 205

第四章 国家理性与国家机器的完善运作 227

第一节 晚期人文主义者的"国家"构想 / 230

第二节 马基雅维利的国家政治共同体意识 / 247

第三节 政治现实主义者对现实政治的考量 / 262

第五章 人文主义者国家政治理论中三点未尽之问题 275

余 论 人文主义德性政治与中国儒家贤能政治之比较 295

附 录 311

一、莱奥纳尔多·布鲁尼:《论佛罗伦萨的政制》/ 313

二、弗朗切斯科·彼特拉克:《论统治者应当如何统治国家》/ 318

三、文艺复兴时期意大利思想家及代表作一览表 / 356

四、译名表 / 359

参考文献 377

导　论

在西方政治理论和政治实践的漫长道路上，有一种政治现象值得注目，那就是古代希腊罗马的城邦、文艺复兴时期的城市国家和近代出现的民族国家都具有国家政治共同体的印记。这里所说的国家政治共同体是指：国家与公民之间具有特定的政治契约关系；各种政治权力集团在国家中具有特定的权势位置；各机构要素整合在一起使得国家机器有效运作。①

从但丁、彼特拉克到马基雅维利，在文艺复兴时期意大利人文主义者的政治话语中，古罗马和中世纪的思想文化遗产俯首可拾。在人文主义者的各类论著中，基于前人思想基础上的创造性转化令人应接不暇。14至16世纪意大利人文主义思想家借助柏拉图、亚里士多德、西塞罗等古代思想家的智识资源和中世纪神学政治传统的余绪，结合当时政治现状，对"国家"政治共同体及其治理的问题做出了独到的思考。就意大利史的整体进程而言，以1494年爆发的长达六十多年的意大利战争为界，此前相对独立的意大利城市国家体系被迫融入正在形成的近代欧洲国际体系中，而在邦国林立的意大利半岛上，佛罗伦萨的历史和政治发展尤其引人关注。一方面是因为诸如莱奥纳尔多·布鲁尼（Leonardo Bruni）、巴托洛缪·斯卡拉（Bartolomeo Scala）、季罗拉莫·萨沃纳罗拉（Girolamo Savonarola）、马基雅维

---

①　郭琳：《马基雅维利的国家政治共同体意识》，《上海师范大学学报（哲学社会科学版）》2014年第2期，第25—26页。

利、圭恰迪尼等一批人文主义思想家都在佛罗伦萨的政治文化土壤中实践和构筑自己的政治理想，并且都有关于佛罗伦萨历史、政府结构、统治制度的著述，为后人留下宏富的研究史料；另一方面，14至16世纪佛罗伦萨历史本身跌宕起伏，共和国与美第奇家族政权的更迭嬗变，加之与米兰、卢卡等国家之间的一系列战争，促使佛罗伦萨人文主义者不得不直面和思考国家政治共同体理论中各环节性的问题。

一、"国家"——西方政治思想史中的基本概念

就理论模式而言，国家共同体可划分为两类：一种为国家政治理论，其研究对象是建构政治制度的基本单位——国家及其政治体制的问题；另一种为共同体理论，这是以社会学的研究方法阐释传统政治学包含的政治原理，比如马克思、韦伯、涂尔干、滕尼斯等西方社会学的先驱理论家做出的尝试，他们试图以客观的科学方法来分析黑格尔哲学体系中在绝对精神统摄下的"法权国家"（*Rechtstaat*），开启一种现代性的知识形态。[①] 本书侧重于第一种理论模式，试图探究和分析文艺复兴时期意大利人文主义者在国家政体、统治制度、统治方式等问题上的观念与理论主张。

现代政治概念中的"国家"（*stato*）与"公社"（*commune*）关系密切，而"公社"又可被视为"共同体"（*communitas*）的前身。在当今西方政治思想中，社群主义（communitarianism）和法团主义（corporatism）都是由国家共同体派生而来的重要支系。从不同学科的视角切入，我们可得出不同的"国家"概念，并且对"国家""共同体"这类词汇本身就很难下精准的定义。不仅如此，在西方漫长的政治实践中，政治始终

[①] 苏国勋、刘小枫主编：《社会理论的开端和终结》，上海三联书店2005年版，编者前言。

都不是一门独立的学科，政治术语的使用与伦理学、法学、道德哲学有着千丝万缕的联系，我们不妨先从术语的发展谱系中对"国家"加以把握。

古希腊罗马时代的城邦实际上就是一种国家政治共同体（political community）的形式，然而那个时代的政治著作中很少使用"共同体"词汇；到了中世纪，以基督教教义和神学为中心的政治著作大多追随奥古斯丁的话语风格，加上罗马法对政治思想的巨大影响，"共和"（respublica）、"人民"（populus）、"政体"（politiae）成为惯用术语，取代了原本由国家共同体指称的"为了共同目的而形成的政治集体"。在拉丁语中，与"国家共同体"类似的词汇还有"全体"（universitas）、"统一体"（corpus）、"城邦"（civitas）、"公社"（commune）等，亚里士多德和西塞罗就频繁地用"城邦"来指称古希腊罗马的国家共同体。① 前者的《政治学》（Politics）和后者的《论义务》（On Duties）在文艺复兴时期广为流传，被意大利人文主义者奉为圭臬。当然，这些词汇彼此意义相近却并不完全相同，"全体""统一体"和"共同体"一样，可用于表示广义上的任何一种政治实体，比如国家、城市、村落、行会、修道院等，而"城邦"有时被用来指称一座城市，如雅典、斯巴达，有时又可以表示一个国家，如文艺复兴时期的威尼斯和以佛罗伦萨为中心的托斯卡纳大公国。值得注意的是，这些政治术语虽然都表示某种政治集团，但与现代民族国家（nation）存在明显差别，它们还无法完整地体现国家政治集团内部的权力分配结构、统治机构的细化以及国家权力运作的模式。

---

① "城邦"（civitas）是古罗马术语，用来表示国家或公民共同体（civic community or state）；"全体"（universitas）最初在古罗马政治术语中表示一种亚政治共同体（sub-political corporate body），但自中世纪盛期逐渐变成了广义上的共同体概念，在政治和法律文献中经常出现；"统一体"（corpus）包含了将社会与人体加以类比的意味，但这层含义直至13世纪才愈发突显。参见 Antony Black, *Political Thought in Europe 1250-1450*, Cambridge: Cambridge University Press, 1992, pp. 14, 15。

早在古希腊时期，柏拉图的《理想国》(Republic)和亚里士多德的《政治学》就是围绕理想国家的模式、政治体制等问题展开的讨论，其中牵涉公民、法律等政治学的核心概念。然而无论是古希腊罗马的城邦还是文艺复兴时期意大利的城市国家以及近代民族国家，无不具有国家共同体的印记。亚里士多德以统治人数的多少以及统治的道德目的为尺度划分出六类政体，继而按照统治者是否以"共善"（common good）为目标区别政体好坏的程度。亚里士多德还指出，人与动物的本质差别就在于人能区分善恶、通晓是非，具有相似正义观念的人逐步形成家庭和国家。该观点间接表明了国家政治共同体具有的两大特征：共善和正义。不过亚里士多德所论述的国家远非现代意义上具有主权性质的民族国家，其政治理论主要还是基于对古希腊城邦政制的考察。中世纪的经院哲学家阿奎那在评注亚里士多德《政治学》时写道："如果有人成为这样一种人，即他天生不是一个政治动物，那他或者是邪恶的，例如由于人性的堕落而发生这类情况，或者就是具有超人的品德。因为他的本性比其他一般人来得完善，所以他能够自足自给，不必与他人为伍，如约翰和隐士圣安东尼那样……既然所有的人都是城市的一部分，他们非适应公共福利就不能具有真正良好的品德。"[①]可见，阿奎那也认为社群性或集体性是人天生具有的社会属性。人类出于自然本能组建政治共同体，任何脱离共同体而独自营生者，要么是恶人，要么是圣人。姑且不论古希腊奴隶和妇女的社会地位，仅就公民个体参与民主政府管理的直接程度而言，古希腊的雅典城邦就堪为国家政治共同体的雏形。

国家政治共同体最显著的特征就是具有有机性。通过"国"与"体"的有机类比，不仅能够带来文学修辞上的直观印象，更重要的

---

① 〔意〕托马斯·阿奎那著，马清槐译：《阿奎那政治著作选》，商务印书馆2010年版，第18—19页。

是，这种类比能够从哲学层面的含义上向外延展，成为政治统治的有效工具。如同人体是由头颅、四肢、躯干等各部分组合而成，政治共同体的重要内涵之一就是国家与公民个体之间的关系。一方面，公民作为国家社会的基本构成，在国家整体框架内发挥着各自的作用，只有国家才是公民身份的有力依托，离开国家这个整体，公民概念便无从谈起；另一方面，由公民集合而成的国家作为整体必须像人体那样有效运作，"国家"要想有效地协调各具功能的组成部分，就必须要有某种共同利益或共同目标，这样才能将各阶级的公民统一收归到国家统治之下。

既然国家政治共同体是一个有机的政治体，那就一定有其固定的组成要素和将这些要素黏合到一起的平衡机制。其中，公民作为共同体事务的参与者，无疑是最关键的要素。索尔兹伯里的约翰（John of Salisbury）曾对"公民"做过非常形象的比喻，他认为教士是灵魂、君王是头颅、议会是心脏、官员与士兵是手臂、农民与工匠是双足。[1] 其实，西方政治传统中的"公民"早在柏拉图和亚里士多德那里就已经被划分为等次清晰的社会阶级[2]，并且不是所有等级都能分掌政治权力。在中世纪的政治术语中，用来表示社会阶级（rank）的词汇非常丰富，如"地位"（status）、"秩序"（ordo）、"等级"（gradus）、"身份"（dignitas）等。[3] 毫无疑问，政治共同体理论有利于维持不同政治权力集团的既得利益，将社会各阶级有效地固定在各自的职能范围之内，其有机体的特征恰好解释了社会分工的必然性和正当性，不同身份的

---

[1] Antony Black, *Political Thought in Europe 1250-1450*, p. 16.
[2] 柏拉图的理想国包含工匠、武士和监国者三个等级，这种社会成员的等级划分在柏拉图看来是出于自然需要，每个人只能胜任一种职业，工匠提供物质生活必需品，武士保卫城邦安危，监国者统治城邦并以协调工匠和武士为己任。亚里士多德也根据社会职能的不同将自由民划分为六个等级：农民、工匠、地主、武士、祭司、法官和律师，并且只承认后三个等级的自由民享有公民权。
[3] Antony Black, *Political Thought in Europe 1250-1450*, p. 16.

公民理应履行本分职责，遵从"头颅"的统治，对阶级划分的任何不满都有悖于自然常理。再者，共同利益是政治共同体不可或缺的要素。共同体成员千差万别，社会各阶级之间也没有严格的界限，公民身份有时会随着时间和环境发生转变。因此，共同利益，或者说"共善"的存在就显得尤为重要。身体各个部分只有相互协调才能共同行动，社会成员只有以共善为目标才能确保共同体的有效运作。个体利益必须服从整体利益，"国家"利益则是共同目标，只有实现共同利益才能保障个人权益。我们不难发现，国家共同体理论暗含对社会不平等的默认。处于统治地位的集团逐步形成特权阶层，拥有世袭权力。当政治共同体内部包括国王、贵族、教士、城市市民、农民等各势力集团之间的利益再也无法协调，社会矛盾激化为政治斗争时，议会制度作为权势分配以及各政治集团之间进行权力博弈的平衡机制便应时而生了。

　　无论从思想还是情感上来看，至少有两股动力共同促使国家政治共同体观念的形成：第一，古典政治著述中关于国家起源的学说；第二，中世纪基督教神学包含的国家观。柏拉图《理想国》的核心就是探讨理想国家的政治制度，而制度的构建离不开各级公民的分工，或者说在一个理想国里，阶级的划分是在所难免的。柏拉图在对比了工匠、武士和监国者这三个等级的自由民所具有的不同社会职能以及道德上的差异后得出结论：国家存在的基础就是以不同分工为标志的各阶级间的相互依靠。当然，柏拉图明确指出，其心目中的理想国是以监国者即贵族阶级统治为中心的，因而柏拉图自然是不相信民主制度的，在他划分出的四类政体中唯有贵族政体（timocracy）是以荣誉为原则的理想政体。中世纪社会的分工与柏拉图对公民等级的强调有着密切关联，中世纪社会中的神职人员、贵族武士以及普通劳动者恰好与柏拉图划分的三个等级相对应。亚里士多德在《政治学》中也将"国家"描述为最高形式的共同体，更准确地说，"国家"是具有自足性的共同体。"国家"的起源并非是为了单纯的生活需要，而是以善的生活为最终目的；国家也不仅仅是个体的聚合，而是所有公民在同一种制度和法律下生活的政治共同体。[1] 亚里士多德强调的国家整体性既不在于地域也不在于人口，因为地域范围会随着人口的迁徙而变化，人口结构也会随着生老病死的自然规律而改变，亚里士多德最终用来确定整体性的依据是政治制度，好的制度又是以好的法律为前提，因此亚里士多德相信的是法治，而不是人治。

耶稣使徒圣保罗关于"基督奥体"[2] 的比喻成为中世纪教会国家合法统治的理论依据。独立的王国或其他政治实体也类似地被称为"统一体"（corpus），旨在表明所有人类社会或政治体的构成都是在多样化中寻求统一，犹如各种功能的肢体组合成不可分割的身体。然而，部分服从整体的观念奠定了中世纪政治神学中教会不可撼动的地位。另外，中世纪政治思想中著名的"双剑理论"同样也适用于政治共同体的观念。在政治语境中，教会和国家可被视为政治共同体的两个组成部分，德裔美籍学者恩斯特·坎托罗维茨（Ernst Kantorowicz）的代表著作《国王的两个身体——中世纪政治神学研究》的标题就鲜明地指出，中世纪两大权力中心——精神权力和世俗权力——其实是一个整体的两个方面。[3] 卡莱尔（A. J. Carlyle）在六卷本《西方中世纪政治理论史》末尾也写道："教会权力在其自身范围内独立于世俗权力，同样，世俗权力在其自身范围内也是独立的和至高的……在人类社会中存在两个自治权力的观念——每一个都是至高的，每一个又都是服从性的。"[4]

---

[1] G. E. R. Lloyd, *Aristotle: the Growth and Structure of his Thought*, Cambridge: Cambridge University Press, 1968, pp. 249-250.

[2] "基督奥体"（mystical body of Christ）是将教会比喻为基督的身体，基督是头脑，众信徒是肢体，信徒因信仰基督相互联合为一体。

[3] Ernst Kantorowicz, *The King's Two Bodies: A Study in Mediaeval Political Theology*, New Jersey: Princeton University Press, 1997.

[4] A. J. Carlyle and R. W. Carlyle, *A History of Medieval Political Theory in the West*, vol. 5, Edinburgh: W. Blackwood & Sons, 1936, pp. 254-255.

国家政治共同体不一定具备特定的构成模式，任何类型的政治实体都可以被视作政治共同体。但有一点值得肯定，即在特定的政治共同体中，一定不会存在绝对的平等，只要财产私有化合法，平等、公平等概念势必就会弱化，所谓"公正"只不过是不同政治集团之间就利益分配达成的共识。在意大利人文主义者生活的时代，并没有出现现代意义上的共和国。自14世纪以来，意大利各城市共和国纷纷让位于僭主制度，威尼斯和佛罗伦萨这两个城邦虽然就形式而言，因其保留了议事会而被视为共和制，但实质上却类似于贵族制和君主制。所以，14至16世纪的意大利人文主义者在思考政治制度和国家问题时，都是在接受既成事实的情况下来讨论的。国家共同体的统治者如同头颅，具有发号施令的权力；同时，统治者也有责任和义务维护社会各阶层公民的利益，促进社会政治氛围朝着和谐健康的方向发展。在意大利人文主义者看来，理想的城市国家应当像古罗马那样，是个和谐有机的政治共同体，争斗、叛乱、专制等现象都起因于有机体中各组成部分的协调失常。因而，当意大利人文主义者在面对政治改革这个大问题时，他们寄希望于在执政者身上重新唤起古典时代的公民美德，将德性视为救治时下党争纷乱等国家弊病的一剂良药。

二、国内外研究状况

（一）国外研究现状

14至16世纪意大利政治思想在西方政治思想史的发展历程中扮演了承上启下的角色。一方面，旧有的封建神学政治观受到巨大冲击；另一方面，新思想虽已曙光乍现，但还未确立成型。自13世纪中期以来，亚里士多德的政治学观念开始复苏，基督教圣哲阿奎那将亚里士多德的古典政治观与基督教神学政治观加以巧妙糅合，为西方政治思想史上新时刻的到来奠定了基础。纵观14至16世纪西欧历史，伴随封建社会解体、商品经济发展、城市化运动兴起、市民阶层壮大等社会、经济、政治现象，政治思想领域也迸发出近代化的元素。在阶级斗争、党派倾轧、权臣阴谋、平民起义、暗杀流放等一系列历史事件掺杂的晦暗图景下，文艺复兴时期意大利人文主义思想家就政治生活的性质、世俗社会的目的和功能、理想的政治体制等一系列问题做出种种思考。正是在这样的历史图景中，在近代早期诞生了马基雅维利、圭恰迪尼等思想巨匠。从但丁到圭恰迪尼的三百年间，意大利尤其是佛罗伦萨涌现出一批批思想巨擘。诸多研究文艺复兴的西方学者，如布克哈特、克里斯特勒、巴龙（Hans Baron）、鲁宾斯坦（Nicolai Rubinstein）、布鲁克尔（Gene Brucker）、斯金纳（Quentin Skinner）、纳杰米（John M. Najemy）、韩金斯等，都将文艺复兴时期意大利独具特色的城市国家政治体制与政治权力的运作模式视为近代西方政治思想的摇篮，正是在这套国家政治体系下，近代民族国家以及国家政治理论才得以孕育而生。

（1）14至16世纪意大利政治思想的研究

英国文艺复兴研究史家哈伊（Denys Hay）在《过去二十五年的历史学家和文艺复兴研究》中指出，中世纪晚期到文艺复兴早期的政治思想研究不能算是"显学"。[①] 但有一批学者在文艺复兴政治思想研究领域却有筚路蓝缕开创之功，他们在理论架构和资料积淀两方面给予本书引导与启示。

首先，值得借鉴的是对文艺复兴政治思想的基本理论和核心术语进行剖析的著述。英国文艺复兴史家鲁宾斯坦在《文艺复兴时期的政治理论》中对上起阿奎那下至多纳托·詹诺蒂（Donato Gianotti）的近

[①] Denys Hay, "Historians and the Renaissance during the Last Twenty-five Years", in André Chastel, Ceicil Grayson et al. eds., *The Renaissance: Essays in Interpretation*, London: Methuen, 1982, pp. 1–32.

三百年意大利政治思想做了系统梳理，该文的特点是按照各时代人物逐次分析主流政治思潮。[1] 此外，鲁宾斯坦在《佛罗伦萨和君主》[2]及《佛罗伦萨的政制与美第奇家族的崛起》[3]两篇文章中，对佛罗伦萨的政治体制进行了更为细致的研究。布朗（Alison Brown）在《布莱克威尔政治思想百科全书》[4]中将文艺复兴时期政治思想的演变与意大利城市国家的发展过程结合起来考察。德裔美籍史家吉尔伯特（Felix Gilbert）在其代表作《马基雅维利和圭恰迪尼》[5]中展现了16世纪意大利政治思想中的创新性元素；与之相对，美国史家鲍斯玛（William J. Bouwsma）的名作《文艺复兴的消退》[6]则从"自由"和"秩序"两个维度出发，挑战了传统研究成果，点明了文艺复兴时期的政治社会存在的危机。马丁内斯（Lauro Martines）的《权力和想象：意大利文艺复兴时期的城市国家》[7]追溯了政治权力中心不断迁移的步伐，他以1300年为分期，将11至16世纪的意大利政治形态划分为两大阶段展开讨论，该著作中的"权力"与"想象"实则为"社会"与"文化"。

---

[1] Nicolai Rubinstein, "Political Theories in the Renaissance", in André Chastel, Ceicil Grayson et al. eds., *The Renaissance: Essays in Interpretations*, pp. 153-200.

[2] Nicolai Rubinstein, "Florence and the Despots: Some Aspects of Florentine Diplomacy in the Fourteenth Century", *Transactions of the Royal Historical Society*, vol. 2, 1952, pp. 21-45.

[3] Nicolai Rubinstein, "Florentine Constitutionalism and the Medici Ascendancy", in idem ed., *Florentine Studies: Politics and Society in Renaissance Florence*, London: Faber & Faber, 1968, pp. 442-462.

[4] Alison Brown, "Renaissance Political Thought", in David Miller, ed., *Blackwell Encyclopaedia of Political Thought*, Oxford: Blackwell Publishers, 1991.

[5] Felix Gilbert, *Machiavelli and Guicciardini: Politics and History in Sixteenth Century Florence*, New Jersey: Princeton University Press, 1965.

[6] William J. Bouwsma, *The Waning of the Renaissance 1550-1640*, New Haven: Yale University Press, 2000.

[7] Lauro Martines, *Power and Imagination: City-States in Renaissance Italy*, Baltimore: Johns Hopkins University Press, 1988.

上述五位学者不仅说清了那个时段内意大利实际发生的政治事件，更探讨了当时意大利政治思想家所思考的种种政治问题，对14至16世纪意大利政治思想的脉络演变和基本特征把握精当，从不同角度为本书的研究提供了开阔的思路和指向。

其次，我们应当注意到，在文艺复兴时期，意大利还只是个文化地理名词，作为近代民族国家的意大利要到19世纪下半叶才登上历史舞台。因此，很难对14至16世纪意大利的政治思想进行整体考量，只能对各个地区的不同情况展开区域化、主题性的分析，最终进行形而上式的提炼。意大利学者瓦塞齐（Franco Valsecchi）和马提尼（Giuseppe Martini）主编的两卷本《近二十年来的意大利史研究》[1]就是如此，托斯卡纳大区的中心佛罗伦萨则被视为意大利政治文化演变的典型。布鲁克尔的《1343至1378年的佛罗伦萨政治和社会》[2]及《文艺复兴早期佛罗伦萨的市民社会》[3]、贝克尔（Marvin B. Becker）的《转型时期的佛罗伦萨》[4]和马丁内斯的《文艺复兴时期佛罗伦萨的律师和治国术》[5]等著作为我们理解文艺复兴时期佛罗伦萨的政治思想变革提供了基本的社会背景。另外，肯特（Dale Kent）的《美第奇家族的崛起：1426至1434年间的佛罗伦萨党争》[6]、鲁宾斯坦的《1434至1494年间

---

[1] Franco Valsecchi and Giuseppe Martini, *La storiografia italiana negli ultimi vent'anni*, 2 vols., Milan: Marzorati, 1970.

[2] Gene Brucker, *Florentine Politics and Society 1343-1378*, New Jersey: Princeton University Press, 1962.

[3] Gene Brucker, *The Civic World of Early Renaissance Florence*, New Jersey: Princeton University Press, 1977.

[4] Marvin B. Becker, *Florence in Transition: Studies in the Rise of the Territorial State*, 2 vols., Baltimore: Johns Hopkins University Press, 1968.

[5] Lauro Martines, *Lawyers and Statecraft in Renaissance Florence*, New Jersey: Princeton University Press, 1968.

[6] Dale Kent, *The Rise of the Medici: Faction in Florence 1426-1434*, Oxford: Oxford University Press, 1978.

美第奇家族统治下的佛罗伦萨政府》[1]、巴特尔斯（Humfrey C. Butters）的《十六世纪早期佛罗伦萨的统治者和政府：1502—1519》[2]、斯蒂芬（John N. Stephens）的《1512至1530年间佛罗伦萨共和国的衰亡》[3]等四部著作勾勒出一幅14至16世纪佛罗伦萨政治走向的全景图，为我们研究佛罗伦萨政治生态及美第奇家族的统治提供了宏富的资料。

最后，必须指出的是，当前西方学界对于如何建构14至16世纪意大利政治思想的总体框架仍存争议。近几年来，一些西方学者愈发趋向将这段时期的政治视作精英政治，认为以显贵家族为核心的权力实体在其中扮演了政治中心的角色，或者说他们是以自上而下的眼光来看待这一时期意大利城市国家的政治发展。比如，布鲁克尔在《文艺复兴时期的佛罗伦萨》（朱龙华译，生活·读书·新知三联书店1985年版）中指出，这一时期虽然权力更迭频繁，但政治生活的核心力量始终被牢牢掌控在显贵家族手中。诸如科西莫·德·美第奇（Cosimo de' Medici）这样的权势人物，即便他不曾担任过一官半职，甚至不常出现在议事会现场，但他却控制着佛罗伦萨的政治命脉；贝尔特利（Sergio Bertelli）和肯特向我们表明了城市大家族是如何通过庇护手段和联姻政策来强化权力，并对城市实行控制和统治的。根据这两位学者的观点，城市平民——工人、手工业者、行会会员——是庞大的下层群体，他们能够轻易地被贵族寡头操控摆布。贝尔特利在《中世纪城市国家中的寡头统治》[4]中提出，意大利城市国家的政

---

[1] Nicolai Rubinstein, *The Government of Florence Under the Medici 1434-1494*, Oxford: Clarendon Press, 1966.

[2] Humfrey C. Butters, *Governors and Government in Early Sixteenth Century Florence 1502-1519*, Oxford: Clarendon Press, 1985.

[3] John N. Stephens, *The Fall of the Florentine Republic 1512-1530*, Oxford: Clarendon Press, 1983.

[4] Sergio Bertelli, *Il potere oligarchico nello stato-città medievale*, Florence: La Nuova Italia, 1978.

治权力建立在二元轮换机制——贵族寡头和参与型民主（participatory democracy）——的基础上，人民（*popolo*）并非独立的阶层，而是贵族集团内部权力重组、权力再分配时形成的党派依附，政治权力中枢的狭隘性是从中世纪到文艺复兴一以贯之的特征。该观点得到了赫尔姆斯（George Holmes）的认同，他在《佛罗伦萨、罗马和文艺复兴的起源》中指出："14世纪初佛罗伦萨政权的分化主要是家族恩怨纷争引发的结果"[①]，只有上层显贵家族才能引发国家政局的动荡。

但柯恩（Samuel K. Cohn）和纳杰米却持相反观点，他们更加强调市民在政治体制的建构以及政治观念的形成过程中所发挥的作用。在13世纪中期至14世纪末的佛罗伦萨历史上，市民政府曾经四度掌控国家政治权力。针对"自上而下"的政治发展模式，柯恩的《创建佛罗伦萨国家：1348至1434年间的农民和起义》[②]、纳杰米的《1200至1575年间的佛罗伦萨史》[③]都指出，意大利政治思想中包含"争议"和"协商"的特征，城市各阶级间的斗争对于政治思想的形塑具有不可忽视的作用。纳杰米特别强调佛罗伦萨政治生活中"市民阶层"与"显贵上层"的权力对话和权力交替的现象。另外，马丁内斯在《权力和想象：意大利文艺复兴时期的城市国家》的第四、五章中也详细描述了人民大众如何推翻显贵专权、建立市民政府的过程。

（2）国家政治共同体的研究

在诸多涉及政治理论的著述中，关于"国家"概念、内涵、特征及其历史演进的分析构成了西方政治理论研究的核心主题。但需要注

[①] George Holmes, *Florence, Rome and the Origins of the Renaissance*, Oxford: Clarendon Press, 1986, p. 165.

[②] Samuel K. Cohn, *Creating the Florentine State: Peasants and Rebellion 1348–1434*, Cambridge: Cambridge University Press, 1999.

[③] John M. Najemy, *A History of Florence 1200–1575*, Oxford: Wiley-Blackwell Publishing, 2008.

意的是,"国家"这种称谓是我们站在今人的角度,用后现代意识形态对政治统治方式和权力机构运作方式的一种笼统表述。

当代西方学者在"国家"的概念界定上各执一词。剑桥学派的代表斯金纳在《近代国家的谱系》[1]中对其早前在《政治的视界》[2]中提出的"近代国家应当有个明确概念"的观点进行了自我纠偏,转而主张对"国家"做出界定是不可能的。不过斯金纳在《现代政治思想的基础》[3]的开篇中还是依循了马基雅维利划分国家类型的逻辑,考察了城市共和国和帝国这两类国家的性质与特征;斯库顿(Roger Scruton)在《麦克米兰政治思想词典》[4]中指出,不存在被普遍接受的"国家"定义,但存在两种较流行的"国家"理论:政治权利理论(rights theory of politics)和权力理论(power theory),这两种理论的代表人物分别为黑格尔和韦伯;福塞斯(Murray Forsyth)在《布莱克威尔政治思想百科全书》[5]以及莫里斯在《政治理论手册》[6]中都将"国家"定义为"一套建立起来的政府运作机制",但这只是从功能性角度上的诠释,无法被完全套用于文艺复兴时期意大利各城市国家的实际政治运作现象。

相较于政治学家,社会学家和法学家更加注重"国家"的共同体特征。比如荷兰学者克拉勃(Hugo Krabbe)在《近代国家观念》中就

---

[1] Quentin Skinner, "A Genealogy of the Modern State", *Proceedings of the British Academy*, vol. 162, 2009, pp. 325–370.

[2] Quentin Skinner, *Vision of Politics, vol. 2: Renaissance Virtues*, Cambridge: Cambridge University Press, 2002.

[3] 〔英〕昆廷·斯金纳著,奚瑞森、亚方译:《现代政治思想的基础》(文艺复兴卷),译林出版社 2011 年版。

[4] Roger Scruton, *The Palgrave Macmillan Dictionary of Political Thought*, 3rd edn., New York: Palgrave Macmillan, 2007.

[5] Murray Forsyth, "State", in David Miller, ed., *Blackwell Encyclopaedia of Political Thought*, Oxford: Blackwell Publishers, 1991.

[6] Christopher W. Morris, "The Modern State", in Gerald F. Gaus and C. Kukathas, eds., *Handbook of Political Theory*, London: Sage, 2004.

以法为线索阐述近代国家观念的形成和发展,强调无论是中世纪还是近代的政治学说都是一种主权学说,并将国家视为法律制度下的利益团体。根据德国社会学家滕尼斯的定义,共同体的形成基础是人类意志的相互作用,共同体理论的出发点是意志完善的统一。亚里士多德和阿奎那的政治学说都明确表示了人天生具有政治性和社会性,因此,经营共同生活的需要不仅是出于人类天性本能,同时也是人的各种意志相互结合的必然结果。滕尼斯将共同体划分为三类:血缘共同体、地缘共同体和精神共同体。血亲氏族纽带促使人类组成自然家庭和部落,通过参与共同生活繁衍生息;各种血缘共同体会随着利益关系的相互作用,进一步发展成为地缘共同体,这也可以理解为一群人在占有土地的基础上参与共同生活,创造物质财富,社会、城市即为代表;当人类的心灵相通,在共同信仰的引导下在神圣场所举行宗教活动(如崇拜神灵)时,地缘共同体又进一步发展为精神共同体。滕尼斯认为精神共同体是真正的人的和最高形式的共同体。[1]

与滕尼斯不同,德国历史学家基尔凯(Gierke)[2]强调共同体的有

---

[1] 〔德〕斐迪南·滕尼斯著,林荣远译:《共同体与社会》,商务印书馆1999年版,第58、65页。

[2] 基尔凯是用共同体思想来研究政治学、法学、社会学的先驱,其部分著述已被译为英文,最具代表性的是四卷本《日耳曼共同体法》(The German Law of Fellowship)。其中第一卷《日耳曼共同体的法律和道德史》(The Legal and Moral History of the German Fellowship)及第二卷《日耳曼共同体概念史》(The History of the German Concept of Corporation)的部分内容由玛丽·费谢尔(Mary Fischer)翻译,经安东尼·布莱克整理后收编于《历史视角中的共同体》(Community in Historical Perspective, Cambridge: Cambridge University Press, 1990)中。第三卷《古代和中世纪的国家及共同体观念》(The Doctrine of State and Corporation in the Ancient World and the Middle Ages)的部分内容由弗里德里希·梅特兰翻译并作序后更名为《中世纪的政治理论》(Political Theories of the Middle Age, trans. by F. W. Maitland, Cambridge: Cambridge University Press, 1913)。第四卷《近代的国家及共同体理论》(The Theory of the State and of Corporations in Modern Times)的部分内容由恩斯特·巴尔克翻译后更名为《16至19世纪的自然法和社会理论》(Natural Law and the Theory of Society 1500 to 1800, trans. by Ernest Barker, Cambridge: Cambridge University Press, 1958)。

机特征,他从法学的角度来剖析共同体理论的发展,将其源头追溯至近代早期的意大利,并指出该理论的形成与近代法理学的发展是同步进行的。基尔凯肯定了古典文明及中世纪思想对共同体理论的作用,近代早期挖掘探索的古典文明与中世纪相对封闭的思想体系产生了碰撞与冲击,正是两股思想强力的摩擦才点燃了新思想的火花。在《古代和中世纪的国家及共同体观念》中,基尔凯论述了共同体概念是如何一步步从宗教机构团体和自治城邦政府中逐渐演变而来,中世纪有关群体与个体间关系的争论则是基尔凯的共同体理论的根基。基尔凯所强调的"国家"有机共同体的观念是中世纪国家政治理论的重要特征之一,国家作为一个有机整体,国家利益势必先于各组成部分即个体利益,公民意志也必须服从社会和国家的目的。这样就模糊了公民个体的价值与权利,国家变成了吞噬一切的可怕机器——利维坦。到了 16 世纪,各类政治实体以及政治思想家最为关心的就是如何对内增强"国家"整体实力、对外提升"国家"的国际地位,"国家理性"其实是与近代西欧各民族国家的兴起相伴而生的。

安东尼·布莱克(Antony Black)在《1250 至 1450 年欧洲政治思想》[1]中,将中世纪晚期到文艺复兴初期形成的城市国家政治共同体视为现代国家的雏形,重点分析了教会与国家之间的关系,以及它们如何在面对国家主权独立问题的同时又要维系国家之间的力量均势。布莱克首先探讨了国家政治共同体的形成条件以及政治共同体的特征,继而围绕教会与国家、帝国与民族、城市国家与市民政府等主题,分析了法律、统治者、共同体代表、自治权利、国家等观念是如何渗透到人们的自我意识中,并成为政治理论家关心的对象的。布莱克对于国家政治共同体的剖析不仅具有历史感,其关注的政治主题同样能够唤起当今政治学界的思考。布莱克将 1250 至 1450 年的欧洲

---

[1] Antony Black, *Political Thought in Europe 1250-1450*.

整体作为研究对象,在考察意大利城市国家的同时也兼及分析了英国、法国、西班牙等国的政治状况。但布莱克在该书中运用的分析方法师出于剑桥学派,这就导致在宏大叙事的著述目的下无法对意大利独具特色的国家政治共同体展开深入细致的分析,所幸布莱克在论文集《教会、国家和共同体:基于历史和比较的视野》[1]中部分地弥补了这个遗憾。

另外,意大利历史学家费德里克·查博德(Federico Chabod)对于近代早期意大利城市国家政治运作的分析也颇有见地。查博德将城市国家视为文艺复兴时期意大利特有的政治现象,他将这种政治构成归因于官僚集权化过程中的产物。查博德在《查理五世时代的米兰史》[2]及《是否有个文艺复兴式的国家?》[3]中认为,诸如米兰、热那亚、佛罗伦萨及威尼斯等城市国家的形成是由于当权统治者逐渐将周边领土置于自己掌控范围之下的结果。查博德由此指出,意大利的城市国家在很多方面都堪称近代民族国家的先驱。该理论为我们理解"意大利人是近代欧洲的长子"开辟了另一种视角。但是,若将14至16世纪意大利城市国家的政治模式单纯地理解为城市统治者不断集权化的过程,则未免有失偏颇。这当中还包含了权力的交叉重叠、权力重心的转移和各股权势力量牵制平衡等问题,城市主教、封建领主、新兴的中产阶级和市民阶层、城市周边的乡村公社都在一定程度上保留了独立和自由。

近现代西方国家的制度建设与公民社会的发育是同步进行的,公民社会是国家政治制度的基础。在14至16世纪的意大利城市国家

---

[1] Antony Black, *Church, State and Community: Historical and Comparative Perspectives*, Burlington: Ashgate, 2003.

[2] Federico Chabod, *Storia di Milano nell'epoca di Carlo V*, Turin: G. Einaudi, 1961.

[3] Federico Chabod, "Was There a Renaissance State?", in Heinz Lubasz, ed., *The Development of the Modern State*, New York: Macmillan, 1964, pp. 26–42.

中，有关公民社会建设的问题是意大利政治思想家关心的对象，具体涵盖的内容包括国家与公民之间的关系、公民身份的认同、公民参政的权利、公民共同利益等。萨卢塔蒂、布鲁尼、波焦·布拉肖利尼（Poggio Bracciolini）、马泰奥·帕尔米耶里（Matteo Palmieri）等公民人文主义者都带有强烈的公民意识，亲身实践公民美德。德裔美籍史家汉斯·巴龙于1925年第一次提出了"公民人文主义"（Bürgerhumanismus）新概念，将之视为近代政治思想中的核心价值。随着《早期意大利文艺复兴的危机》[1]和《从彼特拉克到布鲁尼》[2]相继问世，"公民人文主义"引起了西方学界的广泛关注。针对布克哈特《意大利文艺复兴时期的文化》抒发的极端个人主义，巴龙在公共生活与公共文化之间建立起紧密联系，力图证明人文主义文化与政治职责能够相互兼容。巴龙在晚年的《探究佛罗伦萨公民人文主义》[3]中坚持原初观点，并就"西塞罗和罗马的市民精神"和"方济各会的贫困与市民财富"等主题做了进一步探讨，这些内容成为几代学者争议的核心。此外，若将雷森伯格（Peter Riesenberg）的《西方传统中的公民身份》[4]和达尔顿（Russel J. Dalton）的《西方民主主义中的公民政治》[5]进行比对的话，我们既能纵深把握公民身份历史演变的线条，又可以横向结合当代

---

[1] Hans Baron, *The Crisis of the Early Italian Renaissance: Civic Humanism and Republican Liberty in an Age of Classicism and Tyranny*, New Jersey: Princeton University Press, 1966.

[2] Hans Baron, *From Petrarch to Leonardo Bruni: Studies in Humanistic and Political Literature*, Chicago: The University of Chicago Press, 1968.

[3] Hans Baron, *In Search of Florentine Civic Humanism: Essays on the Transition from Medieval to Modern Thought*, 2 vols., New Jersey: Princeton University Press, 1988.

[4] Peter Riesenberg, *Citizenship in the Western Tradition: Plato to Rousseau*, Chapel Hill: The University of North Carolina Press, 1992.

[5] Russell J. Dalton, *Citizen Politics in Western Democracies: Public Opinion and Political Parties in the United States, Great Britain, West Germany, and France*, New Jersey: Chatham House Publishers Inc., 1988.

西方政治环境了解公民政治生活的实际运作。斯金纳与斯特拉斯（Bo Strath）主编的论文集《国家与公民》[1]也是研究公民社会政治现象不可或缺的参考资料。

最后值得一提的是，很多著述倾向于针对某位思想家进行个案剖析，或围绕某个主题展开详尽阐释，这些著述都是本研究得以运行的基石。比如著名的意大利传记作家里多尔菲（Roberto Ridolfi）的三部曲《季罗拉莫·萨沃纳罗拉传》[2]《尼科洛·马基雅维利传》[3]和《弗朗切斯科·圭恰迪尼传》[4]。此外，"剑桥指南丛书"中的《文艺复兴人文主义指南》[5]《文艺复兴哲学指南》[6]《但丁指南》[7]《马基雅维利指南》[8]等著作也同循此理。

(3) 德性与政治的关系研究

无论是在中国还是在西方，无论是古代还是现代，政治与道德的关系问题始终颇受关注（MacIntyre，1984；Sandel，1996；万建琳，2011；万绍红，2016）。特别是加拿大学者贝淡宁（Daniel A. Bell）

---

[1] Quentin Skinner and Bo Strath, eds., *States and Citizens: History, Theory, Prospects*, Cambridge: Cambridge University Press, 2003.

[2] Roberto Ridolfi, *The Life of Girolamo Savonarola*, trans. by Cecil Grayson, London: Routledge & Kegan Paul, 1959.

[3] Roberto Ridolfi, *The Life of Niccolo Machiavelli*, trans. by Cecil Grayson, Chicago: The University of Chicago Press, 1963.

[4] Roberto Ridolfi, *The Life of Francesco Guicciardini*, trans. by Cecil Grayson, New York: Alfred A. Knopf, 1968.

[5] Jill Kraye, ed., *The Cambridge Companion to Renaissance Humanism*, Cambridge: Cambridge University Press, 1996.

[6] James Hankins, ed., *The Cambridge Companion to Renaissance Philosophy*, Cambridge: Cambridge University Press, 2007.

[7] Rachel Jacoff, ed., *The Cambridge Companion to Dante*, Cambridge: Cambridge University Press, 2007.

[8] John M. Najemy, *The Cambridge Companion to Machiavelli*, Cambridge: Cambridge University Press, 2010.

近年来围绕"贤能政治"陆续出版的著作（2013，2015）引发了国内外学界的回响和热议（Kloppenberg，2016；陈祖为，2016；白彤东，2019）。

人们通常认为，相比于中国古典传统，西方的政治与法律文明盛行法治，但事实上西方文明也有着同样悠久的德治传统，即所谓"德性政治"（virtue politics）。在古希腊人看来，政治理应交给拥有德性的人去掌控，但在希腊德性政治观念里，问题并不是"要不要让有德性的人掌控政治"，而是"要让哪种有德性的人来掌控政治"（刘玮，2021）。古罗马人同样重视德性，但古罗马人更多地强调的是德性的实践性和军事-政治性，直到西塞罗才吸收了希腊人注重理性的德性政治遗产（刘训练，2021）。

文艺复兴时期人文主义的德性政治在西方的德性政治传统中又具有特殊的意义，它吸收、融合了丰富的传统德性智识资源（古典、中世纪）。人文主义者还据此加以创造性转化，基于对中世纪长期以来压抑古典德性议题的反拨，创作了大批论述政治德性的论著。

进入现代以后，自由问题逐步取代了德性问题，在当代主流自由主义者看来，现代政治从根本上说是利益政治，直至罗尔斯呼吁"政治美德"，自由主义德性论才由此产生（Raz，Macedo）。但在公民德性的塑造问题上，自由主义者总体态度极为谨慎。实际上，不仅是当代自由主义的主流学说拒斥"德性"，工具论共和主义同样也回避古典共和主义德性论（Skinner，2003；Pettit，2006；Viroli，2002）。鉴此，当代社群主义者（Sandel，Taylor）、公民人文主义者（Arendt，Pocock）、当代德性伦理学的代表（Williams，Anscombe）再度围绕道德与政治的关系展开了争论，但或多或少都受制于各学派自身立场的局限。目前西方学界仍然没有充分意识到，当代社会中政治家（精英）德性的缺失恐怕是导致包括西方制度危机在内的各种危机的症结所在。

国外的研究，无论是英语学界还是意大利语学界，仍倾向于认为"共和主义自由"是人文主义政治思想的主题（代表学者有巴龙和剑桥学派），并且往往以精英主义、集权主义、市民主义等割裂或对立的视角进行研究。[1] 直到最近，哈佛大学韩金斯教授出版了他论述人文主义德性政治的重要著作[2]，这种情况才有所改变。但因为韩金斯该书重在文献考订，个案篇幅太大，因此对有些思想家和政治理论问题并未展开详细研究。

（二）国内研究现状

国内学术界的文艺复兴研究主要由文学、艺术学、哲学、历史学的学者推动。在政治思想史领域学界又集中于马基雅维利研究（周春生、刘训练、谢惠媛），缺乏对人文主义政治思想家群体的总体观照，对布鲁尼、萨卢塔蒂、波焦·布拉肖利尼等公民人文主义者的研究仅散见于若干论文（朱孝远、郑群）。因此，无论就广度还是深度而言，国内的研究都无法体现人文主义政治思想的全貌，专门的研究成果之少与文艺复兴人文主义政治思想的复杂性、重要性地位并不相符，关于14至16世纪意大利人文主义国家观、人文主义政治思想的系统化学术研究付之阙如。

徐大同主编的《西方政治思想史》（天津人民出版社1985年版）第三、四章在探讨西欧封建社会和西欧资本主义形成时期的政治思想时，以人物为线索，主要涉及了阿奎那、但丁、帕多瓦的马西利乌斯（Marsilius of Padua）和马基雅维利等意大利思想家。该著作是国内较早论及意大利政治思想的教材，为我们描述了西方政治思想

---

[1] 精英主义论的代表性学者有费尔迪南德·谢维尔（Ferdinand Schevill），集权主义论的代表性学者有坚尼·布鲁克尔，市民主义论的代表性学者有约翰·纳杰米。

[2] James Hankins, *Virtue Politics: Soulcraft and Statecraft in Renaissance Italy*, Cambridge, Mass.: Harvard University Press, 2019.

发展的大致历程，但没有细窥中世纪晚期到近代早期意大利政治思想的承启流变等具体内容。由徐大同主编的五卷本《西方政治思想史》（天津人民出版社 2005 年版）显然是对早先单卷本的扩充。其中丛日云主编的第二卷"中世纪"和高建主编的第三卷"16 至 18 世纪"按主题和人物结合的方式分析了该时期的西方政治思想，并以专章论述阿奎那和马基雅维利，以及民族国家形成时期的政治思想。丛日云的《西方政治文化传统》（吉林出版集团 2007 年版）追溯了西方政治历经的两次转型过程，研究了从古希腊城邦的公民政治到古罗马城邦的共和精神，再到日耳曼人的自由传统的转型，系统地描述了西方政治制度的历史发展，其中涉及公民价值、公民理论、共和政治等内容，是本书探讨国家政治共同体的理论参考。但该著作为通论专著，对中世纪意大利的地方自治传统未有言及。朱龙华的《意大利文艺复兴的起源与模式》（人民出版社 2004 年版）将 14 至 16 世纪的佛罗伦萨奉为典型，分析了三百年里佛罗伦萨的政治、经济和文化，提出了"全牛"亦即发展模式之说，指出佛罗伦萨政治模式对于整个西方近代化起到了巨大的推动作用。朱孝远的《近代欧洲的兴起》（学林出版社 1997 年版）和《欧洲涅槃——过渡时期欧洲的发展概念》（学林出版社 2002 年版）对近代欧洲的发展做了大致描述，探讨了欧洲近代化进程中的复杂运动，为分析近代欧洲社会兴起的原因建立起理论解释的框架，将文艺复兴时期政治思想家对国家政治问题的思考理解为新一代知识分子为应对转型过渡危机而提出的理论纲领。该著作虽只剖析了英国和德国，但对于欧洲过渡方式的解释也为理解意大利的政治状况提供了思路。周春生的《文艺复兴史研究入门》（北京大学出版社 2009 年版）第六讲探讨了文艺复兴时期的国家和政治，重点分析了当时的国家政权机构、国际政治环境以及教俗关系等问题，同时研究了自然法的复兴、政治契约和代表人物的观点，从宏观角度展现了当时政治问题的核心。张椿年的《从信仰到理性——意大利人文主义研究》(浙江人民出版社1994年版)以专题形式分析了人文主义思想体系中的几个核心问题,其中"君主制,还是共和制"就文艺复兴时期意大利政治思想家的政体观展开论述。在刘明翰主编的十二卷本《欧洲文艺复兴史》(人民出版社2010年版)中,政治卷(朱孝远著)和法学卷(周春生等著)为我们了解文艺复兴时期意大利政治思想,以及研究现代欧洲政治制度的起源提供了一种新视野。另外,周桂银的《意大利城邦国家体系的特征及其影响》(《世界历史》1991年第1期)以五大国为研究对象,考察了意大利城市国家在被纳入近代早期欧洲国际体系前相互之间的关系;张弛的博士学位论文《国家权力的发现:从人文主义到近代自然法学说》(中国政法大学,2011年)分析了西方政治传统中国家权力观念的起源与变迁。

国内学界对14至16世纪意大利政治思想家的个案研究尚处于起步阶段。学界对但丁、马基雅维利这样较为熟悉的人物研究已成一定规模和体系,比如:《马基雅维利全集》(吉林出版集团2013年版)对马基雅维利的政治、文学、历史、军事、外交信函等所有著述进行了翻译整编;蒋方震在《欧洲文艺复兴史》(商务印书馆1921年版)中较早地介绍了"马基雅维利主义"概念;周春生的《马基雅维里思想研究》(上海三联书店2008年版)通过分析马基雅维利的历史观、政治法律学说、军事理论和外交政策等,为我们呈现出一个充满人性且睿智务实的马基雅维利形象。但相较于这些大思想家,国内学界对于该时期内其他人文主义者政治思想的综合性研究几乎为空白,只有在各别文章中零散地触及,比如《佛罗伦萨市民人文主义对封建传统思想的冲击》(孟广林,《天津师范大学学报(社会科学版)》1988年第4期)、《佛罗伦萨市民人文主义者的实践与"积极生活"思想》(郑群,《历史研究》1988年第6期)、《公民参政思想变化新论——文艺复兴时期人文主义者参政思想浅析》(朱孝远,《世界历史》2008年第6期)

等。鲜有专文勾勒萨卢塔蒂、布鲁尼等思想家的政治理论与政治观念之作,更不用提透过思想家的修辞手法还原当时的政治生活场景,以及各种思想观念背后的真实动机。

三、研究意义与研究方法

当自由主义(作为理论基础)与代表制民主(作为政制形态)兴起并在西方政治理论中占据主导地位之后,德性概念被边缘化,这导致当代西方政治社会的运转出现了诸多问题。事实上,针对当今中西方国家政治中面临的各种问题,我们都可以从文艺复兴时期人文主义者的国家(政治共同体)观念中追溯其思想渊源,今天西方国家所走的政治路线可以说就是近代早期意大利政治思想家所开辟的道路。因此,探究文艺复兴时期人文主义者政治视阈下的国家观,剖析近代早期西方国家政治观念的本质,不仅有助于进一步完善国内学界对文艺复兴史的相关研究;同时,合理地参照近代西方国家的政治运作模式,也有助于为新时代中国特色社会主义国家治理提供有效的经验借鉴与问题规避。

(一)研究意义

第一,国内学界以往关于意大利文艺复兴的研究大多是从文化史、艺术史、史学史等视角进行考量,对于政治思想史的研究涉及甚少。近十年国内学界有关西方政治思想中德性与政治关系问题的研究更是付之阙如。其中,陈文娟教授的国家社科基金项目"共和政体的道德基础研究"(11CZX058)旨在研究共和主义的德性学说,未涉及德性内涵的蜕变及其在政治理论中地位的下降;刘训练教授的国家社科基金项目"共和主义视野中的德性与政体问题研究"(19BZZ001)作为历时性研究通论古今。有鉴于此,本书在探究文艺复兴时期意大利人文主义国家观演进过程中，重点聚焦文艺复兴时期人文主义的德性政治，尤其突出其在西方德性政治传统中承上启下的地位及其特殊意义，弥补学界对人文主义德性政治关注不够的缺陷。

第二，在个案研究方面，以往研究过度倚重马基雅维利的政治思想，忽略了布鲁尼、弗拉维奥·比昂多（Flavio Biondo）、卡洛·马尔苏比尼（Carlo Marsuppini）、博纳克索·达·蒙特马尼诺（Buonacorso da Montemagno）等一大批主流人文主义思想家群体及其著作。事实上，如果我们不深入研究整个人文主义的德性政治学说，就无法理解马基雅维利的言说对象与言说目的，更不能准确定位马基雅维利的政治思想。因此，厘清人文主义德性论与马基雅维利德性说的关系演进，既可以向中国政治学界提供人文主义政治思想的全貌，又能展现文艺复兴时期思想流派的复杂面向。有鉴于此，本书一方面从纵向上贯通考察14至16世纪人文主义者国家观念的演变过程；另一方面从横向上把握特定时期人文主义思想家群体的政治思想特征，形成系统化的研究成果。

第三，在西方学界以往研究中，"共和自由"常被视为人文主义者政治价值观的核心，但事实上，人文主义者并非排他性共和主义者。西方学术界囿于当代共和主义—自由主义之争的框架来辨析传统的德性问题，却对文艺复兴时期德性话语特有的政治逻辑缺乏细致考量，并且还过分地夸大了人文主义思想中共和与君主国的对立问题。本书尝试跳出政体论的框架，深入剖析人文主义的德性政治在当代社会中体现为哪些政治建制与公共政策，以"德性"作为一种新的思考维度来克服当代西方各学派的立场局限，厘清人文主义者对于"共和"政体的理解及其两种不同的用法，对当代共和主义者的理论加以理据性地纠偏与完善。在人文主义者看来，决定理想的政治制度的关键在于人，而不是制度本身。不管是由一个人、少数人还是多数人统治,只要统治者个人(或集团)具备了德性,那就是理想的政体。换言之,在一个政治体中,执政者的德性要比特定的政体类型远为重要。

第四,本书在"德性—理性"的思想线索下,划分出文艺复兴时期政治思潮出现过的三个关键性时刻:佛罗伦萨早期民众政府的建立、彼特拉克式人文主义德性政治的复兴、马基雅维利开启的现代政治转向,从历史进展的角度研究人文主义者国家政治关怀及其历史发展脉络。在此基础上,本书还进一步将人文主义德性政治与中国儒家贤能政治加以比较,探究儒家中国与文艺复兴时期意大利贤能政治的异同之处,揭示了德性政治在西方远不如在东方儒家社会中走得更远的深层原因,尤其是在公民道德建设领域挖掘两者异同,阐明中国道德建设的独特优势,增进文化自信,在此基础上促进中西方文明的互鉴与融通。

第五,本书为反思当代精英危机背后的动因和化解精英危机提供历史视角。在执政贤才培育目标、路径,以及如何赋予德性以政治教育的功能等问题上,本书重申人文主义德性政治学说,通过历史反观提供借鉴,推动我国的善治理念建构和坚持依法治国与以德治国相结合的社会主义政治文明建设。

第六,在研究方法上,国内外学界都偏重于经典文本研究,忽略了壁画、建筑、音乐等塑造德性环境的政治氛围,尤其是政治德性的教育机制。本书通过多学科、跨学科的研究方法,探求文艺复兴时期人文主义者培养政治德性的多种方式。在国家(政治共同体)理论的分析框架下,本书主要采用政治概念诠释模式与历史情境理解模式相结合的方法,围绕文艺复兴时期意大利人文主义者政治实践与政治理论的相互关系展开论证,通过历史情境还原和政治文本分析,探究意大利人文主义者国家观念中关于"政体""公民权""平等""自由"等具体政治概念的历史印记,深入认识和把握近代早期西方国家政治观念的本质,对已有理论进行修正、检验或创新。

(二)研究方法

本书不仅聚焦像但丁、马基雅维利这样的大思想家,同时更广泛涉及一批与他们同时代却受今人关注不足的意大利人文主义者,力图从整体上把握意大利人文主义者的国家观,用个案丰满主题。通过划分并考量文艺复兴三个关键性政治时刻,论证人文主义者对"德性"内涵的阐释是如何伴随政治现实的需求而转变,由此勾勒出一条从"德性政治"向"国家理性"演变的政治思想线索。

第一,历史语境主义研究方法:坚持历史唯物主义的立场,结合文艺复兴时期独特的社会条件和政治背景来分析人文主义德性政治的演进及其三大要素,揭示概念史和观念史演变背后的历史语境(historical context)。

第二,政治文化研究方法:在分析政治德性教育机制时,不仅注重政治文本中的理论推导,而且还注重社会活动、社会环境、道德心理中的行为和情感引导;特别是借助对公共演说、壁画、雕塑、建筑、音乐的研究,来探求文艺复兴时期人文主义者培养政治德性的心理-社会机制。

第三,个案分析法:不仅聚焦彼特拉克、马基雅维利等大思想家,更广泛涉及一批主流人文主义思想家的文本与档案文献,力图把握文艺复兴时期人文主义德性政治的总体特征和观念演变。

第四,比较分析法:将意大利人文主义德性政治学说与中国儒家的贤能政治对观,从思想背景、德性培育方式、政治统治正当性的基础、人才培养动力等方面比较中西方思想传统在培育政治德性方面的异同,加强中西文明的互鉴与融通。

在研究资料的来源方面,美国哈佛大学意大利文艺复兴研究中心陆续推出了与"洛布古典丛书"(Loeb)匹配的大型文艺复兴文献集成"塔蒂丛书"(I Tatti Renaissance Library)。笔者在美国哈佛大学访学期间的合作导师韩金斯教授是"塔蒂丛书"总主编,该丛书在相当程度上保证了本书对人文主义者个案研究的把握。另外,笔者在对档案文献、研究文献进行系统梳理的同时,还不断进行有关意大利人文主义文选的翻译工作,在文献资料的遴选与积累方面为本书研究奠定了基础。

(三)重点、难点

第一,厘定人文主义的德性概念和政治内涵。从古希腊开始,德性就既是一个伦理概念也是一个政治概念,但又与很多哲学问题勾连在一起。本书将在厘定人文主义的德性内涵——亦即统治者、政治精英应当遵循善道,道德合理性源于公正、适度、仁慈,以及是否尊重公民自由等品格与行为方式——的基础上,分析人文主义德性政治的思想渊源、德性政治在文艺复兴时期政治发展过程中的作用,进而探讨其对现代政治秩序形成的影响。

第二,辨析人文主义政治著作的写作动机与真实意图。文艺复兴时期人文主义者在政治意识形态上往往抱有双重标准或具有双重倾向,在涉及具体的议题(比如正义、平等、自由)时经常会改变政治立场。如何在真实动机与修辞技巧中加以辨别,我们还有很多细致的理论工作要做。

文艺复兴时期的意大利思想家大多兼具人文主义者身份,他们精通古典文化,谙熟修辞雄辩的技巧,因而他们的作品不乏漫幻的色彩,政治观念和国家构想经常随着实际的政治状况发生改变,有些思想家甚至在不同时期的著作中表达出前后对立的观点,比如彼特拉克、萨卢塔蒂、布鲁尼、马基雅维利等。这就需要在文本梳理的同时,结合该人文主义者政治思想的整体面貌,不能局限于单部著作传达的政治讯息,而是要从宏观上考虑著作的受众对象及其著书立作的动机意图，把握人文主义思想家的政治视野和政治立场，透析理论背景与政治观念的来龙去脉。

第三，考量君主国与共和国对德性的不同要求及其实现程度。文艺复兴时期各种类型的"君主镜鉴"文本虽然主要是针对君主统治提出的，但共和政府也需要德性政治，在为人、为政道德方面，人文主义德性政治主张到底哪些有待实现，哪些仅止步于理想，这些都需要回到总体性的历史情境中加以阐释。

第四，探讨从"德性政治"到"国家理性"的人文主义政治思想的演变。人文主义德性政治与之后马基雅维利德性政治理论有什么区别？德性原则是如何被逐步替代的？特别是当德性原则的缺乏导致现代社会的政治运转出现问题时，应当如何重新援引人文主义德性资源？

（四）创新之处

第一，针对西方学界传统主张的人文主义政治思想的核心是"共和主义自由"的问题，本书认为，文艺复兴时期人文主义者的政治思考和政治实践并没有局限于任何政体类型的框架内，德性政治才在人文主义政治价值观占主导地位。

第二，针对学界仍囿于政体说的视角研究人文主义政治思想的现状，本书认为，君主制和共和制在人文主义的德性政治思想中是并列关系，而不是对立关系（这在马基雅维利研究中尤为明显），人文主义德性政治学说可以同时适用于君主国和共和国，以及任何其他政体类型的国家。

第三，深化选贤任能与人才培育制度机理研究，挖掘人文主义德性政治中政治教育的途径和意义。本书首先提出劝勉（exhortation）和榜样（example）是引导人们行善的主要方式，再针对具体的政治主体设计不同的德性培育途径；并特别指出，围绕国家理性、个人利益展开的制度运作日益成为政治理论中最重要的问题。本书认为，今人一则要警惕把德性的政治功能理想化，同时要重视现代政治中同样离不开道德教化的力量。

第四，在侧重于政治思想史和政治哲学方法的同时，本书采用历史情境理解模式与政治概念诠释模式相结合的方法，论证权力、正义、自由等具体政治概念的内涵如何带有历史时期的印记，并充分运用政治心理学、道德心理学、环境心理学等交叉学科的研究方法来分析德性的环境（virtuous environment）对政治思想教育的作用。

第一章

中世纪晚期到文艺复兴时期的"国家"

罗马帝国的覆灭标志着一个时代的终结，同时意味着意大利历史由此翻开了中世纪的篇章。在随后长达六百多年的历史里，哥特人、伦巴第人、法兰克人等民族轮番入侵亚平宁半岛。蛮族征服者中断了自古希腊罗马延续下来的风土人情，他们没有能力在被破坏的废墟上接续文明，但大批日耳曼移民带来了他们的风俗习惯，罗马人固有的权威在他们的治理下呈现出封建化色彩。中世纪晚期思想家就是在这动荡不宁的时代下艰难探索着"国家"理论。

理论的产生必须依托历史，或者说，政治理论一般都反映出历史-政治现实。思想家通常以史为鉴，从过去的历史实践中萃取经验，极少出现政治理论与历史事实完全脱钩的情况。有鉴于此，14至16世纪意大利思想家的各种国家理论和政治主张也绝非横空出世，文艺复兴时期的人文主义更不是一场突如其来的思想运动。尽管意大利文艺复兴时期出现了一些全新的政治现象，一批批思想巨擘为后人筑建起流光溢彩的思想殿堂，但究其根源，我们还是可以在古典时代和中世纪政治思想与智识资源中觅得意大利人文主义者的国家观的初踪。

第一节
中世纪多元化思想中的"国家"

中世纪政治思想的特征主要表现在教权与王权的二元对立。中世纪社会具有浓厚的封建特征，社会体系建立在严格的封建等级秩序上，在层级鲜明的权力阶梯分布图中，教皇和皇帝无疑为最高统治者。在王国、行省、贵族领地、庄园和城堡里，统治者与被统治者依靠效忠与服从的关系结合在一起。这种封建体制为诸多政治思想的形成提供了丰厚的土壤，比如：承认统治者的权威来自世袭权力；统治者与被统治者之间的依附关系建立在权利与义务对等的原则之上；在决定重要事宜时，统治者要与部分臣民共同协商等。实际上，封建主义造成了思想上进退维谷的两难境地，一方面它赋予了统治者至高无上的权威，另一方面它又要对这种权威加以限制。

在中世纪神学传统的影响下，"国家"被视为人类堕落的产物，与之相应，国家的功能亦蒙上了一层消极色彩，这与基督教的创立息息相关。中世纪教父哲学家奥古斯丁的国家观虽然为世俗国家保留了一席之地，但他主张世俗国家是为通往上帝之城服务的理论依然没能摆脱基督教神学思想的桎梏。然而到了中世纪晚期，随着罗马法的复兴和亚里士多德自然政治学观念的复苏，加上所谓的"蛮族"日耳曼人取代了罗马帝国的历史现实，各种新型国家观念在基督教神学、日耳曼习俗、罗马法传统、亚里士多德思想遗产等多元化的思想体系中交织争锋。中世纪的意大利政治思想家们，如阿奎那、但丁、帕多瓦的马西利乌斯等人结合彼时的历史、社会和政治文化背景，就国家的性质、权力的来源、统治合法性等问题给出了各自不同的政治主张。

一、教廷和教皇国

从某种意义而言，中世纪的历史形同于一部基督教教会史，中世纪政治思想的核心可以被大略概括为"教俗之争"。历史上著名的主教"叙任权之争"(War of Investitures)就是这场在教廷与世俗统治者之间爆发的权力争夺战的导火索。1046年，神圣罗马帝国皇帝亨利三世来到意大利，答应了赋予城市任命主教的权力。但最初选举出来的两任罗马教皇，克莱芒二世(Clement II)和达马苏斯二世(Damasus II)都没能得到罗马和伦巴第人民的认可。接下来的教皇利奥九世(Leo IX)和维克多二世(Victor II)则完全听命于罗马的副主教——希尔得布兰德(Hildebrand)。1059年，希尔得布兰德策划了拉特兰会议(Lateran Council)，宣布把选举教皇的权力授予枢机主教，终止了由皇帝任命教皇的惯例。该命令成为教会改革的重要举措，其目的显然是为了使教廷摆脱德意志皇帝的控制，争取教会独立。1073年，希尔得布兰德得到了全体枢机主教的一致赞成，在罗马人民的欢呼声中当选为教皇格里高利七世(Gregory VII)，由此拉开了教俗权力斗争的序幕。这场围绕主教授职权展开的争夺实则是最高权力的归属问题，格里高利七世把教会凌驾于国家之上的原则发挥到了极致。"谁不知道，王公贵族本来只是一些不认识上帝的人，他们在尘世的统治者魔鬼的驱使下，在骄傲、抢劫、凶杀、背信弃义和几乎所有一切罪恶的驱使下，怀着盲目的权力欲和无法容忍的骄横，僭取了凌驾于他们同辈人之地位。"[1]格里高利七世对于世俗国家起源和性质的解释带有封建等级观念的意味，在他看来，教皇是上帝唯一的权力代理人，神权是超越君权的最高统治权力。但现实表明，世俗权力的炮火要猛于教会经文的威慑，1077年的"卡诺莎觐见"充满了

---

[1] 〔美〕G.F.穆尔著，郭舜平等译：《基督教简史》，商务印书馆2010年版，第171页。

戏剧性效果，在用世俗武器争斗的战场上，格里高利七世根本不是皇帝亨利四世的对手。但这位教皇的临终遗言"我一生热爱正义，憎恨邪恶，为此才死于流亡"[①]，饱含着对教廷事业的关怀之情，这种宗教情感在继任的英诺森三世（Innocent III）和卜尼法斯八世（Boniface VIII）那里得到了进一步的回应和发扬。

这场"叙任权之争"于1122年拉下帷幕，教皇卡利克斯图斯二世（Gallixtus II）与皇帝亨利五世（Henry V）达成《沃尔姆斯宗教协定》（Concordat of Worms），互相承认对方的独立统治，一方是精神世界的主宰，另一方是世俗世界的领袖。

> 皇帝保证德国主教和修道院长按照教会规定自由选举产生，他只莅临选举，并在有争议的场合介入。皇帝还放弃了向他们授予象征宗教权力的指环和权杖的权利，而教皇则承认他的世俗叙任权，即以王笏轻触受圣职者，表示授予他们领地上的世俗权力，包括封建财产权、裁判权和世俗管理权等。[②]

然而《沃尔姆斯宗教协定》不过是这场政教大战中的暂时性妥协，它只能表明一个斗争回合的告终，但继后几百年的政治思想几乎都是围绕这场权力纷争展开的。到了中世纪晚期，西方政治思想经历了一场空前的"革命"。之所以称为革命，主要有三个方面的考虑：第一，该时期的政治思想体现出前所未有的多元化特征；第二，这种多元化思想的肇因具有近代化的特性；第三，在这场思想运动中孕育着近代国家政治理论的雏形。

[①] 〔英〕赫·赫德、德·普·韦利编，罗念生等译：《意大利简史》（上册），商务印书馆1975年版，第87页。

[②] Brian Tierney, ed., *The Crisis of Church and State 1050–1300*, New Jersey: Prentice-Hall Inc., 1964, p. 91.

12世纪，随着农业、贸易、手工业的迅速发展，西欧社会人口急剧膨胀，语言逐渐分化。虽然拉丁民族有着共同的基督教信仰，但在这株同质文明之树的根基上却生长出彼此迥然不同的民族文化，法国、英国、意大利等各地区的统治模式和政治社会都经历着变化。与之相应，这一时期的政治语言和政治思想也都处于不断变化的状态，因而很难用某种特定的政治理论或意识形态去概括中世纪晚期的政治思想。我们只能说在这股多元化政治思想的脉络里流淌着多重因素，基督教神学、罗马法法学和亚里士多德自然哲学等合力造就了中世纪晚期政治思想多元化的特点。[1] 一些历史学家也许会过多关注中世纪基督教世界的共性，强调教会的霸权地位。诚然，自教皇格里高利七世起的五百年里，教会和世俗统治者不断进行着权力的博弈，教会并不满足于只在精神世界里担当上帝的牧者。从12世纪中叶开始，罗马教廷较之其扮演的精神主宰的角色，它首先是作为一种政府机构和法律机构而存在的。[2] 但我们并不能因此忽视教会在势力扩张过程中遭遇到的反抗力量，教会对世俗事务的干涉以及对物质财富的觊觎与它宣扬的朴素禁欲形成了强烈的反差，许多人开始对教会布讲的理论提出质疑。12世纪教会法学家提出了教皇拥有"完满权力"（plenitude of power）和至高权威，这个观点不断遭到现世主义思想家的猛烈抨击。

意大利是罗马教廷的所在地，同时又是神圣罗马帝国权力扩张的中心，相互对立的意识形态在这片土地上表现得尤为明显，关于精神

---

[1] 美国历史学家汤普逊认为中世纪政治理论中的"国家"观念主要有三种来源：罗马法、基督教、日耳曼传统。古罗马人相信国家是至高永恒的，但对臣民无须负责；基督教思想通过奥古斯丁的学说宣扬国家是带有罪孽的人类产物，教会被赋予净化国家的职能，因此国家是隶属于教会之下的；日耳曼人则强调个人的权利，国家与臣民形同领主与附庸之间的关系，国家是一种松懈的契约式社会有机体。参见〔美〕汤普逊著，耿淡如译：《中世纪经济社会史》（下册），商务印书馆1984年版，第324—325页。

[2] 〔英〕J. H. 伯恩斯主编，程志敏等译：《剑桥中世纪政治思想史》（下），生活·读书·新知三联书店2009年版，第484页。

权力和世俗权力的争论构成了意大利政治思想的主题。为了更好地了解欧洲中世纪教会与世俗国家之间二元对峙的关系，同时充分把握在这种关系中形成的双剑理论、帝国理论、民治理论等政治思想中的"国家"观念，我们必须先了解这些政治观念诞生的历史和政治背景，既要知道意大利是怎样步入封建社会的，又要知道基督教是如何滋养这种社会风气的。

488年，东哥特人的国王西奥多里克（Theodoric）在东罗马皇帝芝诺（Zeno）的支持下入侵意大利，推翻了意大利的第一个日耳曼蛮族国王奥多亚克（Odoacer）后开始了对拉文纳的统治。西奥多里克崇敬罗马，将之视为孕育古代文明的圣城，他延续了古罗马的政体制度，继续由元老院任命罗马总督，希望通过这种方式使其异族政权得以合理化。在西奥多里克看来，自己只是皇帝权力的代理人，而非独立主权的行使者。倘若我们将这段历史置于历史长河中加以评判，便能够看出，因西奥多里克征服而引起的迁都及其对罗马的崇敬之情是造成意大利领土分裂的关键因素。自那时起，罗马的权威就与意大利世俗统治者的权威实现了分离，在亚平宁半岛上并存着两股势力，一方为世俗的君主权力，蛮族国王们凭借强大的军事力量横行在古罗马帝国的土地上；另一方为教会的宗教权力，主教们倚仗的是圣彼得的无限权威以及罗马人民虔诚笃信的天性。

接踵而至的伦巴第入侵者比哥特人更加强大且可怕，他们是拜占庭帝国的将军纳尔西斯（Narses）为谋夺政权而召集的，尽管纳尔西斯没能亲眼见证伦巴第人在帕维亚（Pavia）建立起第二个蛮族王国。在征服意大利的过程中，伦巴第人所占领的以及未能征服的领地分布决定了意大利未来的政治格局，他们在意大利的得势酿成了意大利的长久分裂。伦巴第人将意大利割裂为几个板块，北方大陆地区听从帕维亚的统治，中部受斯波莱托公国（Spoleto）控制，南部的贝内文托公国（Benevento）则继承了阿尔博英（Alboin）打下的江山。但是，面对来势汹汹的伦巴第人,罗马城在她古老的威仪下依旧毫发无损,威尼斯、热那亚、比萨、那不勒斯、西西里等沿海城市同样捍卫着自身的独立,这些城市成功抵御了来自条顿入侵者的威胁,而日渐衰退的拜占庭帝国对于那些表面上承认其权威实则自治的城市也无可奈何。然而,伦巴第国王在驻扎意大利后不久便采取了最关键的一招,即改宗信奉基督教,以此加强与罗马教会的联系,同时避免了在独立精神日盛的教皇领地上披上暴君欺压的恶名。伦巴第人改宗[①]的初衷现已无从知晓,但他们很有可能是想以这种方式来平息领地上暴动的诸侯,同时寻求被征服地区民众的支持。这对于罗马教廷而言无疑是扩大权力范围的大好时机和绝佳借口,教会在格里高利的领导下建立起等级制度,设立宗教法庭,不容错过任何增强教会世俗权力和扩大主教辖区领地的机会。718年,罗马教廷成功摆脱了拜占庭帝国的束缚,许多教廷管区在教皇的领导下开始造反,伦巴第人乘机发动攻势。751年,伦巴第国王攻陷拉文纳,总督区五城(Exarchate Pentapolis)就此灭亡。这时教皇深刻体会到"一个有权势的伦巴第人对他们主权的威胁,比一个不在这里的皇帝更为直接"[②]。教皇史蒂芬二世(Stephen II)不得不于753年来到高卢,授予法兰克国王丕平(Pepin)罗马贵族的头衔,并邀请他来平息意大利内乱。丕平把伦巴第人赶出了拉文纳,他的儿子查理曼(Charlemagne)戴上了伦巴第王冠,并于公元800年在罗马加冕,由此建立的神圣罗马帝国持续了千年。

至此,最初因西奥多里克崇拜罗马而造就了双重权力中心,继而因伦巴第人的征服造成了意大利领土的进一步分裂,这种分裂局面最终在查理曼与教皇的协定下结束了,在西方基督教国家里诞生了一个新的帝国。值得注意的是,罗马、威尼斯、比萨、热那亚以及意大利

---

① 由原来的阿里安教派(Arianism)改信基督教。
② 〔英〕赫·赫德、德·普·韦利编,罗念生等译:《意大利简史》(上册),第67页。

南部沿海诸城市均游离于帝国管辖范围之外,她们各自遵循着独特的路径发展,这也是为什么这些城市国家能够最先取得繁荣的原因之一。然而,神圣罗马帝国的建立决定了意大利未来历史前进的方向,意大利的命运就此与北方日耳曼民族结合到了一起,她再也无法像英、法等国那样,凝聚起一股统一的政治力量。

作为回报,查理曼默认了早先丕平将拉文纳总督五城赠予教皇的做法,这片总督管区和罗马公国组成了教皇国的主要领地,为日后教会扩大世俗政权奠定了基础。与此同时,皇帝仍没有忘记帝国的权益,这位新君主力图把从伦巴第人那里夺取的意大利行省改造成法兰克王国。先后继位的八位皇帝以帕维亚为基地,通过将领地分封给诸侯的方式延续着对意大利的控制。于是在伦巴第旧有的领土结构内逐渐确立起一套新的治理模式,相互分散的分封领地分化了整体的权力,辖地诸侯的势力日益崛起。

日耳曼人的入侵促成了欧洲封建化的进程,"日耳曼人的封建制度横切过来,使希腊罗马人从原始的奴隶社会直接进入到封建社会"[1]。当然,这是个漫长的历程,大约到11世纪,欧洲社会才彻底完成了封建化进程,这主要体现在如下三个方面:

第一,日耳曼人对于土地和财产的观念与罗马人有很大的差别。日耳曼人并不擅长贸易经商,土地成为他们从事经济活动的中心,并且在日耳曼人的地产观念中没有所有权的概念。换言之,在同一片土地上许多人能够同时拥有各自不同的权利和利益,这与罗马人的排他性财产所有权观念构成了本质上的区别。962年,由奥托一世(Otto I)开创的德意志萨克森王朝的皇帝们把新征服的意大利领土大肆分封给贵族,由此将伦巴第人和法兰克人治下的意大利转变为德国封建制下

---

[1] 张桂琳、庞金友主编:《西方古代中世纪政治思想研究》,社会科学文献出版社2012年版,第207页。

的新意大利，通过对宗主宣誓效忠以确保受封的贵族享有阿尔卑斯山另一侧领地上的利益，这种领土分封制导致了罗马世袭贵族阶级曾经的领地界线变得模糊与混淆。

第二，日耳曼人没有明确的法的观念，在他们看来，习惯就是法。但是各个地区和氏族都有一套风俗习惯，因此日耳曼人没有一个统一的法的权威，他们在千差万别的习惯法下依据个人好恶选择服从和效忠，这种法制观念相应地造成了多个权力中心。封建领主和附庸不受制于任何公共法，国王也只不过是个有着最高头衔的宗主，在具体的地方割据范围内，王权甚至不敌附庸的封建领主。

第三，日耳曼人高度重视并依赖个人权利的本性，使得他们在建构社会基本秩序的过程中确立起人与人之间的契约关系。权利和权力其实互为表里，或者说同属于建构等级秩序方式的两个面相。自西罗马帝国衰亡后，纷沓而至的条顿部落建立起封建分封制，造成了欧洲范围内政治格局的高度碎片化，没有谁的权力可以强大到足够通吃所有其他人的权力，于是人们自然会寻求保障既得权利的方式。契约关系被视为保护权利的最有效形式，缔结契约的目的说到底是"权利斗争"的结果。换言之，我可以不与你争夺你的权力（power），但是我绝对不会放弃我的权利（rights），你如果想要得到或继续保有你的权力的话，你就必须承认并保护我的权利，我的权利构成了你的权力的根本依据。[1] 如果将这种领主与附庸的契约观念放在国家范围内进行考量的话，我们很容易明白国王与臣民的关系是建立在权力与权利对等互惠的原则上的，统治者必须与被统治者共同协商来制定决策。[2]

---

[1] 李筠：《西方中世纪政治思想研究漫谈》，张桂琳、庞金友主编：《西方古代中世纪政治思想研究》，第307页。

[2] 这里所谓的政治协商并不意味着与人民协商，因为按照神意，掌权者和富人就是人民的天然代表。因此国王或诸侯只向他的主要臣属和自己的附庸征求意见，但即便是最骄横的君主也不会违背这种协商制度。参见〔法〕马克·布洛赫著，李增洪、侯树栋、张绪山译：《封建社会》(下卷)，商务印书馆2012年版，第655页。

这种以彼此同意为基础的封建契约制度造成了中世纪政治思想中有关"王权"(kingship)的观念陷入了进退维谷的两难境地：一方面它要赋予统治者至高无上的权威；另一方面它又要对这种权威加以限制，如同给飞奔的野马套上鞍鞯，牵着辔头的缰绳则被紧紧攥在国家臣民的手里。

当然，基督教会在面对这种深刻的社会政治变革时是绝不会坐以待毙的。教会宣扬的等级制度和逆来顺受的精神灌输为封建社会提供了再合适不过的观念装备。虽然教会教导人们为了来世的幸福必须默默忍受现世的苦难，但教会组织却在不断强化自身势力。早在法兰克人统治时期，意大利三分之一的领土已归教会所有，教会有权解除领地上诸侯承担的军事义务，而奥托一世对于主教权力的让步更是壮大了教会势力。大城市主教的地位与公爵几乎不分上下，教会势力之所以能够迅速扩大，既得益于封建制度对王权的限制，又取决于教会自身顺应了时代的变化，通过完善教会组织、兜售圣职、征收十一税等方式急速累积财富，与世俗统治权力分庭抗礼。比如，米兰虽然遭受帕维亚的欺压，但作为伦巴第大区的主要教会国，她的地位依然高高在上；阿奎莱亚(Aquileia)尽管是片沙漠之地，却有自己的教长；奇维达雷(Cividale)作为牵制周边城镇的要塞，虽是个小村庄但也是教会重镇。[1] 就这样，基督教会从最初作为统治阶级的合作伙伴，一步步转变为与世俗统治者争夺权力的强劲对手。

二、世俗封建国家

在中世纪神学的传统观念中，"国家"被视为人类堕落的产物。人

---

[1] John A. Symonds, *A Short History of the Renaissance in Italy*, London: Adamant Media Co., 2004, p. 19.

类自亚当开始就沾染上恶习，因此需要一种约束以免人类进一步陷入罪恶的深渊，而国家恰好提供了这种限制性的强力。在经院哲学家的眼里，国家的功能蒙上了一层消极负面的色彩。基督教在创立伊始谨遵耶稣的话语："恺撒之物当归恺撒，上帝之物当归上帝"[1]，由此派生出统管两个世界的两种权力。接着，耶稣使徒圣保罗将这种划分上升到肉体与精神的区别，圣保罗借助奥尔弗斯神话，将世俗的力量比作身体、精神的力量喻为灵魂，"躯体是帐篷，灵魂暂居其中，然而帐篷被拆毁时，灵魂并非无家可归，天上的身体在等着它，那是上帝亲自营造的永存的房屋"[2]，此番解释为教会提供了"君权神授"的理论依托，让教会感到自己对于世俗政权理应抱有终极关怀。

中世纪教父哲学家圣奥古斯丁进一步发挥了圣保罗的思想，提出了"双重意志"学说。奥古斯丁早先皈依摩尼教，后来因为受到米兰主教安布罗斯（Ambrosius）的影响而改宗基督教。在《忏悔录》（Confessiones）中，奥古斯丁详细记述了自己思想斗争的经过，他并不否认世俗世界的价值以及肉体存在的意义，并且通过亲身体验，奥古斯丁领会到"肉体与精神相争，精神与肉体相争"的真谛。[3] 奥古斯丁认为，每个人都有双重意志，一属于肉体，一属于精神，肉体与世俗牵连与精神交绥，致使灵魂无法上升到认识真理的高度，由此引出的国家理论为我们搭建起一座双城论的框架。奥古斯丁虽然承认世俗国家存在的必要性，并指出国家具有一种"善"的力量，以此惩罚盘踞在亚当子孙身内的罪，但只有上帝之城才能保障永恒的"至善"，即便我们幸获"恺撒之友"的地位，也不得不忍受朝乾夕惕，然而若是能够成为"天主之友"，灵魂则将得到慰藉。

---

[1] 《路加福音》第 20 章 25 节。
[2] 〔美〕G. F. 穆尔著，郭舜平等译：《基督教简史》，第 32 页。
[3] 《加拉太书》第 5 章 17 节。

永远的真福在上提携着我们，而尘世的享受在下控引我们，一个灵魂具有二者的爱好，但二者都不能占有整个意志，因此灵魂被重大的忧苦所割裂：真理使它更爱前者，而习惯又使它舍不下后者。①

《上帝之城》(City of God)②是奥古斯丁在晚年所著，折射出奥古斯丁关于"国家"职能最为直接的看法。奥古斯丁思想中的世人之城（civitas terrena）与上帝之城（civitas dei）实为同一个国家的两个面相，如同精神与肉体的结合，在个体身上表现为彼此对立的双重意志。"有些人热爱永恒之物，另一些人迷恋世俗之物"③，从这两种不同的爱意中生发出两个国度，虽然这两个"国家"的目的不同，彼此之间亦有冲突，但这种对立并非无法调和。人们通过世俗国家这个媒介培养彼此之间，甚至与上帝间的良善关系。在奥古斯丁看来，世俗国家是通往上帝之城的必经之路，无论国家的起源如何充满了原罪与堕落，毕竟国家存在的目的具有一定的积极作用。但是不可否认，奥古斯丁对国家的阐释终究是建立在基督教信仰的基础之上，以《圣经》为牢固依据的。奥古斯丁的双城论明显表露出对上帝之城的偏爱，他对于非基督教国家的无情批驳再度表明了真正的国家唯有神的国度。

奥古斯丁的"神权"国家观在很长一段时期内都占据主导地位，

---

① 〔古罗马〕奥古斯丁著，周士良译：《忏悔录》，商务印书馆2015年版，第165页。
② 《上帝之城》由两部分组成，前十卷主要批判多神教，反映出奥古斯丁受古典文化之熏陶，尤其六至十卷是建立在对新柏拉图主义的理解上；后十二卷则构成了奥古斯丁国家观念的主要内容。参见 Michael Haren, *Medieval Thought: The Western Intellectual Tradition from Antiquity to the Thirteenth Century*, London: Macmillan Publishers Ltd., 1985, p. 53。
③ St. Augustine, *City of God*, XIV, 28; 转引自 Michael Haren, *Medieval Thought: The Western Intellectual Tradition from Antiquity to the Thirteenth Century*, p. 54.

直至中世纪晚期才遭遇挑战。首先,"蛮族"入侵并取代罗马帝国已成事实,君主制作为一种新的国家制度在日耳曼习俗中逐渐形成。君主制虽然在古希腊罗马思想家的著作中早被提及[1],但直到日耳曼人的到来才真正将之变为西欧政治生活中的现实。在日耳曼人的封建观念中,国家是带有契约性质的有机体,国家运作的原则是建立在契约关系上的责任制。汤普逊不无见地地指出:"罗马贡献了财产的关系,日耳曼人贡献了人身的关系。"[2]9世纪法兰克帝国分裂,日耳曼人的入侵直接将欧洲带入了封建社会。尽管封建制度伴有政治压迫、经济剥削的性质,但整体而言,它有助于社会的进步与完善。在日耳曼封建制度的影响下萌发出了一系列近代化的国家政治思想,比如:习俗是不可违背之法,国家运作必须遵循风俗习惯,统治者的权威来自君权固有的威严,作为最高封建主的国王与其臣民之间必须各自履行契约义务方可享有权利。

其次,12世纪罗马法复兴导致了复合型国家观念的诞生。法学家开始注重从法律当中寻找立法权威的最高来源,罗马法[3]尤其是《民法大全》中"私法"(ius Privatum)部分具有世俗性的特征,美国学者麦基文(Charles Howard Mcilwain)将之视为宪政思想的重要源

---

[1] 柏拉图在《理想国》中划分了四种政体:贵族制、寡头制、民主制、僭主制;亚里士多德在《政治学》中根据政体的道德目的和统治权威的人数划分出六类政体:君主制、贵族制、共和制、僭主制、寡头制、民主制;西塞罗在与柏拉图同名著作中也区分了六类政体:君主制、贵族制、民主制以及与之对应的蜕化形式,即僭主政治、寡头政治和暴徒统治。
[2] 〔美〕汤普逊著,耿淡如译:《中世纪经济社会史》(下册),第325页。
[3] 伴随着罗马法的复兴出现了法学的全面复兴,科学性的法学研究在罗马帝国灭亡时一并中断了。日耳曼人的习惯法和封建时期的法律都不是以立法条文为基础,而是建立在部落或采邑的古老习俗上,直至12世纪罗马法的《民法大全》的全面发现才使法学研究重回科学的道路。因为只有在罗马法律条文中,特别是在《法理汇要》中才能找到发现方法的模式。参见〔美〕查尔斯·霍默·哈斯金斯著,夏继果译:《12世纪文艺复兴》,上海人民出版社2005年版,第159—160页。

头。"国家"被视为一种政治共同体,人们为了追求共同利益而组建国家,君主是头颅,臣民是躯干,统治者拥有的权力是共同体的成员让渡于他的,国家的运作类似于"艺术的工作"。与之相反,古罗马法学家多米提乌斯·乌尔比安(Domitius Ulpianus)通过研究《学说汇纂》(*Digesta*,又译《法学汇编》)得出了王权至上的结论,其著名的格言"使君主愉快的便是具有法律效力的""君主不受法律约束"[①],则是对罗马法的另一种解读。

再者,13世纪亚里士多德自然政治学的重新发现在欧洲引发了国家观的新一轮革命。由于"人在本性上是政治动物"[②],因此"国家"是人类为了实践自然秉性而存在的政治场域,每个人通过发挥本性中合作共存的自然意识使得人类能够最大程度地实现自我价值。由于人类天性需求而产生的国家是个活的有机体,如同人的生命有限,国家也会发展和演变。亚里士多德政治观表明,国家是人性自然的实现,国家不仅是保障人类基本生活的必要场域,而且是使得人类达到更好生活的唯一途径。亚里士多德政治革命为"国家"摘下了作为人类堕落产物的标签,他为国家存在的必要性和合理性提供了解释,将世俗国家从基督教世界(Christianitas)中解放出来,主张"国家"是具有独立性和自足性的政治实体。不仅如此,亚里士多德在《政治学》开头便划分了国家政治共同体与家庭的区别,明确指出城邦与家庭和其他团体不仅只是大小之分,并且还有着实际上的差异[③],这为以后的思想家分析整体与部分、国家与公民间关系提供了新的思路。

由此可见,中世纪政治思想的主题大致可以归结为统治权力的属性及其归属问题,在权力的两端分别伫立着教皇和皇帝,"上帝之物"

---

① 〔英〕J. H. 伯恩斯主编,程志敏等译:《剑桥中世纪政治思想史》(下),第582页。
② 〔古希腊〕亚里士多德著,吴寿彭译:《政治学》,商务印书馆2012年版,第7页。
③ 〔古希腊〕亚里士多德著,吴寿彭译:《政治学》,第3—4页。

和"恺撒之物"的区别建构起二元对立的分权框架。由于权力的性质及其界定的问题与统治权的合法性密切相关,因而无论是教会法学家还是皇帝的辩护人都试图从源头上为各自的权力正名。权力的归属决定了国家性质,至中世纪晚期,在基督教理论、日耳曼习俗、罗马法传统、亚里士多德政治思想的交织影响下,形成了多样化的国家观念,其中最为典型的有阿奎那、但丁和帕多瓦的马西利乌斯的国家说。

托马斯·阿奎那(1225—1274)是中世纪经院哲学的集大成者,作为多明我会(Dominican Order)的修道士,阿奎那并没有选择隐修生活,而是与世俗君主和教皇都有密切往来,其著作《论君主政治》(*De Regimine Principum*)和《论对犹太人的统治》(*De Regimine Judaeorum*)就是分别献给塞浦路斯国王和布拉班女公爵的。阿奎那 16 岁便开始跟随博学的大阿尔伯特(Albert the Great)研究亚里士多德思想,广阔的社交圈子加上深厚的哲学修养让阿奎那重新思考奥古斯丁消极的国家观念。阿奎那的巨制《神学大全》(*Summa Theologiae*)不仅表明其重建教阶秩序的决心,更表明了他试图建构起一种更为持久的普世性国家政治理论。[1] 文德尔班指出,托马斯旨在调和自然神学与天启神学之间的矛盾[2],换言之,阿奎那实现了亚里士多德的自然国家观与奥古斯丁的神学宗教观的巧妙糅合,他试图证明基督教中的神性与人类思想中的理性并非水火不容,信仰和智识、神学与哲学完全能够和谐并存。[3] 若不是阿奎那努力在"天启"和"人为"之间架构起桥梁的话,我们很难想象在中世纪"人性本沉沦,

---

[1] J. I. Catto, "Ideas and Experience in the Political Thought of Aquinas", *Past and Present*, vol. 71, 1976, pp. 3-21.

[2] 〔德〕文德尔班著,罗达仁译:《哲学史教程》(上卷),商务印书馆 1997 年版,第 431 页。

[3] Antony Black, *Political Thought in Europe 1250-1450*, p. 21.

理性无足恃"的基督教主导观念下能够形成近代国家政治理论。[①]

阿奎那充分吸收了亚里士多德的自然国家论,他在《论君主政治》开篇写道:"人天然是个社会的和政治的动物,注定比其他一切动物要过更多的合群生活"[②],由此透过人类本性来理解国家性质。就个体的人而言,每个人都具有社会性和政治性,这种自然属性决定了人类必须过集体合作的生活,这就为"国家"的存在提供了必要前提。人类所具有的特殊语言能力使得人与人之间能进行思想沟通,"朋辈共处对人来说是十分自然的和必需的"[③],只有共同生活在社会中,每个人才能够实现自身目的和价值。当然,阿奎那也注意到社会中难免有像隐士或圣徒那样寡欲独居之人,

再者,由于人类生活在群体之中,各自有不同的喜好和习惯,若顺从本性,每个人都只会顾及私利,那样势必引起社会秩序的混乱不宁,这就引出了如何才能保障合群生活的问题。阿奎那给出的答案是要借助两种工具:理性和法律。理性是上帝赋予人类独有的能力,"理性之对于人,犹上帝之对于宇宙"[④],在理性的指导下人类运用推理能力抱有目的地行事,法律则是限制王权的有效工具,因而必须制定有利于共同利益的法律条文。

国家具有引导社会的功能,人类本性决定了人必须过群居的社会生活并依靠自己来设置国家政治体系。在阿奎那看来,国家并非人类堕落的产物,与之相反,国家是人类为了自身物质与精神需要

---

① 学者陈思贤在《天使下凡:圣汤马斯时刻的来到》中将阿奎那政治思想的特点归结为四点:亚里士多德人本政治观(homo politicus)的再现;双重秩序理论;承认私有财产的正当性;将政治视为技艺,而非伦理的延伸。参见张桂琳、庞金友主编:《西方古代中世纪政治思想研究》,第245—250页。
② 〔意〕托马斯·阿奎那著,马清槐译:《阿奎那政治著作选》,第44页。
③ 〔意〕托马斯·阿奎那著,马清槐译:《阿奎那政治著作选》,第45页。
④ 〔意〕托马斯·阿奎那著,马清槐译:《阿奎那政治著作选》,第80页。

创造的。同样，我们也可以从对罗马帝国衰亡原因的分析上看出阿奎那国家观念中的近代性特征。奥古斯丁将帝国灭亡归因于上帝为了惩罚人子之罪的结果，阿奎那却从政治制度的发展中寻求答案。阿奎那模仿亚里士多德的政体六分法，将由一人统治的君主政治视为最好政体，僭主统治则是最无道的政权形式，听从暴君与听任野兽摆布没有分别，国孱民弱是暴政祸害的结果，"当摆脱难以忍受的屈辱的机会自行出现时，群众就不会那么循规蹈矩，还念念不忘忠贞不二的教条。更可能的是，一般人民觉得在采取一切办法以反抗心肠歹毒的暴君方面倒是并不缺乏信心的"[①]。人民在僭政下揭竿而起的事件在罗马历史上并不少见，在《论君主政治》第六章"君主制度的优点以及防止其蜕化为暴君政治的必要措施"中，阿奎那详细讨论了当人民面对暴戾的君主专制时应当如何采取行动，大致分为两类：依靠人力和求助上帝，前者又可以再细分为"容忍型""起义型"和"求取型"。[②]

但由于人类是借助上帝赋予的理性才成功创造出国家体系，归根结底国家仍然间接地属于上帝。君主之于国家犹如上帝之于宇宙，无论是建立一个新的王国还是对已有国家的治理都应参考上帝在世间的两个工作，"第一个方面是创造的行为；第二个方面是在创造以后随即对创造物的统治"[③]，君主应当采取的行动必须要效仿上帝在宇宙中

---

① 〔意〕托马斯·阿奎那著，马清槐译：《阿奎那政治著作选》，第 75 页。
② "容忍型"是指"如果暴政出乎意料地并不过分，那么，至少在一个时期内有限度地加以容忍，而不是由于反对它而甚至冒更大的危险"；"起义型"是指"如果暴政分外厉害，达到不堪忍受的地步，那么由一些比较有力量的公民起来杀死暴君，甚至为了解放社会而甘冒牺牲生命的危险，那也不失为一件好事"；"求取型"是指"任命国王来统治某一个社会的权利属于一位长辈，那么，纠正过度暴虐的办法就必须向他求取"。参见〔意〕托马斯·阿奎那著，马清槐译：《阿奎那政治著作选》，第 58—60 页。
③ 〔意〕托马斯·阿奎那著，马清槐译：《阿奎那政治著作选》，第 81 页。

的措施[1],"当没有希望靠人的助力来反对暴政时,就必须求助于万王之王的上帝"[2]。《论君主政治》第九章"天堂的最高幸福是人君的酬报"间接表露出没有一种世俗的幸福能够达到完美的境界,世间万物终究都归于上帝所造。由此可见,阿奎那从亚里士多德那里汲取的政治经验并不足以改变他对国家所具有的"神性"的终极肯定,或者说,阿奎那借鉴的只是自然科学的方法,在其国家观念里上帝永远是凌驾于国家之上的那个至高无上的缔造者。正如学者布莱克所言,阿奎那或者同时代的其他人从亚里士多德那里学到的只是一套全新的方法,而非一种全新的教义。如果将亚里士多德思想传入欧洲之前和之后加以比较的话,可以发现无论是关于教皇还是皇帝的著作,所发生的变化只在于政治表述的方式上,而非是对基督教教义的否定,因而若将之称为一场"亚里士多德-托马斯式的革命"委实为过。

但丁·阿利吉耶里(1265—1321)在《论世界帝国》(*De Monarchia*)中表达的国家观要比阿奎那更加贴近实际的政治事实。但丁综合了阿奎那与奥古斯丁的国家理论,他认可阿奎那主张的国家具有自然性,无论国家采用何种政治体制,自然形成的国家都具有自身的特殊性,一个既要服务于人类社会同时又带有自然属性的国家终究会因为人类的反复无常及刚愎自用而走向毁灭。但丁自身的不幸经历恰好验证了他的国家观。由于佛罗伦萨内部激烈的党争,但丁遭遇流放,被迫离开他热爱的祖国。为了克服国家自身的两面性,强大的世界帝国对于但丁而言是最好的解决方案,而这种世界帝国与其说是人类的产物,毋宁说是神意的杰作。不过但丁理想中的这个国家并非是奥古斯丁的

---

[1] 《论君主政治》第十二章"君主的职责:王权同精神对肉体和上帝对万物的支配权的相似之处"和第十三章"这一类比的进一步阐明和由此可以得出的结论"都在说明上帝对君主以及人世具有终极权力,同时也表明国家只有受一个人的统治时才符合自然规律。

[2] 〔意〕托马斯·阿奎那著,马清槐译:《阿奎那政治著作选》,第60页。

上帝之城，它虽然源自上帝所创，却是实实在在的世俗国家。但丁对奥古斯丁的国家观加以发挥，他将国家从天上带回到尘世。根据古罗马诗人维吉尔的预言，强大的罗马帝国注定会将和平与秩序重新带回四分五裂的世界。但丁个人的惨痛经历让他将意大利内部的党派恩仇归因于教皇与皇帝之间的权力争夺。但丁设想能有一个神圣的、普世的世俗国家帮助人类实现自身价值。但丁所主张的这种普世国家观显然对教会享有的精神权力构成了挑战，并且对于当时深陷与神圣罗马帝国皇帝路易四世纷争的教廷是极端不利的。因而1329年，教皇约翰二十二世（John XXII）下令焚烧但丁的著作。1559年，查理五世的家庭教师，即教皇哈德良六世为应对宗教改革而主张复兴但丁的政治思想，方才使得但丁的著作重现于世。

帕多瓦的马西利乌斯（1275—1342）继但丁之后进一步强调了国家所具有的积极意义。马西利乌斯从彻底世俗的角度出发，抱着探究政体与权威信仰的目的写出了《和平的保卫者》(The Defender of the Peace)[①]。布莱克认为，马西利乌斯使政治学成为人类富有创造性地探索世界的学科。[②]然而，我们不应当将马西利乌斯取得的成就归功于个人思想突破的成果，而应注意到那个时代意大利社会政治背景所发生的变化。

自阿奎那开始，现世主义的思想家便有意识地调和教皇与皇帝之间的矛盾，但他们始终无法彻底否定教会权威所具有的神性力量。在面对教权性质和起源的问题上，皇权辩护者的反唇相讥显得绵弱无力，这一方面是由于教会拥有特殊的精神力量，另一方面是因为教会占据了庞大的世俗利益。神学的影响长期麻木着人们的心灵，教会借

[①] 帕多瓦的马西利乌斯的《和平的保卫者》目前已出了中译本（陈广辉译，商务印书馆2023年版）。

[②] Antony Black, *Political Thought in Europe 1250-1450*, p. 21.

助上帝的名义掌控着精神世界，让世人相信它拥有打开天国之门的钥匙，成为国家与天堂之间的阶梯；同时，教会掌控着全国三分之一的土地，其中包括晚期罗马帝国皇帝的赐赠、"蛮族"国王赋予教会的土地管辖特权等，教会地产的庞大规模足以让世俗统治者为之震惊，主教地位不亚于大贵族，教皇则成为大地主。强大的经济实力使得一些封建诸侯甘心沦为主教附庸，建立在地产关系上的契约习俗消磨了反抗斗争的意志，进一步助长了教会的权威与野心。在政治权力、经济实力和社会地位的三重保障下，要想实现政教分离，或者企图将教权置于王权下的任何努力无不收效甚微。

然而到了14世纪马西利乌斯的时代，欧洲逐渐从中世纪神学统治的迷障中苏醒。自11世纪开始的欧洲社会在政治、经济、宗教上的变化终于到了14世纪发生了整体性的改变。这种变化首先还应当从教会的地位和影响说起。基督教在创教早期宣扬的教义曾为苦难中的人们提供了精神上的动力，这也是即便有遭受世俗迫害的危险，信徒人数却依然递增的原因。10至12世纪，教会从"蛮族"国王那获得的诸多特权以及对地产的占有欲望令其背离了自身教义。土地占有制和庇护制让教会庄园化，封建制度则让教会军事化。按照日耳曼封建法，土地权利与军事义务构成教会与国王之间的契约内容，国王将良田赠予教会，相应地，教会在国王出征时要提供兵源。教会的性质彻底封建化，教会成为封建采邑，主教身份形同于男爵。这不禁让皈依者开始质疑教会信誉，在教会布讲的道义与实践之间的悬殊差异侵蚀着基督教名声，人们的信仰开始动摇。再者，教会有着自己的行政组织和司法机构，最高的统治者是教皇，省长是大主教和主教。宗教会议是教会内部的立法会议，它制定法律，设立法院和宗教裁判所，其运作程序类似于国家，只不过教会要比中世纪欧洲任何"国家"更加坚不可摧。教会对世俗政治事务的干涉日益加强，它对世俗权力的野心严重破坏了意大利的和平与社会秩序。就人民心理而言，在遭受了频繁的社会动乱和战争蹂躏后，自然会寻求一种安稳生活，中世纪晚期出现的民族情感[①]使人们倾向接受既定的"蛮族"国家发展路线。但教会为了自身利益不惜邀请法国、德国、西班牙干涉意大利内部事务，这种以社会安定为代价的做法势必激起民众的不满情绪。加之近半个世纪"教廷大分裂"（The Great Schism）[②]造成的鼎足局势，不仅削弱了教会力量和它在人民心中的神圣地位，更使得教廷不得不承受三倍于以往的经费开支，财政负担加剧了教廷剥削，同时也揭露出教会内部的种种弊端。

亚里士多德思想的重新发现犹如为14世纪意大利政治思想家提供了一座巨大的"武器库"，诸多思想家纷纷从中寻找"武器"以发展自己的政治理论，而最强大的一件"武器"——主权国家理论——无疑被马西利乌斯选中。马西利乌斯摒弃了对教会的敬畏，尝试用纯粹的政治学眼光来看待世俗国家的问题，这使其得以向教会发起强有力的反击。《和平的保卫者》明确将国家权力从屈服于教会权威的状态中剥离出来，用世俗的观点论述国家权力的合理性，最终得出了完全不同于其他中世纪思想家的结论，颠覆了先前教会与国家权

[①] 坎宁指出，中世纪晚期民族情感的出现是12世纪中期以来不同国家发展的随从现象，例如"在关于帝国侵略的所谓'日耳曼人的风暴'（*furor teutonicus*）的影响下，成为意大利人而不是德国人的这种情感可以追溯到红胡子腓特烈时代"，但这种民族感绝不等同于近代民族主义。参见〔英〕J. H. 伯恩斯主编，程志敏等译：《剑桥中世纪政治思想史》（下），第489页。

[②] 1309年，教皇克莱芒五世把教廷迁至法国阿维尼翁（Avignon），史称"巴比伦之囚"。教皇教廷在之后的七十年里始终处于法国的控制下。1377年，格里高利十一世返回罗马任教皇，看似终于可以摆脱法国的影响，可惜次年继任的乌尔班六世登位后不久便同枢机主教产生矛盾，教廷另选出教皇克莱芒七世，于是半个世纪中在罗马和阿维尼翁并存着两位教皇。1409年的比萨会议上，双方枢机主教废黜了两位教皇，重新选出亚历山大五世，但这次基督教全体会议的成果并未得到认同，1410年，约翰二十三世继亚历山大五世后成为新教皇，于是在欧洲出现了三位教皇鼎足的局面。1414年，皇帝西吉斯蒙德为了结束教廷大分裂而召开了康斯坦茨大公会议（Council of Constance），1417年终于选出得到公认的新教皇马丁五世。

力之间的主从关系，形成了非精神化的国家观念。历史的进程表明，马西利乌斯的思想走在了时代前沿。14世纪，法国、英国等民族国家开始崛起，意大利中北部城市在帝国和教廷的缝隙中顽强地捍卫着独立和自治。

马西利乌斯曾担任维罗纳的斯卡拉大公和米兰的马泰奥·维斯孔蒂的顾问，他在神圣罗马帝国皇帝路易四世的庇护下逃离了教廷的迫害。马西利乌斯在1324年写成的《和平的保卫者》同许多政治理论著作一样，诞生于乱世纷争中。当时正值路易四世与约翰二十二世的权力争斗之时，马西利乌斯坚定地站在了教皇的对立阵营，其政治理论无疑是对当时局势的呼应。

首先，关于国家的性质和功能方面，马西利乌斯提出了一种纯粹的世俗性国家理论。国家是一种政治共同体，国家存在的目的是为了更好地服务于人类精神和物质生活的需要，而非神学家和经院哲学家所谓的救赎工具。其次，马西利乌斯认为教会是造成意大利分裂的重要原因，为了解除长期压制在国家身上的教会权杖，马西利乌斯否定了教会司法权的有效性，这无异于宣布教会无权干预世俗国家事务。但在解构教会权力的方法上，马西利乌斯与但丁有所不同。但丁通过帝国至上论，将教会完全赶下了政治权力的舞台；马西利乌斯却采取了一种较为温和的方式，他将教士阶层吸纳到国家共同体当中，使其成为世俗国家组成结构的一部分。在马西利乌斯看来，教皇、主教不是凌驾于人民之上的上帝牧者；相反，他们也要听从于国家的号令，国家是基于人民共同意志建立起来的，因而教士也隶属于人民和国家。马西利乌斯将人类物质需求置于社会需求之上，只有当人类自然生理的需要得到满足后才会衍生出社会性的需要。国家对于马西利乌斯而言，不仅仅是对传统习俗的消极接纳，而且能够有效地改变甚至是创造新的规制，以便更好地适应人类生活的需求。由于习俗和法律只能来自人类群体，因此权力理应归人民大众所共有，但在实际操作的过程中，群众往往会将权力让渡于他们共同承认的领袖手中。由此可见，国家是人类自身创立的机构，无论是在起源还是实际运作中，国家的功能作用都是为了更好地满足人类本能的需求，而非来自外界任何超自然的存在。再者，马西利乌斯的国家理论强调了法律的功能作用。国家必须由法来管制，并且这种统摄的法不是高高在上的神法或是抽象的自然法，它是经过具有立法权的人民大众共同认可并制定的实在法，法的存在能够有效防止暴君专制。总之，人民才是国家真正的主人。

由此可见，在阿奎那、但丁以及马西利乌斯的国家观念中都涉及几点共通的问题：第一，对于不同政体相对价值的衡量；第二，公共利益在国家政治中的地位与作用；第三，公民在国家事务中扮演的角色。这三位中世纪晚期的意大利思想家纷纷追随亚里士多德的脚步，认为国家的存在并非出于洗刷原罪的目的，而是人类为了自身需要的创造。个体组建起家庭、地区、城市，直至最终建立一个王国或国家，这不仅合乎人类理性，同时也符合自然发展的规律。阿奎那试图在神学基础上建构理性国家，但丁希冀古罗马人的世界帝国能够重现，帕多瓦的马西利乌斯则坚决捍卫世俗国家的权威。

此外，在论述国家与教会关系的问题上，阿奎那、但丁和马西利乌斯也分别给出了三种理论模式。阿奎那虽然成功调和了政教分歧，但仍囿于奥古斯丁的神学框架下，在阿奎那看来，基督教国家是凌驾于世俗国家之上的终极权力拥有者。但丁由于亲历党争带来的危害，对教会造成的意大利分裂深感痛心，为此他构建起基于统一原则的帝国理论。这个世界帝国君主的权力直接来源于上帝而非罗马教皇，由此奠定了政教分离的思想基础。马西利乌斯则将教会纳入世俗国家的统治范围内，将民意视为国家权威的唯一来源。国家要在法的限度内运作，法律的制定又要基于人民的一致同意，由此他推导出国家权力掌握在人民手里，只有人民才是国家真正的主人，拥有至高无上的权力。马西利乌斯的国家理论中的民治思想使其无愧为近代国家政治理论的先驱。

第二节
意大利文艺复兴时期的"国家"

西方文明的发展大致可划分为三个阶段：第一是以古希腊罗马为中心的古代文明，第二是以基督教日耳曼国家为中心的中世纪文明，第三是近现代的西方文明。文艺复兴在西方文明的发展史上扮演着承上启下的关键角色，标志着中世纪向早期近代的过渡转型，一方面旧有的社会秩序和统治方式正被打破，另一方面新的政治观念和政治机制尚未成型。

一、从城市公社到城市国家的发展模式

从中世纪到文艺复兴，西欧各地政治统治的模式大致依循两条路线：其一是以英、法等国为代表，由中世纪的封建王朝政治模式向近代民族国家的演变；其二是以意大利中北部地区为代表，由中世纪城市公社逐渐发展成为拥有明确领土范围的城市国家。然而，意大利城市国家的形成并非完全是文艺复兴时期的产物，米兰、维罗纳、锡耶纳、佛罗伦萨等城市国家的源头甚至可以追溯至古希腊罗马时代。在中世纪，意大利大部分地区迎来了人口与经济的急剧增长，许多城市的外围疆界与内部结构基本都是在中世纪成型的。11 至 13 世纪，神圣罗马帝国和教皇国之间的敌对态势为意大利中北部城市提供了迅速

发展的契机。伴随着教廷大分裂和神圣罗马帝国内部的种种危机，两个强大的权力中心到了 14 世纪初期已大不如前。

中世纪的欧洲尚处于封建体系的笼罩下，其特征包括人身依附、私法审判和地方割据。在中世纪早期，极少有固定的通商贸易，社会各阶层几乎全部依赖土地维持生计。庄园是中世纪最基本的政治经济单位，庄园主和佃农各自出于生活需要而结合在一起。从经济上看，封建统治必须依赖两个条件：其一，土地是唯一被认可的财富形式；其二，几乎没有货币流通。按照习俗，在土地与劳务之间构成对等关系，作为劳务报酬，土地是唯一被接受的东西。如果人们租用或受领土地，就必须以劳务偿还，包括种地、服役或宗教服务。在自上而下的中世纪封建社会里，国王将土地作为采邑分封给王公诸侯，以此换取军事服务，维持社会秩序。依此类推，封建大领主成了各自封地上的"王"，他们也按功劳大小将一部分土地逐级下封。虽然在理论上，国王是最大的封建领主，但实际情况却是诸侯割据，大小领主们在各自领地上独霸一方。因而，封建化的过程其实就是中央权力碎片化、地方势力集权化的过程，随着诸侯势力的不断壮大，"国家"的整体性早已荡然无存。与欧洲各地不同，意大利中北部地区并没有真正经历过封建制度的洗礼，当英、法等国在与地方势力较量的过程中逐渐形成统一的民族国家之际，意大利却展现出另一幅政治图景。[1]

在中世纪晚期，意大利各地已形成了初具规模的城市公社。城市的繁荣主要依靠贸易活动，商人阶级在商贸过程中不断发展壮大。他们创造、运转、分配、累积财富，城市人口也因此分化成三个等级：传统显贵构成的上层（*maiores*）、新兴商人构成的中层（*mediocres*）、

---

[1] Wallace K. Ferguson, "Toward the Modern State", in idem et al. eds., *The Renaissance: Six Essays*, New York: Harper & Row, 1962, pp. 1–28.

劳作小民构成的下层（minores）。其中，中层阶级是城市经济的核心，而位于社会下层的大批无产者，如工匠、手工业者等占据了城市人口的最大比例。上层统治阶级不得不在政治上做出让步和调整，以适应迅速成长的中下层阶级的需求。此前，传统显贵的地位与财富基本上取决于土地所有权，然而城市化运动的兴起迫使他们融入历史潮流，从乡间城堡搬到城内。城市化效应不断由城市中心向边缘辐射。

意大利城市公社的基本目标主要有两点：第一是不受任何外界势力的干涉；第二是不断追求更大程度的自由与独立。城市公社的建立正是为了迎合城市的生存与发展。城市公社是城市内部基于共同利益的政治集合体，公社最基本的职能是代表并维护内部成员的利益，无论是教会还是包括皇帝在内的封建领主都对意大利城市公社的发展无可奈何。一般而言，城市公社的核心组织是公民集会，又可称作"人民议会"（parlamento）。公社中核心领导集团的成员是以各种方式推选出来的人民代表，他们被称为"贤人"（boni homines）。11世纪，比萨、米兰、阿雷佐（Arezzo）、热那亚、阿斯蒂（Asti）等城市已经有专门的执政官（consul）负责城市事务。执政官代表城市对外行事，这些政府官员都有各自相应的职责，被赋予行政、财政、司法、审判等权力。

意大利各城市灵活地周旋于皇帝与教皇之间，并且在应对两大对峙的权力中心的过程中培养起处理宗教和世俗事务的能力。城市力量的壮大主要体现在两个方面：首先，城市与乡郊之间构成了唇齿相依的共生关系。城市周边的近郊领地（contado）成为城市发展的基础，从粮食供给、招募民兵、缴纳税收等各个方面为城市提供保障，并且近郊领地往往还是战争时的武力缓冲地带以及过往商客歇息落脚的驿站。但无论乡郊对于城市的贡献再大，都不可能取代城市成为政治活动的中心。其次，城市与城市之间形成吸纳吞并的附属关系。一些地处贸易通商要塞、拥有众多人口的城市发展得更加迅速，相应地也就需要更多资源和空间。城市发展的必要手段之一就是对外扩张，在征服和吸纳其他城市的道路上，城市逐渐演变为拥有明确领土范围的城市国家。由此可见，城市国家的形成是一个由中心向周边不断扩张、权力辐射的过程，原本模糊的领土界限随着城市国家的形成而变得清晰。城市在开疆扩土方面表现出来的积极性丝毫不亚于任何封建领主，那种追求利益最大化和控制权力的野心将城市所具有的世俗性特征展现得淋漓尽致。

随着乡村城市化和城市国家化，城市统治的对象由最先的市民逐渐扩大到移民、属民，城市的经济模式也由原来以土地为主演变为以商贸为主。如何平衡不同行业、行会组织之间的利益，协调不同社会阶层之间的权力，成为城市国家面临的重要难题，这势必要求管理体制的完善和政府官职的细化。早期意大利城市国家基本都是共和制，城市经济的发展使得城市人口的身份日趋多样化。传统显贵组成的上层阶级与新富商组成的中产阶级之间的壁垒逐渐被打破，转变为由贵族与平民构成的二元体系，贵族又分为乡村旧贵族和城市新贵族。城市国家首先考虑的是城市人口的利益，随后才是近郊，城市中又以大行会成员的利益为先。以佛罗伦萨为例，羊毛、丝织、染业等大行会贸易构成了佛罗伦萨经济收入的主要来源，远距离贸易的需要使得大行会与金融业、造船业有着千丝万缕的关系。至 13 世纪中叶，佛罗伦萨已有 80 多家银行，佛罗伦萨当时流通的弗罗林金币（florins）很快成为全欧洲范围内的通用货币。

意大利中北部地区之所以能够按照不同的国家模式不断发展，主要取决于政治和经济两方面的原因。首先，在政治方面，意大利在 14 世纪前一直受到两股势力的交替影响，神圣罗马帝国以及横踞在亚平宁半岛中心地带上的教皇国都竭力主张各自权威。10 至 13 世纪，神圣罗马帝国皇帝始终是意大利人民名义上的宗主，而以罗马为中心的教皇则是意大利人民在精神上的领袖。无论教皇还是皇帝都不甘示弱地争夺着至高权威,彼此间的较量与冲突谱写出意大利中世纪历史的篇章。然而始终没有哪方能够完全掌控局势成为意大利唯一的主宰,也正是因为这两股势力长期处于此消彼长的拉锯对抗之中,才导致意大利在形成统一的民族国家进程上远远落后于英、法等国。其次,在经济方面,意大利的商贸活动要远早于欧洲各地,一则由于意大利占据得天独厚的地理位置,成为连接地中海东岸与欧洲内陆的贸易桥梁,二则由于意大利商人拥有无可比拟的经商天赋。城市人口的增长与财富的迅速积聚极大地冲击着原封建势力赖以生存的土壤,城市生活犹如磁石般吸引着包括封建贵族在内的各类人群。伴随城市化运动的兴起,皇帝与教皇的二元体系产生了新的裂缝,城市作为一股新生力量不仅成为教皇和皇帝争相拉拢的对象,更是在双方权力争夺战中坐收渔翁之利,尤其是意大利中北部地区的许多城市,在实际的政治生活中享有独立和自治。13世纪下半叶,神圣罗马帝国已经疲于顾及意大利,也不再有插手意大利事务的能力;14世纪初期,教廷迫于法国国王菲利普四世的压力迁至阿维尼翁,开启了长达七十年的教会"巴比伦之囚"(1309—1378)。随着教权与皇权的同步离去,意大利城市迎来了空前的发展契机。当人们对神圣罗马帝国的敬仰已如日薄西山,当教皇的威权即便是在罗马也遭人鄙夷漠视时,一种新的政治文明——城市国家——便在这片权力真空的地带上获得了新生。[1]

然而我们不禁发问,城市公社为何会趋向没落?专制君主又是如何取而代之登上了历史舞台的?毋庸置疑,这个问题相当复杂,是内外合力产生的结果,既有来自内部党派分裂的离心力,又有来自外部势力干涉的压力,此处仅针对较为关键的两个方面加以分析。

---

[1] Eugene F. Rice Jr., *The Foundations of Early Modern Europe 1460–1559*, London: W. W. Norton & Company, 1970, p. 114.

第一是政治因素。教皇与皇帝之间的权力争夺在意大利城市内部具体表现为圭尔夫派（Guelf）与吉伯林派（Ghibelline）之间的较量。城市中的个人和团体都自觉或不自觉地被贴上了标签，在亲教皇的圭尔夫派与支持皇帝的吉伯林派之间选择投靠拉拢的对象。久而久之，派系争斗演变成各大家族间的冲突，倘若站错阵营则随时都有可能被流放。城市内部党派倾轧的状况同样体现在城市之间的关系上。弱小的城市犹如刀俎上的鱼肉，成为规模较大的城市肆意争夺的对象。小城市为求自保不得不寻求对策，要么对外结盟寻求保护，要么将生存的希望寄托在城市内某个强势统治者的身上。持久的党争以及派系冲突让百姓备受煎熬，瞬息万变的政治形势早已让大多数人身心俱疲。在城市公社政府的统治不得人心的情况下，人民自然倾向于接受更具能力和手腕的个体来结束四分五裂的乱局，摆脱永无止境的权力争夺，专制统治者便应时而生。我们甚至能够不无讽刺地认为，专制君主的野心是借助民心而实现的。

第二是经济因素。意大利的城市人口根据所从事的行业种类分属于各个行会，不同的经济地位决定了人们在社会阶级中的层次。不同的社会阶级团体追逐着不同的经济利益，没有人愿意为了公益而牺牲私利，共善的概念被掩埋在个人的欲望里，由此造成了从经济向政治辐射的离心力。公社政府治理下的各社会阶级都竭力想要保全自身利益，缺少了一起奋斗的共同目标。共同利益的缺失势必导致人们在选择政治忠诚对象时态度的不统一。此时，强有力的个体便能趁机打破僵局、垄断权力，取代公社政府施行个人统治。

值得注意的是，无论是教皇还是神圣罗马帝国皇帝，他们的势力自 15 世纪中期开始都有重新抬头的趋势。教皇在意大利中部，尤其是在罗马涅（Romagna）地区试图恢复教会拥有的古老权威，努力将周边城市纳入教皇国的掌控之下；神圣罗马帝国在 16 世纪被并入哈布斯堡帝国后，也试图加紧对意大利北部地区的权力渗透。这两股势力的加强无疑会威胁到意大利独立城市国家的自由。不仅如此，显贵家族与大行会商人逐渐控制了城市政府权力，公民权力日益收缩。随着商业资本主义经济的发展，城市内积聚的大量财富以及参与政治生活的机会吸引了野心勃勃的贵族阶层。原本充满自由气息的城邦中开始出现了权力垄断，米兰和帕多瓦尤其如此，而以共和自由闻名遐迩的佛罗伦萨则自1434年科西莫·德·美第奇回归后，城市共和国的统治权基本掌控在以美第奇家族为中心的寡头集团手中。

二、14至16世纪意大利城市国家体系

中世纪在英、法等国和神圣罗马帝国随处可见的诸侯割据现象在意大利却难觅踪影。意大利城市国家在中世纪时基本都是一些共和政府统治下的城市公社，只不过在独立和自治的程度上有所差异。然而到了文艺复兴初期，一种具有划时代意义的政治现象在大部分城市公社开始蔓延，那便是政治体制的转型与统治方式的改变。许多意大利城市的共和政府纷纷让位于君主制度，专制君主取代了共和政府，这在中世纪的城市公社与文艺复兴的城市国家之间划分出一道清晰的界限。套用文艺复兴史家西蒙兹的话来说，14世纪的意大利就是"专制君主的时代"（Age of the Despots）。[①] 一旦城市公社的权力落到专制君主的手里，新君主及其后继者便通过继承、武力征服、政治阴谋等各种手腕来维系个人统治，或者以更加赤裸的方式——用金钱购买统治权力。

凭借商业贸易以及掌控丰厚的土地资源，意大利城市国家成为游离于教权和皇权之外的第三股政治力量，在面对名义上的宗主时

[①] John A. Symonds, *Renaissance in Italy: The Age of the Despots*, 2nd edn., London: Smith Elder & Co., 1880, Chapter 3.

毅然吹响了反对的号角。至 14 世纪初期，罗马北部的大部分地区俨然已是城市国家的镶嵌拼图。15 世纪由于城邦相互攻占，意大利的政治版图大为简化，大城邦不断开拓疆域，小城邦纷纷丧失自由。至 15 世纪中期，那不勒斯王国、教皇国、佛罗伦萨、威尼斯共和国和米兰公国共同掌控着意大利的命运，意大利逐渐形成了一套城市国家政治体系。各大城邦都专注于维护自身领土完整，伺机向周边扩张，一方面是为了占据有利的贸易路线，另一方面是为了谋取更多的资源财富，以满足日益增长的人口需求。虽然五大国的政治体制不尽相同，但各城邦都享有独立与自治，并且有着较为清晰的领土界限。

米兰是意大利北部伦巴第地区的中心，也最完美地诠释了城市是如何在政治与经济的双重影响下实现了由共和政府向君主统治的演变。在米兰人民为了独立和自由努力奋斗的过程中，城市的统治权落到了富裕的上层阶级手里，因为只有依靠雄厚的经济实力才有能力担负起战争的开销。在抵御红胡子巴巴罗萨（即腓特烈一世，Friedrich I）的猛烈攻击时，只有上层阶级才有能力提供骑兵等军力。在上层社会的成员中，一部分是古老的商人家族，另一部分是在城市化运动中迁入城市的传统贵族。这两股支流到了 13 世纪基本交融，共同构成米兰上层社会的砥柱，垄断政府内部各重要职务，主宰各项法规政策的制定。然而，随着贸易范围的扩大以及商业资本化的迅速发展，新兴的城市商人逐渐积聚起愈来愈多的财富，于是城市中的富裕人口分裂为两大阵营：古老的传统显贵与新兴的商业家族。前者主要依靠世袭财富，并以土地作为投资经营的对象；后者不断发展商业贸易，并要求与其经济地位相对等的政治权益。显然，两大阵营若能联手，米兰的江山便被稳稳地撑控在他们手里；但他们若分庭抗礼、反目相向，便为社会中其他阶级打开了一扇革命的大门。城市内不断壮大的中下层阶级是不容小觑的政治力量，包括工匠、手工业者、工人、小店主在内的每个人都会本能地捍卫自身利益。

　　社会各阶级在不同利益的驱使下日渐分裂，彼此间的矛盾随着党派纷争不断升级。当社会矛盾激化到不可调和、社会秩序陷入一片混乱时，强势个体便会被寄予厚望，个人统治会被视为应对局势的缓冲之计。城市中的上层贵族和下层小民纷纷同意从其他城市邀请声誉卓著者来担任督政官（*podestà*），接替公社政府管理城市。这些外来督政官的任期通常为一年，目的是为了在混乱不宁的城市中重新建立起秩序与安定。另一种情况为：在骚乱暴动中，社会下层阶级推选出一位领袖作为人民代表，这位领导者被赋予"人民首领"（*capitano del popolo*）的称号和极大的权力。他被社会下层阶级寄予厚望，广大民众希望能在人民首领的带领下与上层权贵展开较量。无论是督政官还是人民首领，设立这些权力职务的初衷都是为了平息城内纷争，是作为缓和社会阶级矛盾的权宜手段。然而事实是：人民一旦把权力交到专制者的手里，听命于个人统治后，这种统治与臣服的关系便很难再被打破。专制统治者的任期逐渐延长，最终变成了终身制，而且还发展成世袭特权。城市公社曾经享有的自治到了专制君主时期已消失殆尽，专制者被委婉地冠以"领主"（*signore*）的头衔，摇身变成城市国家的主人，并且通过一系列形式上的认可（如在大议事会[Great Council]或其他代表机构中），以公共投票的方式让权力变得合法化。

　　毋庸置疑，必定有相当一部分的公民是被迫接受专制君主的统治的，他们对僭主的认可完全是消极的。专制君主一旦坐上权力的宝座，便迫不及待地想要抹去头衔上残留的民主印记，即便他明知自己的权力来自人民，却仍然蔑视人民，并竭力要与下层阶级划清界限。为了让自己的统治更具合法性，新君主会从皇帝或教皇那里购买统治头衔，成为皇权或教权的代理人。他们在站稳脚跟后便对其他城邦蠢蠢欲动，在对外征服的过程中建立起具有明确领土范围的城市国家，同时还伺机让神圣罗马帝国皇帝为其加封侯爵、公爵等更加响亮的统治头衔。米兰的维斯孔蒂和斯福尔扎、费拉拉的埃斯特、曼图亚的贡扎加都是如此,他们在各自领土范围内享有的权威绝不亚于任何帝王。总之,对于城市公社政府而言,扶持强势个体上台以期稳定乱局的做法无异于自取灭亡,新君主往往都会将权杖传给子嗣,继承者则更能名正言顺地施行统治。

在14至16世纪意大利各城市国家中,威尼斯的政治最稳定,国家机构的运作也最具成效。可以说,意大利文艺复兴时期的威尼斯是唯一一个依靠自身资源和政局稳定而长期维系独立自治的共和国。威尼斯是罗马帝国衰亡的产物,她原为一片沼泽,就文明发展而言,威尼斯要晚于与其毗邻的许多北意城市。威尼斯的第一批居民是从罗马帝国各行省逃来的难民,他们将古罗马文明的印记带到了亚得里亚海沿岸。作为亚得里亚海的海上皇后,威尼斯完全依靠商业贸易一步步发展壮大,但她的商贸活动始终都被由富商贵族组成的统治集团所垄断。显贵家族为了保护自身经济利益,在威尼斯共和政府中建立起一套无懈可击的权力操控机制,统治权被牢牢掌控在寡头集团的手中。最有权势的贵族家族联合在一起,构成一道坚固的防线,将所有其他阶级成员都阻挡在城市政府的大门外,剥夺了大部分人民参政议政的权利。1297年,威尼斯的大议事会对公众关闭,只留下当时最具权势家族的成员[1];不仅如此,威尼斯商贸舰队也只听命于政府,因而只有掌权的家族才能顺利地从事贸易活动,由此从政治和经济两个层面将所有可能构成威胁的政治力量都扼杀在摇篮里。可以毫不夸张地说,威尼斯共和国的统治权力一直由贵族寡头集团操纵,这个寡头集团与专制君主并无太大区别。

---

[1] Wallace K. Ferguson, "Toward the Modern State", p. 23.

佛罗伦萨共和国的情况要比威尼斯复杂得多。佛罗伦萨的经济直至 14 世纪依然没有定型。一方面，尽管佛罗伦萨同威尼斯一样也是以商贸闻名，却苦于没有港口，这导致佛罗伦萨不得不将贸易业与银行业联系在一起；另一方面，毛纺织业是佛罗伦萨最大的产业，在 14 世纪约九万人口当中，毛纺工人的数量占据了三分之一。佛罗伦萨经济中特有的冒险性与多面性为追求财富的各类人群提供了机遇，社会阶级的划分随着经济财富的积聚而变化，并进一步导致佛罗伦萨核心政治集团内部的成员流动。佛罗伦萨政权原本由传统显贵以及富裕的商人银行家操控，但在资本主义经济的冲击下，一些古老家族趋向没落，银行大亨濒临破产，新兴的商人家族则不断涌现，这些新的富商与大行会联手削弱传统显贵的政治权力。1293 至 1295 年施行的《正义法规》（Ordinances of Justice）明确将贵族排除在政坛之外，建立起一套由大行会掌控的统治体制，只允许个别小行会成员参与其中。而占据城市大部分人口的毛纺织业工人和手工业者也同贵族一样，被剥夺了参政议政的权力，他们被视作随时都有可能喷发的火山岩浆，是最不稳定的政治因素。

在现存的文献资料中，有许多关于佛罗伦萨政府机构的记载。佛罗伦萨最高统治集团由"首长团"（*Signoria*）、"十二贤人团"（*Buonuomini*）、"十六旗手团"（*Gonfaloniere*）三大机构组成。首长团内除了八位首长（Priors）以外还有一位最高领袖"正义旗手"，首长团的任期为两个月。布鲁尼在《论佛罗伦萨的政制》中指出，"九名首长协同二十八位议员共同享有很大的权力，这尤其体现在事先未经他们同意的情况下，任何事务都不得被提到大议事会上讨论"。在三大统治机构以外还另设两个大议事会，分别是由三百人组成的"人民大会"（Council of the People）和由两百名出身高贵者组成的"公社大会"（Council of the Commune）。在召开大会商讨之前，所有事务都必须首先经过首长及议员的严格审查，在获得他们的批准后再提交给人民大会。事务经人民大会通过后再提交至公社大会讨论,如果公社大会也准予通过的话,才可以说经由三大议事机构一致同意的决议具有法律效力。佛罗伦萨共和政府说到底还是像布鲁尼描述的那样,属于混合政体。"尽管说人民是主体,议会是权威,但事实上,人民集会(assembly)极少召开,因为首长阁僚及其两大顾问辅助班子有权决断一切事宜,每件事情事先都已得到妥善安排,除非发生重大变故才需要召开全体人民大会。"[1] 所以,佛罗伦萨政治上的变革,与其说是政治制度上的颠覆,毋宁说是统治集团内部成员的更替,并不存在政治体制上的革命性变化。1434年,老科西莫在被判流放后仅一年便重归佛罗伦萨政坛,当时的统治权力不过是从阿尔比齐家族移交到了美第奇家族的手里,所谓的新政府也不过是在原来旧政府的基础上更换了一批受益者。[2] 尽管佛罗伦萨政府的寡头特征愈发明显,但美第奇家族却小心翼翼地保全了共和政体的外在形式。虽然美第奇家族成员并没有亲自出任政府部门的要职,并且在表面上延续了佛罗伦萨的议会机制以及公民参政议政的权利,但在长达六十多年的时间里,老科西莫、大洛伦佐,乃至皮耶罗二世等人始终都是统治权力的幕后操控者。无论是在内政还是外交方面,美第奇家族发挥的影响作用不仅决定了佛罗伦萨的政治走向,更加关乎意大利半岛的整体时局,仅就这点而言,美第奇家族扮演的角色实质上已经与君主不相上下。

---

[1] 〔意〕莱奥纳尔多·布鲁尼著,〔美〕戈登·格里菲茨英译,郭琳译:《论佛罗伦萨的政制》,《政治思想史》2015年第3期,第100—105页;译自 Leonardo Bruni, "On the Florentine Constitution", in Gordon Griffiths, James Hankins et al. trans. and intro., *The Humanism of Leonardo Bruni: Selected Texts*, Binghamton and New York: Medieval and Renaissance Texts and Studies, 1987, pp. 171-174. 完整译文可参见本书附录一。

[2] Ferdinand Schevill, *History of Florence: From the Founding of the City Through the Renaissance*, New York: F. Ungar, 1966, p. 355.

第三节
文艺复兴时期人文主义者国家观的特征

"国家"在西方政治思想史中占据了重要位置。文艺复兴时期意大利人文主义者普遍意识到政治共同体存在的必要性和重要性，但他们对于国家（政治体）的性质特征却没有做明确的界定。到底应该建立普世帝国还是单一的世俗城邦？应该宣扬共和政治还是拥护君主统治？在意大利人文主义者的政治词汇中，"respublica"（共和）被用于指称"国家"，换言之，人文主义者的国家观念可以用 respublica 指代。Respublica 犹如黑格尔绝对精神统摄下的"法权国家"（Rechtstaat），具有道德观念上的积极意味，并与僭政（tyranny）互为对立，属于良好政体的范畴。文艺复兴时期意大利人文主义者的国家观可以说是现代国家观念形成的基石，而 15、16 世纪意大利城市国家则孕育了现代国家统治模式的雏形。

一、以"古"为鉴：人文主义者国家观的历史关怀

谈到文艺复兴时期意大利人文主义者的国家观，我们首先会遇到一个问题，即在人文主义者的脑海里到底有没有可被称为"国家"的概念？大多数学者都会持肯定的答案，事实也确实如此，人文主义者的确有他们自己对国家的理解。对于国家是什么，或者说，国家应当是怎样的存在，人文主义者确有述及。文艺复兴时期意大利人文主义者的国家观念非常直观，并带有理想化的色彩，他们在思考国家问题时往往以史为鉴，尤以古罗马为榜样，很多人文主义者都将古罗马视为建构国家观的参照标准。

倘若依照斯金纳追溯的国家起源以及现代国家的标准来衡量的话，

古罗马就已具备了现代政治学中"国家"的特征。斯金纳在《现代政治思想的基础》的末尾总结了现代国家观念形成的重要先决条件：第一，政治学领域必须被设想为道德哲学的独特分支，政治考虑的是纯粹的统治艺术；第二，每个王国（regnum）或城邦（civitas）必须享有绝对的独立，不受外来和上级权力的束缚；第三，每一个独立王国的最高掌权者必须享有绝对的权威，在其领土范围内是唯一的立法者和所有人效忠的对象；第四，政治社会存在的唯一理由就是出于政治目的的需要。[①]我们不妨将古罗马与斯金纳所谓的"现代国家"加以对比，两者的相似之处定会让人惊讶不已。首先，在古罗马帝国盛期已经有了明确的疆域界限，领土被分割成各个行省；其次，古罗马人拥有法律意义上公民身份的观念，并自公元212年起，向帝国境内所有自由民授予罗马公民权；再次，古罗马皇帝在军事、政治以及司法领域内是权威代表。既然古罗马已经在一定程度上具备了"国家"特征，那么15、16世纪的意大利人文主义者将之尊为楷模，也就间接地揭露了人文主义者衡量"国家"的标准。

意大利人文主义者呼吁效仿古罗马的另一个原因在于，古罗马社会秩序井然，古罗马人自觉地遵守法律纲纪，通过法律手段为公民自由提供了保障，保护弱势个体免遭权势欺压和不公待遇。这与蛮族入侵后混乱动荡的中世纪以及人文主义者所处的时代形成了强烈反差。可想而知，威震八方的古罗马历史对于人文主义者而言是多么伟大的榜样。然而，昔日威严强大的古罗马也未能幸免于由盛转衰的历史结局，在外族入侵、内部腐败、权力斗争等各种因素的蚕食下最终悲壮地走向了覆亡的结局。在人文主义者眼里，罗马帝国的兴衰史成了一部活生生的"训典"，文艺复兴时期意大利的政治思想家正是要从这段风云

[①] 〔英〕昆廷·斯金纳著，奚瑞森、亚方译：《现代政治思想的基础》（宗教改革卷），译林出版社2011年版，第370—373页。

变幻的历史篇章中汲取经验教训，以期重新构筑国家的强盛与统一。

可以说，人文主义者对古罗马的态度并不只是一味地盲目推崇。尽管就情感上而言，许多意大利人文主义者都将古罗马人视为自己的祖先，尤其是接连出任佛罗伦萨共和国国务秘书（chancellor）的萨卢塔蒂和布鲁尼师徒还将佛罗伦萨城市的起源追溯至罗马共和国时期。但我们不能因此就给所有人文主义者都贴上一枚"复古主义"（antiquarianism）的标签。因为与其说他们是在复古，毋宁说是在借鉴古罗马的经验，是在仿古效古。人文主义者站在后人的立场上，置身于当时社会的现状中，以历史的眼光审视并分析着古罗马的兴衰沉浮。人文主义者既敬仰古罗马又不失理性化的选择，或许更为贴切的说法是，人文主义者是在以古鉴今，试图让古为今用，他们要从古罗马人那里找到有利于实践自己政治理想的支撑。在人文主义者笔下，罗马史犹如一个万花筒，怀揣不同写作目的的人可以从中随意撷取为己用的历史篇章；罗马史又形同一面明镜，照亮了彼特拉克、布鲁尼、马基雅维利等人文主义者的"国家"观念。古罗马好似一个可塑性极强的模胚，每个人都能按照自己的政治意图将之揉捏成不同的形状，从古罗马人的思想宝库中觅得"武器"。

文艺复兴时期的意大利人文主义者始终都在不断地寻求解答同样的问题：到底是什么造就了古罗马的伟大？能否重振古罗马的雄风？如何才能复兴古罗马时期优良的道德传统？从彼特拉克到马基雅维利，人文主义者围绕古罗马的种种思考构成了一种思想上的传承。比如，在彼特拉克那里，对古罗马的思考上升为在道德哲学层面上对两种生活方式的抉择；在马基雅维利那里，对古罗马历史的运用与借鉴则显得更具世俗性和现实性；在人文主义历史学家弗拉维奥·比昂多（1392—1463）那里，十卷本《胜利的罗马》（Roma Triumphans）本身就堪称是一部扎根于古罗马历史的鸿篇巨制。总之，这些意大利人文主义者无一不是经历了漫长而又艰难的思想探索，古罗马既是指引他们前行的明灯,又是他们旨在复兴的奇迹。当人文主义文化融入政治问题时,自然地就形成一种如何实现古为今用的政治思考,这一点在被巴龙誉为"公民人文主义"代表的布鲁尼身上体现得尤为明显。①

在布鲁尼政治思想的门槛上伫立着西塞罗的身影,他思考国家问题的轨迹显示出西塞罗式国家政治观念的浓厚色彩。可以说,如何将西塞罗描绘的古罗马共和国行政机制运用到当时佛罗伦萨城邦共和国的政治统治中去是布鲁尼政治思考的出发点。换言之,布鲁尼将古罗马共和国奉为佛罗伦萨应该效仿的典范。为了更好地颂扬佛罗伦萨的自由之风并为共和政体提供理论依据,布鲁尼巧妙地从佛罗伦萨公民身份的合法性入手,讨论了佛罗伦萨的祖先到底是谁的问题。布鲁尼否认了尤利乌斯·恺撒创建说,认为佛罗伦萨是苏拉(Sulla)的老战士在罗马共和国末年建立的。②紧接着,布鲁尼通过分析佛罗伦萨的政治制度与政府结构进一步拉近佛罗伦萨与罗马共和国之间的距离。西塞罗笔下的罗马共和国在法律的保障下使人民充分享有自由,在执政官、元老院和市民大会之间实现了政府机构的权力制衡。③同样,"佛罗伦萨的政体是如此值得赞誉……如同调试完美的琴弦能奏响不

---

① 郭琳:《论布鲁尼市民人文主义思想的两面性——以〈佛罗伦萨城市颂〉为例》,《政治思想史》2014 年第 2 期,第 34—54 页。

② Hans Baron, *The Crisis of the Early Italian Renaissance: Civic Humanism and Republican Liberty in an Age of Classicism and Tyranny*, p. 63. 萨卢塔蒂此前也曾详细论证了佛罗伦萨的起源,参见 Coluccio Salutati, "Invective against Antonio Loschi of Vicenza", in S. U. Baldassarri and A. Saiber, eds., *Images of Quattrocento Florence: Selected Writings in Literature, History, and Art*, New Haven: Yale University Press, 2000, pp. 4-11.

③ 西塞罗认为在理想的政体中,必定有一位不会垄断政治权力的杰出统治者。一部分权力被适当地掌控在贵族手中,同时某些国家事务还应交给人民决定,由此实现君主制、贵族制与民主制的审慎结合,在多种社会构成因素中保持权力的制衡,并且西塞罗相信,罗马传统的共和政体是非常接近这种理想政体类型的。参见〔印〕阿·库·穆霍帕德希亚著,姚鹏等译:《西方政治思想概述》,求实出版社 1984 年版,第 54 页。

同音阶合成的和谐之声，政府各部门的佛罗伦萨公民也各司其职"[1]。具体到政治制度的问题上，布鲁尼还是依循了共和传统的观念，赞扬佛罗伦萨的民主政制（popular constitution），将城邦共和制视为一种由多数公民为了共同利益而实施的统治形式。

就布鲁尼的描绘而言，佛罗伦萨共和国政府结构及其运作方式非常类似于古罗马共和政体，但是应当注意，布鲁尼在颂扬佛罗伦萨的"平民政制"（即民主政制）时的侧重点有所不同。古典共和政制更加关切民众参与政治的过程，即在独立自治的城市国家中实践"参与型公民权"（participatory citizenship）的概念。西塞罗在《论共和国》（On the Commonwealth）中提出"共和国是人民的事务"，从公民参政的角度出发考虑如何为了公民共同利益来建构政府。英国学者赫尔德（David Held）指出，古罗马的"统治模式不仅把自由与美德结合到一起，而且把自由与公民的荣誉以及军事力量结合到了一起。古罗马提供了这样一种政治观念，它把政治参与、荣誉与征服联系到一起，因而可以摧毁君主政体中形成的如下看法，即国王享有对其服从者的个人权威，只有国王才能保证法律、安全和权力的有效实施"[2]。然而，布鲁尼赞扬佛罗伦萨的根基是建立在对法律和自由的宣扬之上的，诸如平民主义的论点没有引发布鲁尼的共鸣。换言之，布鲁尼赞扬的是佛罗伦萨政府体制结构和律法制度本身的特征，至于这种制度到底在多大程度上能够确保公民真正参与到政府管理中去则不是他聚焦的关键。鲁宾斯坦指出，布鲁尼颂扬的佛罗伦萨制度与实际的市民公共生活之间存在反差，布鲁尼有意省略掉"理论"与"现实"间鸿沟的做法

---

[1] Leonardo Bruni, "Panegyric to the City of Florence", in Benjamin G. Kohl and Ronald G. Witt, eds., *The Earthly Republic*, Philadelphia: University of Pennsylvania Press, 1978, p. 168.

[2] 〔英〕戴维·赫尔德著，燕继荣等译：《民主的模式》，中央编译出版社1998年修订版，第41—42页。

或许与其著作具有赞美意图的性质有关。[1]

总体而言,包括布鲁尼、马基雅维利在内的14至16世纪的意大利政治思想家们非常关注这样一些内容:国家性质的问题、如何完善和运作国家机器的问题、国家与公民之间关系的问题,以及国与国之间(包括与教廷之间)的关系问题等。在西方,这些问题合在一起,被称作对国家政治共同体的思考。但这并不是说,中世纪的意大利思想家们就没有思考国家政治之类的问题,像阿奎那这样的经院哲学家就在其著作中对基督教世界和世俗世界之间的关系做过系统的论述。他巧妙地糅合了奥古斯丁的宗教观与亚里士多德的政治观,以世俗国家的起源、国家统治的最终目的为切入点得出了教权高于王权的结论。他认为,"君主的职责是掌握世俗事务中的最高权力,政治按照它所服务的目的的重要性而属于一个更高的等级……只有神的统治而不是人类的政权才能导使我们达到这个目的"[2]。但阿奎那在论证"人间的国王必须隶属于罗马主教"的过程中还是不得不承认,"教会只有在涉及人类拯救之最高目的方面才具有至高无上的权力"[3]。有鉴于此,英国学者沃尔特·厄尔曼(Walter Ullman)甚至不无夸张地认为,正是阿奎那对国家、公民、政体、法律等概念的理论性思考使得"原来不曾有过的政治学已经形成了"[4]。此外,除了教俗权力之争的问题外,诸如"普世主义""世界帝国"之类的思想也萦绕于文艺复兴早期意大利政治思想家的脑海中,而但丁无疑是该理论的积极宣传者。对权力斗争、党派倾轧、阶级矛盾的危害性有着切身经历的但丁

---

[1] Nicolai Rubinstein, "Political Theories in the Renaissance", p. 177.
[2] 〔意〕托马斯·阿奎那著,马清槐译:《阿奎那政治著作选》,第85页。
[3] 丛日云主编:《西方政治思想史》第二卷(中世纪),天津人民出版社2005年版,第292—294页。
[4] 〔英〕沃尔特·厄尔曼著,夏洞奇译:《中世纪政治思想史》,译林出版社2011年版,第175页。

在《论世界帝国》中构建出一套基于统一原则的世界政体论,"这个政体统治着生存在有恒之中的一切人"①,并明确指出这个世界帝国君主的"统治权直接由上帝赐予而非来自罗马教皇"②,从而在一定程度上为政教分离奠定了思想的根基。不过,中世纪的社会历史状况导致了国家政治共同体观念的难产。在中世纪,西方的政治权力形式多表现为王朝政治模式。在封建制度下,代表最高权势的家族成为政治权力的中心,而各级封建领主、教会势力等则代表了其他分散的政治权势集团。在封建社会的基层机构即庄园内,农奴与庄园主之间有着人身依附关系。也就是说,在封建社会的底层,最广大的劳动者只与庄园主形成权利、义务关系,而不与国家直接建立政治契约关系。

在14世纪后的西方世界,诸多新的政治力量孕育而生。特别是货币经济、黑死病等因素导致庄园经济衰落,使原来封建人身依附关系开始松动,诞生了大量的自由民。新的货币结算体制、新的国际竞争形式等,都需要以新型的国家政治权力形式来体现、保障各自的权势。由此出现了近代的民族国家,其政治共同体的整体功能也开始显现。新兴的民族国家以其强有力的政治统治形式促进、捍卫着本国的民族经济和商业利益。谁能充分发挥民族国家的整体功能,谁就能占据经济、政治、国际地位上的优势。而当时的意大利由于"历史上的诸多因素(如神圣罗马帝国、教皇国的存在等),还只能以城市国家的政治形式与其他国家的政治力量发生联系"③。如史学家波将金在《外交史》里指出,"教皇虽然无力统一意大利,却有足够的力量阻止别人去统一她"④。文艺复兴时期的王权已经转变成了国家的象征,而

---

① 〔意〕但丁著,朱虹译:《论世界帝国》,商务印书馆2010年版,第2页。
② 〔意〕但丁著,朱虹译:《论世界帝国》,第56页。
③ 周春生:《马基雅维里思想研究》,上海三联书店2008年版,第167页。
④ 〔苏联〕B. П. 波将金等编,史源译:《外交史》(第一卷·上册),生活·读书·新知三联书店1979年版,第251页。

不再代表着家族的势力。因此在英、法等国，政治思想家特别在意与主权相关的君权问题，在他们眼里，国家主权和君权变成了通用的概念。

上述社会政治的转变与城市兴起不无关系。城市兴起后，新的政治模式逐渐显现出来。意大利的情况又比较特殊。意大利不像法国那样由一大群世袭贵族左右政局。特别是到了14世纪，教廷迁至法国阿维尼翁，加速了亚平宁半岛旧势力瓦解的步伐，许多城市国家借势确立自己的独立地位。[1] 在这些城市国家内，诞生了近代西方最初的国家政治共同体模式。也正是在这些城市国家内，许多公民通过行会找到了自己生存的位置。行会与行会之间通过政治磨合形成城邦权力中心，于是新的城市国家政治共同体诞生了。以15世纪的佛罗伦萨为例，上述由下而上形成的城市国家政治共同体独具特色。在佛罗伦萨五万左右的人口中逐渐形成六千称作"公民"的选民，这些人都是年过25岁有专长者，并且是行会成员。他们经资格审查机构确认后取得选民的资格。选举人当选后即刻成立两个议事机构即公社大会和人民大会，它们分别由两百名公民和三百名公民组成。还有大量分散选出的议事会，处理特别的政治事务，其中就包括立法机构"十二贤人团"和"十六旗手团"、外交事务机构"战事十人委员会"（Council of Ten）等。城邦政府另设置一个小型的行政机构即执政团，由一群阁僚组成，并由一名正义旗手作为执政团的领导。

到了马基雅维利和圭恰迪尼的时代，这些意大利政治思想家们面临的最为急迫的国家政治问题是：面对纷繁复杂的国际环境如何使城市国家在处理对外对内事务时最大程度、最有效地发挥国家治理功能。当博丹（Jean Bodin）等人在关心国家主权的问题时，意大利的思

---

[1] 关于文艺复兴时期意大利城市国家体系及相互关系，可参见 Eugene F. Rice Jr., *The Foundations of Early Modern Europe:1460-1559*, pp. 114-117.

想家仍在关心早已存在的如何完善城市国家共同体结构的问题。[1] 对此，当代学者艾伦认为，无论 16 世纪意大利政治思想的性质历经了多么大的变化，它依然与欧洲其他地方的思想保持了遥远的距离，那些困扰着欧洲其他地方思想家的问题很少引起意大利思想家的注意。[2]

二、以 respublica 为中心：人文主义者国家观的灵活变通

文艺复兴时期意大利人文主义者大多以古罗马为榜样，将古罗马共和国作为改革当下和建构理想国家政治制度的原型。该效古之观念最为明显地体现在 respublica 这个政治术语中，通常与 respublica 对应的中译文是"共和"。

我们应当注意，无论是在古典时代还是文艺复兴时期，"共和"从没有被用来指称现代政治学意义上的"共和制"（republic）。在现代政治观念中，"共和国"代表了全体公民的意志，与世袭制度或君主特权互不兼容。"共和国"所具有的与君主制对立的现代性意涵直至 18 世纪才逐渐形成。严格来讲，那种没有国王的共和国是从美国独立才开始出现的。如果一说到"共和"就联想到"大众民主"的话，那就是在用现代政治学理论来考量历史现象，这是现代学者对"共和"的理解，而不是古代作家和意大利人文主义者当时就有的观念。

第一，在古代政治著作中，respublica 通常可以与"城邦"（civitas）互换，既可以表示在一定领土范围内的独立城邦（state），又可以表示城邦统治所包含的公共事务（public affairs），有时还能与希腊语 politeia 互译，用来表示体制（constitution）或宪制国家（constitutional

---

[1] 郭琳：《马基雅维利的国家政治共同体意识》，第 25—26 页。

[2] J. W. Allen, *A History of Political Thought in the Sixteenth Century*, London: Butler & Tanner Ltd., 1960, p. 446.

state），比如西塞罗就用 respublica 与亚里士多德《政治学》中的 politeia 对应。但略有不同的是，politeia 并不具有道德意味或分析指向的功能，它是个中立性的政治概念。而 respublica 在使用过程中却蕴含了某种积极的道德指向，经常用于表示依循法律传统维护公民自由、反对强权统治的良好国家，与之构成对立的政治术语是"僭政"（tyranny），而不是"君主制"。

第二，古代作家在使用"共和"一词时并未指向任何一种特殊的政体类型。比如在西塞罗和李维的政治术语中，"共和国"既包含了平民共和国（popular republics），又包含了君主制共和国（monarchical republics）和贵族制共和国（optimate republics）。也就是说在古典时代，"共和"是一个既能够表示属类又能够表示种类的概念，"共和"与"君主"并不冲突，它可用于指称任何尊重公民自由与平等的良好政体。

第三，古代作家并没有用"共和"来指称某个特殊的历史时期，古代"共和国"不是专指古罗马共和国，这种具有针对性的分期指向要到 18 世纪晚期才开始出现。在塔西佗（Tacitus）、苏埃托尼乌斯（Suetonius）等古罗马历史学家看来，元老院执政下的古罗马要比以奥古斯都（Augustus）开创的古罗马帝国更富有自由气息。或许有人会感怀公元 1 世纪以前的共和政制，但是古罗马政治著作中的"共和国"的时间跨度上起罗穆卢斯（Romulus）建国，下至公元 5 世纪蛮族入侵导致的西罗马帝国灭亡。除却在此期间偶尔出现的僭政时期，如公元前 450 年罗马十人团（decemviri）执政期，苏拉、尼禄（Nero）统治时期，这段长达 13 个世纪的历史统统被归为古罗马共和国的篇章。[1]

---

[1] James Hankins, "Exclusivist Republicanism and the Non-Monarchical Republic", *Political Theory*, vol. 38, no. 4, 2010, pp. 452—482;〔美〕詹姆士·韩金斯著，曹钦译:《马基雅维利与人文主义的德性政治》,《政治思想史》2013 年第 3 期，第 82—83 页。

文艺复兴时期，*respublica* 的含义变得更加复杂，意大利人文主义者对于"共和"有着两种不同的用法：一种是古罗马作家的传统用法，能够与"城邦"互换，表示与"僭政"相对的政体类型；另一种用法大约出现于 15 世纪中叶，在布鲁尼和锡耶纳的弗朗切斯科·帕特里齐的影响下，"共和"被用来指称所有非君主制的政体类型，表示与君主制相反、富有德性的平民政体。布鲁尼在翻译亚里士多德《政治学》时赋予了 *respublica* 这层新的含义。在翻译的过程中，布鲁尼用 *respublica* 指称具有良好道德规范的平民政体，将之与亚里士多德政体六分法中的第三类好政体 *politeia* 相对应。布鲁尼这种译法很容易令人混淆概念，因为亚里士多德不仅用 *politeia* 来表示多数人统治的好政体，更是用这个单词来统称所有类型的政体，即 *politeia* 在亚里士多德那里，是既能表示"科属"又可指代"品种"的多义词。由于布鲁尼翻译的《政治学》在当时影响极大，取代了先前摩尔贝克的威廉（William of Moerbeke）翻译的旧版本，因此 *respublica* 的概念所指也变得宽泛起来。就某种特殊的政体类型而言，它涵盖了所有非君主制的政体，除平民政体之外，还包括贵族和寡头统治的政体。马基雅维利在《君主论》开篇写道："从古至今，统治人类的一切国家，一切政权，不是共和国就是君主国。"[1] 马基雅维利正是基于布鲁尼赋予 *respublica* 的第二层含义，从而将国家区分为共和制和君主制。

由此可见，文艺复兴时期意大利人文主义者的"国家"观念是以 *respublica* 为中心不断延展的，但是人文主义者理解的"共和"不同于现代政治学中的概念。尽管两者之间有交集，都可以用来指称基于民意的政体，但人文主义者政治术语中的"共和"有着更加宽泛的所指，他们心目中的共和国是允许君主存在的。值得注意的是，不仅意大利

---

[1] 〔意〕马基雅维利著，潘汉典译：《君主论》，商务印书馆 2012 年版，第 3 页。

人文主义者是这样，文艺复兴时期欧洲其他国家的人文主义者也是如此。比如莫尔（Thomas More，1478—1535）在《乌托邦》中就加入了国王乌托普这一人物；伊拉斯谟（Desiderius Erasmus，1466—1536）不仅担任过查理五世的顾问，他还著有《基督教君主的教育》(*The Education of a Christian Prince*)。但这并不意味着这些人文主义者都是主张君主制的，而是应当将他们置于共和思想传统中去理解。人文主义者构想的是与君主制兼容的共和国，这些思想就本质而言都属于共和思潮，在理想的共和国中的君主并不是专制独裁者。也就是说，在人文主义共和语境中，我们必须对"君主"与"僭主"加以区分。

然而无论是文艺复兴时期还是现代政治概念中的"共和国"都牵涉"共和自由"的问题。我们不禁发问，共和自由的内蕴或特征到底源自哪里？这个问题显然带有目的论色彩，更关键的是，对于该问题我们根本无法给出一个明确的答案。在文艺复兴时期意大利人文主义者的国家观念里，探寻共和自由的源头本身就是个模棱两可的任务。这是因为，在人文主义者看来，"自由"并没囿于某种具体的政体类型中，对"自由"源头的探寻可能会引发双重含义。一方面他们可以在具有良好道德规范的共和政体中探寻政治自由的源头；另一方面也可以在任何一种制度形式的国家里，探寻公民生活所拥有的"自由"，或者说，探寻公民是如何在法律制度的保障下拥有政治自由和其他权利的。显然，这第二层"自由"的源头并没有被局限在共和制内，它包纳的范围更宽更广，不仅存在于像佛罗伦萨那样的城邦共和国，而且在君主国和其他类型的政制模式下，公民都可以享有一定程度上的自由。

人文主义者一方面以古罗马历史为鉴，另一方面又从亚里士多德和西塞罗政治思想中汲取养分，将各种不同类型的政治制度一律视作自然发展的结果，国家运作中出现的各类问题则被视为制度的派生，是由不合理的制度带来的弊端。人文主义者所具有的这种国家观念与他们受到的教育、政治经历以及社会身份息息相关。由于人文主义者大多有在政府部门任职的经历，一般情况下都会依附于教廷、君主或是其他统治阶层的门下谋生。这种生存条件导致他们的思想不会刻意遵从某种特定的意识形态，更不会去排斥其他类型的"国家"，这势必造成人文主义国家观的多样性。比如，彼特拉克虽然自称共和主义的拥护者，但较之于平民政府，他更加偏爱君主统治。1370年，彼特拉克在帕多瓦以南的阿尔卡（Arquà）定居，帕多瓦君主弗朗切斯科·卡拉拉（Francesco il Vecchio da Carrara，1325—1393）是他最后一位庇护人，彼特拉克在阿尔卡的房产也得益于卡拉拉的资助。1373 年，彼特拉克致信卡拉拉，向他传授君王统治之道。[①]

人文主义者对政制价值的判断仅限于"好"与"坏"的程度，绝非"好"与"坏"的性质，无论好坏，他们很少针对政体合法性本身提出真正的挑战。这也部分地解释了彼特拉克、萨卢塔蒂、布鲁尼、马基雅维利等人文主义者为何在谈到国家政体的问题时，能够轻易地改弦易辙，拥护不同的政治体制。例如威特指出，萨卢塔蒂既不拥护君主制，也不偏袒共和制，无论是哪种政体类型，萨卢塔蒂关心的只有统治的好与坏，只要依法统治就是好的统治。意大利学者达妮埃拉·德·罗萨（Daniela De Rosa）也同样认为萨卢塔蒂是一名历史相对主义者，在有些情况下，萨卢塔蒂主张共和制是最佳的统治形式，在另一些情况下，则认为君主制更为可取。[②] 在米兰、佛罗伦萨、威尼斯、曼图亚、乌尔比诺等意大利城市国家里，人文主义者既能高声

[①] Francesco Petrarca, "How A Ruler Ought to Govern His State", in Benjamin G. Kohl and Ronald G. Witt, eds., *The Earthly Republic*, pp. 35-78. 完整译文参见本书附录二。

[②] Ronald G. Witt, *Coluccio Salutati and His Public Letters*, Genève: Librairie Droz, 1976, p. 79; Daniela De Rosa, *Coluccio Salutati: il cancelliere e il pensatore politico*, Florence: La Nuova Italia, 1980, pp. 13-14; 达妮埃拉·德·罗萨的观点转自 Robert Black, Review Article on "The Political Thought of the Florentine Chancellors", *The Historical Journal*, vol. 29, 1986, pp. 993-994.

赞誉共和自由，也能竭力讴歌君王美德。这两类作品共同构成文艺复兴时期国家政治著述的主流。

因此，文艺复兴时期人文主义国家观虽说是以"共和"（respublica）为中心的，但他们所理解的共和制并非与君主制对立。人文主义者宣扬的共和国在很大程度上都是精英政治，绝不是今天学术语境中的民主共和，这一传统起自柏拉图和亚里士多德。柏拉图曾寄希望于"哲学王"当政，在亲身经历了教训后他才转向法治，这恰好对应了柏拉图从早年《理想国》到晚年《法律篇》的转变；同样，亚里士多德在六类政体中也将具有德性的君主统治视为最佳政体。西方历史上的共和制，无论其表现在理论上还是实践上，总是有一个类似于君主式的人物存在。1494年在佛罗伦萨建立宗教共和国的萨沃纳罗拉、宗教改革时期在德国建立"天国"的闵采尔、在日内瓦建立神权共和国的加尔文，他们其实都是"君主"。荷兰革命和英国革命后成立的政府也是都有君主的。在西方政治思想史上，确定共和政体的标准不是看国家有无君主，而是要看君主是否专制，是否强调法治，换言之，共和的本质在且仅在于宪政。人文主义者以 respublica 为中心的国家观是西方共和主义思想传统脉络中不可小觑的一股支流，在这股支流下涌动着惊人的思想力量与理论架构——人文主义德性政治，关于这点本书将在第二章中展开详细论述。

— 第二章 —

德性政治与国家统治权力的合法性

无论是作为西方近代政治思想的源头还是西方古今政治思想的过渡,文艺复兴时期人文主义政治思想具有不言而喻的重要性。在过去半个多世纪里,西方学界因受剑桥学派和历史学家汉斯·巴龙的影响,大多认为"共和主义自由"是文艺复兴时期人文主义政治思想的主题。[1]但美国哈佛大学韩金斯教授在其最新著作中通过大量的文本分析后提出,人文主义的政治即"德性政治"。[2]不过韩金斯新著重在

---

[1] 代表著作有:J. G. A. Pocock, *The Machiavellian Moment: Florentine Political Thought and the Atlantic Republican Tradition*, Princeton: Princeton University Press, 1975; Quentin Skinner, *Liberty before Liberalism*, Cambridge: Cambridge University Press, 1998; Hans Baron, *The Crisis of the Early Italian Renaissance: Civic Humanism and Republican Liberty in an Age of Classicism and Tyranny*; Nicolai Rubinstein, "Florentina Libertas", *Rinascimento*, no. 2, 1986, pp. 3-26; Ronald Witt, "The Rebirth of the Concept of Republican Liberty in Italy", in Anthony Molho and John A. Tedeschi, eds., *Renaissance Studies in Honor of Hans Baron*, Dekalb: Northern Illinois University Press, 1971, pp. 175-199; Alison Brown, "De-masking Renaissance Republicanism", in James Hankins, ed., *Renaissance Civic Humanism: Reappraisals and Reflections*, Cambridge: Cambridge University Press, 2000, pp. 179-199。

[2] James Hankins, *Virtue Politics: Soulcraft and Statecraft in Renaissance Italy*, Chapter 2, pp. 31-62. 另可参见郭琳:《论意大利文艺复兴时期人文主义者的自由观——以德性政治为视角》,《世界历史》2016年第3期,第87—98页。

文献考订，就德性与政治的关系以及人文主义德性政治观的思想流变并未展开详细论述。

本章试从德性政治的视角出发，以文艺复兴时期意大利人文主义者审视国家统治权力合法性的视角为切入点，进一步探究文艺复兴时期意大利人文主义者关于德性的论述。本章旨在探明几点问题：佛罗伦萨民主政制与人文主义德性平等思想的关联、人文主义德性政治内含的改革理念、人文主义德性论与马基雅维利德性说的关系演进、人文主义者通过倡导道德教化以期实现政治变革的实践瓶颈，由此勾勒出人文主义德性政治观由盛转衰的脉络。14世纪中期，以彼特拉克为首的人文主义者开启了"德性政治"观念的复兴。文艺复兴时期的人文主义者倡导的"德性"不仅包括古希腊的四主德与中世纪的宗教德性，还涉及个人能力、专业知识等现代性的概念范畴；他们主张真正的高贵只能源于德性，希冀通过提升统治阶层的德性以实现政治改革。在德性政治的统摄下，人文主义者虽然提出了在德性标准面前人人平等的论点，但他们同时又秉持着精英式德性教育理念，默认一定程度上的政治等级制。就本质而言，人文主义的德性政治仍然散发着强烈的精英主义气息。无论是在内政还是外交问题上，人文主义者围绕德性建构起一套服务于统治者的治国术。

深入研究整个人文主义的德性政治学说，一方面有助于突出其在西方德性政治传统中的特殊地位，展现人文主义政治思想的全貌；另一方面，倘若我们剥离了人文主义德性政治，就无法从根本上理解马基雅维利的言说对象与言说目的，更不能准确把握文艺复兴时期思想流派的复杂面向以及人文主义者国家观的本质要义。

第一节
文艺复兴时期人文主义德性政治的演进

西方学界在德裔美籍学者巴龙和"剑桥学派"的引领下大多围绕"共和自由"来审视文艺复兴时期意大利人文主义者的政治思想。在巴龙笔下，布鲁尼是共和自由的忠实捍卫者，佛罗伦萨共和主义形同一种自由的意识形态；在佩迪特、斯金纳眼里，15世纪佛罗伦萨人文主义者的自由观涵盖了平等自治、不畏强权、积极参政等内容，正是这些内容支撑起当代共和主义者以"无支配"自由理论为基石的共和主义哲学大厦。[1] 然而，这似乎过度拔高了"共和自由"在意大利人文主义思想中的地位，原因有两点。第一，我们必须注意到意大利人文主义者在论及"共和自由"时的写作目的与受众对象。人文主义者在宣扬"共和自由"时，他们的写作目的大多出于政治宣传，针对的对象一般又都是社会上层统治阶级，并且就当时意大利各城市国家的政治现实来看，这类"共和自由"之作还存有虚妄矫饰之嫌。[2] 第二，我们不能因为当代共和主义者理论研究的偏好而将"共和主义"的标签加之于意大利文艺复兴时期所谓的共和派人文主义者身上，这样势必导致时代错置、视野瓶颈等问题。有些学者甚至试图从根本上

---

[1] 斯金纳对共和主义"无支配"自由观的阐释经历了一个转变的过程。他早先将"无支配"自由视为消极自由的替换形式，满足于实际干涉的阙如，随后又自我纠偏，重新阐释了"无支配"自由的含义，指出这种自由观同时有别于古希腊政治家亚里士多德以及当代政治家以赛亚·伯林（Isaiah Berlin）对于自由的定义，并称之为"新罗马"（neo-Roman）自由。
[2] 自汉斯·巴龙于1925年提出"公民人文主义"概念，并将布鲁尼奉为该思想意识形态的典型以及共和政制的忠实捍卫者之后，西方学界在过去半个多世纪内针对"巴龙论题"的质疑便不曾停止。参见郭琳：《"巴龙论题"：一个文艺复兴史研究经典范式的形成与影响》，《学海》2015年第3期，第104—112页。

否定"共和主义",指出所谓的共和传统不过是人为的逻辑概念,共和、自由等词汇所描绘的历史现象千差万别,毫无共性可循。当代共和主义者带有目的性地从历史中寻找古人经验,将许多特定情况不加分拣地统一置于共和传统的大旗之下,反倒模糊了共和自由的多样性。[1]

事实上,文艺复兴时期人文主义者借助文学、艺术、音乐等手段,始终以宣扬和凝聚社会道德价值共识为目标,"德性政治"成为人文主义政治思想的核心。相应地,文艺复兴时期意大利政治思想发展过程中出现过三个关键时刻:佛罗伦萨早期民众政府的建立,14世纪中期彼特拉克引领的人文主义德性政治复兴,以及由马基雅维利开启的政治理论现代转向。这三个时刻是理解人文主义德性政治由盛转衰的风向标。通过对文艺复兴时期人文主义德性政治观演进脉络的研究,我们可以发现西方政治思想中存在德性与政治关系的变化,这是传统与当代西方政治的双重局限。但西方政治在现代化的进程中逐步走上了去德性的技术路径,对德性的尽量规避造成了当代西方政治中程序与价值的割裂,由此导致包括西方国家制度危机在内的诸多问题。

---

[1] Dario Castiglione, "Republicanism and its Legacy", *European Journal of Political Theory*, vol. 4, 2005, pp. 453-465;另外,美国学者尼尔森指出,在近代早期西方思想史中,共和传统的观念其实包含了两种互相冲突(或者说带有冲突性质)的统治形式。一种是新罗马传统,另一种则是希腊式传统。前者以西塞罗和李维的政治主张为基础,强调公民权利、军事能力以及国家整体的对外扩张。新罗马传统建立在公民个体的荣誉观念以及为国奉献的精神之上,这即为"剑桥学派"对文艺复兴时期共和主义的阐释。相反,希腊式传统是以柏拉图、亚里士多德的政治主张为基础,强调共善、集体利益,以及与罗马帝国主义腐败奢靡截然不同的斯巴达式质朴生活。较之于公民个体的权益,希腊传统更注重个体平等,认为这样才有利于国家的统一和稳定。总之,新罗马传统与希腊式传统最大的差别就在于前者意欲扩张,后者旨在持守安稳。参见 Eric Nelson, *The Greek Tradition in Republican Thought*, Cambridge: Cambridge University Press, 2004, pp. 4-7, 15。

一、共和自由还是德性政治?[①]

在当代西方政治理论中,共和主义已成为有别于自由主义和社群主义的第三股思潮。[②] 在剑桥学派引领下的共和主义运动既受"古典共和主义"启发,又旨在复兴和传承这一拥有悠久历史的思想传统[③],文艺复兴时期意大利人文主义者的自由观也被卷入这股共和主义的历史洪流中。[④] 在佩迪特和斯金纳看来,人文主义者提倡的自由具有"无支配"特征,具体表现在三个方面:第一,法律制度和政府机构应当致力于维护社会弱势群体的利益,确保无权无势者的自由不受侵犯;第二,公民应当积极参与政治生活,唯此才能免遭压迫,不至于沦为滥权迫害的对象;第三,权势者的举止行为一旦触及公共利益,就该接受人民的审议。此外,涉及城邦事务的任何需要商讨之事,都需要经过三大议事机构讨论通过后方可实施。显然,在当代共和主义理论诠释的模式下,人文主义者的自由观同时囊获了消极和积极自由的意味,打破了以赛亚·伯林关于消极或积极自由的二分法。[⑤] 享有"无支配"自由的公民不臣服于任何个人或团体,哪怕对方有干涉其事务

[①] 郭琳:《论意大利文艺复兴时期人文主义者的自由观——以"德性政治"为视角》。
[②] 当代共和主义者将矛头直指社群主义和自由主义,批判他们只顾一味铺陈空洞抽象的理论,无法通过历史资源和原典文本让理论丰满可信。简言之,社群主义脱离现实,犹如乌托邦式的空中楼阁,建构不切实际的理想化未来;自由主义脱离社会,将个人从其所处的历史环境与社会传统中硬生生剥离。有鉴于此,当代共和主义者自称开辟了"第三条道路"。
[③] James Hankins, ed., *Renaissance Civic Humanism: Reappraisals and Reflections*, p. 3.
[④] 波考克认为,意大利人文主义者的共和自由观是对亚里士多德思想传统的接续,抑或说是复兴;斯金纳虽然主张人文主义者的共和思想盖出于李维、西塞罗等古罗马作家(非亚里士多德),但他亦将此源头追溯至古典时代。文艺复兴时期意大利人文主义者深受古典共和主义思想文化的滋养,他们的自由观自然被纳入宏大的共和主义政治传统的脉络体系中。参见 J. G. A. Pocock, *Virtue, Commerce, and History: Essays on Political Thought and History*, Cambridge: Cambridge University Press, 1985, pp. 37–50。
[⑤] Isaiah Berlin, "Two Concepts of Liberty", in idem, *Four Essays on Liberty*, London: Oxford University Press, 1969.

的专断权力。这种自由既不同于消极自由中对条件性干涉的宥恕，也不同于积极自由中绝对化的自主，它不纯粹依赖于国家法律机制提供的保障；相反，"无支配"自由的目标是通过改善法律制度以及习俗规范从而不断扩大自治领域的范围，消解等级观念和阶级划分，根除社会、政治、经济等各层面上的特权现象。[1]"无支配"自由容不得任何形式的支配与干涉[2]，更不可能接受一位肆意专权的君王。即便统治者仁心善意也无法改变君王的本质，他拥有凌驾众人之上的地位与权力，这是君主制无可争辩之事实，个人终究夺走了他人的自由乃至幸福。

按照当代共和主义者的"无支配"自由理论，拥护共和制的人文主义者无疑都成了排他性共和主义者。这种对"共和自由"内涵的当代性诠释将共和制推向了君主制的对立面，在两种政治统治模式之间割裂出一道不可逾越的鸿沟。但我们稍加留意便不难发现，文艺复兴时期宣扬"共和自由"的意大利人文主义者并非毅然决然地批驳君主、赞成共和。准确而言，14、15世纪意大利人文主义者在选择良好政体时往往模棱两可，甚至自相矛盾，君主制与共和制孰优孰劣成了难解之谜。尽管巴尔达萨尔·卡斯蒂廖内（Baldassar Castiglione）、锡耶纳的帕特里齐、巴托洛缪·普拉蒂纳，以及大名鼎鼎的马基雅维利

---

[1] Philip Pettit, *A Theory of Freedom: From the Psychology to the Politics of Agency*, London: Oxford University Press, 2001; Philip Pettit, "Republican Freedom and Contestatory Democratization", in Ian Shapiro, Casiano Hacker-Cordon, eds., *Democracy's Value*, Cambridge: Cambridge University Press, 1999, p. 165.（中文版参见〔美〕夏皮罗、海克考登主编，刘厚金译：《民主的价值》，中央编译出版社2015年版）

[2] 佩迪特与斯金纳虽然同为共和主义理论家，但两人的自由论存有差异。佩迪特的自由论仅仅强调无支配，而斯金纳则是无支配和无干涉的并行。简言之，佩迪特和斯金纳都主张支配和干涉限制了自由，但斯金纳将无干涉视为保障自由的充分且必要条件。参见昆廷·斯金纳：《第三种自由概念》，菲利普·佩迪特：《消极自由：自由主义的和共和主义的》，应奇、刘训练主编：《第三种自由》，东方出版社2006年版，第136—218页。

等人都写过关于君主制和共和制的著作[1]，但人文主义者在论及政制时会尽量避免两种意识形态的直接对撞与冲突，鲜有像奥雷利奥·利波·布朗多利尼的《共和国与君主国对比》那般明确个人政体好恶的著作。[2] 文艺复兴研究的著名学者尼科莱·鲁宾斯坦指出，在文艺复兴政治著述中，对君主制和共和制进行直接比对的做法甚是罕见[3]，我们很难断定谁才是共和制的忠实拥护者。

不可否认，在意大利文艺复兴时期，尤其是在佛罗伦萨共和传统中，对自由的强调已达到无可复加的地步。"公民人文主义"的代表莱奥纳尔多·布鲁尼曾言：失去了自由，共和国将不复存在；失去了自由，生活的意义便荡然无存。[4] 但有两点事实需加注意：第一，共和派人文主义者并非排他性共和主义者，一方面他们并没有否定君主政体的合法性，也没有将君主制本身与共和制截然对立起来，另一方面他们从未与广大人民站在同一阵营，更没有希冀在全世界普及民主政府[5]；第二，那些毕生为君王权贵效力、拥护君主制的人文主义者也同样会宣扬自由与平等。参政议政不是共和国的特权，帕特里齐就用"公民的生活方式"(*vivere civile*)、"自由的生活方式"(*vivere libero*)

---

[1] 卡斯蒂廖内的《廷臣论》(*The Book of the Courtier*)卷四；帕特里齐的姊妹篇《论共和教育》(*On Republican Education*)和《论君王教育》(*On Kingdoms and the Education of the King*)；普拉蒂纳的姊妹篇《论君主》(*On the Prince*)和《论最佳公民》(*On the Best Citizen*)；马基雅维利的《君主论》和《论李维》。

[2] Aurelio Lippo Brandolini, *Republics and Kingdoms Compared*, trans. by James Hankins, Cambridge, Mass.: Harvard University Press, 2009, Introduction, pp. 11-12.

[3] Nicolai Rubinstein, "Italian Political Thought 1450-1530", in J. H. Burns and Mark Goldie, eds., *The Cambridge History of Political Thought 1450-1700*, Cambridge: Cambridge University Press, 1991, p. 35.

[4] Leonardo Bruni, "Preamble to the New Code of the Statutes of the Guelf Party", in Gordon Griffiths, James Hankins et al. trans. and intro., *The Humanism of Leonardo Bruni: Selected Texts*, p. 48.

[5] James Hankins, "Exclusivist Republicanism and the Non-monarchical Republic", pp. 452-482.

来描绘君主政体下的政治生活。第一章最后部分已有言及，文艺复兴时期人文主义者对于"共和"（*respublica*）有两种不同的用法。一种沿袭了自古典时代（古罗马作家）以来的传统用法，"共和"与"君主"并不冲突，却与"僭政"构成对立，可用于指称任何尊重公民自由与平等的良好政体。该用法下的"共和"既包含了平民共和国，又包含了君主制的和贵族制的共和国。另一种用法大约出现于15世纪中叶，在布鲁尼和帕特里齐的影响下，"共和"被用来指称所有非君主制的政体类型，表示与君主制相反的平民政府形式。该用法下的"共和"除了指称平民共和国以外，还包括贵族和寡头统治的政体。[1]例如，马基雅维利在《君主论》开篇写到"从古至今，统治人类的一切国家，一切政权，不是共和国就是君主国"[2]，就是遵循了这第二种用法。有鉴于此，"共和自由"显然无法真实全面地反映出人文主义者政治思考的核心，我们不禁发问，什么才是他们政治关怀的主题？

实际上，14、15世纪意大利人文主义者大量的文本信息都指向同一个鲜明的主题——德性。"德性"是人文主义者从古罗马历史中发掘的、为当时新君主的合法统治权加以辩护的法宝，也是意大利人文主义者在论及治国理政时的核心议题。卡斯蒂廖内在《廷臣论》中赋予廷臣最重要的使命就是要做君王的"磨刀石"，君王的德性教育要比才能教育更加迫切。[3]新柏拉图主义者克里斯托弗洛·兰迪诺（Cristoforo Landino）强调，只有拥有杰出德性的人才有资格被赋予统治的权力。真正的贵族（高尚之人）哪怕没有显赫的头衔，却

---

[1] 〔美〕詹姆士·韩金斯著，曹钦译：《马基雅维利与人文主义的德性政治》，第83页。

[2] 〔意〕马基雅维利著，潘汉典译：《君主论》，第3页。

[3] Daniel Javitch, ed., *Baldassar Castiglione, The Book of the Courtier,* New York: W. W. Norton Company, 2002, pp. 216, 231, 240.

依然因为内在的德性而高尚。官职、荣誉、头衔等并不足以使人高尚，这些东西只能被用来作为高尚的佐证，唯有德性才能促成高贵，"真正的高尚只源自德性，它是引导国家健康发展的航标，也是国家实现理想统治的最高目标"[1]。著名的人文主义教育家弗朗切斯科·菲勒尔福（Francesco Filelfo）在致费拉拉权位继承人莱奥内罗·埃斯特（Leonello d'Este）的信函中表达过类似的观点。[2] 布鲁尼在对比了古罗马共和国与帝国历史后指出：罗马共和国取得非凡成就的关键就在于她让拥有德性的公民展开良性的竞争，而帝国时期君主将任何有德性和能力的人都视为敌手，竭力抹杀自由。[3]

人文主义者在探讨共和自由时几乎绕不开"德性"的话题，他们以"德性"为中心展开的政治思考可称作"德性政治"。美国学者韩金斯指出，无论是在早期人文主义的伦理学著作中，还是在他们的政治著作中，德性的主题无处不在，"德性"才是人文主义者政治价值观的主导，即便说人文主义政治就是德性政治也不为过。[4]

人文主义者推崇的德性所涵盖范围很广，不仅包括古希腊传统上的四主德——智慧、勇敢、节制、正义，以及中世纪传统中的三种神学德性——信德、望德、爱德，并且还包括了个人能力、专业知识、有效性、男性气概与力量。[5] "德性政治"的表述很容易让人联想到道德伦理，道德伦理学属于道德（实践）哲学的分支，承袭自亚里士多

---

[1] Cristoforo Landino, "On True Nobility", in Albert Rabil, ed. and trans., *Knowledge, Goodness and Power: The Debate over Nobility among Quattrocento Italian Humanists*, Binghamton: Medieval and Renaissance Texts and Studies, 1991, p. 210.

[2] Francesco Filelfo, *Epistularum familiarium libri XXXVII*, 1502, p. 44; 转引自 James Hankins, "Humanism and the Origins of Modern Political Thought", in Jill Kraye, ed., *The Cambridge Companiou to Renaissauce Humanism*, p. 140, note 2.

[3] Leonardo Bruni, "Panegyric to the City of Florence", p. 154.

[4] 〔美〕詹姆士·韩金斯著，曹钦译：《马基雅维利与人文主义的德性政治》，第84页。

[5] 〔美〕詹姆士·韩金斯著，曹钦译：《马基雅维利与人文主义的德性政治》，第81页。

德的伦理学和政治学,在当代哲学家安斯康姆(G. E. Anscombe)、威廉姆斯(B. Williams)、麦金泰尔(A. C. MacIntyre)那里得以复兴。当代实践哲学分为三大流派:(契约)道义论、(功利)后果论、目的论。[1] 与前两者不同的是,目的论(即道德伦理学)强调思想和行为要遵循道德意识的支配,通过合乎道德理性的行为模式实现人类的共善和幸福。无论就行为的手段还是目的而言,(至善)目的论有别于另外两类规范伦理学(实践哲学理论)。以康德为代表的(契约)道义论主张,行为本身的正确性取决于理性的共同判断,即根据行为的善恶来评判行为是否合乎理性;(功利)后果论则从行为的结果出发来判断该行为的道德价值,只要行为的结果是良善的,那么这个行为就是道德的。意大利人文主义者主张的"德性政治"与古代目的论以及当代德性伦理学相似,专注于提升统治阶级或个人的智慧和德性,推崇"以点带面"的改革方式,通过促进和提高统治者的道德行为规范,为被统治者树立行为榜样,由此实现整个国家的共同利益,营造和谐幸福的共同体。

如果我们从"德性"的视角来审视,很多问题似乎迎刃而解,尤为突出的一个问题就是人文主义者的政体论。在一个政治体里,统治者的德性要比特定的政体类型远为重要[2],其实这就是"德性政治"的具体表现,在看似赞成共和抑或拥护君主的政体争辩背后,上层统治集团是否具备德性才是关键之所在。比如,锡耶纳的帕特里齐曾将九卷本《论共和教育》毫不费力地修改成无论在长度还是内容上都相似的姊妹篇《论君王教育》。他在前部著作中还竭力称赞并维护共和政

---

[1] 道义论与契约论相交叉,其核心是正义理论;后果论与功利论相交叉,其重点在实践推理的政体结构;目的论与至善论相交叉,其核心为伦理德性。参见应奇、刘训练主编:《第三种自由》,总序。

[2] 〔美〕詹姆士·韩金斯著,董成龙译:《排他性共和主义与非君主制共和国》,《政治思想史》2016年第3期,第107页。

体，在后部著作中却笔锋一转倒向了君主制。帕特里齐对于这种前后矛盾给出的解释是，国家制度的好坏取决于统治者的德性与智慧，而非制度本身的形式。① 只有当我们从德性的视角出发，才能理解像帕特里齐这样同时拥护君主制与共和制的双重政体倾向与思维模式。② 一方面，人文主义者提倡以德性为准绳来决定拥有最高统治权的人数和人选，因为找到具有德性的个体显然比找齐具备德性的团体容易，由此他们推导出君主制优于共和制；另一方面，人文主义者又质疑这位至德至善者的存在，社会中或许并不缺乏充满德性的个体或家族，但任何人都不可能拥有超乎所有人的至德，仅万能的上帝才有如此完满的德性，由此他们又可推导出共和制优于君主制，因为让个体（君主）凌驾于众人之上成为绝对权力者的做法显然是有悖于自然的非正义。③

总之，较之于共和主义自由，"德性政治"才是文艺复兴时期意大利人文主义政治理论的核心。在人文主义者看来，德性统摄的范围早已超越了伦理哲学以及道德自律的界限。德性关乎合法统治的权力，自由则是对有德之人的嘉奖。人文主义者所持的德性政治观与亚里士多德在划分政体好坏时所依据的道德目标之间有着明显的亲缘纽带。

---

① Francesco Patrizi, *De regno et regis institutione*, ed. by Jean Charron, Book I, Chapter 1, Paris, Aegidius Gorbinus, 1567, pp. 7-8; 转引自 James Hankins, "Humanism and the Origins of Modern Political Thought", pp. 120, 140, note 2.

② 帕特里齐虽然在当代鲜有人问津，但他在文艺复兴时期的知名度却远甚于马基雅维利。帕特里齐的政治著作在 15、16 世纪有多达 37 个印刷本，并被译成多种语言，是大学课堂里的通用教材。帕特里齐的政治主张迎合且代表了绝大多数人文主义思想家的观点，可被视为人文主义者主流思想。参见 James Hankins, "Modern Republicanism and the History of Republics", in Stefano Caroti and Vittoria P. Compagni, eds., *Umanesimo e Rinascimento alle Origini del Pensiero Moderno*, Firenze: Leo S. Olschki Editore, 2012, p. 112。

③ Francesco Patrizi, *De institutione reipublicae*, Book I, Chapter 1, Paris: Geleottus Pratensis, 1534. p. 1.

人文主义的德性政治将统治权力的合法性以及政治行为的正当性与统治者个人所具备的德性紧密联系在一起，自由作为德性的衍生甚至犒赏，俨然已不能再用"无支配"或"无干涉"来归纳了。

二、从德性的政治化到政治的去德性化

中世纪晚期，佛罗伦萨民众政府（popular government，又译平民政府）的建立是文艺复兴时期政治思想发展的第一个重要时刻，并为之后人文主义德性政治中"平等主义"思想的萌芽埋下了种子。1282年，佛罗伦萨政府在早前公社政府（commune government）的基础上，制定出一套政治制度与政府组织原则，其中若干规定一直延续到1532年佛罗伦萨公国成立。现存史料中有许多关于佛罗伦萨政府基本结构的记载，譬如丝织商人格列高里奥·达蒂（Gregorio Dati）[①]、建构宗教共和国的季罗拉莫·萨沃纳罗拉、史学家乔万尼·维兰尼（Giovanni Villani）、贝内蒂托·瓦尔齐、多纳托·詹诺蒂，以及马基雅维利和弗朗切斯科·圭恰迪尼。

马基雅维利在《佛罗伦萨史》第二卷第三章中记述了佛罗伦萨人在1282年建立新政府的原因，一则是因为圭尔夫派和吉伯林派之间的党争倾轧，再则是因为贵族和平民之间的冲突日益激化。这最终导致"佛罗伦萨人拿起武器反对代表皇帝的统治者"，同时"为了剥夺吉伯林派的权力和限制贵族"，城市内的平民领袖、行会代表和新贵联合起来成立了民众政府。贵族出身的贾诺·德拉·贝拉（Giano della Bella）与新政府的其他建立者一起鼓励各行会领袖改革城邦体制，规定首长

[①] 达蒂在其代表作九卷本《佛罗伦萨史》(*Istoria di Firenze*)最后一卷中记述了佛罗伦萨政府的组织结构、官员组成以及佛罗伦萨辖属地区的行政官僚。Goro Dati, *Istoria di Firenze dall'anno MCCCLXXX all'anno MCCCCV*, ed. by Giuseppe Bianchini, Florence: Manni, 1735, pp. 132-144.

和正义旗手在任期内必须住在韦基奥宫(Palazzo Vecchio，即市政厅)，以便更好地管理城市，他们还剥夺了显贵参加执政团的权力。①

在民众政府成立后的二百多年里，佛罗伦萨的政治运作基本上围绕这套制度展开。但事实上，佛罗伦萨民众政府活跃的时间仅仅是最初的五十年，在此期间，城市权力基本掌控在商人、手工业行会代表组成的民众手里。从政府机构设置、政府官员选任方式以及对公职人员的各项规定中可以看出，早期民众政府设计这套制度的意图在于防止统治权力落入寡头与强权人物的手里。为此，他们采取了一系列具体的防范措施来践行佛罗伦萨信奉的两大理念：自由与平等。

第一，自由原则。根据当代共和主义者的理论，佛罗伦萨民众追求的自由具有"无支配"特征，他们想要根除经济、社会、政治层面上的特权现象，惧怕显贵上层形成垄断权力的寡头集团，他们更担心僭主、暴君的统治。为此，民众政府制定了相应的防范措施：一是通过随机抽签的方式选举行政官员。三大最高行政机构和两大最高立法机构的官员都是从城市的四分区(quarters，即四个街区)按照每个街区名额均等的原则分别抽选②，正义旗手则是由各街区代表轮流担任。但凡涉及国家事务的决策，在实施前都必须由三大议事机构官员经无记名投票通过才行。二是官员任期短暂。布鲁尼特意强调，首长团的任期为两个月而非一年③，两大议员顾问团的任期则分别为三个月("十二贤人团")和四个月("十六旗手团")，司法官员为六个月，目的就是避免官员受到操纵、滋生腐败。三是行政、司法职务都有严格

---

① 〔意〕马基雅维利著，李活译：《佛罗伦萨史》，商务印书馆2012年版，第68—70页。
② 佛罗伦萨自1328年起在原来的抽选制度上进行了改革，专门设立了"资格审查委员会"(Squittino)。资格审查的操作流程是把有资格的候选人名字写在纸上并放入一个袋子里，袋子按职位进行区分，等到某个职位需要人的时候，人们直接从对应的袋子中随机抽取，这样就能在资格审查(而非抽选)时便已经完成了政治资格筛选工作。Nicolai Rubinstein, *The Government of Florence Under the Medici 1434-1494*, pp. 4-5.
③ Leonardo Bruni, "Panegyric to the City of Florence", p. 169.

的审计制度。在进行抽选之前必须仔细审查每位候选人是否完全具备参选资格，这里所谓的"资格"不仅包括文化程度和职业能力素养，还包括对年龄、裙带关系、历任时间、公民义务的规定和禁令。司法官员一般都是来自帕多瓦、博洛尼亚等地的外邦人，他们受过良好的法律教育，届满离开前还要进行述职报告并接受清白调查。[①] 佛罗伦萨人相信，这套制度一方面能尽量避免在佛罗伦萨公民之间产生冤仇，另一方面也能杜绝权贵勾结，由此最大程度保障公民自由，让公民不至于沦为滥权迫害的对象。

第二，公平原则。佛罗伦萨所致力的正义并非基于平等（equality）原则，而是以公平（equity）为特征。佛罗伦萨民众政府的高度民主性其实就本质而言，伴随着一种反对精英政治的深刻偏见。大中小行会会员只要符合资格，原则上都可以参选民众政府的所有职务，这意味着屠户、鞋匠、裁缝、面点师等社会下层人员皆有晋升统治阶层的可能，这种民主包容的程度甚至超越了古希腊雅典的民主制。另外，根据1293至1295年的《正义法规》的规定，伤害平民的权势者将受到更严厉的司法惩戒，仰仗财富和权力的人如果被发现欺负弱者的话，他将被处以高于正常数额五倍的罚款。佛罗伦萨政府会主动支持弱者，保护他们的财产和人身安全不受侵犯。布鲁尼不禁感慨：

> 任何地方都不曾像佛罗伦萨那样，如此平等地（exequata）对待贵族与平民……只有当强者受其权势的保护、弱者受到共和国的保护，而两者又都惧怕惩罚时，才能实现"某种均衡"（quaedam aequabilitas）。[②]

[①] 〔意〕莱奥纳尔多·布鲁尼著，〔美〕戈登·格里菲茨英译，郭琳译：《论佛罗伦萨的政制》，第103—104页。

[②] Gordon Griffiths, James Hankins et al. trans. and intro., *The Humanism of Leonardo Bruni: Selected Texts*, p. 105.

佛罗伦萨早期民众政府的高度民主看似在制度上确保了公民参政的权利，突破了财富、出身、地位、名望等诸多界限，但不可否定，它导致了政府运转效率低下，并且还极大削弱了政府内部的稳定性。不仅如此，佛罗伦萨的显贵权势阶层始终都在努力通过提供庇护、追求商业利益、寻求教会支持等各种手段来渗透权力。因此，尽管制度设计的初衷是为了保障主权在民，但现实表明这种意图的践行却并不成功。根据佛罗伦萨选官记录档案（Archivio delle Tratte）可知，城市显贵自1382年开始逐步控制选举，政府的寡头特征愈发明显。[1]1434年老科西莫回归佛罗伦萨，所谓的新政府也不过是在原来旧政府的基础上更换了一批受益者。[2]虽然美第奇家族成员并没有亲自出任政府部门的要职，且在表面上延续了佛罗伦萨的议会机制以及公民参政的权利，但正如历史学家乔万尼·卡瓦尔坎蒂（Giovanni Cavalcanti）所言，在此后长达六十多年的时间里，美第奇家族的老科西莫、大洛伦佐、皮耶罗二世等人始终都是统治权力的幕后操控者[3]，佛罗伦萨的民主、自由早已名存实亡。

从更广泛的意义上来看，佛罗伦萨民主政制的失败也是14世纪基督教世界政治衰败的表现之一。在整个欧洲范围内，这种危机表现为神圣罗马帝国的衰落与罗马教廷的腐败。正是这种全面的精神危机和政治危机，带来了文艺复兴时期政治思想上另外两个重要时刻——人文主义德性政治的全面复兴，以及马基雅维利所开创的政治理论的现代转向。

---

[1] 杨盛翔：《钝化的民主利器——文艺复兴时期佛罗伦萨共和国的抽选制》，《史学集刊》2017年第4期，第66—70页。

[2] Ferdinand Schevill, *History of Florence: From the Founding of the City Through the Renaissance*, p. 355.

[3] John M. Najemy, *Corporatism and Consensus in Florentine Electoral Politics 1280-1400*, Chapel Hill: The University of North Carolina Press, 1982, p. 311.

至 14 世纪中期，佛罗伦萨人民已感受到政府的运作逐渐背离了早期民众政府设立的初衷，加之教廷大分裂暴露了罗马教会的腐败无能，导致人们的精神支柱也摇摇欲坠。在此背景下兴起的意大利人文主义不仅是为了复兴古典文化艺术，更旨在诊断和应对政治与宗教的双重危机。人文主义运动的实质是为了呼吁和鼓励全社会重视德性培育，凝聚社会道德价值共识与加强道德体系建构。被誉为"人文主义之父"的弗朗切斯科·彼特拉克为这场运动拉开了精彩的序幕。

在彼特拉克看来，无论是佛罗伦萨的民主政府还是取而代之的寡头或僭主统治，都不符合德性政治的标准。他一针见血地指出，僭政与所谓的"合法"统治在法律层面上的差异无足轻重，将两者彻底区分开来的关键在于行使权力的方式。哪怕是被亚里士多德称为最佳政体的君主制，只要执政者道德缺失，也同样不具有正当性。"最具德性的统治者（或者更准确的说法是——危害性最小的统治者）一定是懂得如何正当行使权力的人。"[1] 我们从彼特拉克政治思想中能够看到他对德性的深切呼唤。这不仅是一种对古典美德的单纯向往、重估和复兴，更是一种希冀运用德性力量来改变当时生存环境甚至引发政治变革的努力。彼特拉克式人文主义试图让德性回归政治，从而引领德性政治的全面复兴。

彼特拉克认为政治统治的关键在于统治者，"是人（而非城墙）造就了城邦"，为此彼特拉克在晚年特意写下《论统治者应当如何统治国家》这一著名书信来为君主提供镜鉴。彼特拉克提倡建构道德社会，认为唯有美德的实施才是营造社会和谐的根本保障。[2] 对彼特拉

---

[1] Francesco Petrarch, "Invective against a Man of High Rank with No Knowledge or Virtue", in David Marsh, trans. and ed., *Petrarch's Invectives*, Cambridge, Mass.: Harvard University Press, 2003, pp. 180–222.

[2] 朱孝远：《近代政治学的开端——简析彼特拉克的政治思想》，《上海行政学院学报》2007 年第 6 期，第 47 页。

克而言，德性成为评判一切的标准，权力、荣耀、友谊都与德性息息相关。"(具备德性)好的统治者意味着好的国家本身"，"真正的德性不会与崇高的荣耀相抵触，荣耀与德性如影随形"，"如果不能拥有德性和智慧，就不会有真正的友谊"。[1] 财富、地位、出身等在德性面前显得不足为道，因此，彼特拉克夸赞的人当中不仅有亚历山大、恺撒等君王，也有像来自底比斯的伊巴密浓达（Epaminondas）那样的普通人。彼特拉克呼吁全意大利效仿古罗马人的德性，重现古罗马帝国政治的荣光，让意大利早日摆脱衰败的困境。在彼特拉克的引领下，14、15 世纪的意大利人文主义者们开启了"德性政治"的全面复兴，这便是文艺复兴时期意大利政治思想发展的第二个重要时刻。

首先，古罗马的历史为人文主义的德性政治提供了有力的依据。历史学家比昂多在《胜利的罗马》中感慨：我们能够从古罗马的历史中汲取到的教训是，只有当权力建立在德性的基础之上，国家才能伟大。这里所谓的德性同时包括智慧和道德两个方面。罗马之所以强大，正是因为她从不会让德性的宝库趋于干涸，她懂得如何从各个行省乃至社会下层吸收德才兼备之人。[2] 被巴龙誉为"公民人文主义"代表人物的布鲁尼在记述古典时代历史人物的时候，发现这些人物令人难以置信地被对智慧（wisdom）、德性（virtue）和公益（public good）的渴望所牵引着。[3] 不过，比昂多、布鲁尼等人对于古罗马的崇敬之情与但丁有所不同。15 世纪的人文主义者不曾借助经院神学或教父哲学的那套说辞来证明罗马统治的正当性：一方面这是因为天下一统的帝制论显然有悖于当时意大利各地的政治发展现状与趋势；另一方

---

[1] Francesco Petrarch, "How a Ruler Ought to Govern His State", pp. 37, 41, 67.
[2] 转引自 James Hankins, *Virtue Politics: Soulcraft and Statecraft in Renaissance Italy*, p. 40.
[3] 〔意〕莱奥纳尔多·布鲁尼著，郭琳译：《佛罗伦萨颂：布鲁尼人文主义文选》，商务印书馆 2022 年版，第 21 页。

面，人文主义者认为古罗马强大的根本原因在于德性，古罗马军队的骁勇善战、统治者体察民情等，这些都是德性的外在表现。

其次，人文主义者从古典"异教"世界萃取思想养分来建构德性政治的根基。柏拉图《理想国》中的"哲人王"即最高德性者的化身；亚里士多德在政体六分法中亦将开明贤德的王视为最佳；萨卢斯特提倡统治阶级成员内部要开展德性竞争；西塞罗早就说过，暴力的统治无法营造安定和谐的社会。所有这些思想要素，以及李维、塔西佗等古代作家的历史著述都成为人文主义者复兴德性政治的丰富理论资源。在意大利人文主义者看来，古典时代是施行有效统治的最佳典范，历史经验让他们相信拥有德性之人自然会散发人格魅力，而国家只有在贤德者的统治下才能最大程度地实现共同利益。

既然基督教在当时的思想文化领域仍然占据着主导地位，那么，人文主义者如何平衡异教思想家与基督教德性之间的关系呢？对此，布鲁尼给出了明确的回答。布鲁尼不仅将自己翻译的亚里士多德《政治学》注疏本敬献给教皇尤金四世（Eugenius IV），同时还在写给教皇的信中直言：

> 千万不要因为亚里士多德是一名异教哲学家而惧怕他……哲学家们对于正义、节制、勇敢、慷慨以及其他德性和与之相反的恶习所抱有的观念都是一样的。异教哲学家与我们之间唯一的差别似乎就在于我们有着来世的目标，但他们在现世中就找到了至高无上的德性。[①]

布鲁尼还援引柏拉图《裴多》《高尔吉亚》以及亚里士多德《尼各

[①] Leonardo Bruni, "Letter to Pope Eugenius IV", in Gordon Griffiths, James Hankins et al. trans. and intro., *The Humanism of Leonardo Bruni: Selected Texts*, p. 157.

马可伦理学》中的片段，借此表明人类生活可以分为两类：一种是忙碌的、公民的、热衷于行动的生活，这种生活受到正义、节制、勇敢以及其他道德理性的控制；另一种生活则热衷于沉思，在这种生活中我们能够找到智慧、知识以及其他理智理性。①由于那些最优秀的异教哲学家同时奉行这两种生活中的诸多原则，因而他们的教导对世人必当大有裨益。

在如何获取德性这个至关重要的问题上，人文主义者将人文主义教育(studia humanitatis)视为培养德性的直接途径。他们在研究古典文化的基础上提出了一个全新的观点，即德性具有自给自足性，人文教育的熏陶既是载体又是催化剂。人文主义者认为，古典文化的训练，尤其是语法、修辞、雄辩等语言技艺，加上诗歌、历史、道德哲学以及其他人文学科，灌输的都是高尚的道德观念与实践智慧，这些都是优秀的统治者不可或缺的品质，是教导君主如何施行德政的"武器"。此外，人文主义者还巧妙地运用雕塑、绘画等艺术形式来不断强化人们对道德讯息的感知，通过文字、图像、音乐让统治者在思想与情感两方面都浸润在崇德的环境之中，时刻提醒执政者明明德、止于至善。从这个意义上说，文艺复兴时期的人文主义完全称得上是一场旨在复兴古典德性的思想文化运动，而德性政治又居于其思想的核心。②

14、15世纪的意大利人文主义者普遍主张，倘若缺乏道德上的卓越，所有制度和法律就都失去了根基。执政者的德性才是善政与否的关键；法律亦是如此，假如立法、司法官员本身缺乏德性，那么他们建立起来的法政关系也必不可信。统治者德性的缺失是导致当时城

---

① Leonardo Bruni, "Letter to Pope Eugenius IV", p. 159.
② 郭琳：《用德性驯化政治：意大利文艺复兴时期的德性政治》，《道德与文明》2021年第1期。

邦、教会、社会腐败混乱的根源，因此，人文主义德性政治主张通过提升统治阶层的德性以实现政治改革。

如果说以彼特拉克为首的意大利人文主义者倡导的德性折射出基督教神学德性与人类理性价值的完美融合，那么 15 世纪末叶的马基雅维利诉求的唯有政治道德。事实上，马基雅维利与人文主义传统之间的关系颇为复杂。一方面，马基雅维利继承了早期人文主义者在政体抉择问题上的灵活变通，同样也不拘泥于君主与共和之争[①]；另一方面，马基雅维利追求的是政治强权，他质疑彼特拉克式人文主义的德性政治，转而提出一套高度现实主义的解决方案。在马基雅维利生活的时代，佛罗伦萨民众政府的民主性质已经荡然无存。不仅如此，英、法、西班牙等民族国家强势兴起，意大利各城市国家却仍苦苦陷于权力此消彼长的拉锯战中。面对内忧外患，马基雅维利更加关心如何保障国家政治共同体的整体有效运作。诚然，马基雅维利也从古典文化中汲取经验教训，也将古罗马奉为典范，但他不仅要通过历史窥探权力的秘密，更要在德性与政治之间划清界限。由马基雅维利开启的现代政治转向标志着政治去道德化时代的到来，即文艺复兴时期意大利政治思想发展的第三个关键时刻。

首先，针对佛罗伦萨民众政府的弊病，马基雅维利在《佛罗伦萨史》中指出，其失败的根本原因在于公民内部接连不断的分裂，并且"无论贵族还是平民——前者执行的是奴役制，后者则是行为放肆——都只是在名义上尊重自由"[②]。对此，他写下《论李维》，试图为

[①] 当马基雅维利站在共和派立场上写作时，他要比萨卢塔蒂、布鲁尼、帕尔米耶里等人有着一颗更加虔诚的共和之心。无论是 1512 年被罢官革职，还是 1520 年领命撰写《佛罗伦萨史》时，马基雅维利都没有放弃过共和制理想，他甚至向教皇利奥十世建议恢复佛罗伦萨共和国时期的大议事会制度。参见〔意〕马基雅维利著，潘汉典译：《君主论》，译者序，第 17 页。

[②] 〔意〕马基雅维利著，李活译：《佛罗伦萨史》，第 62、181 页。

当权的美第奇家族重新设计佛罗伦萨的共和政制，精心谋划权力的分配。马基雅维利心中理想国的特征至少有两点，一是要容纳所有的社会阶层。马基雅维利既捍卫人民的政治角色，又肯定精英阶层的作用，连强势者也一并被纳入到他设计的宪政中。无论是民众还是君主，"当人人都能肆无忌惮地作恶时，他们都会犯同样的错误……当人民做主时，如果法纪健全，他们持之有恒、精明和感恩，便不亚于君主"[1]。既然民众的天性并不比君主更差，所以马基雅维利认为政府应当吸纳各个阶层，就像当时的威尼斯，"凡居住于威尼斯的人皆可参与统治，所以无人抱怨"[2]。二是要权力掣肘。为了防止内讧骚乱和利益纷争，马基雅维利建议在各阶层之间实现权力制衡，他对英、法的议会制度赞许有加：一方面，议会的存在可以"弹劾贵族，维护平民，而用不着国王担负责任……担带责任的事情委诸他人办理，而把布惠施恩的事情自己掌管"[3]，堪称是国王的"保护伞"；另一方面，议会恰恰又是各股势力——王权、世俗贵族、圣职教士、新兴市民阶层——在相互博弈过程中取得相对平衡的结果。[4] 对此，学者周春生评价道："马基雅维里的权力理论有一些理想化的成分，他主张国王、贵族和平民的权力都不能随意剥夺，并被转让给其他各方，三者的权力既要有机地组合起来，又要有一定的区分，特别是元老院的权力和平民的权力之间要有相对的分别，由此使政体趋于完善。如果不同阶级之间的利益平衡被打破，阶级之间的鸿沟扩大，这是十分危险的。"[5] 但有一点不可否认，根据马基雅维利的设计，平民与精英之间

---

[1] 〔意〕马基雅维利著，冯克利译：《论李维》，上海人民出版社 2012 年版，第 196 页。
[2] 〔意〕马基雅维利著，冯克利译：《论李维》，第 62 页。
[3] 〔意〕马基雅维利著，潘汉典译：《君主论》，第 91 页。
[4] 郭琳：《马基雅维利的国家政治共同体意识》，第 29 页。
[5] 周春生：《马基雅维里思想研究》，第 181—182 页。

的对峙得以化解，他们对政府的忠诚随之提升，原先导致内部纷争的（平民）民主精神相应地转化为一致御敌的爱国精神。马基雅维利试图以这种方式将民众品德塑造为罗马式军事德性。[1]

其次，马基雅维利质疑人文主义德性政治。他在《论李维》中再三申明，对政治和道德问题做出判断时，必须"审时度势"。[2] 早期人文主义者努力将德性与政治联系在一起，马基雅维利留给世人的印象却截然相反。意大利史学家贝奈戴托·克罗齐（Benedetto Croce）认为，马基雅维利是成功将道德与政治分离的第一人。《君主论》第15至18章开列了一份美德和"恶行"清单，目的在于表明传统意义上的德性根本无法满足现实政治的需要，甚至会危及国家安全。[3] 马基雅维利借助一种全新的分析视角——关注"实际的生活"，而非"应当的生活"[4]——对"德性"进行了重新定义，其话语体系中的德性等同于权力的有效运作。

实际上，马基雅维利并非刻意颠倒善恶，他只不过提出了另一套评判道德的标准。马基雅维利所做的也不是单纯地将德性与政治分离，准确而言，马基雅维利是从传统伦理道德中剥离出了政治道德，或者说是统治者的道德。因此，他反对将传统德性与善、幸福紧密相连，他抨击彼特拉克式人文主义的德性政治提议的树立道德楷模，他希望人们能够明白目的与手段在道德戒律上的区别。并非所有好的目的都能够借助好的手段来实现，而一切好的手段也不一定都可用来达

---

[1] Mark Jurdjevic, *A Great and Wretched City: Promise and Failure in Machiavelli's Florentine Political Thought*, Cambridge, Mass.: Harvard University Press, 2014, Chapter 7.

[2] 〔意〕马基雅维利著，冯克利译：《论李维》，第20页。

[3] 国内学者刘训练根据《君主论》开列的德目表，分析了马基雅维利如何实现了从"德性"到"德能"的转化。刘训练：《从"德性"到"德能"——马基雅维利对"四主德"的解构与重构》，《道德与文明》2019年第3期，第15—23页。

[4] 〔意〕马基雅维利著，潘汉典译：《君主论》，第73页。

成好的目的。正是因为马基雅维利从人的自然性出发，扎根于当时的政治现实，所以他才告别了传统伦理道德的教条，转而拥抱政治道德的实际需要。①

无论是佛罗伦萨早期民众政府建立时的制度设计，还是彼特拉克式人文主义的德性政治，假若从历史进程和现代政治的高度去审视，不禁让人感叹未免太过理想化。显然，文艺复兴时期人文主义德性政治未能摆脱时代局限与视野瓶颈。人文主义者把政治改革的希望完全寄托于拥抱德性的统治阶层身上，深信道德教化之于治国安邦的效用。他们对于德性的过度强调和倚重使得人文主义者选择性地忽视，甚至漠视现代政治和国家治理中诸如政府、制度、法律等其他要素，而现代国家机器的有效运作无疑需要诸要素协同发力，而不是仅凭德性的一己之力。这种思想上的困境是导致人文主义德性政治日渐式微的重要原因之一。正是在德性政治的问题上，马基雅维利与人文主义者站在了不同的视角。通过对政治哲学的全新定位，马基雅维利实现了政治的去道德化，在其意识形态中，国家理性代替了德性政治，从而扭转了人文主义的德性政治观。

然而，西方政治在现代化的进程中又走向了另一个极端，自由问题逐步取代了德性问题。作为理论基础的自由主义和作为政制形态的代表制民主兴起并在西方政治理论中占据了主导地位，德性概念被边缘化，由此引发了当代西方政治社会中种种弊病。西方学界还没有充分意识到，政治家、政治精英、普通公民德性的缺失是导致包括西方

---

① 马基雅维利对人性的分析可以大致概括为三个方面：第一，人类的本性不会因为时空变化而改变；第二，人类总是自私贪婪的，从私利的动机出发行事；第三，人类能够合乎理性地行事。如果将人类行为中的善恶之争排除在考虑范围之外，借助丰富的经验，统治者就能对行为的结果做出推测，避免那些不尽如人意的结果。参见 James Hankins, "Humanism and the Origins of Modern Political Thought", pp. 136-137.

制度危机在内的诸多问题的症结所在。在对人文主义德性政治的批判性反思中，西方走向了一条去德性的技术路径，对德性因素的尽量规避造成了当代西方政治中程序与价值的割裂。

通过对文艺复兴时期人文主义德性政治观演进的研究，我们可以发现在意大利人文主义政治思想中存在着对于政治与道德的关系问题的探求，这也是当代西方政治应当加以重视的议题。不可否认，人文主义德性政治中的一些主张即便在五六百年后也依然有其现实意义。在当今这样多民族、多元化的社会，人们迫切需要一套为多数人所认同的社会价值与道德规范。执政者同样需要关心百姓的利益福祉，贤德之士也需要人文主义教育的熏陶。诚然，政治离不开国家机器和律法制度，离不开权力斗争和利益结合，但政治同样也离不开德性，政治机制也不是调节利益冲突的唯一途径。

第二节
权力合法性危机及应对[①]

自古典时代起，统治权力的合法性就有多重来源，诸如民众认可、世袭特权、传统习俗、政体性质、君权神授、宗教信仰，以及承袭于柏拉图和亚里士多德政治哲学的思想传统。然而，14、15世纪意大利政治局势的转变使得权力合法性的传统源头趋于枯竭。一方面，随着罗马教廷权威的日渐式微，由教皇授予的君权合法性愈发遭

[①] 郭琳：《德性政治：文艺复兴时期意大利人文主义者对权力合法性的再造》，《学习与探索》2023年第8期，第70—77页。

受质疑；另一方面，大多数意大利城市国家的实际统治者出身卑微，如弗朗切斯科·斯福尔扎（Francesco Sforza）在成为米兰公爵前只是一名雇佣军队长，科西莫·德·美第奇也是从教皇的银行家逐渐攀升为佛罗伦萨政治的操纵者。这些在传统观念里本被视为非法的"新君主"，为了确立自身统治的合法性，努力做着各种尝试。他们操纵公社选举，拉拢大行会，通过政治联姻获取贵族身份，编造具有世袭高贵血统的族谱，甚至不惜直接充当教皇和神圣罗马帝国的代理人。于是权力合法性的问题再度浮现于政治思想的舞台，成为在各国宫廷效力的人文主义者关注之焦点。

一、开辟合法统治的新路径

意大利的人文主义者意识到，他们必须另辟蹊径寻找权力合法性的新源头。醉心于搜罗古典著作的人文主义者很快便将目光锁定在古罗马人身上，古罗马的历史为人文主义者重新诠释统治权力合法性问题提供了有力的依据。尽管在14至16世纪的意大利各城邦中，除了威尼斯之外，几乎没有哪个能够像古罗马那样凭借强大的军事实力维系长治久安，但这丝毫不影响人文主义者以古罗马为榜样。即便当西罗马帝国覆灭近千年后，但丁在《论世界帝国》中依然主张"罗马人生而治人"[1]。在但丁看来，罗马人拥有其他任何民族都不具备的高贵德性。

但丁对于古罗马的崇敬之情到了15世纪人文主义者那里消退了不少，无论是布鲁尼、比昂多还是洛伦佐·瓦拉（Lorenzo Valla），都不曾借助经院神学家或是教父哲学家那套道成肉身的基督教说辞来证明罗马统治的正当性。实际上，在文艺复兴早期，关于罗马帝国权力

---

[1] 〔意〕但丁著，朱虹译：《论世界帝国》，第43页。

的合法性问题已无须再做更多的争辩。古罗马和神圣罗马帝国之于但丁的意义在15世纪人文主义者那里几乎消失殆尽，在当时欧洲各地政治发展的趋势下，显然已经不可能再出现一个世界帝国。继但丁之后的意大利人文主义者关注古罗马、效仿古罗马，并不是纯粹为了将之作为当时政治统治的替代品。恰恰相反，他们是要从古罗马兴衰存亡的历史经验中汲取教训，让历史为现实服务，最终目的是为了强化意大利各城市国家的统治权力。

然而，人文主义者发现他们无法把古罗马人统治的合法性的标签直接贴到意大利各城邦的统治者身上，而必须针对当时的状况有所变通。此时的君主、城主或寡头统治者鲜有良好的出身或高贵的血统，在某种意义上都是"僭主"，因而人文主义者根本不可能以"生而治人"的基因论为他们的统治寻找依据。比如，米兰的维斯孔蒂（Visconti）和斯福尔扎家族（Sforza），曼图亚的贡扎加家族（Gonzaga），乌尔比诺的蒙特菲尔特罗家族（Montefeltro）等最初都是从戎军人，作为雇佣军队长经历厮杀征战才最终登上权力的宝座。可想而知，人文主义者想要证明他们的统治像古罗马皇帝那样正当，或许唯一能够被接受的说法就是，这些人的统治恰恰是为了复兴古罗马的传统。但他们绝非古罗马传统的直接继承者。换言之，文艺复兴时期那些"新君主"的权力不是源自对古罗马人统治权的接续，而是历经断裂之后的重拾。那么，十四五世纪的意大利人文主义者是如何巧妙地运用古罗马的历史，为当时带有头衔缺陷的新君主们提供合法统治的新依据呢？人文主义者给出了两个方案。

第一，将权力合法性与统治者的德性直接关联。合法性取决于统治者能否正当地施行权力。人文主义的德性包含智慧与道德两个方面，意指统治者应当遵循善道。道德合理性源于公正、适度、仁慈，以及是否尊重公民自由等品格与行为方式，统治的正当性取决于能否将共善置于私利之上，能否以被统治者的利益为先。希俄斯岛的莱奥纳尔多（Leonardo of Chios）感慨："罗穆卢斯的德性要比恺撒的野心更令罗马获益。"[1] 人文主义历史学家比昂多也说过：只有当权力建立在德性的基础上，国家才会伟大。[2] 开明贤德的统治者即最高德性的化身，他们懂得只有用德性代替武力，才能赢得民心，从而实现长治久安。

　　文艺复兴时期意大利人文主义者大多有在各国宫廷任职的经历，他们对社会上层统治阶级的情况了然于心。新君主们带着头衔缺陷操控着城邦内外的政治事务，为了能够名正言顺地行使权力，他们竭尽所能。然而，所有这些计策最终不过流于表面，欺骗或糊弄无法从根本上让人民自觉自愿地接受统治。如果他们无法从自身能力和德性出发，考虑如何做出改变，只一味地绞尽脑汁在外部环境上做文章的话，只能说是"治标不治本"，欣欣向荣的和谐城邦更是无从谈起。正因如此，人文主义者将"德性政治"作为治国济民的良方，提出要从根源上，即从统治者自身的德性出发，用信任来取代欺诈和暴力，才有利于稳定政治秩序。只有当人民发自内心地对统治者表示尊敬与忠诚，国泰民安的盛世景象也就指日可待。在人文主义者看来，具有德性的统治者要做到与人民"水乳交融"，从物质和精神上同时关爱百姓，这就要求统治者必须拥有智慧的头脑和美好的心灵。一个只会追求私利、不顾共善的统治者不可能深得民心；但统治者若是拥有审慎、智慧、勇气等德性，做到心系于民，以人民和国家利益为目标的话，那么他或他们的统治权力必然就是合法的。

---

[1] Leonardo of Chios, "On True Nobility Against Poggio", in Albert Rabil, ed. and trans., *Knowledge, Goodness and Power: The Debate over Nobility among Quattrocento Italian Humanists*, p. 119.

[2] Maria Agata Pincelli, ed., Frances Muecke, trans., *Biondo Flavio, Rome in Triumph*, vol. 1, Books I–II, Cambridge, Mass.: Harvard University Press, 2016.

无论新君主的权力是通过何种方式获得的，统治权力的合法性只有在德性政治的根基上才能开花结果，即德性成为权力合法性的新依据。不过这种观念并不是 15 世纪人文主义者的原创，因为亚里士多德、萨卢斯特等古代作家就已经开始提倡在统治阶级成员内部开展德性竞争。古典时代的德性观念建立在某种爱人如己的利他精神之上，有德者的行为目的不是出于自身利益，高贵和荣耀源于为他人、国家共同体服务。或许，人文主义者推崇的德性政治可视作一种新古典主义荣辱观。他们在复兴古典文化的基础上，提倡将政治义务和公民美德两相结合的公民精神，试图再度建构起以德性为中心的社会价值体系，并以此打破门第、财富等外在条件的限制，让德性成为真正高贵的本源。可以说，人文主义者德性政治最理想的画面就是，上至国王将相，下至庶民百姓，每个人都奉行"勿以善小而不为，勿以恶小而为之"的道德行为准则，平等地接受德性的评判，在德性的统摄下营造良性的社会氛围，使德性成为一种普世价值，让美德的行为广受嘉奖，让有德的个人加官晋爵。人文主义者相信，只要能够复兴古典美德，在以德为先的社会风气下，重振古罗马雄风也不再是那么遥不可及的幻想。

第二，主张真正的高贵在于德性。但是在回答如何将高贵与德性联系在一起，以及进行一系列真假高贵之辩之前，文艺复兴时期的意大利人文主义者们还需经历一段从上帝的荣耀到人的高贵的思想历程。众所周知，基督教有一套鲜明的道德规范以及保障其实施的教会权威。在中世纪教权和王权的斗争中，上帝的荣耀长期都被视作国家兴盛和个人幸福的终极依据，信、望、爱三者构成了中世纪神学德性的核心。[①] 拉丁教父的代表奥古斯丁将罗马帝国的衰亡归

[①] 〔古罗马〕奥古斯丁著，许一新译：《论信望爱》，生活·读书·新知三联书店 2009 年版。

结为上帝惩罚人子之罪的结果。[1] 中世纪经院哲学的集大成者阿奎那虽然秉持双重真理观，但他还是将基督教教义奉为更胜一筹的真谛。阿奎那在思想深处固执地认为，没有一种世俗的幸福能够抵达完美的境界，上帝对君主和世人拥有最高权力，尤其"当没有希望靠人的助力来反对暴政时，就必须求助于万王之王的上帝"[2]。即便对于文艺复兴运动的先驱者但丁而言，古罗马人建立帝国也是顺应了上帝的意旨。但丁认为罗马人拥有其他任何民族都不具备的高贵德性，这种渗入基因的优越性恰恰体现于神意的各种显现中，其中最具说服力的当属上帝让耶稣在奥古斯都时代诞生这一事实。正是因为上帝的荣耀验证了"罗马人生而治人"，罗马民族获得统治世界的权力也随之合乎公理。[3]

尽管阿奎那以及同时代的其他人也会从亚里士多德那里汲取理论资源，但这并不足以改变中世纪思想对神性的压倒性肯定。他们从亚里士多德那里学到的只是一套全新的方法，而非一种全新的教义，上帝永远是他们心中至高无上的缔造者。[4] 学者麦金泰尔指出，当阿奎那遇见亚里士多德时，他竭力想要解决的那个中世纪难题由来已久。事实上，他真正面对的困惑是：当人类生活被各种冲突的思想和多样化的生活方式撕扯得支离破碎时，到底又当如何教化人性？[5]

随着文艺复兴运动的兴起，在"乞求神恩再现"的背景下，"追求

---

[1] 参见 Michael Haren, *Medieval Thought: The Western Intellectual Tradition from Antiquity to the Thirteenth Century*, p. 53.
[2] 〔意〕托马斯·阿奎那著，马清槐译：《阿奎那政治著作选》，第 60 页。
[3] 〔意〕但丁著，朱虹译：《论世界帝国》，第 34—36、43 页。
[4] Antony Black, *Political Thought in Europe 1250–1450*, p. 21.
[5] Alasdair MacIntyre, *After Virtue*, 2nd edn., Notre Dame: University of Notre Dame Press, 1984, p. 165.

满足的精力旺盛的个体主义冲动"开始萌发。[①] 个体意识的觉醒激发了人们自我提升的渴望，引起了整个思想重心的转移。相应地，人的高贵开始成为生活的首要目标。从 14 世纪起，在意大利（尤其是在佛罗伦萨），一批被后世称作"人文主义者"的人正努力通过文学、艺术、雕塑、建筑、音乐等各种形式来讴歌人的高贵，掀起了一场声势浩大的所谓人文主义运动。

在彼特拉克、波焦·布拉肖利尼、布鲁尼等人眼里，古希腊、古罗马的荣光逐渐遮蔽了上帝的荣耀，其主要原因有：第一，高度的文化认同感。在他们身边，古代文明的遗迹随处可见，不仅是罗马，而且意大利各地都散布着古代的神庙、剧院、大水渠。古典建筑的恢宏气势让当时的意大利人在感慨之余自叹不如，再加上罗马法的权威以及诸多拉丁语著作闪烁的智慧光芒，这些都不禁让人们的崇古之情油然而生。第二，彼时的意大利在政治上四分五裂。大大小小的领主掌控着许多城镇及周边乡村，有些城市虽然试图保留公社政府自治的传统，但最后终究敌不过强权者的欲望与野心。半岛上各种政治势力钩心斗角、瓜分着意大利，唯利是图的雇佣军将领们忙得不亦乐乎。面对此情此景，人文主义者们不可避免地会追忆古罗马曾经的威望、强大和统一。第三，教会内部的大分裂使得基督教的信仰支柱逐渐崩塌。1309 年的"巴比伦之囚"导致教廷在此后的七十年里一直处于法国的控制之下，在罗马和阿维尼翁并存着两位教皇。1410 年约翰二十三世的当选更是造成了三位教皇鼎足的尴尬局面。面对文化、政治与宗教三方面的重大危机，人文主义者的目光不得不从天上转向人间。

[①] Charles Trinkaus, *In Our Image and Likeness: Humanity and Divinity in Italian Humanist Thought*, vol. 1, Chicago: University of Chicago Press, 1970, pp. 20-21；转引自伯恩斯主编，郭正东等译：《剑桥中世纪政治思想史》（下），第 815 页。

在此基础上，人文主义者进一步将高贵与德性联系在一起，提倡德性与高贵不可分割，能够正当行使统治权力的人必须具有"真正的高贵"(true nobility)。人文主义者所谓的德性高贵是一种对精英政治统治的艺术化表达，与门第高低、财富多寡无关，由此赋予了政治观念以伦理道德的意义。这与他们推崇的亚里士多德的观点相一致。虽然亚里士多德在《政治学》中谈及高贵时曾提到世袭血统、财富等因素，但那仅仅是为了记录和批判，事实上，亚里士多德始终主张高贵在于德性。[①] 文艺复兴时期的人文主义者同样也认为真正的高贵源自德性，主张用德性来取代传统意义上的世袭(贵族)高贵，即便是出身卑贱的人，只要他拥有德性，同样也能高贵。不仅如此，人文主义者们还进一步发起了真假高贵之辩，科鲁乔·萨卢塔蒂、卡洛·马尔苏比尼、博纳克索·达·蒙特马尼诺、兰迪诺等人文主义者都曾撰文讨论"真正的高贵"。

著名的人文主义者兼佛罗伦萨国务秘书萨卢塔蒂尤其鄙视那些倚仗财富和血统而自视高贵的贵族。萨卢塔蒂指出：

> 有两种衡量高贵的尺度，一种是财富，另一种是德性，真正的高贵只取决于德性。无论是农民还是工匠，奴隶还是自由民，统治者还是被统治者，富有者还是贫穷者，所有人都能拥有德性。萨卢塔蒂尤其鄙视那些仰仗财富与血统自认高贵的贵族，他们整日只知道沉溺于狩猎、打斗、游戏、骑马，追求财

[①] 亚里士多德在《政治学》第4卷第8章、第5卷第1章和第7卷第13章中都提到过高贵，比如亚氏说："门望(贵胄)既一般被认为是祖辈才德和财富的嗣承，于是，他们凭特殊的门望为依据起来要求超越平等的权利，似乎也能言之成理。"〔古希腊〕亚里士多德著，吴寿彭译：《政治学》，第237页)不过人文主义者波焦认为，当亚里士多德声称高贵基于财富、身份等外部因素时，这并非亚氏本人的观点。参见 Poggio Bracciolini, "On Nobility", in Albert Rabil, ed. and trans., *Knowledge, Goodness and Power: The Debate over Nobility among Quattrocento Italian Humanists*, pp. 77, 82。

富与纵欲享乐，极少有贵族出身的人懂得德性的重要性。①

萨卢塔蒂的弟子波焦·布拉肖利尼的观点更加大胆，并且在一定程度上对亚里士多德的伦理道德观构成了挑战。波焦指出：

> 德性其实很简单，只要你愿意拥抱德性，那么成为有德之人便易如反掌；与之相反，恰恰是那些自恃高贵、只知道寄生于祖辈荣耀之下的贵胄反倒很难具备德性。②

博纳克索·达·蒙特马尼诺作为15世纪著名的伦理政治家，在论及高贵时同样指出：

> 在良好的共和国内，个人所拥有的荣耀和地位不会根据其家族谱系的高贵来论定，哪怕他的祖辈居功至伟。唯有那些自身博学多才、充满智慧和德性之人才能被赋予统治国家的权力。③

巴托洛缪·普拉蒂纳也认为：

> 高贵的人懂得遵从正义、恪尽职守、克制欲望、遏制贪婪。只要能够做到这些，即便他有可能出身底层，他同样是拥有德

---

① Francesco Novati, ed., *Epistolario di Coluccio Salutati*, vol. 1, Rome: Istituto Storico Italiano per il Medio Evo, 1891, pp. 51, 56-57, 105, 176, 256; 转引自 B. L. Ullman, *The Humanism of Coluccio Salutati*, Padua: Editrice Antenore, 1963, pp. 73-74.
② Poggio Bracciolini, "On Nobility", pp. 88-89.
③ Buonacorso da Montemagno, "Treatise on Nobility", in Albert Rabil, ed. and trans., *Knowledge, Goodness and Power: The Debate over Nobility among Quattrocento Italian Humanists*, pp. 40-52.

性的高贵之人。不用顾忌家世、权柄和财富，只要考虑到理性道德的能力，那么人人生来平等。①

在真假高贵的问题上，希俄斯岛的莱奥纳尔多的观点颇具代表性。莱奥纳尔多出身卑微，在帕多瓦学成后曾在热那亚、佩鲁贾（Perugia）等地讲授神学，1446年被教皇尤金四世任命为米推利尼大主教（Archbishop of Mitylene），1449年奉米推利尼统治者多米尼克·盖特卢修斯（Dominicus Gateluxius）之命，作为大使出访热那亚（Genoa）；其个人经历堪称众多人文主义者生平之缩影，生动诠释了如何展现人的高贵。莱奥纳尔多将传统世袭的高贵视为虚假的高贵，认为真正的高贵只源于自身的德性，他告诉世人：

> 高贵可分为两种：第一种是浮于表面上的、一般为世人所公认的高贵，这种高贵通常与财富、古老的血统、世袭的权利等相联系；另一种则是更纯粹的高贵，它不受世俗目光的评判，它不因贫穷而卑微，这种高贵的每一寸都因充满德性而熠熠生辉。第一种高贵源于勃勃野心，世界各地随处可见；第二种高贵则源于道德的根源，其无穷力量来自自然本性的美丽绽放，这种高贵最完美地体现在少数人的身上，那些人无论在行动还是思维上都无可挑剔。任何拥有这般高贵的人等于被赋予了智慧和美德，这样的人更加适合治理国家和处理重要事务。②

显然，人文主义者提倡的统治合法性与高贵和德性密不可分，能

---

① Bartolomeo Platina, "On True Nobility", in Albert Rabil, ed. and trans., *Knowledge, Goodness, and Power: The Debate over Nobility among Quattrocento Italian Humanists*, pp. 269-298.

② Leonardo of Chios, "On True Nobility Against Poggio", pp. 118-119.

够正当行使统治权力的人必须具有"真正的高贵"。财富与门第无法衍生出合法的权力，唯有当权力与德性相伴时，人们才能拥有真正的高贵；哪怕是皇族出身的人，也需同时具备理智与道德才算合法，只有这样才能让被统治者心悦诚服。人文主义者所谓的"真正的高贵"意指基于德性之上的统治技艺，由此赋予了政治观念以伦理道德的意味。在早期人文主义者那里，权力就这样自然巧妙地与德性挂上了钩。那些有钱有势、出身名门的人，只有当他们自己也具备德性时，才能合法地行使统治权力。彼特拉克及其之后的许多人文主义者甚至激进地认为，即便是出身卑贱的人，只要他获得了德性，同样也能跻身于统治阶层。[1] 比如，被誉为人文主义"文学三杰"之一的薄伽丘（Giovanni Boccaccio）认为，真正的高贵存在于社会各个阶层，从显赫富人到农夫、工匠、武士。薄伽丘枚举了大量古罗马人物，包括马略（Gaius Marius）、西塞罗、韦帕芗的儿子提图斯（Titus Vespasian）、奥勒留（Aurelius）、瑞古卢斯（Marcus Regulus），以及为了捍卫罗马自由而反对克劳狄乌斯（Appius Claudius）独裁统治的维尔吉尼乌斯（Lucius Verginius）。[2] 尽管这些人出身卑微，但他们后来个个都是杰出的政要将领，乃至古罗马皇帝，换言之，社会各个等级皆有成为真正高贵之人的可能。

或许有人会据此认为，14、15 世纪的意大利人文主义者们开创了一种全新的平等模式，这种平等观念前无古人后无来者。以西塞罗为代表的古代思想家推崇在法律面前的平等公民权，认为法律面前的平等是保障自由的基础。但文艺复兴早期意大利人文主义者们似乎提

---

[1] Francesco Petrarch, *Selected Letters*, trans. by Elaine Fantham, Cambridge, Mass.: Harvard University Press, 2016, p. 223.

[2] Vittore Branca, *Tutte le opera di Giovanni Boccaccio*, vol. IX: *De casibus virorum illustrium*, ed. by Pier Giorgio Ricci and Vittorio Zaccaria, Milan: A. Mondadori, 1983, Chapter 5, p. 4.

出了另一种平等，那就是在获取德性上的人人平等。美国学者韩金斯认为，14、15世纪的人文主义者开创了一种全新的平等观念模式，即每个人都有平等获得德性的权利，韩金斯称之为"德性平等主义"（virtue egalitarianism）。[1] 这种对德性能力平等的认可从一个侧面折射出人文主义政治思想中潜藏的基督教人类学观念。比如，波焦·布拉肖利尼认为，高贵是"德性散发出的光芒……它通过意志和力量属于每个人，没有人能在违背他人意志的情况下夺走德性"[2]。

然而，这并不是说可以用现代政治意义上的"平等"来诠释人文主义者的德性政治。同所有前现代的政治思想家一样，人文主义者也认可一定程度上的政治等级制，认为等级划分是自然且必要的。在一个政治体当中，无论是君主制还是贵族制抑或任何类型的政体，精英永远必不可少。人文主义者的德性政治说到底强调的是"德性"在政治统治中的核心地位，牵涉德性与权力之间的对等关系，简言之就是有德者称王。但与前人不同的是，人文主义者主张精英群体必须保持开放，允许所有具有智慧和德性的人参与其中，不论其社会地位和家庭出身，权衡政治等级制的尺度应该是道德和理性，而不是财富和地位。

在如何获取德性的问题上，人文主义者也没有亦步亦趋地跟随古人。亚里士多德认为，德性的获取是一个实践的过程，不仅需要后天的道德实践和哲学沉思，同时还需要世袭血统、教育环境以及优秀朋友的引导。与亚里士多德相比，人文主义者的方案则直接得多。前文已有提及，意大利人文主义者将人文主义教育视作获取德性的一站式途径，主张德性具有自给自足性。这是15世纪人文主义教育家在研究古典文化时提出的一个全新有力的说法。他们认为古典文化灌输的

---

[1] James Hankins, *Virtue Politics: Soulcraft and Statecraft in Renaissance Italy*, p. 40.
[2] Poggio Bracciolini, "On Nobility", p. 84.

都是高尚的道德观念和实践智慧，这些都是优秀统治者不可或缺的品质。道德哲学和历史、格言警句和典范广泛散布在古代诗人、演说家那高贵丰富的语言里，不仅能够让统治者学会如何施行德政，而且还能让他们掌握优秀统治者所需的雄辩术。

这种教育理念与现代大学中通识教育的目标极为相似，通过教育来培养德性的主张也从另一个侧面阐释了人文主义者为何会对复兴古典文化抱有如此之大的热情。因为他们相信，语法、修辞、诗学、历史、道德哲学等人文学科包含了道德价值理念的教育，接受人文主义教育的过程等同于养成和提升德性的过程。古典文化蕴含着关于智慧、审慎等君主治国治民所需要的美德与技能，因而学习和模仿古代贤哲的各类著述，一方面有助于提升统治者的道德水准，这是施行良好统治的必备前提，另一方面也有利于培养统治者的雄辩口才，这是施行良好统治的重要手段。

人文主义者深信通过向精英阶层灌输人文教育，德性便会辐射渗透到社会各个阶层，使得人民从统治者的才德中获益，温和派政治改革也由此得以施行。伟大的人文主义教育家瓜里诺（Guarino da Verona）写道：

> 在国家中担任统治角色的人，一旦具备了正义、善良、审慎和节制，便能与所有人分享这些德性所带来的"果实"，将德性的力量传播给每个人。当个体沉思于哲学研究时并不能带来实用的功效，因为它仅能对从事哲学研究的单独个体产生影响……古代圣贤完全有理由赞赏那些驯化君王的教育家，他们通过提升统治者个人的德性从而影响到许多被统治者的行为习惯。如伯利克里的老师阿那克萨哥拉（Anaxagoras）、迪翁（Dion）与柏拉图、毕达哥拉斯（Pythagoras）与意大利的君主们、阿忒努德鲁斯（Athenodorus）与伽图、帕奈提乌斯（Panaetius）

与西庇阿（Scipio）。即便在我们的时代，曼纽尔·克里索洛拉斯（Manuel Chrysoloras）作为一位伟大的教育家也培养了许多杰出的弟子。[1]

人文主义的德性政治与中世纪政治思想形成了强烈反差。中世纪盛期经院哲学传统下的法学家和神学家探讨的是一系列不同的问题，比如堕落世界里政治的范畴、教会与国家之间的法理关系、宗教权威的本质和范围，以及由教皇和教会法学家创造的"绝对的权力"和"完满的权力"等。经院思想家在思考政治问题时普遍趋于抽象性和法律化，著作的受众对象以经院思想家为主。但人文主义者不同，他们会透过历史、诗歌、西塞罗式道德哲学的棱镜来思考政治问题，他们著作针对的是所有受过教育的人。在人文主义者看来，古典时代是施行有效统治艺术的最佳向导。许多伟大的古代作家留下了丰富宝贵的历史经验，这些智识资源成为人文主义者构筑政治思想大厦的地基。总之，人文主义者希望通过古典著述和人文教育实现对统治者的道德教化，让统治者在智慧和德性两方面有所受益，继而使统治者成为人民争相效仿的道德典范。

二、德性与法律的权重关系

文艺复兴时期意大利人文主义者推崇德性政治，直接原因是为了帮助他们所效力的对象确立合法统治。不仅如此，人文主义者还将"德性政治"作为治国济民的良方，提出要从根源上，即从统治者自身出发，用人民的信任取代欺诈和暴力，唯此才有利于政治秩序的稳

---

[1] 维罗纳的瓜里诺于1419年写给萨勒诺（Gian Nicola Salerno）的信函内容，参见 R. Sabbadini, ed., *Epistolario di Guarino Veronese*, Venice: C. Ferrari, 1915, pp. 263-264。

定。只有当人民对统治者的忠诚发自内心，国泰民安的盛世景象才指日可待。人文主义者认为，具有德性的统治者会心系于民，始终以共善为目标；相反，失德的统治者则一心谋求私利，他们不可能赢得民心，城邦亦不会长治久安。

在意大利人文主义者看来，世风日下与政体形式无关，统治者个人能力的不足和德性的缺失导致腐败和社会混乱。在德性政治的统摄下，人文主义者关注的焦点不是"国家"，而是统治国家的个体，统治者的德性要比特定的政体类型远为重要。这种政治关怀的倾向突显出"德性政治"的功能价值与现实意义，主要表现于两个方面。其一，人文主义者政治观念中的"统治者"范畴与统治人数的多寡没有必然联系，他们既可以接受君主制和贵族制，也可以接受多数人参与统治的民主政体。其二，"德性政治"的核心是以德治人、以德服人，人文主义者希望并鼓励统治者凭借美德、智慧和能力为被统治者树立榜样[1]，倡导道德教化要比武力压制更加有效，因为被迫的顺从不会持久。比如一个皮球，越是遭到重力拍打，它反弹得越厉害，政治统治同样适用此理。如果统治者滥用权力、违背民意，无论政体形式如何，这种倒行逆施的统治方式势必会引发不满与反抗。在这种情况下通常只有两种解决办法：要么顺乎民意，用德性代替武力，缓和与被统治者之间的矛盾冲突；要么在革命的浪潮中推翻现有的统治势力，让真正高贵的有德者成为新领袖。

自古典时代以来，任何类型的政治共同体里都出现过滥施权力或行僭政的现象，文艺复兴时期的意大利城邦也不例外。对此，人文主义者并没有像法学家巴图鲁斯（Bartolus）等人那样，在法律框架下界

---

[1] 人文主义者倡导"推己及人"的统治模式与古语"见贤思齐"相似。人文主义者希望人民在有德者的统治下，纷纷以其为榜样。他们希望发挥德性的感召力，从而营造君民同德的和谐城邦氛围。

定何为僭主或暴政。相较于如何定义"暴君""专制"等概念，他们更感兴趣的是回到西塞罗、李维、塔西佗、萨卢斯特等古代作家的著述中去理解政治腐败背后的原因。在面对如何解决统治者滥权的问题上，人文主义者同样也不会诉诸法学理论中民众同意、合法抵制等手段。在人文主义者看来，首先，不可以通过民众暴动来推翻腐朽的统治阶级，让山野村夫通过暴力革命来掌控政权只会让情况变得更糟；其次，也不可以通过推举强人来解决政治问题。一些雇佣军队长在社会秩序混乱时会动用武力带来和平，这种方式在 14、15 世纪意大利各城邦出现危机时常被采用，但是武力压迫无法改造人性，即它不会让人变得更好。人文主义者从西塞罗《论义务》这本关于政治道德的权威著作中了解到，社会是不可能通过蛮力凝聚在一起的。[①] 有鉴于此，人文主义者相信，只有君王以及簇拥在君王身边的人才能从根本上化解危机。卡斯蒂廖内《廷臣论》教的就是这个道理。廷臣最重要的使命就是要做君王的"磨刀石"，拥有德性的廷臣势必会引导君王正当行事，对君王的道德教化要比才能教育更为迫切，只有这样才能从根源上剔除滥权的毒瘤。廷臣要让君王明白，统治者必须依靠人民信任才能建立并稳固社会秩序。

事实上，文艺复兴时期许多城邦试图通过颁布更多的法律或成立司法机构来解决国家腐败和僭政现象，不过人文主义者非常清楚这么做也无济于事。因为他们深谙塔西佗之意："国家过去虽由于恶习而

---

① 14、15 世纪许多意大利城邦在遇到社会秩序失常时，频频寻求雇佣军队长的帮助。诸如斯福尔扎、皮齐尼诺（Niccolò Piccinino）、托冷蒂诺（Niccolò da Tolentino）等都是凭借军事实力变为炙手可热的人物。在他们当中，斯福尔扎更是从一介武夫华丽地蜕变为政治新秀。然而，人文主义者相信有勇无谋绝不能取信于民，仅仅依靠武力征服获得的领地不会长治久安。关于这点，西塞罗早就说过，暴力的统治手段不可能营造出安定和谐的市民社会，将西塞罗奉为圭臬的人文主义者对此不可能置若罔闻。

遭受灾难,目前却由于法律而大遭其殃。"①法律在任何情况下都奈何不了权势者,对此,波焦·布拉肖利尼早就借对话者之口说过:"城市中只有下层阶级和弱势群体才会受制于法律,有权有势的公民首领毫不忌惮法律的威力。"阿纳卡西斯(Anacharsis)将法律喻为一张巨大的蜘蛛网,"它专门捕食弱者,却极易被强者撕毁。统治者凌驾于法律之上,只有那些无依无靠、势单力薄的人才会需要法律,认为法律能够保护他们免受强者欺凌。庄重、审慎、有头脑的人并不需要法律,因为他们自己就能制定出一套正确的生活法则。这些人要么天生便拥有良好的美德,要么是接受了人文教育熏陶后所得;城邦中的权势者唾弃、践踏法律,认为法律只适合那些弱者、雇佣兵、工匠等社会底层的贫穷者,较之于法律的权威,暴力与恐惧的威慑更有助于统治"②。米兰斯福尔扎家族、阿拉戈纳的君主们、威尼斯共和国和后来查理五世的代理人们,无论什么时候,只要谋杀适合他们的目的,他们就采用这种手段。③

显然,在人文主义者眼里,法律的强制力对于权势者并不管用:他们要么因为自身已经品德出众,所以根本就不需要法律;要么就蔑视法律,视之为专门用来束缚弱者的武器。不过不能就此夸大地认为,人文主义者对当时的法律文化皆嗤之以鼻。大多数人文主义者仍崇尚罗马法,并将罗马法视为古典智慧的宝库。他们也相信自然法和神法,只不过他们觉得当时的司法实践充斥着腐败堕落:法令条文繁缛,是非曲直混淆,暗地钱权私通,欺上罔下抹杀共善,正义被禁锢

---

① 拉丁语原文为"*corruptissima respublica plurimae leges*",直译为"国家越是腐败,法律越是复杂",作者认为反之亦然。塔西佗随之深入探讨了"造成今天无数的错综复杂的法律条文的经过"。〔古罗马〕塔西佗著,王以铸、崔妙因译:《编年史》(上册),商务印书馆2011年版,第170页。

② 转引自James Hankins, "Humanism and the Origins of Modern Political Thought", p. 123.

③ 〔瑞士〕布克哈特著,何新译:《意大利文艺复兴时期的文化》,商务印书馆2010年版,第490页。

在复杂且无用的司法程序里。就连马基雅维利时代的意大利人也毫不避讳地感慨道:"我们轻视外部法律,因为我们的统治者不是正统合法的,而他们的法官和官吏都是坏人。"[1]法律在当时几乎成为模糊真相的帮凶,当时的司法实践早已背离了揭示和捍卫真相的初衷。简言之,第一,人文主义者不满于法律规制的烦琐以及实践程序上设置的重重障碍,认为这羁绊了道德自由,造成诸多不良后果;第二,人文主义者并不相信法令法规能够彻底保障行为的正当性。人文主义者和柏拉图、亚里士多德一样,认可明智善良的人才是最好的法官,他会在实际判断中审慎运用法律。罗马人曾说"社会应当施行法治,而不是人治",但在人文主义者看来,这句格言有待商榷。巴托洛缪·斯卡拉用总结性的口吻指出,社会确实需要法,但同时也依赖执法之人。[2]

由于法律和制度并不足以抵御腐败的侵袭,唯一能够与滥权较量的砝码就压在了统治阶级身上。人文主义者身担劝导统治者举止良善之重责,通过向他们灌输古典文化来让他们养成高贵品德。不过人文主义运动的勃勃雄心远不止于培育未来的君王,他们更希冀改善当时的政治生态,最终目标是要形成一股广泛崇德立德的社会风气:人人都能明明德、鄙夷无德之人。

在以培育、提升德性为目标的君主驯化过程中,雄辩术扮演了重要角色。要让君主接受人文教育的熏陶并做出改变,人文主义者必须掌握一套说服的技艺,通过言辞说教让统治者心甘情愿地接受道德约束和自我监督。可以毫不夸张地认为,雄辩术吹响了德性的号角。人文主义者擅长雄辩,并且在他们的雄辩术中夹杂着修辞的技巧,他们会用

---

[1] 〔瑞士〕布克哈特著,何新译:《意大利文艺复兴时期的文化》,第469页。
[2] 斯卡拉在《论法律与法庭》("On Laws and Courts")一文中,通过对话人物之间的争辩,最终得此结论。参见 Reneé Neu Watkins, ed., *Essays and Dialogues*, Cambridge, Mass.: Harvard University Press, 2008, pp. 158−231。

最生动形象的言辞来颂扬善行,用最严酷犀利的训斥去苛责恶行。[1]

在人文主义者的影响下,1390 至 1430 年间,公共演说在意大利各城邦逐渐流行起来。至 15 世纪末,公共演说俨然成了一种固定的文化仪式传统,雄辩的口才则是一份重要的政治资产。[2]演说者以人文主义者为主,他们在公众及私人场合用拉丁语发表演说,通过这种方式在公共生活与私人生活之间架起一座桥梁。举行演说仪式的场合各种各样,比如显贵家族的婚丧仪式、政府要员的就职典礼、大学新课程的第一次开讲,以及来访使节的会晤等。1415 年在佛罗伦萨的某次政府就职仪式上,一位外来的新任法官就以"正义"为主旨进行了公开演说。这一时期的演说内容因为涵盖了古代经典和圣经权威而变得丰满且具有说服力。佛罗伦萨政府卷宗《建议与咨议》(Consulte e Pratiche)进一步证明了修辞学(演说)对于政治思想的影响。演说者们大多秉承了亚里士多德传统,高度赞扬美德并呼吁统治者重视德性、在统治过程中发挥道德的感召力量。

这类演说的最终目标是为了唤起人们对德性的普遍关注,尤其是要向所有在任的政府官员以及即将上任的新官传递一种道德期望,督促他们恪守职责、履行人民公仆应尽之义务。这种道德问责制具有无穷的威力,虽然不像司法惩戒手段那般令人望而生畏,但它会让任何低于道德期望标准的统治者受到社会舆论的谴责,让他们背负心理压力,在遭受人言唾弃或史书载录中遗臭万年。总之,大多数人文主义者在思考德性与法律的关系时得出的结论是,道德名誉上的蒙羞要比鞭笞肉体所带来的痛苦更为深刻且持久,因为不仅是道德败坏者本人,其家族都会因此遭受牵连。鉴于此,文艺复兴时期人文主义者擅

---

[1] John M. McManamon, *Funeral Oratory and the Cultural Ideals of Renaissance Humanism*, Chapel Hill: North Carolina Press, 1989, Chapter 2.
[2] 〔美〕坚尼·布鲁克尔著,朱龙华译:《文艺复兴时期的佛罗伦萨》,生活·读书·新知三联书店 1985 年版,第 330 页。

长的雄辩术并非只是空洞的修辞或华丽的缀饰,人文主义者希望借助雄辩术建立起一套道德行为规范机制。他们努力宣扬惨遭漠视的道德价值,通过雄辩的言辞强调德性的重要意义及其内在的政治逻辑。①

第三节
德性政治统摄下的人文主义治国术

通过前文的分析可知,当代共和主义者定义的"无支配"自由无法全面客观地代表文艺复兴时期意大利人文主义者的政治思想。我们从马基雅维利著作中确实能够萃取出当代共和政治观的精华,但是人文主义主流思想中的政治思想观念却与"德性"直接挂钩。这是一种独特的自由观,是一种建立在"德性政治"基石之上的国家观,甚至可以毫不夸张地认为,人文主义者对于国家政治共同体中各层面问题的思考以及他们的政治实践,最终都可以回归到"德性政治"这个主题。统治身份和社会地位取决于德性的多寡,政治自由亦是对有德者的嘉奖,统治者的德性与能力比起政体制度更为关键。人文主义者不仅扮演着文人、律师、政治家和宣传家的角色,他们还是提倡以德治人、治国的改革家,更是主张将德性作为驯化君主、教化民众的手段的教育家。可以毫不夸张地说,"德性"是马基雅维利之前的意大利人文主义者们有关"君主镜鉴"之作的核心。文艺复兴时期的意大利人文主义者们相信,古典文化中蕴含的崇高美德在任何时代都不过时,国家统治者应当浸润在历史、诗歌以及道德哲学等人文学科之中,通

---

① 郭琳:《德性政治:文艺复兴时期意大利人文主义者对权力合法性的再造》。

过教育熏陶来提升自身道德修养。只有当统治者具备了高贵的德性，才能保障法律制度的公平有效。对于德性的强调与重视早已跨越了道德伦理的藩篱，成为人文主义者政治思想的砥柱。

回溯意大利人文主义德性政治的过程唤起了我们对道德教化的重新思考。在这个不断被资本、利益所吞噬的物质化时代，我们一则要肯定人文主义者崇德、重德、立德之说不失为改善社会风气的良方，再则必须警惕在德性名义下的精英主义与帝国主义。

一、德性政治决定自上而下等级秩序的合理性

以彼特拉克为首的人文主义者提出了一种有别于现代政治理论的"平等"观念，即在德性标准面前的人人平等，韩金斯称之为"德性平等主义"。[1] 若从政治伦理学发展演变的大背景来理解，文艺复兴时期人文主义的德性政治往前实际上承袭自亚里士多德和西塞罗，往后则与当代实践哲学三大流派之一的"目的论"遥相呼应，而目的论又与至善论交叉，其主干则为"德性伦理学"(virtue ethics)。[2]

不过意大利人文主义者的德性论与古希腊、古罗马道德哲学家的理论仍存在差异：第一，人文主义者所谓的"德性"涵盖范围很广，不仅包括古希腊传统的四主德即智慧、勇敢、节制、正义，以及中世纪传统的三种神学德性即信德、望德、爱德，而且还包括个人能力（卓越）、专业知识（技艺）、有效性（明智的一部分）、男性气概与力量（勇敢的范围）等古典"德性"概念的现代性表述[3]；第二，人文主

---

[1] James Hankins, *Virtue Politics: Soulcraft and Statecraft in Renaissance Italy*, p. 40.

[2] 关于"德性伦理学"的阐释性研究，参见 Julia Annas, *Intelligent Virtue*, Oxford: Oxford University Press, 2011.

[3] 〔美〕韩金斯著，曹钦译：《马基雅维利与人文主义的德性政治》，第81页；参见郭琳：《论意大利文艺复兴时期人文主义者的自由观——以德性政治为视角》，第90页。

义者主张就获取德性的潜能而言，不存在阶级或性别之分，因此，基于德性的严格意义上的"贵族"可以来自农民、工匠等社会各个阶层，"只要考虑到理性道德的能力，那么人人生来平等"[1]；第三，韩金斯认为，人文主义者从德性平等中推衍出政治权力上的平等。布鲁尼在向德意志皇帝西吉斯蒙德三世（Sigismund III）介绍佛罗伦萨政制时曾说道：佛罗伦萨统治的基础在于公民之间的公正与平等，彼此之间的关系犹如家庭中的兄弟手足，包括政府机构设置在内的所有规制都是为了保障公民平等参政的权利。[2]

然而，韩金斯所谓的人文主义"德性平等主义"似乎无论就表述还是本质而言都有待商榷。一则是因为在西方政治哲学的传统中，"德性"本身就不是一个强调平等的概念，而是强调两者相较谁更卓越；再则，有个不容忽视的事实是，人文主义者在鼓吹"德性平等主义"的同时，他们也认可政治等级制。在他们看来，任何形态的国家永远都离不开精英，这是合乎自然且必要的统治原则；只是他们主张精英群体应当保持开放，允许所有具备德性和智慧的人参与其中，最终目标则是要实现政治改革。通常情况下，改革者可以分成两派：一派相信通过改革政治体制能够实现个体改造，另一派则认为通过改造个体能够带动政治体制的改变。14、15世纪的意大利人文主义者大多属于后者。[3] 早期人文主义者之所以热衷于"德性"问题，就是希望通过提升统治阶层的德性来营造良好和谐的社会政治环境。就国家政治层面而言，文艺复兴时期堪称君主和寡头的时代。当但丁希冀的"世界帝国"随着神圣罗马帝国势力的衰退而变得虚幻，当教廷大分裂使得教皇和教阶秩序信誉扫地，当传统的权力合法性源头趋于枯竭

---

[1] Bartolomeo Platina, "On True Nobility", p. 282.

[2] James Hankins, *Humanism and Platonism in the Italian Renaissance*, vol. 1, Rome: Edizioni di Storia e letteratura, 2003, pp. 26–29.

[3] James Hankins, "Humanism and the Origins of Modern Political Thought", p. 119.

之际，人文主义者自然只能将希望投注于现有的政治精英身上。

在"德性平等主义"与"政治精英主义"的思想较量中，早期人文主义者在一定程度上可谓固守时局的保守派，但人文主义者有他们的考虑以及这样做的道理。首先，人文主义者大多依附于教会、君主或者其他统治阶层的门下谋生。鉴于这种生存条件，对现有的社会秩序给予猛烈抨击显然并非明智之举。因此，早期人文主义者的政治著作基本上采取道德说教的方式，或是向统治者建言献策，或是对其讴歌赞颂。卡斯蒂廖内在《廷臣论》中明确教导廷臣最重要的使命就是君主驯化，对君王的道德教化要比才能教育更为迫切。[1]当人文主义者必须针对时弊提出意见时，他们往往刻意回避激进的阐释。比如，就政体问题而言，人文主义者的判断仅限于"好"与"坏"的程度，绝非"好"与"坏"的性质。

再者，人文主义者往往受过专业的修辞学训练，谙熟西塞罗式的雄辩。在人文主义者看来，高效的语言表达要比严格遵照事实更为重要，实际上，一场能够赢得掌声的演说有时恰恰需要刻意隐藏甚至编造事实。因此，精湛的修辞技巧往往与矫饰相随。布鲁尼在《斯特罗齐葬礼演说》中曾赞誉，在佛罗伦萨，"所有人的面前都存在着获得公职和升任的希望，只要他们具有勤勉和自然的禀赋，严肃认真和令人尊敬地生活。德性与廉洁是这座城市对公民提出的要求，任何人只要具备了这两种品德就被认为足以胜任管理共和国的事务"[2]。但布鲁尼心里非常清楚，即便是那些最具德性的公民也无法平等地享有管理城邦的权力。佛罗伦萨的城市显贵自1382年起便逐步控制了选举，政

---

[1] James Hankins, "Renaissance Philosophy and Book IV of *Il Cortegiano*", in Daniel Javitch, ed., *Baldassar Castiglione, The Book of the Courtier*, pp. 377–388.

[2] Leonardo Bruni, "Oration for the Funeral of Nanni Strozzi", in Gordon Griffiths, James Hankins et al. trans. and intro., *The Humanism of Leonardo Bruni: Selected Texts*, pp. 124–125.

府的寡头特征日渐明显。[1] 被寡头垄断的资格审查委员会在所谓的筛选流程中早就将大部分候选人阻挡在政府门槛外[2]，公正的选举结果根本无从谈起。[3] 显然，人文主义者擅长借助修辞来掩盖现实，他们政治话语中的平等绝非彻底的公正。对此，学者杰罗尔德·西格尔（Jerrold E. Seigel）提醒到，我们要时刻牢记人文主义文化的根基在于修辞的艺术。[4]

不仅如此，人文主义者在不经意间还会流露出对广大下层民众的不屑与鄙视，这种潜藏的情绪在他们面对梳毛工人起义（Ciompi Revolt）、佛罗伦萨对卢卡战争失败等一系列事件时得到了宣泄。作为政治宣传家，人文主义者能够娴熟地发挥修辞技巧；作为政府官员，他们洞悉政治权力的游戏。自下而上的革命从来都不是人文主义者的政治设计，驯化统治者才是德性政治的初衷。基于上述分析，笔者认为"德性精英主义"，而非韩金斯提出的"德性平等主义"，或许更接近意大利文艺复兴时期"德性政治"的实质。

"德性政治"牵涉德性分配的比例问题以及德性与权力之间的对等关系，简言之就是有德者称王，拥有德性之人自然散发出人格魅力。透过德性的焦点不难发现，在意大利人文主义者的自由观中潜藏着承自古典哲学和德性伦理学的思维逻辑，"德性政治"的观念意识建构于道德理性的伦理模式之上，其中包含两层含义。

首先，具体的行为模式是德性的外化表现，行为模式的关键在

---

[1] 朱孝远、霍文利：《权力的集中：城市显贵控制佛罗伦萨政治的方式》，《河南大学学报（社会科学版）》2007年第6期，第111页；杨盛翔：《钝化的民主利器——文艺复兴时期佛罗伦萨共和国的抽选制》，第66—70页。

[2] Nicolai Rubinstein, *The Government of Florence Under the Medici 1434–1494*, pp. 4–5.

[3] John M. Najemy, *Corporatism and Consensus in Florentine Electoral Politics 1280–1400*, pp. 308–309.

[4] Jerrold E. Seigel, "'Civic Humanism' or Ciceronian Rhetoric? The Culture of Petrarch and Bruni", *Past and Present*, no. 34, 1966, pp. 10, 12.

于理性控制的理念，理念使得理性能够将激情与欲望控制在适度范围内，这与古典哲学中以理性为主导的传统不谋而合。"对亚里士多德而言，考察理性是否在正确地行动，就要看是否整个人（而非只有某种官能或方面）正在欣欣向荣。"[1] 将这种道德理性的伦理模式置于国家层面，基于整体与部分的考虑也同样适用于城邦共同体的政治生活。德性统治就是由拥有智慧和美德的统治者个人（君主）或团体（贵族）运用理性的工具去服务于整个政治共同体，控制社会政治生活中各种能被勾唤起的人类激情与欲望，通过驾驭公民对荣誉的渴望来中和恶行和私利的诱惑。[2] 其次，德性成为划分社会地位以及分配政治角色的尺度。个人地位（包括社会、政治、经济）依照道德能力呈阶梯式递升，在金字塔顶端是少数具有智慧与德性的优秀个体，在金字塔的基部则是被激情牵引的人民大众。道德德性是一种习惯，它不是自然赋予的；而理智德性则需要一种有德性的自然。[3] 正是因为德性并非与生俱来，更不是人皆有之的公平之物，才更突显其弥足珍贵；也正是由于德性的分布不均才使之成为人文主义者判断合法统治权力的度量衡。

人文主义者在以德性为轴心的思维框架下很容易流露出两种倾向，一是反对纯粹的平民政体，二是拥护既有的寡头统治。人文主义者大多参与过政治生活，都有在各国政府部门任职的经历。他们对政治的看法极大地受制于周遭环境的影响以及个人利益的算计，具体表现在对所服务对象的依赖、对民粹主义的怀疑，以及对精英主义的好感。人文主义者虽然一再淡化世袭特权、祖辈荣耀、出身门第的作用，但却从另外一个特殊的角度，即德性的角度再一次肯定了政治等

---

[1] 〔美〕詹姆士·韩金斯著，曹钦译：《马基雅维利与人文主义的德性政治》，第86页。
[2] 〔美〕詹姆士·韩金斯著，曹钦译：《马基雅维利与人文主义的德性政治》，第86页。
[3] 〔美〕哈维·曼斯菲尔德著，宗成河等译：《马基雅维利的 Virtue》，任军锋主编：《共和主义：古典与现代》，上海人民出版社2006年版，第101页。

级秩序的合理性以及当权者统治的合法性。只不过他们所接受的政治等级制度和判断权力合法性的标准是严格建立在对德性和理性的评估基础之上的。较之于平民和穷人，富人和贵族无疑会有更多的时间和金钱接受古典文化的熏陶与人文学科的教育，这种教育熏陶对于"德性"的养成与提升又是必不可少的。透过德性的焦点，人文主义者竭力宣扬的"自由"只不过是对德性的嘉奖，"平等"也只是权力分配的合适比例。

此外，人文主义者不屑与社会下层阶级为伍[1]，他们认为贤人统治要比天下为公的平等机制更加合理，理想政体就是将权力交予智者贤者。换言之，人文主义者是贤人统治的辩护者。不仅如此，人文主义者还赞成开明统治者在治理国家、决策政事时有权独断专行、劝说甚至强制被统治者服从命令，一方面因为被统治者在智慧、能力、德性等方面都不如统治者，另一方面是因为德性统治者的决议通常迎合了共同利益。毋庸置疑，人文主义者认可等级制度，政治统治集团的存在是自然且必要的。这个集团既可以由君主及其廷臣构成，也可以由贵族寡头构成。只要统治集团保持开放，使得任何具备德性和智慧的个体都有跻身其中的权利，其他一切世袭身份和祖辈荣耀都变成了次要的标准。此外，人文主义者还主张权利特殊化，有德性和能力的公民可享有更多的特权。先后担任过佛罗伦萨共和国国务秘书一职的萨卢塔蒂、布鲁尼、波焦、马尔苏比尼等人文主义者的生活待遇简直可与佛罗伦萨显贵相媲美。他们都享有纳税豁免[2]，布鲁尼甚至能与科西莫、内里·卡博尼（Neri Capponi）、安哲罗·阿恰约利（Angelo

---

[1] Lauro Martines, *The Social World of the Florentine Humanists 1390-1460*, 2nd edn., Toronto and London: University of Toronto Press, 2011, p. 99.

[2] Lauro Martines, *The Social World of the Florentine Humanists 1390-1460*, pp. 87, 117-130.

Acciaiuoli)等政治首脑同台共商机密要事。[1] 人文主义者勾勒的理想政体说到底就是由德性统治者领导民众,被统治者对国家政策只能予以形式上的表决。

无论人文主义者极尽笔墨渲染共和国法律如何保障公民的平等与自由,我们都要明白,这种公正绝不是彻底的平等,而是合适的比例;自由也非绝对的独立,而是有限的权利。自由在任何情况下都不可能等同于自治,那些德性上的弱者和劣者理应接受贤德者的统治。布鲁尼曾带着畏惧的口气告诫城市显贵,永远不能将政治武器及施展政治行为的权力交到民众手里,任由他们按照自己意志加以滥用。布鲁尼在记述了梳毛工人起义后不忘补充道,"或许这是对这座城市中显赫地位者的永久性警告","一旦人民夺到权力的缰绳便再难以收回,他们人数众多势不可当,强而有力"。[2] 佛罗伦萨在文艺复兴时期的城市共和国中当属典型,尽管佛罗伦萨是以抽签方式选拔政府官员,但人文主义者对此普遍不予认同。他们更希望通过投票挑选出真正具有德性的统治者,而不是依靠盲目的抽签以示平等,让那些无能无德的人仅仅凭借运气和上天的眷顾登上权力的宝座。即便是堪称公民人文主义代表的布鲁尼及其门徒马泰奥·帕尔米耶里,也都认为德性才是选拔官员、分配公共荣誉的标准。

帕尔米耶里出生于佛罗伦萨一个富裕的商人家庭,从小就接受良好的人文主义教育,成年后积极介入公共政治生活,与佛罗伦萨国务秘书布鲁尼、马尔苏比尼、波焦·布拉肖利尼以及阿拉曼诺·里努齐尼(Alamanno Rinuccini)等人都颇为相熟,也是一位将古典文化与公民生活两相结合的公民人文主义者。在四十多年的政治生涯中,帕

---

[1] Gordon Griffiths, James Hankins et al. trans. and intro., *The Humanism of Leonardo Bruni*, p. 41.

[2] Leonardo Bruni, *History of the Florentine People*, vol. 3, Book IX, ed. and trans. by James Hankins, Cambridge, Mass.: Harvard University Press, 2007, p. 9.

尔米耶里曾在政府各部门出任过五十多个不同的高级职务。[1] 帕尔米耶里非常推崇西塞罗和但丁，潜心于用拉丁文和意大利文创作，为后人留下许多历史和道德类的著述，其中包括一部尼科洛·阿恰约利的传记（*Biography of Niccolò Acciaiuoli*）、对卡洛·马尔苏比尼的礼赞（*Eulogy of Carlo Marsuppini*）。他还记载了佛罗伦萨 1406 年成功围攻比萨的光荣历史，以及用但丁式三一律写成的长诗《生命之城》（*The City of Life*）等等。在谈到政治统治的基础时，帕尔米耶里说道：

> 公共荣誉（也就是官职）应当根据个体价值（*degnità*）来分配，但是在共和国里很难断定谁的价值更大，因为人们在这个问题上无法达成共识。贵族和权势者说，价值体现在财富资源和古老尊贵的出身；平民主义者说，价值取决于与他人一起和谐共存的能力；有智慧的人说，个体价值存在于积极的德性。那些掌管官职分配以及遵循至理名言的人总是会将荣誉授予最具德性的人，这是因为公共荣誉就该对应于个体价值，而在人类身上，再也没有比为了公共事业奉献自我的德性更加难能可贵的了。那些只会借助先辈的德性来获取荣誉的人（反倒）丧失了所有获得公职的机会，那些毁损祖辈名誉的人无疑是凄惨可怜的。让他凭借自己的能力（而不是借助亲眷关系）去证明他值得被授予荣誉；让他只有当自己的德性与他人等同时才敢自诩高贵。最具智慧的古人在开疆拓土时通常会让外邦人、穷人以及出身卑微的人担任掌权的职位，只要他们认为这些人身上体现出杰出的德性……这类历史事例不胜枚举……所有人都该

---

[1] 张椿年：《从信仰到理性——意大利人文主义研究》，浙江人民出版社 1994 年版，第 186 页。

欣然接受有德之人的统治，即便有德者出身低贱，没有显赫的祖先。[①]

显然，帕尔米耶里认为在挑选行政官员时首先应该考虑的还是德性，只要具备了德性，哪怕他是穷人还是外邦人，都该被予以掌权之职。在德性这条准绳的面前，祖辈、门第、财富等其他条件统统都相形见绌。不过我们绝不能认为帕尔米耶里的这段话是在为平民辩护，因为与穷人相比，富人、贵族肯定有更多的时间和金钱接受古典文化和人文教育。这种教育熏陶对德性来说又是必不可少的，因为人文主义者主张德性的获取与提升必须依靠后天的努力。[②]

巴托洛缪·斯卡拉对自由的阐释或许能够从另一个角度帮助我们看清楚人文主义者是如何借助"德性政治"的统治理念，使得自上而下的等级秩序具有合法正当性。斯卡拉将自由称作所有高贵之人必须努力去获取的"神圣且伟大的馈赠"，是人类天性中的"荣誉与特权"。这种特权既然是人类天性中不可分割的一部分，那就意味着应该不分门第贵贱，所有人都能享有自由，并且不光是佛罗伦萨公民，所有属邦、外邦人也都可以享有自由。如果斯卡拉就此停笔，那或许可以说这位人文主义者的自由观中透射出无支配的一面。可惜斯卡拉似乎意识到自己偏离了主流思想的轨道，于是话锋一转："渴望自由，这是多数人都会做的；但学会如何变得自由以及如何利用自由，则只有真正拥有自由头脑的人才能够做到。"[③] 斯卡拉所谓的"拥有自由头脑的人"在笔者看来不失为"德性"所包纳的特性之一。乍看之下，斯卡

[①] Matteo Palmieri, *Vita Civile*, Book III, ed. by Gino Belloni, Florence: G. C. Sansoni, 1982, pp. 136-137.

[②] 〔美〕韩金斯著，曹钦译：《马基雅维利与人文主义的德性政治》，第88页。

[③] Bartolomeo Scala, "Defense Against the Detractors of Florence", in Reneé Neu Watkins, ed., *Essays and Dialogues*, pp. 254-256.

拉似乎是在为以平等自治为基础的自由进行辩护，然而其著作中但凡涉及自由的内容，没有只言片语提及"不希望受到支配"或"不应屈从于特权"，也没有将"公民参政"视作保护个人权益的必然手段，更没有对法律允许范围之外的强权横加谴责。斯卡拉的自由观一方面表明了其与"无支配"自由的分离，另一方面再次体现出人文主义者不仅是以"德性"论自由，更是将"德性"作为行使政治权力、划分等级秩序的条件和手段。

在人文主义者看来，追求自由是人类天性，但这并不意味着每个人生来就具有政治自治的权利。唯贤德之人才配得上自由，拥有自治以及治人的权力，并且只有在接受教育和提升德性的过程中自由才会相伴而生。对于缺乏德性的人而言，接受优秀统治者的领导反倒更利于他们的利益。自由如同荣誉、尊严那样都是对德性的嘉奖。显然，人文主义者的德性政治观带有强烈的精英色彩，当且仅当以贤德开明的上层阶层为对象时，人文主义者视域下的自由才增添了一抹积极意味。

二、德性政治决定由内而外扩张征服的合法性

自从巴龙提出"公民人文主义"在国与国的关系中表现为一种自我防御型的意识形态以来，就遭到很多学者的质疑。焦点在于该如何解释人文主义者一方面鼓吹和捍卫共和自由，一方面却在寻求对外扩张，打造佛罗伦萨帝国神话。西方学者在面对"自由"与"扩张"的悖论上，有认为兼容的，有认为对立的，也有认为互不相干的。巴龙本人当然没有在佛罗伦萨的对内自由与对外扩张之间看到矛盾，他认为两者不仅兼容，而且后者对于"公民人文主义"的形成还起到推波助澜的作用。鲁宾斯坦则认为，开疆扩土在人文主义者眼里是国家自然的政治野心，帝国梦想不需要忠实于共和自由。帝

国扩张是政治现实,是实际的权力政治的必然路径;共和自由是意识形态,是崇高的公民人文主义的观念反映。两者在理论层面上没有交集。①

然而,倘若我们从"德性政治"的视角出发,似乎又能提供另一种解释的新路径。以布鲁尼和阿拉曼诺·里努齐尼这两位共和派的代表为例,我们可以看到人文主义者不仅在思考内政时以"德性"为基点,他们还将"德性政治"逐渐扩展到城邦之间的关系中。以母邦佛罗伦萨为中心,在对待邻邦和属邦的外交政策上,他们主张属邦必须听从母邦指令,没有资格也没有能力擅自决定同盟对象或发动进攻,当佛罗伦萨陷入战争时,属邦还需全力以赴出兵援助。"统治(signory)与自由,再也没有什么能够比这两者更让人喜爱有加"②,人文主义者以"德性"为支点,非常自然地撬开了横亘在"自由"与"扩张"间的这道壁障。他们的确如巴龙所说,并没有在对内自治与对外控制之间看到任何实质性的矛盾,"德性政治"自然决定了由内而外扩张征服的合法性。

布鲁尼被巴龙誉为公民人文主义典范,从某种意义而言,布鲁尼堪称德性政治的鼓吹者,他对自由的理解与阐释都是以德性为基点向外延展的。身为共和国的国务秘书,布鲁尼的言行无疑代表了佛罗伦萨统治者的立场。我们姑且不论布鲁尼的政治话语到底在多大程度上体现了其个人主张,抑或是代表了统治集团的政治取向。因为无论如何,一方面宣扬以自治独立为支柱的共和自由,另一方面又要求属邦人民无条件地服从佛罗伦萨统治,这种互为悖论的政治主张除了反映出布鲁尼国家观中严重不对等的一面,或许也反映

---

① Nicolai Rubinstein, "Florentina Libertas", pp. 3–26.
② 这是文艺复兴时期非常流行的一句谚语,参见 Jerrold E. Seigel, "'Civic Humanism' or Ciceronian Rhetoric? The Culture of Petrarch and Bruni", p. 24。

出另一种可能存在的解释：回归到德性政治的主题。

在《佛罗伦萨颂》和《佛罗伦萨人民史》中，布鲁尼巧妙地用德性让佛罗伦萨的帝国外交政策显得合理合法，因为佛罗伦萨人民的德性远胜过托斯卡纳其他地区的居民，故佛罗伦萨完全有理由成为托斯卡纳的领袖与主宰。身为高贵的罗马人的后裔，佛罗伦萨人民的血脉里流淌着如此之多的美德，"佛罗伦萨的儿女比起任何他国的人民都更具天赋、荣耀、审慎和伟大"，而"其他民族的祖先都是些避难者、流放者、乡巴佬、流浪者，或是来历不明之徒的后代"。[1]就天性而言，所有人都渴望自由、追求独立，国家亦是如此；然而，并非任何人、任何国家都配得上独立与自由的尊荣，那些缺乏道德德性和理智德性的人自然应该接受被统治的命运，让更具德性的人来为他们当家做主。在描述围攻皮斯托亚（Pistoia）一幕时，布鲁尼从目的和性质两个方面阐述了由佛罗伦萨统治皮斯托亚的正当性。

> 我们必须让皮斯托亚人清楚地明白，战争的目的并不是为了夺取他们的自由，而是出于双方共同的安全利益。佛罗伦萨之所以派兵驻军皮斯托亚城，一来是为了让皮斯托亚享有更大的安宁稳定，二来是为了消除皮斯托亚对佛罗伦萨（偷袭）的怀疑猜忌……每个人都拥有渴望自由的意志，但并非每个人都拥有获取自由的能力。[2]

显然，布鲁尼根据"德性"的标准对自由进行了划分：佛罗伦萨人民的自由与属邦辖地人民的自由。布鲁尼要灌输给属邦辖地人民这

---

[1] Leonardo Bruni, "Panegyric to the City of Florence", pp. 136, 149.
[2] Leonardo Bruni, *History of the Florentine People*, vol. 2, Book VII, ed. and trans. by James Hankins, Cambridge, mass.: Harvard University Press, 2004, p. 327.

样一种思想:他们在接受佛罗伦萨的统治后反倒会变得更加自由。布鲁尼从安危以及法治两个维度来渲染这种在母邦庇护下的自由。首先,佛罗伦萨帮助属邦摆脱了原来的暴君独裁或僭主专制,将他们从缺德的统治者手里解救出来,并且从心理上帮他们摆脱了惶惶不安。未知的入侵者伺机而动,流放者不仅随时都有可能武装回归,更有一些贪婪的邻邦虎视眈眈,万一这些侵略者勾朋结党,势单力薄的属邦没有了佛罗伦萨的庇护,势必岌岌可危。再者,佛罗伦萨遵循依法统治,这也从更大程度上确保了属邦人民的平等与自由。布鲁尼义正辞严地宣扬佛罗伦萨开疆扩土的征服行为,意图让他邦心甘情愿地让渡出自治权力。布鲁尼相信,母邦与属邦之间在臣属关系下达到的和谐自由在古代伊特鲁里亚(Etruria)早已有之,法律作为共同的纽带对于属邦人民既起约束又有保护作用。

阿拉曼诺·里努齐尼同布鲁尼一样,也认可佛罗伦萨的母邦地位,支持佛罗伦萨在外交政策上的征服扩张,在对内与对外"自由"之间持双重标准。"谁不知道佛罗伦萨人民与邻邦交手时骁勇善战",无论是抵御进攻还是发起战争,佛罗伦萨都展现出卓越的"军事实力和战略能力"。她的战绩遍及各地:沃尔泰拉、比萨、阿雷佐和皮斯托亚完全听从于佛罗伦萨统治;锡耶纳、佩鲁贾、博洛尼亚在与佛罗伦萨展开激战后最终主动发出和平提议,这些地方应该为佛罗伦萨接受议和而感激涕零;至于卢卡,佛罗伦萨虽然屡次征服却始终未能掌控她,尽管卢卡频频表示愿意臣服,但总在关键时刻逃脱,犹如一个吞噬着佛罗伦萨人民金钱和血汗的万丈深渊。[①] 在里努齐尼看来,佛罗伦萨所有对外征服的行为都正当合理,要么是对其他城邦先前伤害

---

① Alamanno Rinuccini, "A Condemnation of Lorenzo's Regime", in Stefano U. Baldassarri and Arielle Saiber, eds., *Images of Quattrocento Florence: Selected Writings in Literature, History, and Art*, p. 110.

佛罗伦萨的不义之举予以回击,要么是为了帮助他们摆脱被暴君奴役的现状。我们在里努齐尼的这番言辞中分明能够看到布鲁尼思想的缩影。①

实际上,这种以佛罗伦萨为中心的"大国"意识普遍弥漫在人文主义思想家群体中。比如萨卢塔蒂就用"自由"来诠释佛罗伦萨的对外战争。萨卢塔蒂在1375至1406年间曾担任佛罗伦萨共和国的国务秘书,他将佛罗伦萨与格里高利十一世(Gregory XI)之间的"八圣王战争"(Otto Santi)视为抵御外敌的正义之战,而非针对教廷本身,是"自由之民对抗暴君的永恒战斗";佛罗伦萨与米兰公爵詹加莱亚佐·维斯孔蒂(Gian Galeazzo Visconti)之间的较量也是一场自由保卫战,"佛罗伦萨是所有人民的自由的捍卫者,因为在捍卫他人自由的同时也更容易捍卫佛罗伦萨自身的自由"。② 不过尽管萨卢塔蒂一直高喊"自由"的口号,他却并未从概念、性质和范围上给"自由"做出明确的界定。我们只能从其著述中粗略地得到两点结论:第一,与"自由"对立的始终是"暴君";第二,"自由"未必一定与共和政府(公民政体)挂钩。③ 或许将人文主义者称为"共和式帝国主义者"或者"帝国式共和主义者"显得更加贴切。④

文艺复兴时期的意大利人文主义者们并不认为佛罗伦萨的对外战争属于由中心向边缘扩张的行径。然而正如意大利学者查博德指出的那样,米兰、热那亚、佛罗伦萨、威尼斯的崛起,正是这些城市国家逐渐

---

① Leonardo Bruni, "Panegyric to the City of Florence", p. 150.
② Hans Baron, "A Struggle for Liberty in the Renaissance: Florence, Venice, and Milan in the Early Quattrocento", *The American Historical Review*, vol. 2, 1953, pp. 271-272.
③ Ronald G. Witt, *Coluccio Salutati and his Public Letters*, Genève: Librairie Droz, 1976, pp. 43, 48; B. L. Ullman, *The Humanism of Coluccio Salutati*, p. 13.
④ Mikael Hörnqvist, "The Two Myths of Civic Humanism", in James Hankins, ed. *Renaissance Civic Humanism: Reappraisals and Reflections*, p. 109.

将周边领土纳入自己掌控范围的结果。①毋庸置疑,任何带有"干涉内政""侵犯领土"性质的行为都与当代共和政治观中的"自由"格格不入,与"无支配"自由更是构成了对立的极端。因为在当代政治理论中,一个国家只要受到任何外部势力的干涉,就谈不上是真正的自由。②

自20世纪中叶开始,文艺复兴时期意大利的政治外交逐渐引起西方学者的关注。德裔美籍学者菲利克斯·吉尔伯特将他的意大利文艺复兴研究总结为在探寻"权力制衡观念的源头"③。美国著名文艺复兴研究史家盖瑞·马丁利(Garrett Mattingly)在代表作《文艺复兴时期的外交》中详细考察了具有现代性特征的意大利外交模式,并指出:在意大利最先建立起的国家关系体系为日后全欧洲所效仿。这些新兴的意大利领土国家要比欧洲其他地方有着更为明确的均势观念和制衡意识,展现出史无前例的外交技能,通过派遣常驻使节、设立驻外机构确立起一种永久性的外交方式,这是"外交实践中的革命性变化,最终迫使理论的全盘转移,建构在法律框架下的中世纪外交理念几乎被忘得一干二净"。④

其实,文艺复兴时期意大利的政治思想家已经注意到了这种外交局势的变化。与马基雅维利同时代的人文主义政治思想家、外交大使、历史学家圭恰迪尼这样描述1494年法国入侵前夕意大利半岛的历史:

> 五大国中任何一方的目标都是为了保全自身领土、捍卫本国利益,小心翼翼地确保他们中间没有谁的势力能强大到危害

---

① Federico Chabod, "Was There a Renaissance State?", pp. 26–42.
② Philip Pettit, "A Republican Law of Peoples", *European Journal of Political Theory*, vol. 9, 2010, pp. 70–94.
③ Felix Gilbert, *A European Past: Memoirs 1905–1945*, New York: Norton, 1988, p. 42.
④ Garrett Mattingly, *Renaissance Diplomacy*, London: Cape, 1955, pp. 48, 70.

其他各方。为达到这种精细的平衡，他们对哪怕再微小的政治事件或力量变化都给予高度重视和警觉。①

这是对15世纪意大利外交状况的最早论述，圭恰迪尼记录的"牵一发而动全身"的国家关系运作模式可谓近代政治外交意识形态中权力协调体制的原型。马丁利指出：科西莫·德·美第奇常被视作意大利均势观念之父，在他1434年重返佛罗伦萨政坛至其去世的三十年间，佛罗伦萨所有的对外重大政治决策无一不是围绕该外交原则展开。至15世纪40年代，一些政治思想家的脑海中逐渐形成了一幅意大利各独立城市国家基于均势原则下合作共存的画面。②

然而马丁利忽视了一个关键问题：科西莫及其同时代思想家的均势外交理念既非一蹴而就，又非绝对的独具创新。因为早在美第奇家族上台之前就任共和国国务秘书的布鲁尼已初步具备了这种外交制衡意识。无论在1434年之前或之后，布鲁尼都影响着佛罗伦萨的外交走势，在佛罗伦萨同米兰、威尼斯和教皇间的关系中扮演着重要角色，巴龙甚至略带夸张地认为，布鲁尼手上握着佛罗伦萨对外政策的缰绳。③早先在罗马教廷的政治经历让布鲁尼积累了丰富的外交经验，

---

① Francesco Guicciardini, *The History of Florence*, trans. and intro. by Mario Domandi, New York: Harper & Row, 1970, pp. 88–89.

② Garrett Mattingly, *Renaissance Diplomacy*, p. 77；1451年，以科西莫为核心的佛罗伦萨政府结束了与威尼斯共和国由来已久的同盟关系，转而与旧日仇敌米兰缔结联盟。原因之一是由于维斯孔蒂家族最后一位成员菲力波·马利亚·维斯孔蒂（Filippo Maria Visconti）于1447年去世，科西莫好友弗朗切斯科·斯福尔扎成为新一任米兰公爵，由此在佛罗伦萨、米兰、威尼斯以及教皇国之间初步形成一种权力制衡的外交关系。Gordon Griffiths, *The Justification of Florentine Foreign Policy: offered by Leonardo Bruni in his Public Letters 1428–1444*, Roma: Istituto storico italiano per il Medio Evo, 1999, p. 14.

③ Gordon Griffiths, *The Justification of Florentine Foreign Policy: offered by Leonardo Bruni in his Public Letters 1428–1444*, p. 16.

加之仕途上节节攀升和经济上日益雄厚[1]，使布鲁尼不仅成功跻身为美第奇政权核心集团的一员，在佛罗伦萨声誉斐然，他的名声甚至遍及欧洲各地。[2] 由布鲁尼直接起草或是指导的大量外交公文虽然必须严格遵从上级指令，但这些书信及演说中饱含的修辞技巧和雄辩言辞构成了布鲁尼独特的文体风格。不仅如此，布鲁尼的外交公文与私人信函和政治著作之间有着内在关联与连续性，流露出相同的意识形态。意大利学者帕罗·维蒂（Paolo Viti）通过对布鲁尼遗留的著作手稿和大量档案（1800 封书信和公函）进行分析后得出此观点。维蒂接受巴龙对布鲁尼的定位，认为在布鲁尼所有著述中共和主义的意识形态一脉相通。针对布鲁尼擅用浮华辞藻掩盖社会现实的批判，维蒂认为应当辩证对待布鲁尼个人的政治信仰和他作为佛罗伦萨国务秘书时表露的政治态度。当布鲁尼以佛罗伦萨当权者代言人的身份进行创作时，他必然要考虑政府利益，这解释了为何大量外交公函中包括对教皇与皇帝宗主权的认可以及称赞米兰公爵等内容。[3] 1426 年 5 月，布鲁尼作为佛罗伦萨大使出访罗马教廷所取得的成就更突显其老练的外

---

[1] 布鲁尼在生前最后二十年成为佛罗伦萨最富有的公民之一，他兼得时机和机遇的眷顾，从一名普通的阿雷佐谷物商人的儿子成功蜕变为声名显赫的佛罗伦萨公民。根据 1427 年的财产申报评估记录（catasto），布鲁尼的净资产高达 11800 弗罗林金币，这还只是保守估计，不包括其名下的四处大宅、律师收入、藏书等资产的价值在内。布鲁尼的收入主要分为四大来源：七座农场的产出、商贸利润、政府公债以及银行投资，1427 年布鲁尼的缴税排名在整个佛罗伦萨居第 72 位。Lauro Martines, *The Social World of the Florentine Humanists 1390–1460*, pp. 117–120.

[2] Vespasiano, *Renaissance Princes, Popes, and Prelates: The Vespasiano Memoirs, Lives of Illustrious Men of the XVth Century*, trans. by W. George and E. Waters, New York: Harper & Row, 1963, p. 366.

[3] Paolo Viti, *Leonardo Bruni e Firenze: studi sulle lettere pubbliche e private*, Roma: Bulzoni, 1992；该注中对维蒂研究的评述参见 James Hankins, "The 'Baron Thesis' after Forty Years and Some Recent Studies of Leonardo Bruni", *Journal of the History of Ideas*, vol. 56, no. 2, 1995, pp. 323–325；另可参见 Gordon Griffiths, *The Justification of Florentine Foreign Policy: offered by Leonardo Bruni in his Public Letters 1428–1444*, pp. 17–22。

交能力和斡旋手腕。同时代的人文主义者波焦·布拉肖利尼在布鲁尼葬礼上的演说毫不令人惊讶:"如果布鲁尼能活得更久一些的话,他将被选作佛罗伦萨统治集团的最高首脑'正义旗手'。"[1] 毋庸置疑,布鲁尼的地位、名望与其外交实践密不可分。布鲁尼在佛罗伦萨政治外交事务上发挥的作用及影响不仅仅在于他在德性政治的统摄下帮助佛罗伦萨确立了由内而外扩张征服的合法性,更重要的是布鲁尼奠定了佛罗伦萨外交言辞的模板,其对自由的辩证性诠释为科西莫谋划均势外交搭建起理论平台。布鲁尼堪为近代均势外交理念的先驱。

作为佛罗伦萨共和国的国务秘书,布鲁尼起草的外交公文自然被冠以国家指令的名称。然而我们不禁发问:这些信函所包含的政策方针在多大程度上同样反映出或代表了布鲁尼个人的思想?或者说,布鲁尼对于佛罗伦萨的政策制定及政治走向到底能否产生影响?为弄清这个问题,我们首先需要扫除布鲁尼自己设下的一个"迷障",即国务秘书的职责是贯彻而非制定政策。布鲁尼在 1431 年给卢卡共和国国务秘书克里斯托弗·多雷蒂尼(Christopher Turretini)的信函扉页中写道:

我对于你将自己或是将我同国家政策绑在一起的令人费解的说法表示强烈反对,这好比自以为监察官就有权篡改法律。实际上,一个微不足道的小人物在没有任何授权的情况下,仅凭他自己就妄图对如此重大的问题全权负责,这种想法当被视为傲慢和疯狂。我问你,你我的官职有多大权力?能阻止人民采取行动?或者一旦人民采取行动后能纠正他们?我们哪来这般权力?恰恰相反,拼命谋求遥不可及的权力是极度疯狂之举,

---

[1] Gordon Griffiths, James Hankins et al. trans. and intro., *The Humanism of Leonardo Bruni: Selected Texts*, p. 41.

因为到头来耗尽心力却除了憎恨之外一无所获。[1]

布鲁尼竭力表明自身权力微乎其微，实际情况却是自1427至1440年，他的政治权力和地位不仅相当稳定，甚至平步青云。[2]第一，布鲁尼恰巧是在1431年促成其独子多纳托（Donato Bruni）与佛罗伦萨的传统显贵卡斯特兰尼家族（Castellanni）联姻[3]，这桩婚事必定是以布鲁尼在当时已经具备一定的社会地位和足够的经济、政治实力为前提。第二，1437年佛罗伦萨共和国国务秘书处（cancelleria）进行了一次内部结构的改革扩编，在国务秘书职务下增设第二国务秘书协助处理佛罗伦萨及其辖地内政务。布鲁尼因而能更专注于外交事务，其俸禄翻倍的记录与权力增长的事实相互映衬。[4]第三，阿尔比齐和美第奇两大家族之间的竞逐虽搅得佛罗伦萨政坛血雨腥风，却没影响布鲁尼的仕途。相反，布鲁尼还把自己的著译作分别献给科西

---

[1] F. P. Luiso, *Studi su l'Epistolario di Leonardo Bruni*, ed. by Lucia G. Rosa, Rome: Nuovi studi storici, 1980, no. 5, p. 114; 转引自 Gordon Griffiths, *The Justification of Florentine Foreign Policy: offered by Leonardo Bruni in his Public Letters 1428–1444*, pp. 35–36.

[2] 扎卡利亚将布鲁尼的国务秘书生涯划分为三个阶段：1427至1434年，较少受统治集团的影响并享有更大的决定权；1434至1439年，科西莫权力的增长导致布鲁尼在国家事务中的话语渐弱；1439至1444年，尽管多次出任政府高职，但布鲁尼的实际政治影响力却陷入低迷。对此，安志蒂（Gary Ianziti）和格里菲茨均持不同见解，两位学者分别从历史编纂学和历史因果关系的角度出发，认为直至1440年后布鲁尼的政治权力才逐渐遭到削弱。Raffaella M. Zaccaria, "Il Bruni cancelliere e le istituzioni della Repubblica", in Paolo Viti, ed., *Leonardo Bruni, cancelliere della repubblica di Firenze: convegno di studi*, Firenze: Olschki, 1990, pp. 97–116; Gordon Griffiths, *The Justification of Florentine Foreign Policy: offered by Leonardo Bruni in his Public Letters 1428–1444*, pp. 130–131.

[3] Lauro Martines, *The Social World of the Florentine Humanists 1390–1460*, p. 200.

[4] 马尔志认为，较之于萨卢塔蒂，布鲁尼自担任国务秘书后拥有更多的决定自由和更大的政治影响，萨卢塔蒂从不踏出秘书厅（chancery）半步去向统治集团谏言，他也从来不直接介入佛罗伦萨的政治事务。Demetrio Marzi, *La Cancelleria della Repubblica Fiorentina*, Rocca San Casciano: Cappelli, 1910, pp. 188–198.

莫和里纳尔多,并与教皇庇护二世(Pius II)、阿拉贡国王阿方索五世(King Alfonso V of Aragon)、卡斯蒂利亚国王约翰二世(King John II of Castile)、格洛斯特公爵汉弗莱(Duke Humphrey of Gloucester)、米兰大主教弗朗切斯科·皮佐帕索(Francesco Pizolpasso)、博洛尼亚大主教阿尔贝加蒂(Albergati)等各路政界名流以及君王和教士保持着书信往来。这足以体现其广阔的政治人脉。档案表明,布鲁尼不仅参与制定佛罗伦萨外交政策,更有充分的话语权,在处理国家对外关系事务上,科西莫给予了布鲁尼足够的权力空间。1440 年布鲁尼再度入选"战事十人委员会"。[1] 显然,布鲁尼拥有影响佛罗伦萨政策导向的资格与能力,我们不妨追问:他又到底如何发挥影响?尽管科西莫常被称作意大利均势观念之父,实际上,布鲁尼在为美第奇家族出谋划策时已经初步具备了这套理念。凭借文学名望和政治影响,他极有可能就是科西莫均势思想幕后的推手,并无愧为现代均势外交理念的先驱。

战争是 15 世纪佛罗伦萨政治外交不可避免的主题,据学者厄尔曼(Ullman)统计,萨卢塔蒂在 1375 至 1378 年间代表佛罗伦萨政府起草的 174 封公文中有 130 封关涉战争,并且反复强调"自由"观念。[2] 自 1375 年"八圣王战争"至 1454 年签订《洛迪和约》(Peace of Lodi)的近八十年间,佛罗伦萨与意大利诸邦以及罗马教廷之间冲突不断、战祸绵延。[3] 巴龙指出,布鲁尼时代充斥着巨大的政治灾难,外交伎俩和诡计阴谋已无济于事,唯有政治信念与爱国意志才是最终的决定性因素。这是现代外交的先驱时代,不仅在于外交细化,更是

---

[1] Gordon Griffiths, James Hankins et al. trans. and intro., *The Humanism of Leonardo Bruni: Selected Texts*, p. 41.

[2] B. L. Ullman, *The Humanism of Coluccio Salutati*, p. 13, note 1.

[3] 例如 1390 至 1402 年和 1423 至 1440 年分别与米兰维斯孔蒂家族的詹加莱亚佐和马利亚开战;1429 至 1433 年和 1437 至 1438 年与卢卡及其幕后势力米兰较量。

因为这个时代见证了一种国家关系（interstate relations）新模式的诞生，这种新模式于中世纪而言是完全未知的：共和自由与暴君专制之间的动态对抗。[1] "'为了捍卫自由'（*Ad tuendam libertatem*）及类似表达在佛罗伦萨的政治与外交中几乎已成技术用语"[2]，"自由"成了这个时代最醒目的标签。

布鲁尼被巴龙誉为"共和国自由的捍卫者"，在面对战争的正当性问题上，他继承了业师萨卢塔蒂的立场，把"为自由而战"作为佛罗伦萨一贯的外交方针，并以"自由"诠释战争。在这方面，萨卢塔蒂为布鲁尼树立了榜样。威特、巴达萨里、厄尔曼等学者普遍认为萨卢塔蒂同但丁一样，没能摆脱中世纪政治思想传统的桎梏。[3] 但与萨卢塔蒂不同的是，布鲁尼把对"自由"的宣扬严格限定在"共和"（*respublica*）[4]的框架内。可以说布鲁尼的自由观摆脱了中世纪思想传统的束缚，体现了西塞罗式古罗马共和思想的回归[5]；也可以说，这

---

[1] Hans Baron, "A Struggle for Liberty in the Renaissance: Florence, Venice, and Milan in the Early Quattrocento", p. 265.

[2] Nicolai Rubinstein, "Florence and the Despots: Some Aspects of Florentine Diplomacy in the Fourteenth Century", p. 29.

[3] 参见 Ronald G. Witt, *Coluccio Salutati and his Public Letters*, pp. 43, 48; B. L. Ullman, *The Humanism of Coluccio Salutati*, p. 13。萨卢塔蒂的主要政治著作以及对其思想概貌的介绍可参考哈佛大学文艺复兴经典文库"塔蒂丛书"最新版：Salutati, *Coluccio Salutati: Political Writings*, ed. and intro. by Stefano U. Baldassarri and trans. by Rolf Bagemihl, Cambridge, Mass.: Harvard University Press, 2014; Salutati, *On the World and Religious Life*, intro. by Ronald G. Witt and trans., by Tina Marshall, Cambridge, Mass.: Harvard University Press, 2014。

[4] 韩金斯指出，布鲁尼在翻译亚里士多德《政治学》时误导性地把亚氏用来泛指一般政制或政体的"*politeia*"译成了三种"好"政制之一的平民政体"*respublica*"，从而赋予了"共和国"某种积极的道德意味。James Hankins, "Exclusivist Republicanism and the Non-Monarchical Republic", pp. 452-482.

[5] 鲁宾斯坦强调布鲁尼所谓的"自由"主要有三方面的特征：言论自由、法治和公民平等，但他同时又指出，布鲁尼巧妙地重新定义了"自由"的含义，佛罗伦萨属民的"自由"被布鲁尼释义为不受强权干涉并在法律规定下生活，这无异于给"自由"（转下页）

是一种在"德性政治"统摄下的国家观和自由观。

在帮助统治者进行对外宣传和制定政策时,布鲁尼巧妙地将自由、平等这些积极的价值观用以维护佛罗伦萨的政治利益。首先,布鲁尼树立起佛罗伦萨为邻邦安危挺身而出的高大形象:

> 佛罗伦萨始终都乐意保护陷入战争危难的邻邦,无论威胁他们的是邻近的暴君或是共和国贪婪的欲望。佛罗伦萨一贯反对侵略者,任何人都知道佛罗伦萨将那些遭难的邻邦视为己出,她为全意大利的自由奋战,曾不止一次地将整个意大利从被奴役的桎梏中解救出来。①

其次,布鲁尼把佛罗伦萨的对外战争都归为正义之举:

> 由佛罗伦萨人发起的战争多数都是正义的,他们的战争绝不会缺少正义,要么为了保家卫国,要么为了收复失地。这种正义的战争是一切法律和司法制度所允许的。如果父辈的荣耀、高贵、美德、伟大、辉煌能够荫及子孙,那么这世上没有谁能比佛罗伦萨人更配得上尊严,因为他们的祖辈长久以来各方面的荣耀都远超他人。②

布鲁尼借助德性政治统摄下的"自由"撑起佛罗伦萨称霸托斯卡

(接上页)套上了羁绊,借助法律手段限制了公民自由。Nicolai Rubinstein, "Florentina Libertas", pp. 3–26; Nicolai Rubinstein, "Florence and the Despots: Some Aspects of Florentine Diplomacy in the Fourteenth Century," pp. 21–45; 另可参见 Athanasios Moulakis, *Republican Realism in Renaissance Florence: Francesco Guicciardini's Discorso di Logrogno*, Lanham: Rowman and Littlefield, 1998, p. 74.

① Leonardo Bruni, "Panegyric to the City of Florence", pp. 165–166.
② Leonardo Bruni, "Panegyric to the City of Florence", p. 150.

纳的梦想；均势制衡则是自由赖以凭借的支柱，构筑"佛罗伦萨人的托斯卡纳"成为奠定意大利半岛均势格局、维系佛罗伦萨自由的关键。在布鲁尼担任国务秘书期间，佛罗伦萨政府的外交目标正悄然转变，由原来的抵御米兰专制逐步过渡为建立区域霸权。战略重心转移的背后实则隐含了均势制衡理念，而该理念在布鲁尼的外交思想中可谓一以贯之：一方面他主张扩张进攻，这集中体现在对待卢卡战争的态度上；另一方面他有意拉拢结盟，支持热那亚反对米兰统治即为典型。鲁宾斯坦将佛罗伦萨的外交手腕归结为两种：控制与联盟，并将后者视为前者无法实现的前提下采取的补救措施。[①]

在这种以德性为支撑的"自由"名义下，佛罗伦萨有权对卢卡发动正义战争、实现地域扩张。让我们重新回到布鲁尼与多雷蒂尼通信的历史背景中。当时正值佛罗伦萨进攻卢卡，但因为米兰的撑腰致使佛罗伦萨屡屡遭挫。战争期间多雷蒂尼代表卢卡谴责佛罗伦萨：第一，入侵卢卡属非正义之举，因为卢卡是佛罗伦萨的盟友，并且双方在过去和睦友好；第二，佛罗伦萨不宣而战，采取秘密、狡诈的掩饰和欺骗；第三，佛罗伦萨在卢卡推翻暴君后仍对已获自由且无辜的卢卡人民发动持续攻击。[②] 布鲁尼对之逐一批驳，但实际上他始终主张吞并卢卡。借着佛罗伦萨骑士皮诺·德拉·托萨（Pino della Tosa）之口，布鲁尼强调卢卡地处攻守兼备的战略要塞，倘若错失良机令其落入他人之手必将酿成无穷祸端。[③] 1429 年，也就是佛罗伦萨发动卢卡战争的同年，布鲁尼用略带急迫的语气写道：

[①] Nicolai Rubinstein, "Florence and the Despots: Some Aspects of Florentine Diplomacy in the Fourteenth Century", p. 45.

[②] Leonardo Bruni, "A Rebuttal of the Critics of the People of Florence for the Invasion of Lucca", in Gordon Griffiths, James Hankins et al. trans. and intro., *The Humanism of Leonardo Bruni: Selected Texts*, p. 146.

[③] Leonardo Bruni, *History of the Florentine People*, vol. 2, book VI, pp. 157-159.

第二章　德性政治与国家统治权力的合法性　　151

如同受命运驱使那般，卢卡注定成为一场接一场冲突的导火索。为了卢卡，佛罗伦萨人民投身于伦巴第地区的战争；同样，为了卢卡，佛罗伦萨人民又不惜与马斯蒂诺·德拉·斯卡拉（Mastino della Scala）展开较量；再一次，为了卢卡，佛罗伦萨又与比萨开战。[①]

至于比萨战争，布鲁尼早在1404年便将之引为佳话："比萨对卢卡虎视眈眈，而卢卡是佛罗伦萨的朋友和盟友"，"争斗过程中卢卡大败，许多士兵被俘。当时佛罗伦萨正好在皮斯托亚附近安营扎寨，听闻此事后既没失去勇气，也不惧怕比萨，尽管在这场胜仗中比萨军队士气高涨"，"佛罗伦萨大军扭转战局，先前还沦为阶下囚的卢卡人反倒生擒了许多比萨人，并将他们悉数带回"。[②] 佛罗伦萨有恩于卢卡，她为了卢卡的自由甘冒危险，为了卢卡的利益竭尽所能。然而卢卡恩将仇报，当佛罗伦萨艰苦抵御米兰在托斯卡纳地区的捭阖纵横时，卢卡领主帕罗·奎尼吉（Paolo Guinigi，统治期是1400至1430年）却将自己的儿子连同一支骑兵队派遣给米兰公爵。这种背信弃义、倒戈相向不仅令卢卡人民丧失自由，更直接威胁佛罗伦萨的自由，在这种情形下对卢卡发动进攻自然就是捍卫自由的正义之战。"人民发动攻击，他们有权对卢卡宣战"，布鲁尼反复重申享有德性的佛罗伦萨人民才是权力的主体，一来是为了突出他引以为豪的佛罗伦萨共和自由传统，二来也部分地解释了他在多雷蒂尼面前的"自谦"。同时，布鲁尼不忘表明自己对战争的厌恶，"因为战争本身意味着罪恶、疮痍以及其他巨大的不幸，只要一想到战争就会使我本能地心生惧怕并竭

[①] Leonardo Bruni, *History of the Florentine People*, vol. 2, book VI, p. 205.
[②] Leonardo Bruni, "Panegyric to the City of Florence", p. 165.

力避而远之"①，但"从过往经验可知，接二连三统治卢卡的暴君让卢卡遭受无穷的灾难和痛苦……卢卡似乎缺少暴君就无法生存，所有这些暴君都给佛罗伦萨造成了巨大的困扰和危害"②，在这特定的历史情境下，战争成为佛罗伦萨捍卫自由的"万不得已的最后选择"。布鲁尼就这样巧妙地借助德性名义下的"自由"诠释了佛罗伦萨以扩张为目的的对外战争。

与此同时，佛罗伦萨还积极支持热那亚反对米兰、实现共和联盟。热那亚自12世纪起便享有古老的自治传统，但1421年热那亚被迫接受米兰统治，直至1435年12月热那亚人民不堪忍受米兰的苛税重压发动起义，这对佛罗伦萨而言无疑是个喜讯。然而根据1435年8月达成的《费拉拉和约》(Peace of Ferrara)，佛罗伦萨无权介入马格拉河(Magra)北部地区的事务，但若能成功拉拢热那亚加入佛罗伦萨和威尼斯的共和联盟，这无疑会对平衡意大利半岛的政治势力起到关键作用。可想而知，该举措定会激怒米兰并促发新一轮战争，佛罗伦萨为此召开公民大会商议是否支持热那亚革命，大会期间科西莫的演说尤其值得注意。

  基于三方面的考虑，佛罗伦萨当与威尼斯携手并进：第一，米兰公爵的秉性令我们对他不存任何信任，他的侵略行径、对意大利自由的威胁至今依然有目共睹。为了捍卫全意大利的和平与自由，让我们竭尽所能支持热那亚。第二，佛罗伦萨非常需要威尼斯的支持，与威尼斯人民的联盟已被证明极为重要。

---

① Leonardo Bruni, "A Rebuttal of the Critics of the People of Florence for the Invasion of Lucca", p. 146.

② Leonardo Bruni, "A Rebuttal of the Critics of the People of Florence for the Invasion of Lucca", p. 151.

第三，热那亚的独立自由会让佛罗伦萨获益匪浅。[1]

科西莫的这番演说已明显透露出均势制衡的意识理念，他将热那亚的归属与整个意大利的势力均衡直接挂钩。一旦佛罗伦萨同热那亚结成同盟，势必会牵制米兰在意大利北部的纵横扩张。科西莫的这套说辞让任何了解布鲁尼政治著作的人感到耳熟能详。格里菲茨指出，科西莫演说中的观念术语必然出自某位人文主义者之手[2]，而布鲁尼在1436年4月致热那亚新任总督托马索·迪·坎波·弗雷戈索（Tomaso di Campo Fregoso）的信函中同样又以"自由"作为行动的标杆："佛罗伦萨人民始终都是自由的提倡者和促进者，没有什么比自由能带给我们更大的愉悦……自由是至高的善，是一座城市赖以生存的必需和资本，失去自由便无城市可言，放弃自由，城市也将不复存在。"[3] 最终，佛罗伦萨于1436年5月与威尼斯和热那亚缔结共和联盟，布鲁尼再次代表佛罗伦萨政府向热那亚反对米兰、加入共和阵营致贺："全意大利将会获得和平与安宁，我们（佛罗伦萨、威尼斯、热那亚）也都将获得安全和力量。"[4]

直至15世纪中叶，由五大国构成的意大利城市国家体系才最终稳定成型，然而这些独立的政治实体早在此前便对彼此间的势力变化有着敏锐洞察。巴龙指出，五大国自15世纪上半叶便已运用新型外交艺术逐步建构均势外交新体系，但这些国家各自的政治气候及外交

---

[1] Gordon Griffiths, *The Justification of Florentine Foreign Policy: offered by Leonardo Bruni in his Public Letters 1428-1444*, p. 79.

[2] Gordon Griffiths, *The Justification of Florentine Foreign Policy: offered by Leonardo Bruni in his Public Letters 1428-1444*, p. 80.

[3] Gordon Griffiths, *The Justification of Florentine Foreign Policy: offered by Leonardo Bruni in his Public Letters 1428-1444*, p. 87.

[4] Gordon Griffiths, *The Justification of Florentine Foreign Policy: offered by Leonardo Bruni in his Public Letters 1428-1444*, p. 87.

实践的路径殊异。① 毋庸置疑，佛罗伦萨在这场外交革命中扮演着关键角色，圭恰迪尼称之为"整个意大利的支点"。② 在与米兰维斯孔蒂家族长达半个多世纪的斗争历程中③，佛罗伦萨政府的外交政策随着现实政治的转向应时而变：通过与威尼斯、热那亚等共和国携手联盟，佛罗伦萨不再孤身捍卫全意大利人民的自由，半岛上的政治图景也从早先的暴君专制与共和自治之间的殊死较量逐渐变为主要城邦在权力上的制衡；当斯福尔扎成为米兰公爵时，佛罗伦萨甚至与宿敌米兰冰释前嫌并另缔盟约，这充分验证了在风云变幻的外交舞台上唯一不变的只有政治利益。尽管15世纪意大利的均势外交机制在利益天平前显得脆弱不堪，但不可否认，这标志着文艺复兴时期意大利外交史上旧时代的终结与新时代的开端。如果说佛罗伦萨是维持意大利均势制衡新体系的砝码④，布鲁尼则当之无愧是力压千斤的秤砣。布鲁尼是15世纪最杰出的外交大使之一，他是佛罗伦萨政府的对外窗口，凭借经济实力、文学名望和政治影响始终活跃在政坛中心，充当科西莫均势思想的幕后推手，高举德性名义下的"自由"旗帜精心捍卫着统治集团的利益，通过谋划区域霸权实现均势制衡。布鲁尼知晓无论从前提还是结果的角度出发，唯有实现利益均衡才能维持鼎足之势，

---

① Hans Baron, "A Struggle for Liberty in the Renaissance: Florence, Venice, and Milan in the Early Quattrocento", p. 266.

② Francesco Guicciardini, *The History of Florence*, p. 69.

③ 米兰公爵詹加莱亚佐·维斯孔蒂自1387年起迅速对外扩张，其称霸野心直接威胁到佛罗伦萨的独立自由和生存安危，佛罗伦萨被迫于1390至1392年、1397至1398年及1400至1402年分别与米兰展开三次战争。但米兰的包围战术将佛罗伦萨几乎逼入绝境，最终詹加莱亚佐的猝死让佛罗伦萨化险为夷，然而菲力波·马利亚仿效其父亲的扩张野心再度点燃战火，1422年他成功恢复米兰在伦巴第地区的霸权统治后开始挑衅佛罗伦萨领地。佛罗伦萨在1432年圣罗马诺（San Romano）和1440年安吉亚里（Anghiari）战役中取得的决定性胜利迫使马利亚于1441年12月签订《卡夫里亚纳和约》（Peace of Cavriana）。

④ Garrett Mattingly, *Renaissance Diplomacy*, pp. 79-80.

在权力分布相对平衡的图景下互相牵制，这种制衡反过来亦是保障佛罗伦萨独立自由的重要筹码。

总之，文艺复兴早期意大利人文主义者通过德性的视角为统治者和统治集团的"合法"统治开辟了一条新的路径，巧妙地借助德性遮盖了血统上的低贱和外交上的侵略。出身卑微的人只要具备德性便能够跻身于统治阶级的行列，具备德性的城邦同样能够通过正义的战争来捍卫其他城邦乃至全意大利的自由。由此，人文主义者为许多带有头衔缺陷的统治者建构起一套带有明显精英色彩的政治权力合法性理论，以及对外征服的帝国主义合理性说辞。

意大利人文主义者推行的"德性政治"在之后几个世纪内对欧洲思想文化产生了持续性的影响。但纵观西方近代政治思想史的发展脉络，"德性政治"最终没能成为西方政治思想传统的一脉，甚至根本没引起近代西方政治理论家的足够重视。总体而言，造成"德性政治"被忽视的原因主要有两个方面：第一，人文主义者对德性政治的强调未能凝聚成一股强大的思想动力，它止步于社会文化运动的层面，没有达到政治理论精细化的高度。任何在历史上没能引发广泛关注的政治理论一般也就自然地被现代政治思想家边缘化了。第二，西方学界现已基本达成共识，将马基雅维利视作文艺复兴政治理论的典型代表。吊诡的是，从西方政治文化传统发展的脉络上看，马基雅维利恰恰与早期人文主义者的"德性政治"观念背道而驰，正是因为马基雅维利提出了政治与道德的分离，才使他成为当代政治理论的先驱。毋庸置疑，马基雅维利在很大程度上站在了"德性政治"的反面。当今学界对马基雅维利的高度重视直接导致了对文艺复兴早期人文主义德性政治的忽视。

— 第三章 —

国家与公民关系

意大利人文主义者政治思想的核心是"德性政治",他们关心的是如何提升统治阶级德性的问题,通过古典教育和人文学科的熏陶,让统治者变得更具智慧,行动上更加审慎。同时,他们在各种社会活动、公共仪式等场合,运用修辞与雄辩术在城市国家及公民社会内部营造出一种崇德、重德、立德的伦理道德氛围。然而,早期人文主义者如何思考公民与国家之间的关系?在积极入世与消极遁世这两种生活方式之间该如何抉择?他们是怎样看待公民社会以及公民积极参与政治生活的价值的?萨卢塔蒂、布鲁尼、萨沃纳罗拉等人文主义者是如何实践各自的政治理想的?中世纪的意大利市民公社到底对文艺复兴时期公民人文主义思想的形成起到了什么作用?意大利人文主义者是如何颠覆中世纪基督教思想与经院神学奠定的荣耀观、财富观、婚姻观等传统的价值观念的?布鲁尼、里努齐尼等公民人文主义的代表又是如何复兴古典文化中的公民美德的?本章将就这些问题展开分析。

第一节
人文主义思想中的公民观

15世纪佛罗伦萨的政治现实迫使人文主义者去寻求一种思想上和精神上的依托。在政治模式的运作方面,文艺复兴时期的意大利城市国家与古希腊城邦之间有着惊人的相似之处;但就政治思想而言,在希腊文明的废墟上汲取养分的古罗马历史及其政治文化对于文艺复兴时期意大利的政治思想家更具借鉴意义。以彼特拉克为首的早期人文主义者拉开了复兴古典文化的序幕,李维、塔西佗、萨卢斯特、西塞罗等一批古典作家著作的相继面世为意大利人文主义者提供了重新审视当时政治格局和公民政治生活的新维度。对西塞罗形象的定位成为彼特拉克思考的前提。到底应该过积极入世还是消极遁世的生活?这种思考反映出他关于公民与城邦之间关系的探索。在彼特拉克的引领下,人文主义者开始思考公民到底应当怎样生活。他们普遍认为,哲学式的沉思隐逸已不再适合当时的政治现状,公民唯有积极投入政治生活才是有益于国家和社会的生活方式。萨卢塔蒂、布鲁尼、帕尔米耶里等人文主义者对于国家与公民之间关系的种种思考恰好将近代西方国家和公民社会的诸多本质内容勾勒了出来。

一、入世与出世:两种生活方式间的困惑

在西方政治传统中,"公民"概念由来已久。早在柏拉图和亚里士多德那里,公民就被划分为等次清晰的社会阶级,并且不是所有等级的人都有参与政治生活的权利。在中世纪经院哲学家那里,各社会阶级之间的差异更加明显,不同身份的公民应当各自履行本分职责。到了文艺复兴时期意大利人文主义者那里,公民与城邦之间的关系被置

于一种伦理哲学的道德模式中加以考量，比如彼特拉克就因为到底应该过积极入世还是消极遁世的生活而陷入极大苦恼，由此激发起人文主义者对公民政治生活的普遍关注。

古罗马作家的政治话语在人文主义思想家的著作中如影随形。[1]在复兴古典文化方面，彼特拉克（1304—1374）可谓当之无愧的第一人。彼特拉克生于阿雷佐，其父亲是一名遭遇流放的佛罗伦萨商人。彼特拉克的童年在阿维尼翁度过。1309年，罗马教廷被迫迁至阿维尼翁，教皇沦为法国国王的傀儡，"巴比伦之囚"让尚处青少年时期的彼特拉克对教廷充满了厌恶之情，并逐渐养成了喜欢独处、拥抱孤独的乖戾性格。彼特拉克在蒙彼利埃（Montpellier）和博洛尼亚学习过法律，他热爱古典文化，其中包括古罗马诗人维吉尔和奥维德的诗作、西塞罗和塞涅卡的哲学作品，以及李维和苏埃托尼乌斯的历史著作。[2] 除了给世人留下《论秘密》（Secretum）、《阿非利加》（Africa）、《名人列传》（De viris illustribus）等著作之外，彼特拉克还写过大量的书信，他对于政治、社会以及宗教的许多看法大多分散在这些书信中。彼特拉克的著作开创了崇古仿古之风气，然而其政治观点却又往往变幻不定，甚至前后相抵[3]，这一特征非常明显地体现在彼特拉克对于西塞罗的看法上。彼特拉克对西塞罗抱有肯定与否定并存的矛盾心理。依照传统观念，西塞罗是一位哲学家，哲学家的生活方式一般都远离政治生活，然而西塞罗却同时又是一位成功的政治家。这让彼特拉克非常困惑，从而引发了他对于积极入世与消极遁

---

[1] 例如，布鲁尼在《佛罗伦萨颂》中描绘的佛罗伦萨共和国通过选举任命"执政官"，首长会议的职能类似于古罗马的元老院，圭尔夫党之于佛罗伦萨就如同监察官之于罗马。

[2] B. L. Ullman, "Petrarch's Favorite Books", in idem, *Studies in the Italian Renaissance*, Rome: Edizioni di Storia Letteratura, 1955, pp. 117-137; Benjamin G. Kohl and Ronald G. Witt, eds., *The Earthly Republic*, p. 26.

[3] Benjamin G. Kohl and Ronald G. Witt, eds., *The Earthly Republic*, p. 27.

世这两种生活方式的思考。彼特拉克最终还是倾向于将对古典文化的研究与沉思生活联系起来，主张只有出世隐逸才能在远离政治喧嚣的环境下潜心研究古典文化，积极参政的公民生活只可能与世俗的追求相得益彰。对此，西格尔写道："作为一名演说家，彼特拉克热爱公民生活（civitas），但作为一名哲学家，他更钟情于孤独求索（solitude）。"[1]"这位著名的作家端坐于桌前，从尘世中悄然隐去，但他分明能够意识到不计其数的崇拜者投来关注的目光。"[2] 正因如此，我们可以说彼特拉克依然没能摆脱中世纪思想观念的窠臼，他更像是中世纪老生常谈的代言人，而不是新世俗精神的开拓者。[3]

至14世纪中叶，意大利人文主义者在彼特拉克的影响下开始广泛搜集古罗马著作，彼特拉克关于两种生活方式的困惑激发起人文主义者对公民政治生活的普遍关注。著名的公民人文主义者萨卢塔蒂（1331—1406）留与后世的著述中就不乏此类论述。萨卢塔蒂出生在佛罗伦萨边境附近的布迦诺（Buggiano），其父亲皮耶罗（Piero Salutati）是当地圭尔夫党派的首领之一。由于党争带来的危害，萨卢塔蒂的童年和青少年时期跟随家人在博洛尼亚度过，不过也因此有幸在当时全意大利最好的大学里接受业师皮耶特罗·达·莫里奥（Pietro da Moglio）的指导。从19岁开始，萨卢塔蒂便凭借专业的法学训练以及丰富的古典文化知识，往来于佛罗伦萨周边各个城市公社，积极投身于政治生活。[4] 萨卢塔蒂留下的著作并不多，《论

---

[1] Jerrold E. Seigel, "'Civic Humanism' or Ciceronian Rhetoric? The Culture of Petrarch and Bruni", pp. 36–37.
[2] R. R. Bolgar, *The Classical Heritage and Its Beneficiaries*, Cambridge: Cambridge University Press, 1958, p. 248.
[3] Benjamin G. Kohl and Ronald G. Witt, eds., *The Earthly Republic*, p. 25.
[4] 1367年，萨卢塔蒂被任命为托蒂（Todi）的国务秘书，不久后又在罗马教廷文书院工作了两年，1370年8月成为卢卡共和国的国务秘书。不过在年底任期结束后，卢卡并没继续留用萨卢塔蒂，这让萨卢塔蒂非常失落，前途未卜加上妻子在（转下页）

僭政》(*De tyranno*)、《论法律与医学之高尚》(*De nobilitate legum et medicinae*)、《论世俗与宗教》(*De seculo et religione*)、《论命运与气运》(*De fato et fortuna*)算是他的代表作。同彼特拉克一样，萨卢塔蒂大部分的创作都是以书信为主，并被同时代人称作最优秀的书信作家。意大利学者诺瓦蒂(Novati)将萨卢塔蒂所有的书信分成两大类，一类是私人信件，另一类则是代表佛罗伦萨政府的公文。至1395年，萨卢塔蒂公开的信函逾千封之多，其中有些公文内容的影响力之大几乎人尽皆知。比如米兰公爵詹加莱亚佐·维斯孔蒂曾感慨，萨卢塔蒂的一封书信堪比万马千军。[1] 乌博托·德琴布里奥(Uberto Decembrio)也略带夸张地指出，萨卢塔蒂代表佛罗伦萨政府所写的那些讴歌和捍卫自由的信件享誉全世界，并且他将萨卢塔蒂与古罗马英雄人物赫雷修斯·科克勒斯(Horatius Cocles)以及西庇阿相提并论。[2] 萨卢塔蒂的私人信件所涵盖的内容非常广泛，与其保持通信往来的对象也参差不齐，其中大多都是公证员，但也包括了教皇在内的教会人士，以及那不勒斯国王等世俗统治者，当然还少不了彼特拉克、薄伽丘、安东尼奥·洛斯基(Antonio Loschi)以及他的学生布鲁尼和波焦·布拉肖利尼等一批当时著名的人文主义者。

（接上页）卢卡不幸去世，萨卢塔蒂陷入了痛苦之中。所幸的是，1374年2月，萨卢塔蒂通过选举成为佛罗伦萨选举公证处成员，更让萨卢塔蒂感到荣耀倍增的是在1375年4月，他被任命为佛罗伦萨共和国的国务秘书。国务秘书一职萨卢塔蒂担任了31年，直至1406年离世。关于萨卢塔蒂的生平可参见 Armando Petrucci, *Coluccio Salutati*, Rome: Istituto della Enciclopedia Italiana, 1972; Ronald G. Witt, *Hercules at the Crossroads, The Life, Works, and Thought of Coluccio Salutati*, Durham: Duke University Press, 1983; B. L. Ullman, *The Humanism of Coluccio Salutati*。

[1] Francesco Novati, ed., *Epistolario di Coluccio Salutati*, vol. 4, Rome: Istituto Storico Italiano per il Medio evo, 1911, p. 514; 转引自 Benjamin G. Kohl and Ronald G. Witt, eds., *The Earthly Republic*, p. 83.

[2] Francesco Novati, ed., *Epistolario di Coluccio Salutati*, vol. 4, p. 196; 转引自 B. L. Ullman, *The Humanism of Coluccio Salutati*, p. 20, note 3.

萨卢塔蒂非常敬仰彼特拉克，他不仅坚称彼特拉克是"唤醒古典文化的第一人"，还努力结交彼特拉克周边好友，如弗朗切斯科·内利（Francesco Nelli）、弗朗切斯科·布鲁尼（Francesco Bruni）、拉波·达·卡斯蒂昂奇奥（Lapo da Castiglionchio）、扎诺比·达·斯特拉达（Zanobi da Strada）以及薄伽丘，并且最晚在1368年时已经与彼特拉克有过直接的通信往来。[1] 萨卢塔蒂与彼特拉克有着诸多共同之处：第一，萨卢塔蒂崇尚古典文化，他跟随彼特拉克的步伐，以极大热情搜集古典著作手稿。萨卢塔蒂自己也承认，是奥维德、维吉尔、卢坎（Lucan）、贺拉斯、塞涅卡、穆萨托等人为他打开了通往古典诗歌殿堂的大门，他认为只有谙熟古典时代的灿烂文化才能够开启未来。[2] 第二，萨卢塔蒂也仍未突破中世纪思想的禁锢。尽管萨卢塔蒂一方面推崇基督教教义并将之奉为真理，另一方面又接受古代异教徒的政治哲学思想，但在萨卢塔蒂身上依然残留着中世纪神学思想的印记，他始终是在中世纪思想的框架中拾掇着个人信仰。[3] 在萨卢塔蒂看来，人类最多只能对自己的善恶之行负责，上帝才是绝对权力的拥有者。[4]

在上帝与人的关系中，意志（will）与理性（intellect）孰轻孰重的问题显然与困扰彼特拉克的两种生活方式不无关系。然而，萨卢塔蒂给出的回答同样也是模棱两可。在1381年创作《论世俗与宗教》时，萨卢塔蒂毫不犹豫地倒向了中世纪寺院修道生活，明确表示沉思冥想

---

[1] B. L. Ullman, *The Humanism of Coluccio Salutati*, pp. 40–42.

[2] B. L. Ullman, *The Humanism of Coluccio Salutati*, p. 45. 诺瓦蒂指出，在14世纪晚期，萨卢塔蒂成为继彼特拉克之后引领古典文化复兴运动最关键的人物，他意识到文化与政治之间的紧密联系，由此为"公民人文主义"埋下伏笔。Francesco Novati, ed., *Epistolario di Coluccio Salutati*, vol. 1p. 64; 转引自 B. L. Ullman, *The Humanism of Coluccio Salutati*, p. 39.

[3] B. L. Ullman, *The Humanism of Coluccio Salutati*, p. 46.

[4] Benjamin G. Kohl and Ronald G. Witt, eds., *The Earthly Republic*, p. 86.

的生活要比世俗生活更为可取。有学者据此认为萨卢塔蒂不仅是虔诚的基督教徒，更是中世纪经院哲学的辩护者。巴龙认为，萨卢塔蒂随着年纪增长，其思想愈发呈现出中世纪的保守特征，而早年对于古罗马英雄的炙热情感却愈发淡漠。巴龙指出：

在写于1390至1400年左右的书信中，当萨卢塔蒂提到老布鲁图斯（Brutus）对儿子的苛刻严厉时，他更像是在质疑自己早先无比崇拜的古罗马公共精神。表面上（布鲁图斯）看似是对国家忠心耿耿，这实则不过是他虚荣自负的产物。萨卢塔蒂开始谴责所有那些著名的古罗马人物、那些奋不顾身为国捐躯的英雄，事实上，这些英勇壮举都是因为受到虚荣自负心理的驱使。①

然而在一封写于1398年的书信中，萨卢塔蒂却竭力劝说友人佩勒格里诺·赞贝卡里（Pellegrino Zambeccari）别入寺院，而是应当继续过世俗生活。对此，萨卢塔蒂解释道：有许多种通往天堂的方法，但寺院生活绝不可能会比积极入世更接近天堂。隐逸沉思最多只能有利于个人，积极入世的生活却能同时有益于他人。他由此强调和肯定了积极生活的作用。不过即便是在这封立场鲜明的书信中，我们仍然可以感受到萨卢塔蒂在抉择时的犹豫。1399年5月14日萨卢塔蒂写的另一封书信也体现了这种犹豫不决。萨卢塔蒂在信中对一位不愿意出家的姑娘凯瑟琳横加谴责，认为她应当遵守自己对上帝的承诺，停止对世俗幸福的追求，并即刻进入女修道院。②

赞贝卡里是博洛尼亚的国务秘书，与萨卢塔蒂经常保持书信往

---

① Hans Baron, *The Crisis of the Early Italian Renaissance: Civic Humanism and Republican Liberty in an Age of Classicism and Tyranny*, p. 94.
② Coluccio Salutati, "Letter to Caterina di messer Vieri di Donationo d'Arezzo", in Benjamin G. Kohl and Ronald G. Witt, eds., *The Earthly Republic*, pp. 115-118.

来，两人算是相熟的朋友。赞贝卡里因为自己心爱的女子乔万娜不爱他，为了逃避世俗情感的失意而选择宗教精神上的寄托，打算退隐于世做一名修士，为此写信给萨卢塔蒂，向他征求意见。萨卢塔蒂为了打消赞贝卡里的遁世念想，在这种特定的情境下刻意抬高了积极生活的重要性，循循善诱地说服赞贝卡里继续在政府中工作。萨卢塔蒂在给赞贝卡里的回信中表示，除非他能够真正放弃对乔万娜的爱慕，否则即便选择孤独隐逸也无法带来慰藉，甚至会让爱欲更加强烈。然而，如果赞贝卡里能够做到让自己的理性和意志控制住情感与欲望，那即便生活在人群中也一样能够找到内心的平静。过世俗生活的人通常要比那些孤独求索的隐士更加接近基督，实际上，积极生活的公民是在为家庭为国家效力，这更符合上帝旨在关怀世间造物的神意。不过一旦谈及上帝，萨卢塔蒂的态度开始变得模糊起来，在他看来，沉思生活的目的是为了永恒，这种生活与此世万物的关系不大，而与彼世相连，运用理智理性寻求心灵的平静，让意志超然于肉体的需求，因而沉思生活要比积极生活更显高贵。不过萨卢塔蒂似乎突然意识到自己写信的初衷，于是再度笔锋一转，他用劝导的口吻表示，积极生活同样也能通往天堂，它与理性有着密切关系，人类意志最基本的职能就是通过爱的行为实现至福。如果就此世而言，积极生活确实不敌沉思生活，但是就彼世而言，当人死后所有精神活动都戛然而止时，积极生活则变得远为重要，因为那时我们只能通过爱的行为去接近上帝。不仅如此，在实际生活中，这两种生活方式无法完全剥离，沉思本身包含了一系列必然的行为活动，基督徒也有情感，萨卢塔蒂以奥古斯丁和圣哲罗姆（St. Jerome）为例，表明沉思生活不可避免地会与积极生活交织在一起。[1]

---

[1] Coluccio Salutati, "Letter to Pellegrino Zambeccari", trans. by Ronald G. Witt, in Benjamin G. Kohl and Ronald G. Witt, eds., *The Earthly Republic*, pp. 93-114.

至此，萨卢塔蒂在面对两种生活时的犹豫不决已非常明显，不过较之于彼特拉克，萨卢塔蒂的创新之处在于，他认识到了普通人的世俗生活与僧侣哲人的沉思生活同样重要，在特定情况下，积极生活甚至会更加重要。然而无论就宗教情感还是政治思想而言，萨卢塔蒂始终没能割断与中世纪的联系。对上帝的虔诚信仰[①]让萨卢塔蒂无法充分认识到积极生活所包含的政治意义以及公民社会的价值，更不可能认识到只有当公民积极投身于世俗政治生活，尽职尽责地为城邦提供服务时，才能够体现出公民本身存在的意义与价值。这种公民意识的觉醒要到萨卢塔蒂的弟子布鲁尼、波焦，以及布鲁尼的弟子帕尔米耶里那里才逐渐显露端倪。

二、人文主义者对公民生活价值的思考

如果一定要用某个词汇来高度概括文艺复兴时期意大利人文主义者对国家与公民之间关系的思考，或许没有什么能够比巴龙提出的"公民人文主义"更加贴切了。根据巴龙的阐释，约于1402年形成于佛罗伦萨的公民人文主义很好地折射出早期人文主义者的公民政治意识，布鲁尼、帕特里齐、帕尔米耶里等都对公民参政、公民价值有过表述。不过"巴龙论题"一经提出便遭到诸多学者的质疑：赫尔德、西格尔等学者认为巴龙夸大了佛罗伦萨公民人文主义的原创性；斯金纳、戴维斯等学者将公民人文主义的核心价值"共和自由"往前追溯了三个世纪，认为早在卢卡的托勒密那里就已经萌发了关于自由、平

[①] 厄尔曼指出，圣经和斯多亚派教义是支撑起萨卢塔蒂为人处事方式的两大支柱。即便是从萨卢塔蒂与友人通信时的称呼上，也可以看出萨卢塔蒂对上帝的虔敬。萨卢塔蒂避免用复数称呼"你们"(*vos*)，认为这当中包含了不平等，萨卢塔蒂也不喜欢别人在信中称他为"主人"(*dominus*)，因为这样会有辱对方身份。在萨卢塔蒂看来，只存在一位所有人的主人救世主基督。参见 B. L. Ullman, *The Humanism of Coluccio Salutati*, p. 73。

等的思想意识；鲁宾斯坦、纳杰米、韩金斯等学者则从修辞学的角度对公民人文主义者共和政体观的真实性表示怀疑。[①]

实际上，公民人文主义者提倡的公民自由、在法律和政治上的权力平等等主张都可视为公民社会所包纳的内容，并且同中世纪城市公社的政治传统有着千丝万缕的关系。意大利的政治氛围与欧洲各地不同，尤其是意大利中北部地区，既没有真正经历过封建制度的洗礼，同时又游离于宗教等级秩序观念之外。自中世纪晚期便在城市中逐渐兴起的市民阶层始终都在追求与经济利益对等的政治权益，他们迫切希望能够从理论上找到依据。现实政治生活中的需求很快引发了意识形态观念上的转变。

意大利人文主义者凭借良好的人文教育——这种教育包括语言、法律、古典文化等各个方面——加上他们大多有在政府部门供职的实践经验，敏锐地捕捉到了公民社会中的政治诉求。然而值得注意的是，人文主义者并不是从普遍意义上思考公民社会的具体问题。尽管他们看似是在不断从观念或法律上为公民争取自由与平等，但实质上还是默认了当时特权阶层享有的政治权力，或者说，还是对固有的风俗习惯表现得墨守成规。就这层意义而言，人文主义者无论是出于个人主观意识还是政治目的的客观需要，他们都选择了忽视公民社会乃至世俗国家本身存在的价值。或许我们最多只能说，在布鲁尼、帕尔米耶里等早期人文主义者身上，公民意识正在逐渐觉醒。但只有后来的马基雅维利、圭恰迪尼才真正开始挖掘公民参与政治生活的意义，并充分认识到公民在参政过程中的自身价值。

在文艺复兴时期意大利城市国家共同体中，公民社会最重要的组成就是行会。以佛罗伦萨为例，13世纪晚期，佛罗伦萨的平民建立起以大行会为中心的平民政府，由该政府确立的若干民主制度虽然几

---

① 郭琳：《"巴龙论题"：一个文艺复兴史研究经典范式的形成与影响》。

经波折,但延续了近三百年,直至 1532 年佛罗伦萨公国的最终建立。在佛罗伦萨共有 21 个行会,佛罗伦萨公民只有成功加入某个行会,尤其是七大行会①,才算初步具有参与政治生活的资格与可能。但总体而言,行会对文艺复兴政治思想起到的作用几乎无足轻重,大行会与小行会始终没能够团结起来成为城市国家政治体内部一种不可或缺的要素。占据了行会大部分比例的手工业者与毛纺工人也根本没有参与政治生活的机会。人文主义者的政治著述偶尔会提到这些被忽视了的人群,但这也仅限于理论层面。帕特里齐认为,佛罗伦萨应当施行混合政体的统治,让各行各业的人都能参与其中,不过工匠和手工业者等底层人民从事的工作过于基层化,根本不能算是行业②;布鲁尼指出,佛罗伦萨的政体类型不是纯粹的贵族制或民主制,而是两者兼而有之的混合政体,佛罗伦萨在选择政府官员时"避开两大极端而择其中庸",将贵族家族和社会最底层公民同时排除在政府要职外③;公民人文主义者不屑与社会下层的公民为伍,即便是像詹诺蒂这样大力推崇民主制的人文主义者,也从未认可那些从事底层职业、依靠劳力谋生的"人民"有资格享有公民基本的政治权力。④公民人文主义者之所以对社会下层阶级表现得如此冷漠与偏执,其中不乏古典文化的影响。人文主义者深受古典文化的滋养,尤其将亚里士多德奉为圭臬。亚里士多德虽然关注公民立界的问题,指出"公民权的首要标志是他

---

① 佛罗伦萨的七大行会(*arti maggiori*)包括毛呢加工业、毛纺织业、银行业、丝织业、审判官和公证人、医生和医药业、皮货商。

② Francesco Patrizi, *De institutione reipublicae*, Book I, chepter I, p. 8; 转引自 Antony Black, *Guilds and Civil Society in European Political Thought from the Twelfth Century to the Present*, New York: Cornell University Press, p. 97.

③ Leonardo Bruni, "On the Florentine Constitution", in Gordon Griffiths, James Hankins et al. trans. and intro., *The Humanism of Leonardo Bruni: Selected Texts*, p. 171; 另可参见〔意〕莱奥纳尔多·布鲁尼著,〔美〕戈登·格里菲茨英译,郭琳译:《论佛罗伦萨的政制》,第 102 页。

④ J. G. A. Pocock, *The Machiavellian Moment: Florentine Political Thought and the Atlantic Republican Fradition*, p. 278.

们应当积极地参与国家事务",不过亚里士多德的公民权是针对土地所有者而言的。工匠、农民、技工等从事社会物质生产的广大劳动者并不享有公民地位。柏拉图更是不相信民主,他拥护的是最优秀者的统治。柏拉图的理想国是以贵族为中心的,民主制在柏拉图看来,是"以任性和激情为标志"的,民主制强调的公民平等不过是一种"无政府的状态,表明社会团结的毁灭"。[①] 人文主义者在古代政治哲学家的影响下,自然也不会赋予广大劳动人民以参政的权利。

尽管就本质而言,人文主义者大多认可公民社会内部既存的等级秩序,但有一点难能可贵,那就是他们意识到无论是在公民彼此之间,还是公民与国家之间,都存在一种带有凝聚力的爱。这种爱具体表现为公民之间互帮互助的友谊,以及一种升华了的爱国情怀。帕特里齐高度赞扬公民社会的友谊在政治共同体中起到的重要作用。这种友谊起初是建立在人与人之间相互依赖或互相利用的基础之上,它发散式地呈现在所有公民的身上。不过久而久之,友谊逐渐固定为一种习惯,最终褪去了功利的初衷,留下了仁义之爱。[②] 对相同的生活方式的认可是维系公民之间关系的纽带。共同生活在同一片土地上的人们,共享市场以及其他各种公共设施,彼此间的友谊会慢慢演变成共同之爱。公民共同之爱的对象就是承载着他们一切公共生活的"国家",在某个特定的政治体内,公民社会的友谊会升华为爱国精神。这种升华后的爱则是维系公民与国家之间关系的纽带。帕特里齐说道:

> 头顶同一片天空,呼吸同样的空气,受着同一片土壤的滋养,饮着相同的水,接受同样的老师的教导,听着、说着同一

[①] 〔印〕阿·库·穆霍帕德希亚著,姚鹏等译:《西方政治思想概述》,第 15—16、27 页。
[②] Francesco Patrizi, *De regno et regis institutione*, book VIII, p. 497; 转引自 Antony Black, *Guilds and Civil Society in European Political Thought from the Twelfth Century to the Present*, p. 97.

种语言，日益习惯于相同的工作与学习方式……受制于同一种法律……信奉相同的宗教——所有这一切都是凝聚友爱的纽带。此外，公民之间还有更多共通之处，比如寺庙、集市、剧院、回廊以及其他许多为了共同使用而建立的公共场地，这些都将公民聚集到一起。这就激发出西塞罗所说的共同友谊，如果从人们生活中抽离了友谊，犹如将太阳从天空中剥离。友谊连接着朋友，人们在各种庆祝活动、公共演说等场合向其他人尽情倾诉分享着生活的甜蜜，不会因为善待他人就会让自己吃亏。任何缺乏这种友谊的人，他们的生活都将会充满孤独、迷茫与恐惧。[1]

值得注意的是，帕特里齐颂扬的友谊或者说爱国情怀都还算不上是种公民美德，更不是公民社会的真正价值所在。因为在人文主义者看来，公民社会的价值体现在自由与平等上，而这种对公民社会价值的判断很大程度上与政府官员的选任制度有关。意大利人文主义者大多为君王、教皇、公爵等统治者效力，他们总是站在统治阶级的立场上思考问题，即便是在讨论"自由"时，人文主义者也并没有局限在共和框架内。现代政治意义中的"自由"包含了强烈的政治自觉性，对个人而言就是参政议政的权利，对国家而言就是独立自主地行使主权。当代共和主义者定义的"无支配"自由所涵盖的内容也大体如此。然而，文艺复兴时期的人文主义者在思考自由时会尽可能地削弱自由在法律意义上的重要性，他们对自由的宣扬更多还是出于政治需要，并伴有精湛的修辞技法与政治宣传的目的。同样地，人文主义者理解

---

[1] Francesco Patrizi, *De regno et regis institutione*, book VIII, pp. 492-493; 转引自 Antony Black, *Guilds and Civil Society in European Political Thought from the Twelfth Century to the Present*, pp. 97-98.

的"平等"也不是指法律面前的绝对平等。因为他们相信在任何类型的政体中都能够实现个人自由与平等,这就意味着包括君主统治下的公民生活也可以是自由平等的,只要统治者具有最高的道德与智慧。

所以说,人文主义者对公民社会价值的阐释并不像巴龙、波考克(John Pocock)等权威学者分析的那样具有创新性。"公民人文主义"与其说是在危机刺激下萌发的一种新型政治意识形态,毋宁说是对中世纪意大利公社生活中的价值观念的跨时代发扬,只不过人文主义者并没看到中世纪行会所发挥的政治功能,他们更加关注的是公民社会的美德。这一方面是因为受到古典政治思想的影响,另一方面是因为人文主义者著作的受众对象大多是传统显贵与新兴的商人政治家。在人文主义者看来,城市国家的政治生活应当是自由平等的,但它同时又是以上层统治阶级为核心的。公民的自由与平等、公民在社会中的地位与身份虽说应当按照"德性"的标准来权衡,但最终因为下层阶级在道德和理智上的德性不如上层统治阶级,所以保持公民社会中既定的政治秩序是合乎自然理性的。人文主义者由此重新粉饰了承自古希腊传统思想的公民观。

布鲁尼对于国家与公民之间关系的思考具有一定的代表性,由于布鲁尼的政治思想也深受彼特拉克的影响[1],对彼特拉克的崇敬之情在他晚年著作《彼特拉克传》[2]中溢于言表。但布鲁尼同时也毫不避讳地指出,就公民对于国家的责任感而言,彼特拉克的表现远落后于但丁,"但丁投入到积极的市民生活中,他发挥的价值远胜于彼特拉克,

---

[1] 1384年阿雷佐沦陷后,布鲁尼被囚于夸拉塔城堡(Castle of Quarata),正巧他所在房间的墙上挂着一幅彼特拉克的肖像画。布鲁尼曾感叹道:"当我每天盯着这幅画时,彼特拉克的著作在我心中燃起了难以置信的激情。"参见 Benjamin G. Kohl and Ronald G. Witt, eds., *The Earthly Republic*, p. 121。

[2] Leonardo Bruni, "Life of Petrarch", in Gordon Griffiths, James Hankins et al. trans. and intro., *The Humanism of Leonardo Bruni: Selected Texts*, pp. 95–100.

但丁为了祖国加入军队冲锋陷阵，并且在共和国政府内担任职务。而在彼特拉克身上根本找不到这种公民责任心，连他的住所都远离了这座拥有市民政府的自由城邦"①。可以说布鲁尼式公民人文主义是从早期人文主义传统中逐渐发展而成的。布鲁尼及其后继者帮助统治者认识到，国家不再是神学秩序下的附属品，而是具有世俗性的政治共同体，具有德性的上层阶级理应是这个政治体的领导者。布鲁尼对于国家与公民之间关系的种种思考恰好勾勒出近代西方国家和公民社会的诸多本质内容。

第一，公民倾其所有效忠国家是公民个体的首要义务。布鲁尼将公民积极参政视为崇高美德，他鼓励个体公民发挥自身价值，以城邦的荣耀为最高目标介入政治生活。换言之，布鲁尼式公民人文主义者不再以挖掘古典文献为重心，不再将穷经皓首奉为圭臬，通过将七艺学识付诸实践，一方面做到学以致用，另一方面履行护国安邦的公民职责。可以说，布鲁尼与彼特拉克明显的不同之处就是两人在对待古典著作时心中抱有的目的大相径庭：前者是为国而学，提倡经世致用之学，将古人思想的智慧运用于当时实际的政治现实；后者是为己而学，弘扬修身养性之学，主张通过汲取古人的智慧以实现个体德性的提升。布鲁尼的公民人文主义带有强烈的公民意识。1427 年继萨卢塔蒂成功当选为佛罗伦萨政府国务秘书的布鲁尼堪称是将人文主义与公民思想两相结合之典范，他在遵循早期人文主义思想的同时又发展了市民社会生活的"自由"精神。布鲁尼的公民人文主义主张"积极生活要优于沉思生活，财富要优于贫困，婚姻要优于独身，积极参政要优于隐逸修道"②。"对人来说最重要的是要了解什么是国家，什么

---

① Leonardo Bruni, "Comparison of Dante and Petrarch", in Gordon Griffiths and James Hankins et al. trans. and intro., *The Humanism of Leonardo Bruni: Selected Texts*, p. 99.

② Eric Cochrane, *Historians and Historiography in the Italian Renaissance*, Chicago: The University of Chicago Press, p. 19.

是城市，以及如何保持它和它如何会丧失的道理。"[1] 任何脱离社会、远离政治生活的人在布鲁尼看来都是不可取的，他说："我从很多无知人们的错误中学到一点东西。他们认为只有过隐居和沉思生活的人才是学者；而我从未见过如此伪装起来、逃避同人们交谈的人能够认识三个字。"[2] 总之，布鲁尼主张所谓的人是从公民意义上而言的，或者说，公民就是大写的人。

第二，国家自由和法律公正是公民个体权利的最终保障。布鲁尼将人文主义造诣与政治自由紧密相连，强调只有在自由平等的共和国内，公民才能够最大化地实现个体价值，投身于文学艺术的创作。雅典文明和古罗马文明的勃兴都是古希腊与罗马共和国的权力和自由都臻于极盛时的产物。虽然布鲁尼同彼特拉克都受到李维、西塞罗的影响，但布鲁尼并未止步于古代，他比彼特拉克更进一步，将目光移向了当下，对于佛罗伦萨共和国自由的强调在其政治著作中无处不在。鲁宾斯坦认为，布鲁尼的"佛罗伦萨自由"(*Florentina libertas*)主要有三方面的特征，即言论自由、法治和市民平等，其中平等又包含两层含义，即在法律面前的人人平等以及所有市民平等地享有参政议政的权利。[3] 简言之，"自由"的所指涵盖了从独立到自治的广阔范围。佛罗伦萨的共和政体有效地保障了人民的自由，法律的公正平等又意味着所有人都必须在法的限度下享有自由。只有在自由之风盛行的社会环境下，公民才能够充分发挥自身价值，而个体的伟大与国家的强大之间则相辅相成。《佛罗伦萨颂》开篇彰明

---

[1] Hans Baron, ed., *Leonardo Bruni Aretino: Humanistisch-Philosophische Schriften*, Leipzig: B. G. Teubner, 1928, p. 73；转引自〔意〕加林著，李玉成译：《意大利人文主义》，生活·读书·新知三联书店1998年版，第41页。

[2] 〔意〕薄伽丘、布鲁尼著，周施廷译：《但丁传》，广西师范大学出版社2008年版，第104页。

[3] Nicolai Rubinstein, "Florentina Libertas", p. 12.

昭著地道出了布鲁尼心目中国家与公民间的关系：

> 正如我们看到儿子长得与父亲如出一辙、有其父必有其子那样，佛罗伦萨子民也与这座高贵伟大的城市达到了高度和谐，以至于让人感到（除了佛罗伦萨外）他们绝不可能生活在其他地方，而这座出于鬼斧神工之手的城市也同样不会拥有其他居民生活在其中。佛罗伦萨子民以其天赋的才华、谨慎、高雅和伟大超越了其他所有地方的居民，同样，佛罗伦萨城也凭借得天独厚的位置及其外观、建筑和整洁而居于任何城市之上。[①]

布鲁尼比其时代的其他思想家更加充分地意识到，公民是构成国家的基本元素，国家是公民共同体的组合，公民是国家的微型面孔，国家是公民地位和身份的有力依托。

第三，布鲁尼将人文主义的道德观念融入政治观的范畴内，他比彼特拉克更具世俗化的眼光，其政治著作兼备西塞罗式的形式风格和亚里士多德自然政治观的内涵。彼特拉克的著作虽力图追求古典风格，但在内容和形式上仍然带有沉重的中世纪宗教情感，囿于奥古斯丁思想的框架。布鲁尼则效仿西塞罗的著述风格，尤其在其《对话集》中，布鲁尼做到了借人物之口就世俗话题自由发表意见[②]，而非彼特拉克那样亦步亦趋地跟随于中世纪教父哲学家。布鲁尼在萨卢塔蒂的基础上进一步发展了新西塞罗主义，他不仅颠覆了西塞罗原本隐逸的哲学家形象，更将其定位为一位对罗马共和国忠心耿耿的爱国公

---

① Leonardo Bruni, "Panegyric to the City of Florence", p. 136.
② 关于布鲁尼对公民人文主义对话体著作的贡献，参见 David Marsh, *The Quattrocento Dialogue: Classical Tradition and Humanist Innovation*, Cambridge, Mass.: Harvard University Press, 1980, Chapter 2.

民，在写作的风格形式上竭力效仿西塞罗的修辞法与雄辩术。布鲁尼在《西塞罗新传》中将西塞罗树立为学者-政治家的楷模，认为无论是在政治还是写作领域，西塞罗天生就是一位惠泽他人之人。由于恺撒开始了君主独裁，西塞罗选择了隐退政坛。学界普遍认为是"人文主义之父"彼特拉克开启了复兴古典主义的大门，但依笔者之见，布鲁尼的公民人文主义着眼于具体的政治社会建设，这对于文艺复兴时期意大利政治思想而言无疑是重大的思维突破。虽然布鲁尼并未依循这个思维走得更远，但他对公民责任感的强调影响了继其之后的一批人。① 布鲁尼主张的自由参政、平等自治、积极生活等政治实践路径与彼特拉克的隐逸遁世形成了鲜明的反差。在他的政治著作中，政治自由取代了救赎和教谕。单就这点而言，我们似乎在布鲁尼身上看到了一个世纪之后的马基雅维利。

我们不妨通过维斯帕西亚诺·达·比斯提齐（Vespasiano da Bisticci，1421—1498）在回忆录中记下的一段有关布鲁尼的故事，来感受一下布鲁尼为了尽可能保全佛罗伦萨的利益，是如何践行人文主义思想中的公民观、发挥公民职责的。1439 年，教皇尤金四世来到佛罗伦萨参加宗教会议，但当教皇在会后打算离去时，佛罗伦萨政府内部却因为是否应该强制扣留教皇而争论不休。三大议事机构以及大议事会都已决定要扣留教皇，此时耄耋之年的布鲁尼不顾众人反对，在最后发言时据理陈词，无奈当日未果。翌日清晨，在政府对外公布决议前，布鲁尼再度前往市政厅。他动情地说道，尽管他出生于阿雷佐，但却早已将佛罗伦萨视为祖国，在为佛罗伦萨出谋划策时，他从

---

① 有关这批公民人文主义者政治思想研究状况的缕析，参见 Robert Black, Review Article on "The Political Thought of the Florentine Chancellors", pp. 991-1003；另外，中国学者郑群曾详细分析过从萨卢塔蒂到帕尔米耶里的一批公民人文主义者是如何通过广泛参加社会实践活动来发展"积极生活"的思想的。参见郑群：《佛罗伦萨市民人文主义者的实践与"积极生活"思想》，《历史研究》1988 年第 6 期，第 145—158 页。

未掺杂任何私人恩怨，而是力求尽到一位好公民应尽的责任。在场的人无不为之动容。

> 我所有的谏言都是在为佛罗伦萨的利益考虑，为了使她伟大尊贵，我将佛罗伦萨的荣耀视为生命，从不会在欠缺周全考虑的情况下鲁莽行事，任何提议都应当以共善为先，而不该顾及私人情感。这么多年来，每当我为佛罗伦萨提议时总是心存忠诚与爱意，尽自己绵薄之力尊崇她，记载下她的历史，让她能够永远被人们铭记于心。①

最终，在布鲁尼一番肺腑之言后，佛罗伦萨决定让教皇离开。通过决定尤金四世去留这件事情，我们清楚地感受到了布鲁尼的政治影响力，同时也看清了布鲁尼对于公民生活与公民价值的阐释。在布鲁尼看来，即便是智慧女神密涅瓦（Minerva）②也会全副武装。在1433年的圣约翰洗礼节上，布鲁尼当着市政官和全体公民的面高声说道："连最伟大的哲学家都会为了成为最伟大的首领而放弃隐居。"③在《但丁传》中，布鲁尼显然已经在两种生活方式中做出了抉择：真正的智慧之人不需要饱受遁世的折磨。事实上，结论已很肯定，那些天生就头脑愚钝的人从来不可能会变得聪明，所以那些不与他人来往、远离社会的人正是典型的愚不可及之人，这些人是什么都学不会的。④

---

① Vespasiano, *Renaissance Princes, Popes, and Prelates: The Vespasiano Memoirs, Lives of Illustrious Men of the XVth Century*, pp. 363-364.
② 密涅瓦，又可译作弥涅耳瓦，既是智慧女神，又是战神，与古希腊神话中的雅典娜相对应。
③ Eugenio Garin, *Portraits from the Quattrocento*, p. 13.
④ Leonardo Bruni, "Life of Dante", in Gordon Griffiths and James Hankins et al. trans. and intro., *The Humanism of Leonardo Bruni: Selected Texts*, p. 87.

第二节
人文主义者政治实践的路径

从职业上看,人文主义者大多扮演了教师、外交大使、政治宣传家、廷臣等角色。到了14、15世纪,在佛罗伦萨更是涌现出一大批将文人与政治家身份两相结合的人文主义者。诸如萨卢塔蒂、布鲁尼、波焦、马尔苏比尼、斯卡拉等人先后担任过佛罗伦萨政府国务秘书一职,詹诺佐·曼内蒂(Giannozzo Manetti)、帕尔米耶里等也都是杰出的人文主义者兼政治家。我们可以从他们的生活与事业中看到相似的发展模式,这些人文主义者通过广泛参与社会政治生活,以亲身经历来实践和发展积极生活的思想。

一、萨卢塔蒂-布鲁尼师徒引领公民人文主义

威特曾不无见地地指出,14世纪晚期,佛罗伦萨之所以能够超越帕多瓦、维罗纳、米兰、博洛尼亚,在意大利文艺复兴运动中独占鳌头,这主要归功于1375年出任佛罗伦萨国务秘书一职的萨卢塔蒂。[1]然而意大利学者德米特里奥·马尔志(Demetrio Marzi)在勾勒萨卢塔蒂的形象时却写道:"萨卢塔蒂德高望重,但他却从不踏出文书院半步去向统治者建言献策,也从来不忙于过问政治事务。"[2]

1375年4月15日,在佛罗伦萨人民大会的决议下,萨卢塔蒂取代了尼科洛·莫纳齐(Niccolò Monachi),成为佛罗伦萨共和国新一

---

[1] Benjamin G. Kohl and Ronald G. Witt, eds., *The Earthly Republic*, p. 81.
[2] Demetrio Marzi, *La Cancelleria della Repubblica Fiorentina*, p. 192; 转引自 Gordon Griffiths, James Hankins et al. trans. and intro., *The Humanism of Leonardo Bruni: Selected Texts*, p. 352, note 137.

任国务秘书。能够出任该职务的人一般都是年长且声名卓著者,年近43岁的萨卢塔蒂当然为此倍感荣耀。在一封写给友人贾思帕雷·斯卡罗·德·布劳斯皮尼(Gaspare Squaro de' Broaspini)的书信中,萨卢塔蒂的兴奋之情溢于言表:

> 佛罗伦萨是托斯卡纳之花,是全意大利之明镜,她跟随伟大祖先罗马人的脚步,为解放全意大利人民的自由而战斗。我就在这里,在佛罗伦萨从事这最受欢迎的工作,我的职责并不仅仅是向邻近城邦通达佛罗伦萨人民做出的决定,而是要向全世界广而告之这座伟大城市的大小事件。①

其实,萨卢塔蒂的这段话除了具有为佛罗伦萨进行政治宣传的作用之外,还有另一层用意,即为了突出两种生活方式之间的强烈反差。一面是自己在佛罗伦萨积极投身于政治生活,忙得如火如荼;另一面则是友人布劳斯皮尼在维罗纳远离政坛,潜心古典研究而置身世外。毋庸置疑,萨卢塔蒂为自己感到骄傲,他曾称佛罗伦萨国务秘书是"无比光荣伟大的头衔",也正是该职务让萨卢塔蒂声名远播,他希望有朝一日能够在自己的墓碑上刻下"我曾是佛罗伦萨共和国的国务秘书"。②

在佛罗伦萨,国务秘书的职责除了记录佛罗伦萨政府卷宗《建议与咨议》之外,就是以佛罗伦萨共和国名义书写各类公文,这些信函被发往包括教会在内的各国宫廷以及有名望的个人。加林(Eugenio Garin)指出,从表面上看,起草外交公文不过是国务秘书应尽的本

---

① 该信写于1377年11月17日,萨卢塔蒂担任佛罗伦萨国务秘书已有两年。Eugenio Garin, *Portraits from the Quattrocento*, p. 1.

② Francesco Novati, ed., *Epistolario di Coluccio Salutati*, vol. 1, p. 203; 转引自 Eugenio Garin, *Portraits from the Quattrocento*, p. 2.

职,但实际上却是个相当微妙的工作,直接关系到官方外交。在处理佛罗伦萨与各国关系的问题上,一位声誉卓著的国务秘书所发挥的作用不言而喻。因而国务秘书之人选必须兼具各种能力,包括扎实的法律知识、老到的外交技能、敏锐的政治判断力、良好的心理素质、深厚的文学造诣以及能言善辩的口才。①尽管佛罗伦萨政府中大部分职位都采用轮流制,首长团的任期也只有两个月,但国务秘书一职却是终身制。教皇庇护二世曾感慨:佛罗伦萨民主的关键在于她总能挑选出伟大的国务秘书。萨卢塔蒂不仅有丰富的政治经验,更有广泛的人脉交际。在14、15世纪佛罗伦萨激荡的政治旋涡中,可以说正是因为有了像萨卢塔蒂这样的国务秘书,才确保了佛罗伦萨政治的延续性。

萨卢塔蒂广泛搜罗古籍,邀请拜占庭学者曼纽尔·克里索洛拉斯来到佛罗伦萨大学教授希腊语。他的住所成为当时人文主义者谈经论典的"圣所",佛罗伦萨也因为拥有萨卢塔蒂这样的国务秘书而熠熠生辉。在萨卢塔蒂的时代,恐怕很难再有哪位人文主义者能够像他那样胜任国务秘书的职位,正如加林评价的那样:萨卢塔蒂不仅配得上智慧的桂冠,他的盛名更是无可匹敌。②1406年5月萨卢塔蒂逝世,佛罗伦萨人文主义的鼎盛期也随之落下帷幕。在葬礼上,萨卢塔蒂的弟子以及朋友无不用最崇高的言辞表达敬意。布鲁尼动情地说道:"我学希腊语,要感谢恩师;我了解拉丁文化,要感谢恩师;我阅读、研究、知晓古代诗人、演说家和作家,也要感谢恩师。"③虽然萨卢塔蒂并没有真正担任过教职工作,但他却有许多知名的门徒,其中包括布鲁尼、波焦·布拉肖利尼、老皮埃尔·保罗·沃格利奥(Pier

---

① Eugenio Garin, *Portraits from the Quattrocento*, pp. 2-3.

② Eugenio Garin, *Portraits from the Quattrocento*, p. 10.

③ Eugenio Garin, *Portraits from the Quattrocento*, p. 11.

Paolo Vergerio the Elder)等，他们都因为自己曾经跟随萨卢塔蒂学习过而深感荣幸。[1] 不过在众门徒中，当属布鲁尼最为成功地继承了萨卢塔蒂政治思想中的国家观，并且布鲁尼在日后担任佛罗伦萨共和国国务秘书期间，将这种以佛罗伦萨利益为中心的理念进一步发扬光大。

马丁内斯指出，布鲁尼是律师、人文主义者、地主和政治家[2]；在巴龙笔下，布鲁尼是将人文主义与公民精神两相结合的"公民人文主义"典范[3]；威特认为，布鲁尼继承并发扬了彼特拉克的早期人文主义，以至于彼特拉克去世后仍不失为人文主义者重要的思想资源[4]；贝利考察了布鲁尼关于佛罗伦萨军事制度的种种思考，认为布鲁尼从古罗马传统根源出发对其时代军制的反思影响了一个世纪之后马基雅维利的军事思想。[5] 所有这些评论都为我们勾勒出一个多面能手的布鲁尼形象。

布鲁尼出生于阿雷佐一个普通的圭尔夫党派家庭，尚处青年时期的布鲁尼便已对其时的教廷分裂和党派纷争有着切身体会。1384年，阿雷佐的吉伯林党派在法军帮助下占领该城，年仅14岁的布鲁尼和

---

[1] 萨卢塔蒂的门徒大多承续了人文主义思想以及积极投身政治生活的热情，并且以佛罗伦萨为中心，将这种思想与热情传播到意大利各地。有一种"萨卢塔蒂圈子"（Coluccio's circle）或"萨卢塔蒂学派（学园）"（Coluccio's school or academy）的说法，指大约自1379年起萨卢塔蒂便经常与路易吉·马西利（Luigi Marsili）、尼科洛·尼克利（Niccolò Niccoli）、罗伯托·德·罗西（Roberto de' Rossi）等人聚集在佛罗伦萨圣灵大教堂（Santo Spirito）讨论古典。参见 B. L. Ullman, *The Humanism of Coluccio Salutati*, p. 117, note 1。

[2] Lauro Martines, *The Social World of the Florentine Humanists 1390–1460*, p. 117.

[3] Hans Baron, *The Crisis of the Early Italian Renaissance: Civic Humanism and Republican Liberty in an Age of Classicism and Tyranny*.

[4] Benjamin G. Kohl and Ronald G. Witt, eds., *The Earthly Republic*, p. 121.

[5] C. C. Bayley, *War and Society in Renaissance Florence: The De Militia of Leonardo Bruni*, Toronto: University of Toronto Press, 1961, pp. 219–315.

父亲一起被囚于夸拉塔城堡。他的故乡阿雷佐则于次年被法国勋爵恩格兰德·德·孔熙（Enguerrand de Coucy）转手卖给了佛罗伦萨。这是布鲁尼人生中第一段令他印象深刻的经历，他在晚年所著的《时事评述》(Commentaries on his Own Time)开篇中写道："当我还是个孩子的时候，两位教皇为了赢取各国支持相互较量；当我还是个孩子的时候，意大利人民正开始准备提升自己的军事力量。"[1]我们从中隐约感受到这段青少年时期的遭遇至少给布鲁尼带来三重影响：第一，牢狱之灾更加坚定了他拥护奎尔夫党派的立场；第二，这段经历也为他日后在教廷任职时致力于结束教会大分裂埋下了种子；第三，尽管阿雷佐被划入佛罗伦萨的领土范围，但这并未导致布鲁尼对佛罗伦萨的仇视和痛恨，因为在布鲁尼心中已经认定佛罗伦萨是"赶走"外敌法军、"平息"内乱、带给阿雷佐人民自由和解救自己的"主人"。[2]

1405年，35岁的布鲁尼在萨卢塔蒂的举荐下来到罗马教廷。这件事本身不足为奇，因为当时有很多人文主义者都会去教廷尝试谋求一官半职[3]，比如：波焦·布拉肖利尼当时已经在教廷担任速记员（abbreviator）；帕多瓦的维尔吉利奥（Vergerio of Padua）继布鲁尼后不久，也来到了罗马教廷；另外还有为米兰服务的安东尼奥·洛斯基，他曾和萨卢塔蒂通过书信互打口水仗，后来也去了罗马。[4]萨卢

---

[1] Leonardo Bruni, "Rerum suo tempore gestarum commentarius", in L. A. Muratori, ed., *Rerum italicarum scriptores,* vol. 19, Milan: Casa Editrice S. Lapi, 1731, pp. 410, 430; 转引自 Gordon Griffiths, James Hankins et al. trans. and intro., *The Humanism of Leonardo Bruni: Selected Texts*, pp. 21-22。

[2] Gordon Griffiths, James Hankins et al, trans. and intro., *The Humanism of Leonardo Bruni: Selected Texts*, p. 23.

[3] George Holmes, *The Florentine Enlightenment 1400-1450*, London: Clarendon Press, 1969, pp. 48-49, 84.

[4] 有关这些人文主义者在罗马教廷任职的具体情况，参见 Hans Baron, *Humanistic and Political Literature in Florence and Venice at the Beginning of Quattrocento*, Cambridge: Mass., Harvard University Press, 1955, Chapter 2。

塔蒂特意写信向罗马教皇英诺森七世举荐布鲁尼,并且在信中毫不掩饰对爱徒政治能力的夸赞:

> 他年轻、健康、帅气、博学、能言善辩,还精通拉丁语,希腊语也不错,最关键的是,此人忠心耿耿,总体上无可挑剔。或许您已经看出了布鲁尼的一些优点,他具备上述所有美德,我完全可以为他作证……他适合处理各种大事,忠诚可靠,拥有良好的心智和体魄。①

但布鲁尼必须与另一位同样博学多才的师兄雅各布·迪·安哲罗·达·斯卡佩里亚(Jacopo di Angelo da Scarperia)竞争教皇秘书一职。斯卡佩里亚不仅比布鲁尼年长,而且他已经在教廷工作了四年。教皇对布鲁尼的第一印象并不太好,认为布鲁尼年纪太轻,未必能够胜任秘书,因为该职务要求具备多年的职业经验和文学技巧。布鲁尼在罗马待了大概一个月,正当他感到竞争无望准备离开时,英诺森七世收到了法国贝里公爵(duke of Berry)的来信,声称阿维尼翁的教皇本笃十三世(Benedict XIII)愿意退位,但前提是罗马教皇也必须如此。如何回复此信成为决定布鲁尼去留的关键。最终布鲁尼凭借对政治现状的敏锐洞察以及熟练精湛的修辞技巧赢得胜利,开启了十年的教廷生涯,先后在英诺森七世、格里高利十二世、亚历山大五世和约翰二十三世身边任教皇秘书。②

---

① Gordon Griffiths, James Hankins et al. trans. and intro., *The Humanism of Leonardo Bruni: Selected Texts*, p. 47.

② 与布鲁尼同时代的人文主义者詹诺佐·曼内蒂在布鲁尼的葬礼演说上提到(也是唯一指出)布鲁尼还担任过教皇马丁五世的秘书。卢伊索通过档案研究证实了布鲁尼确实在1420年2月和8月分别为马丁五世起草过两份公文。参见 Gordon Griffiths, James Hankins et al. trans. and intro., *The Humanism of Leonardo Bruni: Selected Texts*, p. 349, note 109。

布鲁尼刚上任就要面对解决教廷分裂的棘手问题，不仅如此，还有另一件更加考验其能力的事情，即如何在罗马教皇和人民之间寻找权力平衡的支点。有三股权势力量互相争夺着罗马城的最高统治权，它们分别是教皇、那不勒斯国王，以及罗马市民。罗马同其他城市一样，也有自己的公社政府，与古罗马共和国一样，也坐落于卡比托利欧山丘（Capitoline）之上。在很多方面，市政府与教皇之间的关系类似于城市公社与试图统治公社的领主之间的关系。但罗马特有的政治背景又使之不同于其他意大利城邦。教皇对世俗权力的主张与人民对共和自由的向往构成了冲突，而阿维尼翁之囚加剧了意大利人民对教廷和教皇的不满。城市公社为了争取权力，在关键时刻会发动政变，通过革命来推翻统治者。从教会史来看，英诺森七世担任教皇时（1404—1406 年在位）恰逢罗马城发生政变骚乱。此时，布鲁尼的工作是为教廷服务，而罗马市民正以"共和自由"为名义向统治权威发起了挑战。

实际上，教皇对城市进行君主式统治的历史并不长久，也就在相对近期才逐渐发展起来，并于 14 世纪教廷迁至阿维尼翁时达到巅峰，这也是为什么意大利人民都在抱怨有个法国教皇的原因之一。第一任阿维尼翁教皇是克莱芒五世（Clement V），罗马人民授予他"元老"（Senator）头衔，或许是因为罗马人民试图通过这种方式来说服教皇留在罗马。克莱芒五世也确实努力通过任命官员来管理罗马，可惜并不成功。继任的约翰二十二世（1316—1334 年在位）不仅是参议员，而且还被任命为首长、市长及最高市政官，其他所有政府人员都需要听命于他。约翰是以一名世俗人员而非教会首脑的身份来担任这些职务的。然而不可否认的是，在约翰任教皇时期，罗马市政府至少从理论上而言，已经听从于教皇的权威了。但约翰实际上代表了那不勒斯国王罗伯特（Robert of Naples）在行使这种权威。约翰的继任者本笃十二世（Benedict XII，1334—1342 年在位）决定罢免所有由国王派来的官员，这意味着之后所有的市政官人选都要直接由教皇来任命。尽管此举遭到了反对，但也正是本笃十二世任教皇时期迈出了决定性的一步，将自治公社的最后一点权力全部收归于执政团（signoria）手上。①

1347年科拉·迪·里恩佐（Cola di Rienzo）的起义呼吁恢复古罗马共和国的统治，目的就是试图让城市公社重获自治权。尽管这场起义最后以失败告终，但直至1367年，没有一个教皇认为搬回罗马是安全的。到了1378年，法国与罗马两位教皇的相互争斗极大地削弱了罗马教廷势力，同时还造成欧洲大部分地区人民不再忠于罗马教皇。这不得不让罗马教廷更加依赖意大利人，因为只有意大利人还依然对他忠诚。教皇卜尼法斯九世（Boniface IX）成功夺回了对罗马城的控制权，之后每隔六个月，教皇就会任命一位参议员来管理罗马。②卜尼法斯的成功很大程度上得益于他与那不勒斯国王拉迪斯劳（Ladislaus of Naples）之间的联盟。诸如奥诺拉托·达·丰迪（Onorato da Fondi）和乔万尼·达·维科（Giovanni da Vico）这样的大领主都纷纷臣服于教皇。在与佛罗伦萨结盟后，卜尼法斯收复了博洛尼亚、佩鲁贾等教廷领地，1402年米兰的詹加莱亚佐·维斯孔蒂去世后，教廷军还收复了阿西西（Assisi）。

然而，教廷不断扩大的世俗权力只不过是昙花一现。1404年罗马城内的科隆纳家族（Colonna）率领罗马人民发动起义，起义军被教廷军首领奥西尼家族（Orsini）打败后，不惜求助那不勒斯国王拉迪斯劳共同反抗教皇。拉迪斯劳进入罗马城后向教皇提出重新分配权力，双方于1404年10月27日达成协议，同意将罗马市民之前享有的诸多特权还给他们，拉迪斯劳则对罗马事务具有决定权，留给教皇的只

---

① Guy Mollat, *Les papes d'Avignon*, 10th rev. edn., Paris, 1965, pp. 247-248.

② Mandell Creighton, *A History of the Papacy from the Great Schism to the Sack of Rome*, vol. 1, New York, 1907, p. 164.

不过是一些表面权力而已。布鲁尼在《时事评述》中非常感慨，认为罗马人民过度滥用了他们近来获得的自由，他写道：

> 罗马政府是如此善变、刚愎、肆意妄为，使得整座城市没有一处安宁。昨天破晓之前，罗马人就已行军出城了，在那不勒斯皇家力量的帮助下，他们试图占领米尔维安桥（Milvian bridge）。该桥顶部的塔楼是由教皇军驻守的，目的是为了阻止任何没有教皇允许的人跨过此桥。双方在米尔维安大桥激战了数小时，最后，正当我方教皇军眼看快要撑不住的时候，骑兵部队赶来增援，迫使罗马民兵落败而逃。大部分人都受了伤，一些人战死。
>
> 罗马人跑回城内后，他们依然莽撞地盘踞在卡比托利欧山上，并召集众人集合。这一天犹如大节一样，普通民众有美酒助兴，到处充满节日气氛。突然，所有人都拿出了武器、撑开了大旗，他们的目标是要进攻教皇宫殿——梵蒂冈。
>
> 我们的人都已准备好武器抵御进攻，他们各就各位、备受鼓舞，内心坚定准备背水一战。在哈德良陵墓的正前方，起义军趁我方守卫疏漏，开挖了一条战壕。夜幕降临才使得战事停息，那一夜，守卫遍布全城。我完全不知道这一切最终将如何收场……①

该事件导致罗马教廷被迫于 1405 年 8 月迁至维泰博（Viterbo）。只要罗马市政官的背后有拉迪斯劳撑腰，那么教廷就没有搬回罗马的希望。然而到了 8 月下旬，罗马发生了一场反对市政官与那不勒斯联盟的抗争。罗马市民派使节向教皇求援，教皇立马下令帕罗·奥西尼

---

① 1405 年 8 月 4 日布鲁尼致信萨卢塔蒂，参见 L. Mehus, ed., *Leonardi Bruni Arretini Epistolarum libri VIII*, vol. 1, p. 4。

(Paolo Orsini)率军逼迫那不勒斯撤退。8月23日,设立在卡比托利欧山丘上的政府向市民投降,教廷于1406年3月13日重新搬回罗马。

这次事件实为教廷、市民、政府、外敌之间的相互博弈,教皇为避免类似事件再度发生,决定与罗马市民约法三章,事先制定好一系列的防范措施。布鲁尼的工作就是负责起草协议条款,确保平衡教皇与市民之间的权力关系,最根本的就是让罗马市民把权力交回给教皇。在1406年1月21日起草的相关协议中,开篇就表明了教皇想要收复罗马城市统治权的决心,布鲁尼写道:

> 鉴于罗马人民怀揣极大的衷诚与诚意,一致同意我们及罗马教会仍然是他们永远真正的主人,对罗马城直接享有全权统治权。作为这种最高权力的拥有者,教廷(在市政议员和其他罗马市民的再三恳求下)宣布,倘若罗马人民没有意愿,罗马教会享有的该直接统治权绝不会交予或让渡给任何强大的君主、个人或团体;如果有一天教皇或教廷决心放弃该直接统治权,那么罗马城的统治与管理权应当被转交给罗马人民自己的手中。[1]

这份文件中提到的"强大的君主"显然是指那不勒斯国王拉迪斯劳。无论是传统的君主制还是共和制在罗马都不适用,布鲁尼建议在罗马施行两种传统政制之外的第三种统治模式:教皇托管统治[2],即罗马市民将共和国的权力托付于教皇。因为教皇统治是基于习俗和法律的认可,而不是像拉迪斯劳那样的暴君僭政。但布鲁尼同时又不忘表明,罗马市民才是权力的主体。布鲁尼深知,教皇与市民代表团之

---

[1] 梵蒂冈档案馆资料 Reg. Vat. 334, fol. 68v; 转引自 Gordon Griffiths, James Hankins et al. trans. and intro., *The Humanism of Leonardo Bruni: Selected Texts*, p. 30.

[2] Reg. Vat. 334, fol. 68v; 转引自 Gordon Griffiths, James Hankins et al. trans. and intro., *The Humanism of Leonardo Bruni: Selected Texts*, p. 30.

所以能达成和解，关键在于双方都担心罗马落入拉迪斯劳那样的入侵者手中。权力托管一则可以防止外国君主带来更大的危险，再则能够在两股对抗力量中实现张力的平衡，其均势意识已然显现。

布鲁尼在教廷为教皇服务了十年，其时的罗马教廷与世俗国家几乎并无差异，布鲁尼的工作性质也丝毫不亚于一名职业的政治外交大使。教廷记录表明，在强化教皇对其领地上各地方政府的权力管控方面，布鲁尼发挥了一定的作用。布鲁尼在担任格里高利十二世秘书期间，积极协助教皇确保斯波莱托、卡斯特罗（Castello）、列蒂（Rieti）等罗马周边属地能有效地处于教皇管辖之下。布鲁尼还起草公文声讨那不勒斯叛乱，代表教皇与奥西尼家族谈判。[1]1406年4月，布鲁尼被派去马尔凯（Marches）和罗马涅地区征收税赋。同年8月30日，布鲁尼签署了一份文件，将"我们教廷"的城市佩鲁贾督政官职位授予了维罗齐奥·德·潘多尔菲尼（Verocchio de' Pandolfini）。到了9月末，布鲁尼又忙于处理蒂沃利（Tivoli）的事务。[2]与此同时，罗马城内诸多事情也需要布鲁尼着手解决，比如重建大学[3]、处理城内犹太居民的案子，尤其是医疗纠纷，以及司法任命等。

虽然人在教皇身边，但布鲁尼与佛罗伦萨的关系从未疏远，甚至可以说布鲁尼始终是以一名佛罗伦萨人的身份在教廷工作，这可从如下事实中得到证明。第一，布鲁尼在1407年接替蒙西约利·安东尼奥·卡西尼（Monsignore Antonio Casini）成为佛罗伦萨枢机主教，在康斯坦茨大公会议上他是佛罗伦萨教士团的重要代表[4]；第二，

---

[1] Gordon Griffiths, James Hankins et al. trans. and intro., *The Humanism of Leonardo Bruni: Selected Texts*, p. 32.

[2] Gordon Griffiths, James Hankins et al. trans. and intro., *The Humanism of Leonardo Bruni: Selected Texts*, p. 31.

[3] Gordon Griffiths, "Leonardo Bruni and the Restoration of the University of Rome", Reg. Vat. 334, fol. 181r-v.

[4] Lauro Martines, *The Social World of the Florentine Humanists 1390-1460*, p. 167.

布鲁尼在 1410 年 11 月至 1411 年 4 月期间，曾短暂出任佛罗伦萨国务秘书职务；第三，布鲁尼在约翰二十三世被废黜后于 1415 年回到佛罗伦萨，在 1416 年 6 月便被授予佛罗伦萨公民权并享受纳税豁免权。诸如这样的议案提请需要通过全套立法程序，即要经由"首长会议""十二贤人团""十六旗手团""人民大会"和"公社大会"的审议批准，这从另一个侧面充分体现出布鲁尼在佛罗伦萨的人脉与威望。

无论就学识、品质还是能力而言，布鲁尼都符合政治外交大使的标准，他用亲身经历诠释了公民政治生活的价值。这主要基于两方面的考虑。首先，布鲁尼具有丰富的政治经验，善于进行外交协商和谈判，当然这在很大程度上得益于教廷工作的经历。1426 年 5 月，布鲁尼与弗朗切斯科·迪·西莫奈·多纳伯尼（Francesco di Messer Simone Tornabuoni）作为佛罗伦萨外交大使共同出访罗马教廷。通过佛罗伦萨首长给两位外交大使的信函可知，布鲁尼为主要大使，多纳伯尼在中途提前离开罗马，留下布鲁尼独自完成使命。布鲁尼一方面要与米兰大使和平协商，另一方面又要恳请教皇马丁五世归还佛罗伦萨在罗马涅地区的堡垒要塞。从任务报告来看，此次外交行动基本实现了佛罗伦萨的预期目标[1]，最关键的成果就是阻止了教皇将原本允诺的卡斯特罗交给米兰公爵。该城地处通往托斯卡纳的要道，一旦被米兰占有则直接威胁佛罗伦萨安危。值得注意的是，佛罗伦萨要说服马丁五世归还失地绝非易事，教皇的立场明显偏向于米兰一方，里纳尔多·德利·阿尔比齐（Rinaldo degli Albizzi，1370—1442）曾抱怨"在暗中，教皇答应公爵的一切要求"[2]。当然，教皇的这种亲米兰情绪是佛罗伦萨自酿的苦果，由于支持教皇领地上一些小领主独立，佛

---

[1] Lauro Martines, *The Social World of the Florentine Humanists 1390–1460*, p. 168.
[2] 原文为 "in segreto il Papa s'intende dol Duca *per omnia*"，引自 Peter Partner, *The Lands of St. Peter: The Papal State in the Middle Ages and the Early Renaissance*, London: Eyre Metheun Ltd., 1972, pp. 87–88.

罗伦萨与教皇之间裂缝难弥。维斯帕西亚诺生动描绘了在佛罗伦萨大街小巷曾回荡着羞辱这位新任教皇的一句话:"教皇马丁,一文不值!"如此公然的蔑视传到了在佛罗伦萨逗留的教皇耳里,他恼羞成怒:"等回到罗马,我倒要看看佛罗伦萨人中到底是谁敢这样唱。"[①]不久后在博洛尼亚和罗马涅爆发的一系列战争几乎将佛罗伦萨逼入绝境。布鲁尼经历了整个过程,他知道在涉及国家关系的问题上哪怕再谨小慎微都不为过,而教皇始终应是佛罗伦萨拉拢依靠的对象,只有这样才能与迅速崛起扩张的强敌米兰抗衡。

其次,布鲁尼具有敏锐的时局洞察力,对于政治势力斗争的发展趋势能够做出正确预断与巧妙应对。1434年,被判十年流放的科西莫仅过一年便被召回佛罗伦萨重掌大权,阿尔比齐、卡斯特兰尼、斯特罗齐(Strozzi)家族等布鲁尼的亲戚朋友都被美第奇家族处以罚款、入狱和流放,唯独布鲁尼安然无恙,并很快赢得科西莫的信任与重用。除了自1427年起终身担任共和国国务秘书之外,布鲁尼还担任过首长团、安全委员会、贸易委员会的成员,并于1439、1440和1441年三次入选"战事十人委员会"[②]。仕途上的成功表明布鲁尼非常善于在佛罗伦萨激烈的党争旋涡中分析局势,即便当科西莫遭遇流放之际他仍正确预估到了美第奇家族的东山再起。此外,另一个细节同样有助于我们更好地理解布鲁尼的审时度势:他写于1421/1422年

[①] 佛罗伦萨市民羞辱教皇的原文为 "Papa Martino non vale un quattrino",参见 Vespasiano, *Renaissance Princes, Popes, and Prelates: The Vespasiano Memoirs, Lives of Illustrious Men of the XVth Century*, pp. 361–362。

[②] 十人委员会成立于1384年,开始只在战时召集,后因战争频仍转为常设机构,权力逐渐扩大,战争时会由两位委员指挥佛罗伦萨军队作战。布鲁尼在1440年担任"战事十人委员会"成员时,参与指挥了佛罗伦萨抵御米兰雇佣军队长尼科洛·皮奇尼诺发动的进攻,取得了安吉亚里战役的胜利,不仅化解了佛罗伦萨的安全危机,并因帮助美第奇家族巩固政权而进一步确立了自身地位。参见 Lauro Martines, *The Social World of the Florentine Humanists 1390–1460*, pp. 171–172。

的著作《论骑士》(*De Militia*)明确是献给里纳尔多·德利·阿尔比齐的,然而在1434年后的校正手稿中,"致阿尔比齐"的字样被故意抹去了。贝利认为该修正出自布鲁尼自己之手[1],因为佛罗伦萨内部频繁的政权交替让布鲁尼意识到表明政治立场或派系所属是再危险不过的事情。

通过上述生平经历可知,在布鲁尼拥有的众多头衔外再加上一个"外交大使"并不为过,其外交活动大致可划分为两类:其一是以佛罗伦萨大使身份出访教廷的官方正式外交;其二是以代表罗马教廷和佛罗伦萨政府起草公函为主的非正式外交。马丁利指出"完美大使"的职责是凭借自己的智慧、勇气和口才在外国宫廷中提升国家和统治者的荣耀。[2]依此标准,布鲁尼在处理国家内部事务以及国家关系的问题上所表现出的政治才能受到公认,"言辞谨慎、政见中立"是时人对他的评价[3],"能言善辩、忠诚爱国"[4]是后人对他的褒奖。正是先天的机智和审慎,辅以后天的经验和学识共同铸就了布鲁尼作为一名政治外交大使的辉煌。

1394至1494年的百年间,在佛罗伦萨活跃着一批著名的人文主义外交大使,除布鲁尼之外,还有洛伦佐·本凡努蒂(Lorenzo Benvenuti)、帕拉·迪·诺菲里·斯特罗齐(Palla di Nofri Strozzi)、詹诺佐·曼内蒂、多纳托·阿恰约利(Donato Acciaiuoli)、马泰奥·帕尔米耶里、阿拉曼诺·里努齐尼和巴托洛缪·斯卡拉等等。尽管在这些大使中,布鲁尼的出访经历仅有两次,分别是1426年5月

---

[1] C. C. Bayley, *War and Society in Renaissance Florence: The De Militia of Leonardo Bruni*, p. 362.

[2] Garrett Mattingly, *Renaissance Diplomacy*, p. 201.

[3] Vespasiano, *Renaissance Princes, Popes, and Prelates: The Vespasiano Memoirs, Lives of Illustrious Men of the XVth Century*, pp. 362, 367.

[4] 巴龙在《早期意大利文艺复兴的危机》中赋予了布鲁尼这一形象。

和 8 月出使罗马和弗利（Forlì）①，但丰富的从政经历和蜚声各国的文学名望让诸多资深外交大使都纷纷向其求教。更有甚者，与布鲁尼同时代的博学之士安约罗·潘多尔菲尼（Agnolo Pandolfini，1360—1446）还咨询布鲁尼如何才能让自己从频繁的外交任命中解脱出来。②自 1427 年担任国务秘书之后，布鲁尼再也没有以大使身份出访他国③，但这毫不影响布鲁尼发挥一名外交大使的职业素养，在为佛罗伦萨政府起草外交公文、为出使的外交人员撰写演说辞以及指导使节应当如何在出使国正确说话、如何与到访佛罗伦萨的他国外交大使进行交流中，甚至在政治著作中，布鲁尼都将能言善辩淋漓尽致地用于维护和扩大统治集团的政治利益上。无外乎佛罗伦萨政府在 1427 至 1444 年间四次重大外交使命④的措辞都信任地交由布鲁尼执笔。布鲁

---

① 韩金斯通过布鲁尼写给科西莫的信函内容，推断出布鲁尼出访弗利的时间为 1426 年 11 月 18 日。J. Hankins, *Plato in the Italian Renaissance*, vol. 2, 2nd edn., Leiden and New York: E. J. Brill, 1991, pp. 385-386.
② 潘多尔菲尼家族是佛罗伦萨颇有名望的显贵家族，安约罗的父亲菲力波在 1382 年成为第一位进入佛罗伦萨首长团的家族成员，安约罗继承了家族的高贵名望，三次出任"正义旗手"，是 15 世纪上半叶佛罗伦萨最具权威的政治家之一。Lauro Martines, *The Social World of the Florentine Humanists 1390-1460*, p. 314; 安约罗与布鲁尼之间的通信往来见 F. P. Luiso, *Studi su l'Epistolario di Leonardo Bruni*, ed. by Lucia G. Rosa, p. 132。另可参见 Brian Maxson, *Costumed Words: Humanism, Diplomacy, and the Cultural Gift in Fifteenth-Century Florence*, PHD dissertation, Illinois: Northwestern University, p. 69。
③ 有学者指出这与布鲁尼的出身门第有关，佛罗伦萨的外交使命通常只委托给高贵显赫家族的成员，布鲁尼最多只能算是佛罗伦萨上层阶级中的新秀人物，或许这从某种程度上能够解释为何布鲁尼仅出使过两次。不过佛罗伦萨政府于 1420 年 11 月曾试图派遣布鲁尼出使那不勒斯，去会见阿拉贡和西西里国王阿方索五世，但布鲁尼却拒绝接受此次外交任命，最终由雅各布·尼克利（Jacopo Niccoli，是著名的人文主义者尼科洛·尼克利的兄弟）代替出使。Brian Maxson, *Costumed Words: Humanism, Diplomacy, and the Cultural Gift in Fifteenth-Century Florence*, pp. 89-90.
④ 1431 年觐见新任教皇尤金四世；1432 年觐见皇帝西吉斯蒙德三世；1438 年觐见新加冕的帝国皇帝阿尔布雷希特二世（Albrecht II）；1442 年派使节向击败法国安茹的勒内（Renè of Anjou）从而占领那不勒斯的阿拉贡国王阿方索五世致贺。

尼在借鉴古典模式的基础上融入人文主义元素，在形式上虚实相济，风格上雄辩有力，内容上逻辑清晰，目的上紧扣利益，堪称是 15 世纪外交言辞的模板。

首先，布鲁尼的作品在风格形式上兼具修辞技巧与雄辩特征。这首先得益于他受过良好的语言文化教育。思想的表达必须借助语言工具，维斯帕西亚诺夸赞道："布鲁尼比我们时代的任何人都更加精通希腊语和拉丁语……其最初的作品便展现出雄辩与博学，他的地位千年来无人企及"[1]，即便是萨卢塔蒂也要借助布鲁尼的译作才能欣赏古希腊作品。[2] 布鲁尼是拜占庭学者曼纽尔·克里索洛拉斯最杰出的弟子，在佛罗伦萨大学两年的希腊语学习不仅为其打下扎实的语言功底，使他日后翻译多部希腊著作成为可能[3]，更重要的是，语言为布鲁尼打开了一扇洞察古典文化的大门。在接触古代诗人、哲学家、政治家、演说家作品的过程中，布鲁尼逐渐养成"古为己用"的创作习惯，巧妙地借助古典著作抒发个人思想，"在古典方式的基础上，博采古代史家的不同手法，整合出一种新的叙述模式，将个人的观念注入其中，通过叙事的演进逐渐渗透他的历史思想，在历史写作中坚持

---

[1] Vespasiano, *Renaissance Princes, Popes, and Prelates: The Vespasiano Memoirs, Lives of Illustrious Men of the XVth Century*, p. 358.

[2] 萨卢塔蒂在 1401 年 8 月写信给他的学生雅各布·安吉里，要求安吉里寄给他普鲁塔克（Plutarch）的《西塞罗传》译作以及菲洛斯特拉图斯（Philostratus）关于赫克特（Hector）的记叙，如果没有的话，就直接寄希腊语原著，他会让布鲁尼翻译出来，最终结果是萨卢塔蒂参照并引用了布鲁尼的译本。B. L. Ullman, *The Humanism of Coluccio Salutati*, p. 121.

[3] 布鲁尼耗费三十多年心血翻译了诸多希腊著作，例如柏拉图的《裴多》，亚里士多德的《政治学》、《伦理学》(*Ethics*)，圣巴塞尔（St. Basil）的《训诫》(*Homilia*)，色诺芬（Xenophon）的《希耶罗》(*Hiero*) 以及普鲁塔克、德摩斯梯尼（Demosthenes）、埃斯基涅斯（Aeschines）等人的作品。被布鲁尼视为"最杰出者"的帕拉·迪·帕拉·斯特罗齐（Palla di Palla Strozzi）在佛罗伦萨的一次演说中同时援引了布鲁尼翻译的包括柏拉图、亚里士多德、德摩斯梯尼在内的多部古典著作。Arthur Field, "Leonardo Bruni, Florentine Traitor? Bruni, the Medici, and an Aretine Conspiracy of 1437", *Renaissance Quarterly*, vol. 51, 1998, p. 1112, note 12.

创新的原则"①。布鲁尼是文艺复兴时期第一个将古希腊写作模板用于自己著作的作家②,他善于将古典技巧运用到当时实际目的中。作为人文主义政治家,布鲁尼身上还展现出将古典文化与公民政治相结合的特点,在复兴中实现了创新,用他自己的话说就是"只有知其所以然才有益于知其然"。③

拉丁文是布鲁尼时代的外交大使用语,熟练运用拉丁文遣词造句是外交大使的基本素质之一,要做到因时制宜且有力得体。④布鲁尼的拉丁文更是浸润着意大利文艺复兴的时代特征,既是对古罗马作者,尤其是对西塞罗式古典拉丁文的仿效,又是对建立在科学、法学、逻辑学和神学叙事框架下的中世纪拉丁文的超越。布鲁尼注重修辞和文学上的表达效果,鉴于此,有学者甚至称其引领了一场新拉丁文(neo-Latin)革命,主宰了其时的文化生活,"如果说彼特拉克是文艺复兴时期最早主张文体风格必须模仿古代作家的人,那么布鲁尼就是第一位发现到底应当如何去真正模仿的人"⑤。换言之,是布鲁尼最早掌握了模仿古典著作的形式技巧,同时开创了兼具修辞和雄辩特征的语言风格。毋庸置疑,布鲁尼谙熟西塞罗、昆体良等古代作家的文风。昆体良强调"颂词在关涉实际问题时必须要有依据",比如赞美

---

① 孙锦泉:《论布鲁尼的人文主义史学》,《四川大学学报(哲学社会科学版)》2007年第5期,第64页;桑蒂尼则认为布鲁尼过于依赖古典作品,他的《西塞罗新传》《布匿战争》《希腊史评注》和《哥特人战争》分别参照了希腊作者普鲁塔克、波里比阿、色诺芬及布普科匹乌斯的作品。布鲁尼的每一部著作都不能算是严格意义上的"历史作品",即便不被视作为译著,也只不过是古人著作的"自由节本",既没做到旁征博引,也没实现另类创新。参见 Gordon Griffiths, James Hankins et al. trans. and intro., *The Humanism of Leonardo Bruni: Selected Texts*, p. 177。

② B. G. Kohl and R. G. Witt, eds., *The Earthly Republic*, p. 123.

③ James Hankins, *Humanism and Platonism in the Italian Renaissance*, vol. 1, p. 26.

④ Garrett Mattingly, *Renaissance Diplomacy*, p. 202.

⑤ Gordon Griffiths, James Hankins et al. trans. and intro., *The Humanism of Leonardo Bruni: Selected Texts*, pp. 197-201.

诸神时"第一步是概括地表达人类对神性威严的敬慕；第二步是具体地称赞某位神所拥有的特殊能力以及举证他如何惠泽人类"。[1]1426年布鲁尼在罗马教廷上的外交演说很好地体现了这种虚实相济："那些出访教廷、觐见最神圣之位的使节代表习惯尽其所能地吐露最精妙的赞美之词。然而，我经常在教皇身边仔细聆听使节的致辞，一边思考着他们的用词，一边感受着教皇的伟大与威严。但我总认为词汇过于匮乏贫瘠，以致赞美的企图显得荒诞可笑，任何有常识的人谁会相信仅凭人类的语言就足以给予教皇应有的赞许？教皇拥有的威严和权力比大地更宽、比大海更深，它通往并且超越天堂……正如哲学家（柏拉图）所言，有些事物值得称赞，有些则必须敬慕，那些可被称赞的属于世俗的尊崇，那些需要敬慕的则属于神圣的范畴，后者才是我们在赞美教皇时应汲取的方法。"[2]布鲁尼借着古训很自然地开辟了一条赞美教皇的新路径"敬慕"，这种"无声胜有声"的震撼彰显了其外交措辞的精妙和修辞技巧的力度，给予马丁五世一种前所未有的满足。相应地，佛罗伦萨在这次外交谈判中得其所愿，巴龙认为此次外交使命的出色完成与布鲁尼于次年再度被选为佛罗伦萨共和国的国务秘书息息相关。[3]

其次，布鲁尼的外交公文在内容措辞上逻辑清晰且条理分明。布鲁尼于1405年3月成功上任教皇秘书，这是因为其起草的致阿维尼

---

[1] 昆体良以罗穆卢斯为例进行说明：当演说者在赞美罗穆卢斯如何是战神之子并由母狼抚养长大时，必须要同时举出表明他神性一面的证据，譬如被丢入湍急的河流中不会溺毙，这些神迹证据才能更加有力地让人相信罗穆卢斯确实与神灵相通。转引自 Brian Maxson, *Costumed Words: Humanism, Diplomacy, and the Cultural Gift in Fifteenth-Century Florence*, p. 100.

[2] P. Viti, ed., *Opere letterarie e politiche di Leonardo Bruni*, Torino: Unione Tipografico Editrice Torinese, 1996, pp. 806-808. 转引自 Brian Maxson, *Costumed Words: Humanism, Diplomacy, and the Cultural Gift in Fifteenth-Century Florence*, pp. 96-97.

[3] H. Baron, "Leonardo Bruni: 'Professional Rhetorician' or 'Civic Humanist'?", *Past and Present*, no. 36, 1967, p. 34.

翁教皇的信函赢得广泛赞美,他从历史角度出发捍卫罗马教廷和教皇权力,该信传遍了欧洲外交圈①,可谓当时外交公文的范式。随着1406年11月英诺森七世的逝世,教廷分裂的问题依然没能解决,于是布鲁尼代表新任罗马教皇再次致信阿维尼翁教廷。我们从这封信中同样能够感受到布鲁尼外交措辞上的严谨逻辑。"凡自高的必降为卑,自卑的必升为高"②,借着耶稣基督之言,布鲁尼开门见山地要求对方共商教会统一大业,他将教廷分裂喻为瘟疫疾病,是基督教的最大丑闻。紧接着,布鲁尼给出了如何解决分裂的提议,教会在过去三十多年间遭受了"灾难、危险和不利",阿维尼翁教皇"无论就个人还是良知都脱不了干系"。"好比一个女人为了不让她唯一的孩子被切成两截,她宁可主动放弃孩子的所有权",按此理,罗马教廷"已经准备就绪,决定主动放弃教权",但前提是阿维尼翁教廷也必须依此行事。不仅如此,"后继教皇也要同样宣布弃权",并且"阿维尼翁教廷那些所谓的枢机主教都要同意加入罗马主教团的队列","这样才有可能推选出唯一的罗马教皇"。最后,为了确保统一方案卓有成效,布鲁尼提出一系列实质性的要求:第一,尽快派遣大使达成协议;第二,协商期间双方不得增加主教团人数;第三,自罗马教皇即位后的十五个月内,阿维尼翁教廷必须贯彻落实此方案。③

布鲁尼是15世纪最受欢迎的作者,他的著译作在文艺复兴时期所有畅销书中名列前茅。布鲁尼的名声传遍了从匈牙利到英格兰的欧洲各个角落。如果说在文艺复兴的思想文化舞台上,前有彼特拉克开场,

---

① Gordon Griffiths, James. Hankins et al. trans. and intro., *The Humanism of Leonardo Bruni: Selected Texts*, p. 318.
② 《马太福音》第23章12节。
③ 1406年12月11日,布鲁尼代表格里高利十二世起草的致本笃十三世的外交信函参见 Gordon Griffiths, James Hankins et al. trans. and intro., *The Humanism of Leonardo Bruni: Selected Texts*, pp. 324-325。

后有马基雅维利谢幕,那么布鲁尼当之无愧为中场最耀眼的明星。在欧洲任何图书馆里都能找到布鲁尼的著作,可以毫不夸张地说,若馆藏中没有布鲁尼的作品,就不能算是座完整的图书馆。[1]毋庸置疑,公民人文主义、公民生活的价值在布鲁尼身上体现得淋漓尽致,布鲁尼用实际行动向我们诠释了人文主义视阈下国家与公民间的关系。

二、萨沃纳罗拉倡导宗教共和国

季罗拉莫·萨沃纳罗拉(1452—1498)生于费拉拉,祖父米什莱(Michele Savonarola)是费拉拉大学的医学教授,并且是埃斯特家族的宫廷医生。父亲尼科洛(Niccolo Savonarola)也是一位知名医师。尚处青少年时期的萨沃纳罗拉便对世俗充满厌恶。萨沃纳罗拉受过良好教育,他运用逻辑思维看透了俗世间的种种,1475年4月25日在博洛尼亚加入圣多明我修道会(San Domenico),有学者甚至认为文艺复兴道德史正始于此。[2]

萨沃纳罗拉与马基雅维利一样,也是颇具争议的历史人物。加林指出,那些尊奉他为"先驱者"的人并没有看到,萨沃纳罗拉与他自己的时代是那般格格不入;嘲笑他为"拾遗者"的人更是无法理解,即便死亡也无法阻止这位中世纪的幸存者与时代搏斗。桑克提斯(Francesco de Sanctis)曾将萨沃纳罗拉与马基雅维利加以比对,称萨沃纳罗拉是"过去"在地平线上留下的最后一抹暮光,马基雅维利则是黎明的晨光,是"现代"的先驱。萨沃纳罗拉是中世纪最后之人,即便他是先知,也不过是但丁式的信徒,马基雅维利则是新时

---

[1] James Hankins, *Repertorium Brunianum: A Critical Guide to the Writings of Leonardo Bruni*, vol. 1, Rome: Istituto Storico Italiano per il Medio Evo, 1997, p. xx.

[2] Ralph Roeder, *The Man of the Renaissance: Four Lawgivers*, Cleveland and New York: The World Publishing Company, 1958, p. 3.

代的第一人,他是站在罗马文明废墟上的现代人。①其实,萨沃纳罗拉并不认为自己在佛罗伦萨推行的政治改革是在复兴基督教,在他看来,"基督教生活方式里最为重要的就是灵魂的解放"②。对此托马索(Tommaseo)在1853年出版的《萨沃纳罗拉的未刊手册》(*Opuscoli inediti di F. Girolamo Savonarola*)中写道:"鲜有人像萨沃纳罗拉那样被赋予这般能力,他融说教与典范于一身,将沉思与行动、宗教生活与公民生活结合到一起。"在托马索看来,萨沃纳罗拉不仅仅是极具权威的演说家和作家,他还是神学家、艺术家和诗人。③马基雅维利一定会说,"在谈到这样的人时,必须要带有敬意"④。圭恰迪尼对萨沃纳罗拉的评价或许更为中肯,在圭恰迪尼看来,萨沃纳罗拉拥有惊人的判断力,这种天赋不仅体现在其著作中,同样也体现在其世俗生活的实践里。萨沃纳罗拉所关心的并不是纯粹的政治,而是社会道德问题,"他那套有关良好习惯的说辞是那么圣洁和令人敬仰,佛罗伦萨从未像萨沃纳罗拉时代那样,拥有如此之多的良善与虔诚"⑤。

佛罗伦萨,我相信你依然记得几年前我在这里刚开始讲道的情景。最初我只字不提哲学,于是你便抱怨我讲得太过肤浅。然而正是这样的内容在普通人当中结出了硕果,它们必须要由

---

① Eugenio Garin, *Portraits from the Quattrocento*, p. 222.
② 拉丁语原文为 "*unus ex potissimis vitae christianae effectibus est animi libertas*"。
③ Eugenio Garin, *Portraits from the Quattrocento*, pp. 223-224.
④ J. H. Whitfield, "Savonarola and the Purpose of *The Prince*", *The Modern Language Review*, vol. 44, 1949, pp. 44-59.
⑤ Francesco Guicciardini, *Storie fiorentine dal 1378 al 1509*, ed. by Roberto Palmarocchi, Bari: G. Laterza & Figli, 1931, p. 156; Eugenio Garin, *Portraits from the Quattrocento*, p. 225. 圭恰迪尼的评断在卢卡·兰杜奇(Luca Landucci,1436—1516)的日记中得到了印证,人们"毫无贪婪地散发礼物,似乎每个人都愿倾其所有,妇女贡献最多,所有人都想把一切献给基督和圣母"。Luca Landucci, *Diario fiorentino dal 1450 al 1516 di Luca Landucci*, Florence: G. C. Sansoni, 1883, pp. 122-124.

浅入深。不过那批有学之士开始反对我,诗人、占星家、哲学家和智慧的人都来责难我,认为我浅显的布道暴露出我的无知。我这么说并非是为了自我标榜,而是说出了他们的心里话。于是我在随后的讲道中开始运用理性,向他们阐释自然与圣经,再后来我开始用各种方式来布讲信仰,最终触及社会中的鄙陋与疮痍。①

面对世俗社会中各种丑陋、腐败、阴暗、冷漠的现象,萨沃纳罗拉起初选择了厌恶与逃避,但后来却发展到自称先知和上帝的仆从。他期望通过政治改革、建构宗教国家来"救赎"佛罗伦萨。1496年4月1日,萨沃纳罗拉在一次四旬期讲道中特意选取了《圣经》中关于先知阿莫斯和撒迦利亚(Amos and Zacharias)的故事,他似乎是在预示自己的死亡。萨沃纳罗拉高声对聚集的人群说道:"这就是先知的目标,是我的目标以及我在这个世界的所得。"② 在萨沃纳罗拉眼中,佛罗伦萨是一片辉煌奇迹与残忍罪恶交织的土地。这位费拉拉先知将自己的一切都献给了佛罗伦萨,包括他的生命,殉难之地最终成了殉难者的祖国。③ 为了客观地评价萨沃纳罗拉,并更好地理解其政治改革的动机,我们首先应当了解14、15世纪佛罗伦萨的政府机制。

对于14、15世纪佛罗伦萨的政体性质和政权归属问题,西方学者莫衷一是,要明确界定权力缰绳到底掌握在谁手上并非易事。然而在大多数历史学家看来,1382至1492年佛罗伦萨的政治走势属于集权化过程。比如,谢维尔和布鲁克尔都认为,这一时期佛罗伦萨共和

---

① 转引自 Eugenio Garin, *Portraits from the Quattrocento*, p. 228。
② Anne Borelli et al. trans. and eds., *Selected Writings of Girolamo Savonarola: Religion and Politics 1490-1498*, New Haven: Yale University Press, 2006.
③ 1498年5月23日,萨沃纳罗拉被佛罗伦萨政府处以火刑,在韦基奥宫门前的领主广场执行。

国的实际权力始终控制在一小部分政治寡头的手里，阿尔比齐家族和美第奇家族则先后是这个寡头集团的核心。[1]

佛罗伦萨于 1282 年建立起市民政府，并形成了一套延续近 250 年的政治管理体系。尽管从表面上来看，这套政治体系的运作始终都是在共和政治制度的名义下进行的，但代表不同利益的政治集团之间的权力较量不曾停止。佛罗伦萨分别于 1387、1393、1396 和 1400 年爆发危机，上层统治阶级与下层民众之间展开夺权斗争。政治寡头急于扫清通往最高权力宝座道路上的重重障碍，通过改革法令、控制选举、限定任期等一系列集权手段将竞争者排除在核心统治集团之外。莫尔霍认为，这些集权措施针对的并非广大民众，而是在寡头集团内部总有一些面对至高权力蠢蠢欲动、势力强大且试图施行专制的个人，他们的存在对佛罗伦萨共和政体本身已经构成了威胁。[2] 但无论如何，佛罗伦萨内部的政治斗争绝非特例，可谓 14 至 16 世纪意大利各城市国家政治试验田中权力游戏的缩影。传统显贵家族竭力通过一系列集权措施维护贵族利益；大行会中迅速崛起的政治"新人"成为新生代贵族，积极介入政府统治，寻求与经济地位对等的政治权力；中小行会中新兴的市民阶层也不甘心受人摆布，他们很自然地与被流放的显贵家族结成同盟，为了夺取权力默契地谋划着一场场"阴谋"与革命。

---

[1] Ferdinand Schevill, *History of Florence: From the Founding of the City through the Renaissance*, 1st edn., New York: Harcourt Brace and Company, 1936, pp. 336-346; Gene Brucker, "The Medici in the Fourteenth Century", *Speculum*, vol. 32, 1957, pp. 22-26;〔美〕坚尼·布鲁克尔著，朱龙华译：《文艺复兴时期的佛罗伦萨》，第 182—184 页。

[2] 在莫尔霍看来，根本不存在所谓的阿尔比齐家族统治下的佛罗伦萨"寡头时代"，阿尔比齐家族的马索（Maso degli Albizzi）及其子里纳尔多之所以能够在当时的佛罗伦萨享有很高威望，正是因为他们不同于本内狄托·德利·阿尔贝蒂（Benedetto degli Alberti）和多纳托·阿恰约利等威胁到共和政体的个体强权者。参见 Anthony Molho, *Politics and the Ruling Class in Early Renaissance Florence*, Milano: Nuova Rivista Storica, 1968, pp. 401-420。

佛罗伦萨的城市显贵在成功镇压了1378年起义后，立刻着手改革行会，确保大行会在城市统治中的绝对权威，并将小行会在政府阁僚以及两大大会中的代表人数削减为四分之一，规定小行会成员没有资格在佛罗伦萨政府中担任重要职务，这意味着他们不可能再像之前那样有机会出任首长团或者担当"正义旗手"。① 通过这项激进的限职令，佛罗伦萨的上层阶级成功地将中下层公民排除在核心政治集团之外，借助法令的名义直接剥夺了大部分公民的参政权利。虽说这是起义后的补救手段，目的在于维护城市秩序以防止骚乱再次发生，但我们从中不难看出，佛罗伦萨政府在政治权力分配问题上一贯采取"压贫扶贵"的态度。②

在萨沃纳罗拉看来，美第奇家族作为寡头统治集团的核心剥夺了佛罗伦萨人民的自由，是邪恶专制的暴君。大洛伦佐时代的佛罗伦萨虽然表面上光芒万丈，但在这层光鲜亮丽的外衣下早已埋伏着政治和经济危机。佛罗伦萨内部政局动荡不安，与米兰、威尼斯、教皇国等其他国家的外交游戏也危机四伏。帕齐阴谋（Pazzi Conspiracy）③的血腥昭示着统治集团内部各大家族间钩心斗角，没收财产、流放驱逐随时都在上演。与萨沃纳罗拉同时代的里努齐尼也证实了这点，认为佛罗伦萨迫切需要的是坚定诚实的领导者，而不是惯用雕虫伎俩的美第奇家族。美第奇统治严重损害了佛罗伦萨共和国及其人民的利益，大

---

① E. Bellondi, ed., *Cronica volgare di Anonimo Fiorentino*, R. I. S., XXVIII, 2, p. 35.
② Nicolai Rubinstein, "Oligarchy and Democracy in Fifteenth-Century Florence", *Florence and Venice: Comparisons and Relations*, vol. 1, Florence: La Nuova Italia Editrice, 1979, p. 97.
③ 1469年美第奇家族的大洛伦佐继承家族的政治事业，通过一系列政治手段控制住佛罗伦萨的政府首脑和大议会。1478年，与美第奇家族在银行业上一直存在竞争的帕齐家族在教皇西克斯图斯四世（Sixtus IV）的暗地指使下，发动了帕齐阴谋，虽然成功杀死了大洛伦佐的弟弟朱利亚诺，但却让大洛伦佐借此事件赢得了广大佛罗伦萨市民和修士的支持与拥戴，挫败了教皇企图孤立佛罗伦萨的用意。

洛伦佐挪用国库重金贿赂罗马教会和教皇,让他年仅8岁的儿子乔万尼(Giovanni di Lorenzo de' Medici, 1475—1521)成为大主教,后者即后来的教皇利奥十世(Leo X)。[1]就外交而言,五大国在1454年缔结《洛迪和约》和1455年结成意大利同盟(Italian League)后,虽然避免了大规模的战争冲突,但为了哪怕是一丁点的利益,彼此间的明争暗斗都从未停止。一种紧张甚至恐怖的气氛弥漫在意大利各城邦上空,主要城市国家之间的势力平衡只要稍微出现倾斜,战争的危机就像那篝火里的余烬,随时都有被点燃的可能。百姓惶惶不定,民兵的战斗力在衰减,更可怕的是欺诈、阴谋充斥于各国宫廷,一些统治者不惜求助外国势力以实现一己私利。[2]

身处如此"乱世"的萨沃纳罗拉自认是上帝的仆从,必须担负起把自由还给人民、拯救佛罗伦萨于水火的重任。萨沃纳罗拉自言,多年来他遵上帝之意在佛罗伦萨讲经布道,内容无外乎四大主题:第一,尽力证明宗教的真谛;第二,证实基督徒朴素的生活代表了最高形式的智慧;第三,预知那些将要发生的事件(有些已经成真);第四,讨论统治佛罗伦萨的新方式。[3]卢卡·兰杜奇在其日记中写道:"萨沃纳罗拉的布道总是关乎国家事务,他劝导人们应当热爱并敬仰上帝,必须珍重共同体的良善,没有人能够成为集权者。萨沃纳罗拉总是为了人民。"[4]从这点来看,萨沃纳罗拉还是秉持了公民生活的传统,他与萨卢塔蒂、布鲁尼、曼内蒂、帕尔米耶里、阿恰约利、里

---

[1] Eugenio Garin, *Portraits from the Quattrocento*, p. 231.

[2] Michael Mallett, "Diplomacy and War in Later Fifteenth-Century Italy", *Proceedings of the British Academy*, vol. 67, 1981, pp. 270-271.

[3] 萨沃纳罗拉针对这四个主题,分别创作了《论基督徒生活的廉正》(*De simplicitate Christianae vitae*)、《论十字架的胜利》(*Triumphus crucis*)、《论预言的真理》(*De veritate prophetica*)和《论佛罗伦萨政府》(*Trattato sul governo della città di Firenze*)。

[4] Luca Landucci, *Diario fiorentino dal 1450 al 1516 di Luca Landucci*, pp. 92-93.

努齐尼等 15 世纪人文主义者一样,都是佛罗伦萨"共和自由"的捍卫者,为了维护佛罗伦萨人民的利益甚至不惜反对罗马教皇。1493 年 5 月,在萨沃纳罗拉不屈不挠的斗争下,佛罗伦萨的圣马可修道院与伦巴第圣会(Lombard Congregation)分离,从根本上摆脱了教皇对佛罗伦萨的控制。该事件奠定了萨沃纳罗拉的威望,为他之后四年的讲道以及改革扫清了障碍。

1492 年大洛伦佐去世,皮耶罗二世继位后不久,便于 1494 年 11 月被愤怒的人民赶出了佛罗伦萨。面对浩浩荡荡的法国大军和岌岌可危的政局形势,萨沃纳罗拉亲自面见查理八世,成功"劝离"了敌军。他借助上帝的名义将双剑同时指向了精神与世俗的统治者,但却指出上帝会把宽恕与和平赐予那些懊悔的人民。而此时在罗马,亚历山大六世令人发指的言行不仅让教廷蒙羞,更是让信仰基督教的百姓陷于精神上的焦虑。[1] 萨沃纳罗拉就在这样的历史背景下登上了政治舞台,着手改革佛罗伦萨政府,并应"正义旗手"朱利奥·塞维亚迪(Giulio Salviati)的请求,于 1498 年初写下《论佛罗伦萨政府》。他一方面是为了详细阐述改革佛罗伦萨的政治理想与理论主张,另一方面是为了证明自己的布讲既合乎自然理性,又符合基督教教义。该著作不仅带有亚里士多德和阿奎那政治思想的色彩,更受到了 15 世纪早期人文主义政治价值观的影响,萨沃纳罗拉结合了古典文化与经院思想,将公民人文主义融入意大利政治文化。萨沃纳罗拉改革的目标主要有三点:第一,在政治上恢复佛罗伦萨共和自由的传统;第二,在宗教上将佛罗伦萨"改造"成上帝庇佑的新耶路撒冷;第三,让佛罗伦萨变

---

[1] 圭恰迪尼在《意大利史》中记录到:教皇(亚历山大六世)道德败坏,干尽龌龊猥亵的勾当,他没有诚信,不知羞耻,无视真理,也没有宗教信仰,但他却有永不满足的贪婪与野心,放纵骄奢,甚至比蛮族更加残暴野蛮。Francesco Guicciardini, *History of Italy*, ed. and trans. by Sidney Alexander, New York: Macmillan, 1969, p. 124; Eugenio Garin, *Portraits from the Quattrocento*, p. 233.

成意大利乃至世界的中心，拯救盲目的人民大众。"听啊，佛罗伦萨，听清楚我对你所说的话；听清楚上帝传授给我的话……从你这里掀起的革命将会波及全意大利。"①

萨沃纳罗拉相信只有市民政府（civil government）才能让佛罗伦萨人民过上真正的基督徒生活，由此使佛罗伦萨变为受上帝庇佑的楷模之城，成为全世界人民敬仰和效仿的对象。萨沃纳罗拉在《论佛罗伦萨政府》的引言中指出，他并非对治国之术泛泛而谈，而是有针对性地剖析适用于佛罗伦萨的理想政体。虽然在古代和中世纪政治思想家那里，君主制和贵族制分别是最好和第二好的政体，但是根据佛罗伦萨人民的生活习惯和性格特征，平民政体（共和制）才是最理想的统治方式。

> 君主制适合那些天性上接受奴役的种族，因为他们要么缺乏勇气要么缺少智慧。没有头脑的人无论体魄多么强壮，在战场上多么勇猛，都会乖乖地服从君主统治。因为他们不够智慧，所以不可能阴谋叛变，他们就像蜂群追随蜂皇那般听从君主的号令，比如北方各族。与之相反，东方民族虽然聪明睿智，但却勇气不足，他们很容易被征服，并安然听命于君主的权威。只有僭政才能强行统治智慧勇敢的人民，但是这样的人民一定会永不停息地反对僭主。意大利人民正是如此，过去与当代的历史都已表明，君王在意大利从来不能持久。在意大利人当中，又属佛罗伦萨人民最善于运用他们的智慧与勇气。②

---

① Eugenio Garin, *Portraits from the Quattrocento*, p. 234.
② Girolamo Savonarola, "Treatise on the Florentine Government", in Stefano U. Baldassarri and Arielle Saiber, eds., *Images of Quattrocento Florence: Selected Writings in Literature, History, and Art*, pp. 254-255.

萨沃纳罗拉，这位被追随者称为"新苏格拉底"的先知历经沉浮，有人说他是"独裁者"，有人说他是"绝望的布道者"。他在佛罗伦萨人民的膜拜和簇拥下走进市政厅，同样又在佛罗伦萨人民的非难和唾弃中迈向绞刑架。但何人又知那冰冷的绞架或许在这位虔敬的先知看来犹如基督的十字架，那熊熊燃烧将他吞噬的烈火形同殉教者的天堂。萨沃纳罗拉在他那个时代无疑是与众不同的，他毫不留情地揭露并鞭笞社会的弊端与时代的疾病，他是那么渴望和谐与和平。只是在萨沃纳罗拉看来，那种和平只能源于天恩，是上帝的恩赐，是"天国的象征"，也只有这种和平才能够拯救佛罗伦萨与整个意大利。

第三节
重估公民积极生活的价值

对意大利人文主义者而言，重估积极生活的意义一方面意味着提倡和复兴古典文化价值，尤其是以西塞罗、塞涅卡等古罗马公民为榜样，另一方面意味着对基督教所宣扬的传统伦理价值观的重新定位。歌颂过去的目的在于改革现行的价值理念，复兴古典文化遗产的努力不可避免地会与中世纪以降的思想文化典型即基督教教义和经院哲学传统产生冲突，但若由此认为人文主义者对基督教本身抱有敌意的话也未免有失偏颇。不可否认，15世纪意大利人文主义者对中世纪流行的诸多文化价值理念展开了猛烈的抨击，主要体现在对财富的赞美以及对追求荣耀的认可，对此，萨卢塔蒂、布鲁尼、帕尔米耶里、波焦、帕特里齐、瓦拉等人文主义者都有述及。

一、颠覆中世纪传统的价值观

从事意大利文艺复兴研究的诸西方学者在文艺复兴时期"人文主义""人文主义者"等概念的界定与阐释上存有很大分歧，在这种观念分歧的背后实则体现出不同学者在哲学思维和文化价值理念上的分殊。比如在巴龙看来，15世纪初的意大利人文主义者并不是布克哈特笔下那些游走于各国宫廷之间、一头扎入故纸堆而不问世事的寄生型文人墨客。以布鲁尼为首的这批博学之士抱有将人文主义与公民政治相糅合的观念，巴龙将之定义为"公民人文主义"，这种意识形态的萌发则是因为米兰战争的刺激。在共和自由岌岌可危的险境下，根植于佛罗伦萨公民文化深处的城邦共同体意识被重新唤醒，并被注入新的时代内涵。克里斯特勒则在文学与哲学之间划出一条泾渭分明的界线，认为像布鲁尼、帕尔米耶里这样的人文主义者不过是谙熟修辞技巧的文人，意大利人文主义者所扮演的角色大多为修辞家或者是私人教师，可视作中世纪语法学家和口授记录者（dictator）的继承人。尽管他们对道德哲学有所贡献，但与费奇诺（Marsilio Ficino）、皮科（Giovanni Pico della Mirandola）、蓬波纳齐（Pietro Pomponazzi）这样的专业哲学家不可同日而语。[1] 克里斯特勒将文艺复兴时期的人文主义严格界定为一种与语法、修辞、诗学、历史以及道德哲学等人文学科紧密相关的文化运动。他主张人文主义本身并不是一种哲学流派，而是具有某种特定和有限的含义。人文主义的实质和核心在于对希腊文和拉丁文经典的强调，视其为主要的研究题材和无可匹敌的模仿典范，无论是在写作、思想还是实际的行动中都是如此。文艺复兴人文

---

[1] James Hankins, "Garin and Paul Oskar Kristeller: Existentialism, Neo-Kantianism, and the Post-war Interpretation of Renaissance Humanism", in Michele Ciliberto, ed., *Eugenio Garin: Dal Rinascimento all'Illuminismo*, Rome: Edizioni di Storia e Letteratura, 2011, p. 482. 参见朱兵、郭琳：《学术的流亡与再生：巴龙、吉尔伯特和克里斯特勒的文艺复兴研究刍论》，《西华师范大学学报（哲学社会科学版）》2015年第4期，第45页。

主义的重点关怀并非哲学，而是在于对古典文化的复兴以及提升个人文艺修养和品性，而且人文主义教育的古典学和修辞学标准实际上能够和各类哲学和神学上的观念与信条相融合。[①]

克里斯特勒的观点已经成为对"人文主义"的经典阐释，在西方学界普遍受到认同。通过前文论述可以看出，早期人文主义者的政治观念较为保守，他们注重的是当时现实而非意识形态上的变革，强调的是人文主义教育以及通过教育提升个人道德。然而需加注意的是，尽管人文主义者很少提倡从根本上改革政治体制，却经常会对流行的传统文化价值观给予大胆批判。这些批判的内容从另一个侧面反映出他们的政治思想，以及对公民积极生活的价值进行重估与反思。

这种批判思想得以萌发的原因，或者说批判思想的养分供给主要是源于对古典时代和古典文化的敬仰。崇古之风是文艺复兴时期人文主义者的共通特征。自君士坦丁时代起，大多数中古时期的基督教作家已经接受了古代异教思想文化，并试图将之融合到基督教文化中。然而人文主义运动的兴起有别于以往的任何努力，它标志着对古典文化的复兴乃至创新，以及对基督教文化本身的重估。按照克里斯特勒的阐释，所谓"人文主义者"就是精通"好技艺"(good arts)的文人(literatus)，通俗些说，就是那些提倡复兴古典文化价值的人。在人文主义者看来，其时的基督教国家之所以羸弱，症结就在于没有继承古典思想文化遗产，缺少了伟大祖先所拥有的智慧、美德、军事技能以及对真知的实践。光荣的过去与"黑暗"的当下形成反差，想要

[①] Paul Oskar Kristeller, *Studies in Renaissance Thought and Letters*, pp. 24-25. 参见〔英〕昆廷·斯金纳著，奚瑞森、亚方译：《现代政治思想的基础》（文艺复兴卷），第17—18页。关于克里斯特勒对人文主义更加详细的解释，参见 Paul Oskar Kristeller, "Humanism", in C. B. Schmitt, Quentin Skinner, Eckhard Kessler and Jill Kraye, eds., *The Cambridge History of Renaissance Philosophy*, Cambridge: Cambridge University Press, 2007, pp. 113-137；朱兵、郭琳：《学术的流亡与再生：巴龙、吉尔伯特和克里斯特勒的文艺复兴研究刍论》，第45—46页。

歌颂过去就先要批判当下，复兴古典文化势必会与中世纪思想文化产生冲突，基督教教义与经院知识传统则是支撑起中世纪传统文化的两大支柱。但这并不是说人文主义者对基督教本身抱有敌意，恐怕他们自己对于这点也一定会竭力否认。比如，萨卢塔蒂对上帝的虔诚之心就无可置疑。所以精确而言，文艺复兴时期早期人文主义者猛烈抨击的是在教会教士中流行的贪婪奢靡之风，他们想要颠覆的是基督教所包含的那些不合时宜的文化价值观念。因而我们不能笼统地把"反教会"或"反宗教"这样的标签贴在人文主义者身上，同时还要认识到人文主义者的宗教观有一个发展变化的过程。对此中国学者张椿年指出："14世纪，以彼特拉克为代表，把古典文化和宗教调和起来，使宗教人情化，使上帝有了人情味。15世纪，以瓦拉为代表，对僧侣生活进行了全面的批判，彻底否定了守贫、顺从和禁欲的宗教守则，上帝成了幸福的保护者。16世纪，马基雅维利和圭恰迪尼把上帝排除在人间事务之外，使它置于被怀疑的地位。他们不是无神论者，但有了无神论思想的萌芽。"[①]

基督教是西方中世纪思想文化传统的核心。基督教自形成伊始，其教义的基本内容就是谴责骄傲与虚荣。然而人文主义者认为，要复兴古典传统中的公民美德，则必须同时复兴古人对荣耀的褒奖之情，通过肯定荣耀的价值激发起人们对荣耀的渴求，从而将对美德的犒赏从彼世拉到现世。基督教教义主张低调谦卑，这无疑与对现世荣耀的积极渴求构成了矛盾，两者的斗争让彼特拉克陷入极大苦恼，这充分体现在他的《论秘密》中。然而15世纪的人文主义者在鼓励君王、教皇和公民争取更多的荣耀时已不再有任何犹豫。所以说，对荣耀的肯定是15世纪意大利人文主义者颠覆基督教传统价值观的第一步，而且在布鲁尼、帕尔米耶里等人文主义者看来，追求荣耀与哲学沉思之

---

① 张椿年：《从信仰到理性——意大利人文主义研究》，第85页。

间没有矛盾。不过我们首先要搞清楚人文主义者的荣耀所指，他们所认可的荣耀并不是出于私利或个人目的的考虑，而是一种生活在政治共同体中的公民尊严与责任。要获得这种荣耀就必须为国家政治共同体服务，以共善为先。其次，哲学可以分为两类：一类与思想有关，一类与行动相连。第一类哲学的最终目的通常就是思想本身；第二类哲学包括了生活之道，但若仅限于"知道"（know）则并无大用，除非能将"知道"化为"行动"（action）。生活之道在人文主义者看来实际上又可归为修身、齐家和治国。[1]最后，人文主义者之所以抬高荣耀并不是为了贬低隐逸生活。哲学沉思能够缓和焦虑、抑制激情、驱除怯懦，但未必在每个人的身上都一样管用，就好比并非每块精心耕种的土地都能收获同样的果实。因而只有当哲学与理性契合时才能发挥出最大的功效，"我们经常会看到博学鸿儒变化无常，倔强固执，刚愎自用，我们宁可这些饱学之士大字不识。有人吝啬守财，有人追逐野心，还有些人则甘愿沦为欲望的奴隶"[2]。可见，人文主义者在肯定荣耀价值时，关键还是看追求荣耀的方式与目的是否合乎理性。这里借用著名德裔美籍思想家阿尔伯特·赫希曼（Albert Hirschman）的理论分析框架，人文主义者想要通过激发人们心中积极的激情和欲望从而抵消堕落的原始激情与欲望（即那种对利益的算计或是对得失的报复），只有当人类理性中追求共同荣耀的欲望被唤醒时，才有可能抵制在心中同时涌动着的个人私欲。[3]堕落的激情会使统治者迷失在金钱、头衔等物质的诱惑下。在社会上层显贵圈子中所流行的荣耀观

---

[1] Leonardo Bruni, "Transation of *Economics*", Preface to Book 1, in Gordon Griffiths, James Hankins et al. trans. and intro., *The Humanism of Leonardo Bruni: Selected Texts*, p. 306.

[2] Matteo Palmieri, "Civil Life", Book II in Jill Kraye, ed., *Cambridge Transations of Renaissance Philosophical Texts, vol. 2: Political Philosophy*, p. 150.

[3] Albert O. Hirschman, *The Passions and the Interests: Political Arguments for Capitalism before Its Triumph*, New Jersey: Princeton University Press, 1997.

念,依然散发着浓郁的封建色彩和中世纪的骑士精神。因此,人文主义者希望用古希腊罗马文化中的公共精神来取代现行横流的私欲,用德性政治熏陶出利他精神,用利他精神来取代以个人优越感为基础的利己私心。①

15世纪的人文主义者对于基督教思想中的婚姻观念也同样提出了挑战。使徒圣保罗认为,婚姻是对那些无法控制肉欲之人的妥协。古代晚期的修道士作家更是发展出一套建立在宣扬纯洁与隐逸生活基础之上的社会等级制度。圣哲罗姆曾声称:婚姻中唯一真正的价值就是为上帝生育处女。对此,人文主义者却不以为然,他们试图给予世俗婚姻与家庭更多的价值和更高的地位。帕尔米耶里写道:"所有动物生来都具有共同的本能,那就是寻求伴侣繁衍子嗣,由此保全并扩大自己的物种",因此"生育是件有意义的事情:它有助于增加人口,为祖国添儿育女。当他们茁壮成长后,无论国家处于战争或和平,子民对于国内外事务都是有用的"。②婚姻是家庭的基础,家庭则是国家的基石,丈夫与妻子的结合是自然规律,以确保社会正常运转。丈夫的职责是获取,妻子则是守护,由此积累的财富有利于整个家庭、朋友乃至国家。亚里士多德在《政治学》中说过"国家是家庭的聚合",布鲁尼解释道:亚里士多德所谓的"家庭"并非砖瓦墙垣,而是指家庭成员;同理,亚里士多德所说的"国家"也不是城墙楼阁,而是指依法生活的政治共同体。布鲁尼进一步指出:对于人类而言,两性结合并非仅是出于生存需要的目的,换言之,他们并非只是为了繁衍后代使其生生不息,更是为了能够快乐地生活。人类的两性结合有其自然的基础,尽管在形式上出于法律和理性的考虑会称之为"婚姻"(matrimony)。在《家政学》(*Economics*)的注疏中,布鲁尼写道:

---

① 〔美〕韩金斯著,曹钦译:《马基雅维利与人文主义的德性政治》,第85页。
② Matteo Palmieri, "Civil Life", p. 151.

男人与女人的结合合乎自然且必不可少，并具有诸多益处。至于家庭问题中的人际关系，首先需要注意妻子的问题，因为男女间的结合合乎自然。我们在别处[1]已有提及，是自然需求促成了诸如此类的结合，即便是对各类动物，大自然亦是如此。无论男女，如果缺少对方则都无法结合，因此两性结合是必然所致。在其他动物身上，这种结合的发生并不具备理性，而是顺应动物的自然本性，仅仅是为了繁衍后代。然而在更加审慎的物种那里，（这种结合的目的）却极为不同。显然他们之间有着更多的情感互通和协作互助，尤其对于人类而言，两性结合相扶相助是为了过好的生活，而非仅是出于生存需要的目的。人类生儿育女并不仅仅是为了向自然致敬献礼，同时也是出于自身利益的考虑。当父母年轻气盛时，他们哺育照顾自己弱小的子女；当父母年迈体弱时，他们从长大成人的子女那里得到同样的看护料理。

　　大自然通过这种循环生生不息，她通过物种繁衍（而非个体）循环往复，因此男女结合的天性是受神意所引，他们所有的性格特征都是为了实现同样的目的，无论彼此间有着多大的差异。自然令一方强大一方弱小，这样后者出于畏惧将更加小心谨慎，前者仗着强健有力则更气盛勇猛；因此一方应当在外养家，另一方则应当在内持家。为了实现这一目的，自然引导妻子负责操持家务，但却让她过于纤弱而无法在外打拼；自然让丈夫不宜料理家政，但却令他适合在外冒险拼搏。至于说到子女，尽管夫妻职责分明，却都有抚养子女的责任，一方负责哺育（*eruditio*），一方负责教育（*educatio*）。[2]

---

[1] 亚里士多德在《政治学》（*Pol.* 1.2)、《尼各马可伦理学》（*Eth. Nic.* 8.2）中都提到过两性结合的必要性和自然特征。

[2] Leonardo Bruni, "Transation of *Economics*", Book I, Chapter 3, pp. 313-314.

在谈论财富价值观时，人文主义者明确谴责基督教传统中的守贫观。使徒拒斥财富并劝人守贫的观念自13世纪起通过方济各会的修道制度得以确立。阿奎那说："甘愿奉行赤贫的生活才是获得上帝的爱的首要的、基本的条件。"[1] 随着中世纪商业的发展，商人和高利贷者成为教会猛烈谴责的对象。教会无法理解商人是如何快速大量地积累财富的，于是神学家便发展出一套诡辩术来界定商品合法交易的范围，向世人宣扬财富的肮脏，把守贫视作美德。然而15世纪人文主义者则用更加积极的态度对待财富，他们称赞获取财富，因为财富不仅对个人，而且对国家也是有用的。天生渴求财富是人类共通的特征。波焦·布拉肖利尼指出，追求财富的欲望合乎自然，这种欲望会使人勇敢、谨慎、勤奋、沉稳、节制、思维开阔且明辨事理。无论你从事的是脑力还是体力劳动，你会发现在这种与生俱来的欲望面前，没人能够幸免。[2] 更何况离开财富则根本无法展现慷慨好施的德性。贫穷是对国家福利的威胁，富有则会让国家美丽、繁荣和强大。金钱给予国家力量和活力，使其能够抵御外敌入侵。在雇佣军的时代，一个没有富裕市民的城邦很快就会丧失自由。与之相反，僧侣和修士对于国家的共善毫无贡献可言。波焦带着憎恶的口气继续说到：

> 请不要助长那些伪君子和闲散之徒的欲望，他们表面上装作宗教人士，目的是为了不用付出劳动和血汗就坐享果实，他们只会向人们布道拒斥财富和愤世嫉俗，借机从中谋取私利。城邦是建立在我们劳动的基础上的，绝不是依靠这些慵懒的寄生虫。[3]

---

[1] 转引自张椿年：《从信仰到理性——意大利人文主义研究》，第87页。

[2] Poggio Bracciolini, "On Avarice", in Benjamin G. Kohl and Ronald G. Witt, eds., *The Earthly Republic*, p. 258.

[3] Poggio Bracciolini, "On Avarice", in Benjamin G. Kohl and Ronald G. Witt, eds., *The Earthly Republic*, p. 260.

布鲁尼也高度肯定了财富的价值,在将自己翻译的《家政学》注疏本敬献给科西莫·德·美第奇时,布鲁尼指出《家政学》阐释的就是聚财之道:

  如同健康是医药的目标,想必人们都会赞同财富就是家政的目标。钱财很有价值,金钱既能为其拥有者增光添彩,同时也是这些富人实践德行的手段;金钱对于富人的子孙同样有益,使其通过这些钱财能更轻易地获得荣耀和显赫的地位,犹如诗人尤维纳(Juvenal)说得那样:"贫贱之身仕途艰险,加官晋爵难似登天。"因此,为了我们的自身利益,更是出于为我们所爱子女的考虑,我们理应竭尽所能增添财富。哲学家将金钱归列为善的事物,并认为金钱与幸福直接相连。[1]

布鲁尼认为,金钱当归为善物之列,金钱与幸福直接相连。《家政学》就是古希腊哲学家亚里士多德的财富箴言。不仅如此,布鲁尼还指出,有四种与财富相关的能力是一家之主理应具备的:第一,他应当懂得如何获取财富;第二,要能够保管好自己已获取的财富,否则"获取"就变得毫无意义,如同用竹篮子打水白费力气;第三,他要懂得如何用财富为生活锦上添花;第四,他要懂得如何享受财富,毕竟拥有财富的最终目的是为了享受。保管财富和使用财富与获取财富同样重要,对此,奥维德已经说得很清楚:保管财富并不亚于攫取财富;后者得自机遇,前者则为艺术。[2]

经济活动创造财富,人文主义与中世纪经院哲学之间的一个

---

[1] Leonardo Bruni, "Addressed to Cosimo de' Medici", in Gordon Griffiths, James Hankins et al. trans. and intro., *The Humanism of Leonardo Bruni: Selected Texts*, pp. 305–306.

[2] Leonardo Bruni, "Transation of *Economics*", Book I, Chapter 6, pp. 316–317.

明显分歧就是对财富的评价。布鲁尼在致托马索·坎比亚托雷（Tommaso Cambiatore）的信函中引经据典地证明财富归列于善，属于善物，"德性确实能让人为善，但仅凭德性本身并不足以让人幸福，人需要不同形式的善的汇聚"，即"外善、体善和灵善"，财富可被视作外善，这与基督教传统和经院哲学形成了鲜明反差。[1]对财富的赞美构成了人文主义者重估积极生活的重要一面，15世纪的人文主义者不仅批判中世纪基督教神学家，而且还与古代异教思想中的哲学传统格格不入。无论是伊壁鸠鲁还是斯多亚派，柏拉图还是亚里士多德，他们都不相信积极投身于城市国家公共生活的做法符合至高的哲学与道德准则。根据他们的定义，真正的智者应该远离政治，基督教通过将僧侣的隐修生活认定为基督徒的最高追求，从而进一步强化了这种观念。

然而15世纪的人文主义者却从古罗马人（尤其是西塞罗）的思想中寻找依据，质疑这种积极生活与沉思生活的二元对立。由于人们普遍不会怀疑沉思生活对来世灵魂得救所起的作用，因而人文主义者（不仅仅是所谓的公民人文主义者或共和派人文主义者）便将国家政治共同体确立为另一种能够体现个人价值的空间。帕特里齐从国家共同体的视角出发，论证了积极生活比沉思生活更具意义，它为实践德性提供了更加广阔的空间，沉思生活带来的"善"只能惠泽个体。较之于沉思生活，或许人们从积极生活中更易获取福祉（意指基督救赎）。[2]通过重估并肯定了财富对现世生活乃至来世的价值，人文主义者巧妙地为"积极的公民生活"注入了另一层经济性的内涵，

---

[1] Leonardo Bruni, "On Wealth", in Lorenzo Mehus, ed., *Leonardi Arretini Epistolarum libri VIII*, vol. 2, Florence: Paperinius, 1741, pp. 8-15.

[2] Francesco Patrizi, *De regno et regis institutione*, p. 5; 转引自 James Hankins, "Humanism and the Origins of Modern Political Thought", pp. 126-127.

扩大了积极生活的范畴。贸易经商在人文主义者看来同样属于公民积极生活的内容，经济活动成为政治生活的辅助。经济活动不再是纯粹的私人行为，它对于政治生活有着非常重要的意义，"自由的人需要金钱来行使自由，正义的人需要金钱来行使正义，勇敢的人需要权力来践行德性。现实生活需要许多东西，生活越现实，需求就愈多"[1]。

洛伦佐·瓦拉的想法或许更加激进，他试图从精神平等的视角出发，彻底打破积极生活与沉思生活之间的屏障。尽管瓦拉也承认两种生活方式之间存在差异，但他却同时努力扩大积极生活所涵盖的范围，使得积极生活的内涵远远超越了哲学范畴对它的界定。亚里士多德认为积极生活的范围仅仅包括掌控政治权力以及发号军事命令，但包括瓦拉在内的人文主义者却将各行各业的人都纳入积极生活的圈子里，除了统治者和军官将领之外，还包括富商巨贾、官僚廷臣、民兵将士、文人墨客等等。这些人的生活也都属于积极生活的范畴，但是这些职业在亚里士多德和中世纪神学家眼里，却与追求享乐的奢靡生活脱不了干系。因此人文主义者的理论界定势必会与传统观念发生冲突，但却与其时社会生活的实际需求紧密契合，从理论上为更多的人打开了积极生活的大门，也使得人文主义者能够有机会向更广泛的人群说教德性。

人文主义者关于基督教社会的新观念对于文艺复兴时期社会上的思想风气产生了重要的影响，他们的文化批判论让人陷入沉思：一面是强大、统一、高度文明的古罗马黄金时代（Golden Age），一面是孱弱、腐败、四分五裂的意大利当下。当人文主义者需要标榜自身成就或吹捧君主时，他们会高歌古典价值对"中世纪"或"哥特蛮族"取得的胜利。无论是哪种情况，两种并存的价值观本身就足以动摇传统

---

[1] Leonardo Bruni, "On Wealth", pp. 8–15.

社会赖以依存的思想根基，使之无法辨析价值取向以及其他处理问题的可能性。人文主义者发起的"文化战争"（culture war）让价值错乱成为可能，甚至成为现实（actuality）。他们对古典文化谙熟于心，他们习惯将自己时代的文化与古典文化加以比较，他们偏好现实主义（realism）并喜欢就同一问题的两面性展开争论。所有这些特征最终将人文主义者引向了"文化相对主义"（cultural relativism）的雏形。这在晚期人文主义作家米歇尔·德·蒙田（Michel de Montaigne）的作品中或许尤为突出，但早在彼特拉克的作品中就已显露端倪。文化相对主义的一个重要特点是将某种习惯上被认为自然之物的东西看作文化产物，而一切属于文化范畴的东西既然不出于自然，因此靠人类的力量就能加以改变。若将此定律运用于文化领域，反对传统、呼吁改变的意志就会引发文化复兴；若将之运用于政治领域，则势必导致乌托邦理想国的诞生。

总之，15世纪人文主义者将传统的基督教价值观与古代异教思想中的公民价值观相糅合，重新阐释了基督教传统的伦理思想。尽管人文主义者并不会对教会的宗教政制和教义直接提出挑战，也不会公然谈论任何关于教会与国家之间关系的敏感话题，但他们的言论确实起到了削弱教会政治主张的作用。人文主义者通常假借对话体作品中人物之口，挖掘诸如教权主义、等级制度、修道主义等各种思想意识形态的根源，暗示宗教目的应当服从政治目的。实际上，有时候人文主义者对基督教教义的批判本身就可以视为宗教改革的前奏，这是一种为了重拾古代基督教的纯洁性而兴起的宗教文化运动；但不可否认，有时候人文主义思想家似乎更加关心如何复兴古典文明的荣耀，其实质并不是要质疑教会的正统。不过无论是哪种情况，至少在某些问题上，人文主义者提出的伦理观念可以说已经是有意识地在抵制基督教教会的权威，吹响了颠覆中世纪思想传统文化价值观的号角。

二、建构新古典主义的荣辱观

前文已有提及，对西塞罗形象的定位自彼特拉克起便引发了人文主义者关于公民生活方式的思考。受彼特拉克思想的影响，布鲁尼在《西塞罗新传》①中不仅谈到普鲁塔克对西塞罗隐退政坛给出的解释，并且生动地勾勒出西塞罗作为学者兼政治家的新形象，鼓励其时代公民奉之为楷模。在布鲁尼看来，西塞罗的成就取决于三个条件：个性、习惯和能力。西塞罗的伟大几乎蒙天所赐，他习惯于保持机警，善于将自己熟知的所有知识学识全部融入公共政治事务。西塞罗在哲学宝库中不仅寻找到了育人之技巧，更是找到了治国之良方。西塞罗在年轻时就受过良好教育，并通过公共演说进一步练就了雄辩口才，他能将自己所思所想毫不费力地用文字表达出来。凭借如此伟大的个性、天生的禀赋以及广博的学识，西塞罗一生创作了大量作品，即便当死亡来临之际，他还在不断计划创作更多的作品。

布鲁尼尖锐地指出，西塞罗之所以一度离开政坛，暂时放弃了公民参政的权利，并不是为了在遁世冥思中寻求彼岸福祉，最根本的原因是因为罗马共和国在恺撒独裁后名存实亡，西塞罗心灰意冷迫不得已选择隐退。"当西塞罗回到罗马后，他发现自己无论在罗马宫廷还是在元老院里都不再有施展拳脚的机会，因为有一个人已经独揽大权。于是西塞罗回归到学习和写作的生活中，暗忖或许通过这种方式至少还能对罗马人民有所贡献，更何况现在也没别的方法为国为民效力。"隐退期间，西塞罗很少会去罗马城内，除非出于向恺撒致敬的目的或是为某些公民辩护。比如：在为马库斯·马尔塞鲁(Marcus Marcellus)的辩护中，西塞罗竭力劝说恺撒恢复马尔塞鲁的职务，并

---

① Leonardo Bruni, "The New Cicero", in Gordon Griffiths, James Hankins et al. trans. and intro., *The Humanism of Leonardo Bruni: Selected Texts*, pp. 184–190.

为此以元老院的名义向恺撒表示感谢；西塞罗还曾在勃然大怒、威风凛凛的恺撒面前，为昆图斯·里加鲁（Quintus Ligarius）以及加拉提亚国王迪约塔鲁（King Dejotarus of Galatia）辩护过。除此之外，西塞罗都是在与朋友畅谈或是阅读写作中消磨时光，或者将时间用在那些希望研究哲学的年轻人身上。但在布鲁尼描述的这段西塞罗的乡村时光中，有些细节值得引起注意。第一，西塞罗教育的年轻人都是罗马城内权势家族的成员，西塞罗也正是通过与他们的接触，日后再次在国家事务上发挥着巨大的影响；第二，西塞罗在给朋友的书信中曾提到自己正过着莱耳忒斯（Laertes）[①]般的生活，布鲁尼认为这种说法或许是西塞罗惯用的玩笑之言，但也有可能表露出西塞罗渴望重新参与政治生活的抱负。

布鲁尼认为，无论是在政治或是写作领域，西塞罗可谓天生就是惠泽他人之人。就公共事务而言，西塞罗作为执政官和演说家，为国家及不计其数的百姓提供服务；就求知创作而言，西塞罗不仅是罗马人的引路明灯，实际上，他是在为所有操拉丁语的人民服务，布鲁尼称之为"教育与智慧的启明星"。

> 西塞罗是第一个用拉丁语研究哲学的人，这是到那时为止无人知晓的领域，对罗马演说家而言几乎闻所未闻。许多文人学者都认为哲学是不能用拉丁语记录或探讨的话题。西塞罗则不以为然，他在拉丁语中新添了许多词汇以便能更加清晰、方便地表达出哲学家的思想和争论。是西塞罗首先发现了演说的技巧和艺术，并使之后的拉丁学者受益匪浅，他比任何希腊学

[①] 莱耳忒斯是奥德修斯之父，伊塔卡之王。据《奥德赛》中的描写，奥德修斯出征特洛伊之后，莱耳忒斯带着少数奴隶住在距离城市很远的庄园里种植果园，哀叹音讯全无的儿子。

者都博学多才；是西塞罗将雄辩术——人类理性思维的伴侣——变成了罗马统治的权力工具之一。鉴于此，西塞罗不仅配得上"国父"的称谓，他更值得拥有"演说与写作之父"的头衔。如果你读过西塞罗的著作和作品，你根本无法想象他怎么还能有时间投入政治生活；同样，如果你了解西塞罗的政治生涯，以及他在公共和私人领域内立下的赫赫功绩，了解他是如何为了他人辩护、勇敢战斗、鞠躬尽瘁的话，你定会认为他根本没有空暇能投入阅读写作。因而在我看来，西塞罗是唯一能够取得所有这些伟大且来之不易的成就之人：当他积极投身到共和国事务中时，他要比那些生活闲暇专注写作的哲学家更加丰产；当他几乎都在埋头伏案、笔耕不辍时，他要比那些一心从政的政治家更有所作为。①

布鲁尼在西塞罗身上重新挖掘公民美德的内涵，另一位15世纪著名的人文主义者阿拉曼诺·里努齐尼（1426—1499）则从"自由"的视角出发，重新审视公民美德赖以生存的根基。里努齐尼被文艺复兴研究史家马丁内斯誉为"最具天赋的人文主义者之一"②。15世纪下半叶，里努齐尼成为与布鲁尼、帕尔米耶里、曼内蒂（1396—1459）、多纳托·阿恰约利（1429—1478）等人比肩，共同捍卫佛罗伦萨共和政治的人文主义理论家。里努齐尼出生于佛罗伦萨一个显赫的商人家庭，但他却对家族从事的商业贸易不以为然，从小就对人文学科展现出浓厚兴趣，尤其钟爱哲学。他曾在佛罗伦萨大学跟随著名的拜占庭学者约翰·阿基罗保罗斯（John Argyropoulos，1415—1487）学习希腊语，后成为柏拉图学园的成员，并对亚里士多德、西塞罗的政制

---

① Leonardo Bruni, "The New Cicero", pp. 187–188.
② Lauro Martines, *The Social World of the Florentine Humanists 1390–1460*, p. 7.

言论进行过深入研究。里努齐尼的著述范围很广，他不仅将普鲁塔克、伊索克拉底（Isocrates）等古典作家、演说家的作品翻译成拉丁语，还自己写过政治演说、宗教训诫以及在帕尔米耶里葬礼上的演说。1460 至 1475 年间，里努齐尼在佛罗伦萨政府中担任过一系列要职，1460 年被选为"首长团"长老，两年后又成为"十二贤人团"成员之一。1464 年老科西莫去世，其子皮耶罗·德·美第奇（Piero de' Medici）为了抑制佛罗伦萨城内日益高涨的反美第奇呼声，在原来的基础上进一步收缩了政府的核心统治集团，强化集权措施，于 1466 年组建起一个新的巴利阿（Balìa）[①]，里努齐尼成功地成为这届巴利阿的成员。1471 年里努齐尼被推选为"正义旗手"，1475 年代表佛罗伦萨出使罗马教廷，试图调解佛罗伦萨与教皇之间的矛盾。但正是在这次外交出使任务中，里努齐尼与大洛伦佐意见冲突，最终导致里努齐尼弃官离职、隐退政坛。

里努齐尼在斯多亚派思想框架下，强调自由必须具有自治特征，公民有权按照个人意志生活，只要合乎理性、法律和风俗传统。换言之，当且仅当公民的行为有悖于法律纲纪和道德理性时才应受到他人的干涉。公民在自由状态下同样也有许多不能做的事情，比方"禁止伤害他人，禁止强行抢夺别人财产，禁止凌辱其他公民的妻儿"，"并不能因为这些行为遭到禁止就说某人被剥夺了自由"。[②] 不过里努齐尼提出了一个非常特殊的情况，即当政治体本身已经腐化堕落时，公

[①] 巴利阿是佛罗伦萨政府在紧急情况下临时组建起来的特殊权力机构，拥有很大权限，不仅能够出台新的法规，修改旧法令，还能够控制选举，打压敌对派系。巴利阿在 1382、1393、1400、1412 和 1433 年都起到过巩固政权、化解危机的作用。朱孝远、霍文利：《权力的集中：城市显贵控制佛罗伦萨政治的方式》，第 111 页。

[②] Alamanno Rinuccini, "A Condemnation of Lorenzo's Regime", in Stefano U. Baldassarri and Arielle Saiber, eds., *Images of Quattrocento Florence: Selected Writings in Literature, History, and Art*, p. 105.

民只有奉迎才能成功融入政治生活，即所谓的"顺势者昌"。这不免在合乎道德理性与迎合现实利益之间撕开了一道裂口，里努齐尼本人便不得不面对这个两难的抉择。[1] 他认为佛罗伦萨共和国在美第奇家族的统治下形同僭政，对于佛罗伦萨人民的现状，里努齐尼"哀其不幸、怒其不争"，"曾经统治托斯卡纳大片地区及相邻地区的佛罗伦萨人民如今却乖乖听命于一个毛头小子（指洛伦佐·德·美第奇）"。让里努齐尼更感悲愤的是：第一，多数人并没真正意识到自己处于被奴役的境况；第二，没有人胆敢在大洛伦佐面前畅所欲言，即便是那些比大洛伦佐博学多才的年长者；第三，许多人甚至不愿重获自由，反对任何试图将他们从奴役中解放出来的努力。[2] 在这种状况下，拥有德性和正义感的公民要么遭受打压，要么只好自愿放弃自由参政的权利。此时，自由不再简单地被化约为公民能广泛参与自治的权利，而是转变成一种内省的状态，是精神上的勇气与毅力。当刚正不阿的人落到了腐败的国家，他唯有凭借内心自由方能抵制包括激情、欲望在内的各种堕落的诱惑。

热爱自由、追求自由自古以来就被视为公民美德。西塞罗在《论义务》中曾描绘过他心目中真正的自由，西塞罗写道：

> 我们必须让自我从一切干扰性的情绪中得到解放，不仅要摆脱欲望与恐惧，而且还要摆脱极度的悲喜以及愤怒，唯此才

---

[1] 里努齐尼本人迫不得已选择退出政坛，他拒绝为美第奇政府效力，其写于1479年的对话体著作《论自由》(*On Liberty*)包含三方面的内容：第一，谴责美第奇家族篡夺了统治权力，施行暴君专制；第二，赞美先前佛罗伦萨人民取得的伟大成就，追思过去美好的自由生活；第三，呼吁人民坚守自由原则，勇敢地反抗暴君。《论自由》创作于1479年，正是帕齐阴谋发生后的次年，里努齐尼一来是为表明自己选择隐退的真正原因，同时也旨在告诫身边朋友和他人不要沦为美第奇的兵卒、成为佛罗伦萨共和国的敌人。

[2] Alamanno Rinuccini, "A Condemnation of Lorenzo's Regime", p. 106.

能够感受到心灵的平静和从各种情绪中解脱的自由，并带来道德上的稳定与高贵。然而有许多人而且还会有更多的人，一方面追求着我所说的心灵的平静，一方面推卸作为公民的职责义务，选择了遁世隐逸的生活。在这些人当中有最著名、最重要的哲学家，也有最具深邃智慧的人，他们无法忍受他人或是统治者（君主）的行为举止；另有一些人归隐乡间，在远离世俗中找到欢乐。这样的人有着与君王一致的目标——不受欲望的限制、不听命任何权威、享受着自由、过着随心所欲的生活，这才是真正的自由。①

显然，西塞罗对公民自由的定义引发了里努齐尼的共鸣，但里努齐尼的公民观是否完全来自西塞罗，这点还不得而知，不过我们在里努齐尼对公民自由的阐释中明显能够看到西塞罗思想的影子。里努齐尼与布鲁尼一样，也将古罗马共和国视为佛罗伦萨效仿的榜样，但是里努齐尼并没有将积极参政视作共和政治的必然构成，公民应该在不降低品格、不损害品德的前提下自由地参与政治生活。在里努齐尼看来，大洛伦佐僭取了佛罗伦萨人民的自由，里努齐尼甚至公然支持1478年的帕齐阴谋，称之为"伟大的行为，配得上至高的赞美"，呼吁恢复共和政制，"让人民和国家重获自由"。② 由此可见，里努齐尼透过"德性"的视角将"自由"升华到了一种精神层面的新境界，其政治思想中的自由是指按照理性与道德生活的能力，是依靠理性、不受任何威逼利诱的行动能力，也是一种能够辨别是非和理性选择的能力。这种能力或许可以引导人们通过建立民主政府、修订法律条例、

---

① Cicero, *De officiis,* trans. by Walter Miller, book I, Re-issue edn., Loeb Classical Library, Cambridge, Mass.: Harvard University Press, 1913, pp. 69–70.

② Alamanno Rinuccini, "A Condemnation of Lorenzo's Regime", p. 104.

改善机构设置从而改变不自由的状态，但却独立于现实政治之外，与政体本身的形式无关。人们只有通过哲学以及道德方面的提升才能获得这种心境上的自由，使灵魂纯洁无瑕。这样一来，原本作为公民美德之一的"积极参政"充其量只能算作在履行公民的职责与义务，在被腐败裹挟的国家中，非但不能成为提升道德的帮手，反倒会是自由的头号威胁。[1]

文艺复兴时期的意大利人文主义者普遍都擅长演说和雄辩，他们的雄辩术堪比现代流行的社交技能，借助社会舆论影响和民众心理导向（而非暴力强制手段）来达到惩恶扬善的功效。通俗点的说法就是"人言可畏"，以公共演说的方式宣扬德性的力量、批判不良的行为。按照赫希曼的理论分析框架，人文主义者的目标是想通过激发一种新的激情来抵消腐化的激情和欲望。前一种激情来自对政治共同体荣誉的敬仰与渴望，后一种激情是指对个人利益得失的算计与报复。[2] 人文主义者希望在这两种激情碰撞的过程中构建起新古典主义荣辱观，其中包含两层含义。

首先，统治者的荣耀来自人民的信任与爱戴[3]，而统治者自身的道德修养是获取人民拥戴的前提。当下及未来的统治领袖始终应当沉浸在历史、诗歌和道德哲学的熏陶中，因为只有在道德为先的社

---

[1] James Hankins, "Modern Republicanism and the History of Republics", pp. 121–122.

[2] Albert O. Hirschman, *The Passions and the Interests: Political Arguments for Capitalism before Its Triumph*, new edn., Princeton: Princeton University Press, 2013.

[3] 此处应当注意，马基雅维利与早期人文主义者所持观点不同，实际上马基雅维利是德性政治的猛烈抨击者。《君主论》第 17 章专门探讨了君主到底是受人爱戴还是被人畏惧的问题，马基雅维利得出的结论是"最好是两者兼备；但是，两者合在一起是难乎其难的。如果一个人对两者必须有所取舍，那么，被人畏惧比受人爱戴是安全得多的"。〔意〕马基雅维利著，潘汉典译：《君主论》，第 80 页；关于马基雅维利与人文主义者德性政治的关系，可参见 James Hankins, "Machiavelli, Civic Humanism, and the Humanist Politics of Virtue", *Italian Culture*, vol. 32, no. 2, 2014, pp. 98–109.

会里，最高的赞誉才是送给公仆的。毋庸置疑，这种新古典主义荣辱观受到了被理想化的古希腊罗马思想的启发，人文主义者试图用它来取代先前以封建思想和骑士精神为源泉的贵族阶级认同感。对此，但丁援引亚里士多德《政治学》中的话指出：在腐朽的政体之下，好人也会变成恶棍；而在良善的政体之下，好人与好公民合而为一。"公民不为他们的代表而存在，百姓也不为他们的国王而存在；相反，代表倒是为公民而存在，国王也是为百姓而存在的。正如建立社会秩序不是为了制定法律，而制定法律则是为了建立社会秩序，同样，人们遵守法令，不是为了立法者，而是立法者为了人民……从施政方面来看，虽然公民的代表和国王都是人民的统治者，但从最终目的而言，他们却是人民的公仆。"[1] 人文主义者相信，古典文化中蕴含的崇高美德在任何时代、任何政体下都不会过时，只要统治者与人民同心同德，重振古罗马雄风便不再是遥不可及的幻想。

其次，人文主义者希望统治阶层乃至社会所有成员皆能浸润于萨卢斯特式德性竞争的氛围中。[2] 萨卢斯特指出，我们应当"以我们内在的资源，而非身体的力量来追求荣耀……财富和美貌带来的荣耀是流动的、脆弱的，而德性则被认为是光荣的、永恒的"[3]。人文主义者明白，这种新古典主义化的德性依赖于一种特定意义上的自我发掘和为国奉献，个人在共同体里的尊严与荣耀取决于他是否愿意为共同体

---

[1] 〔意〕但丁著，朱虹译：《论世界帝国》，第19页。

[2] 亚里士多德、萨卢斯特等古代作家便已开始提倡统治阶级成员内部要开展德性竞争。古希腊罗马的德性观念建立在某种他我意识之上，即爱人如爱己，有德者的行为目标不是出于自身利益的考虑，对荣耀的渴求当与共同体利益联系在一起，高贵和荣耀源于为他者、国家服务。

[3] C. Sallust, *Catiline's Conspiracy*, Oxford: Oxford University Press, 2010, p. 1；另可参见刘训练：《在荣耀与德性之间：西塞罗对罗马政治伦理的再造》，《学海》2017年第4期，第68—69页。

服务，而不是出于私利的行动。荣耀必须与德性结合在一起才有价值，才是真正值得追求的荣耀。① 人文主义者希望人们能以批判性眼光辨析真正的高贵与荣耀，从而在整个共同体内达成共识，使得有德性的人得到地位与尊重，德性缺失的人蒙受耻辱和贬职。显然，在复兴古典文化的基础上，人文主义者试图培育将政治义务与公民道德两相结合的公民政治精神，唤醒人们对美德的重视与对荣耀的渴求，借此打破血统、门第、财富等外在条件的限制，让德性成为真正高贵的本源。

为了更好地建构新古典主义荣辱观，人文主义者不仅在演说和著述中枚举了大量值得称颂的古典美德，他们更是巧妙地运用壁画、雕塑以及建筑等形式，不断强化人们对道德讯息的感知，通过文字、图像、声音让统治精英在思想和情感两方面都浸润在崇德弃恶的环境里。从这个意义上来说，意大利文艺复兴时期的人文主义运动俨然超越了文化艺术的范畴，它已升华为一场旨在复兴古典美德的道德政治运动。我们可以想象，当人们漫步在新古典式庭院里，看着小径两旁伫立的古罗马伟人雕像，一股效仿古人的欲望便油然而生。② 无论是在君主国还是共和国的议事大厅里，四壁和天顶上都刻满了古人的名言，瞬间会让那些受过人文主义教育的人回想起曾读过的古人伟绩，督促他们牢记职责所在、时刻要明智行事。那些取材于古典时代的雕像、碑文、壁画③ 不仅是为了寄托怀古之情与唤醒公民美德，更是为了教导人们汲取政治教训。譬如，在当时许多政府议事大厅的墙上都

---

① 刘训练：《在荣耀与德性之间：西塞罗对罗马政治伦理的再造》，第 73 页。
② 萨卢斯特曾说："著名人物都惯于宣称，每当他们看到自己祖先的面具的时候，他们心中都会燃起追求德行的熊熊烈火。"〔古罗马〕萨卢斯特著，王以铸、崔妙因译：《喀提林阴谋·朱古达战争》，商务印书馆 2010 年版，第 251 页。
③ 文艺复兴时期大部分壁画取材仍延续了宗教主题，不过自 15 世纪起，以古典文化为主题的壁画开始流行，这些壁画的内容主要就是用于传递道德讯息。

刻着一句广受欢迎的萨卢斯特格言:"睦则小而兴,携则大而坏。"[1]

甚至音乐也被用来营造仿古、崇古的氛围。尽管人文主义者在音乐领域所做的贡献与文艺复兴时期的复调音乐[2]关联不大,但他们确实创作出一种新的音乐批判风格。他们从亚里士多德《政治学》最后一卷中发现了音乐与德性之间的联系,坚信音乐具有促进道德行为的功能。此外,人文主义者还提倡复兴一种现已失传了的音乐文化——古典说唱,他们从对古典文化的理解中重构了这种音乐唱法。从 15 世纪中叶到 16 世纪早期,以著名歌唱家拉法埃莱·布朗多利尼(Raffaele Brandolini)为首的许多音乐家都在实践人文主义音乐艺术,用七弦琴弹奏改良后的拉丁诗歌。这种新的音乐方式与之前歌唱爱情的小丑剧、哑剧不同,也无须狩猎音乐中的大鼓、钹、小号、号角等器乐。[3]人文主义者想要发展的是一种能够取代世俗音乐的新风格,使得上层阶级在闲暇时也能感受古典美德的熏陶。[4]正如美国学者布鲁克尔所言:"那些开始时是个人手法的东西现在变成了一种倾向、一场运动、一个新的风格。"[5]

---

[1] 拉丁语原文为 *"concordia res parvae crescunt, discordia maximae dilabuntur"*(文中译文采自陈可风教授),直译为"和谐可以使小国变成伟大的国家,而内部的倾轧却会使最强大的国家削弱"。〔古罗马〕萨卢斯特著,王以铸、崔妙因译:《喀提林阴谋·朱古达战争》,第 258 页。

[2] 法国弗莱芒作曲家纪尧姆·迪费(Guillaume Dufay)、若斯坎·德普雷(Josquin des Prez)都是著名的复调音乐大师,他们都有在意大利工作、生活的经历,被后人视为文艺复兴时期最杰出的音乐家。

[3] James Haar, "Raffaele Brandolini, On Music and Poetry", *Renaissance Quarterly*, vol. 55, no. 4, 2002, pp. 1401-1402.

[4] James Hankins, "Humanism and Music in Italy", in Anna Maria Busse Berger, Jesse Rodin, eds., *The Cambridge History of Fifteenth-Century Music*, Cambridge: Cambridge University Press, 2015, pp. 231-262.

[5] 〔美〕坚尼·布鲁克尔著,朱龙华译:《文艺复兴时期的佛罗伦萨》,第 354 页。

— 第四章 —

国家理性与国家机器的完善运作

15世纪，英国、法国、西班牙等近代民族国家通过改革军事制度、积极对外扩张、发展商业贸易等方式迅速成长；奥斯曼土耳其帝国在1481年平息了国内继任权争夺危机后也蓄势待发，觊觎地中海地区的野心蠢蠢欲动。与新兴民族国家强势崛起的发展态势形成鲜明对比的是，意大利各城市国家却依旧陷于此消彼长的权力拉锯战中，在民族国家政治共同体的发展方面意大利无疑落后了。1500年后不久，曾经堪称欧洲经济、文化、艺术中心的意大利中北部地区不仅丧失了文化优势与主导地位，这片曾经让历代意大利人文主义者自豪的沃土甚至沦为了欧洲各新兴民族国家角逐的竞技场和争夺的战利品。自诩为伟大的古罗马民族后裔的意大利人民落入了他们心目中的"蛮族"手中。灾难频仍的16世纪意大利政治现状打击了许多意大利人的文化自信心，像马基雅维利、圭恰迪尼这样的政治思想家痛定思痛，开始质疑早期人文主义者提出的"德性政治"改革主张。他们以敏锐的政治眼光意识到，"国家理性"才是国家生存之根本，民族国家才是一种国家统治模式的发展趋势。

第一节
晚期人文主义者的"国家"构想

鲜有学者会否定马基雅维利是当代政治理论的先驱。在14至16世纪意大利诸多政治理论家当中,只有马基雅维利堪称现代政治哲学的奠基人,他成功实现了政治需求与传统伦理道德的分离,主张德性制度化和政治功能化。马基雅维利在当今的地位以及他对后世的影响令其同时代的人文主义者望尘莫及。德裔美籍学者菲利克斯·吉尔伯特认为,《君主论》和《论李维》两部著作标志着一个新阶段,即近代政治思想发展的启端。这种启端的重要内涵之一就是马基雅维利提出了一种新的国家观念,它突破了时代的尺度,奠定了恒久的价值。[1] 布克哈特指出,像马基雅维利这样的"政治艺术家"以独特的抱负、现实的态度、细致的观察、精到的分析和完善的设计来处理当时所有的国家治理问题。[2] 马克思也肯定了马基雅维利使政治研究独立于道德,评价其"已经用人的眼光来观察国家了"[3]。这些评论对我们认识马基雅维利的国家政治构想无疑具有指导意义。这里我们要提一个新问题:到底在马基雅维利的国家政治理论中有没有可以被称之为"国家"的观念?[4]

---

[1] Felix Gilbert, *Machiavelli and Guiccardini: Politics and History in Sixteenth Century Florence*, London: W. W. Norton & Company, 1984, pp. 153, 159;另外,哈维·曼斯菲尔德在详评马基雅维利《论李维》时也用了"新模式与新秩序"的标题,参见 H. C. Mansfield, *Machiavelli's New Modes and Orders: A Study of the Discourses on Livy*, Chicago: The University of Chicago Press, 1979。该书中文版〔美〕哈维·C. 曼斯菲尔德著,贺志刚译:《新的方式与制度:马基雅维利的〈论李维〉研究》,华夏出版社2009年版。
[2] 〔瑞士〕布克哈特著,何新译:《意大利文艺复兴时期的文化》,第59、83—86页。
[3] 《马克思恩格斯全集》(第一卷),人民出版社1956年版,第128页。
[4] 郭琳:《马基雅维利的国家政治共同体意识》,第25页。

一、面对新兴民族国家的理性反思

在 16 世纪的门槛上伫立着一位谜一般的伟大人物：尼科洛·马基雅维利（1469—1527）。几个世纪以来，马基雅维利被视为邪恶之师的代表，有人痛骂他，说马基雅维利用看来最粗俗露骨的文笔描绘出那个时代的人们在行为中经常遵循的，且后人也一贯遵循的那些准则。1559 年，因戈尔施塔特大学焚烧了马基雅维利的模拟雕像，教皇保罗四世将《君主论》正式列为禁书。毋庸置疑，在人类历史上没有哪位作家像马基雅维利那样遭受诽谤与误解，对他的谴责从 16 世纪延续至今。[1] 迈内克在《马基雅维利主义》一书中指出马基雅维利注定是一个不信上帝的人，他不知道地狱的恐怖为何物，马基雅维利的理论犹如一把利剑，冰冷地扎进西方政治的躯体，让人尖叫，让人暴跳。[2] 马基雅维利所暗示的要比他所说出来的更让人感到震惊。在许多人眼里，马基雅维利是无神论者，其思考问题的方式以及他的整个

---

[1] 意大利文版《君主论》直至 1532 年才出版，1553 年法文版面世，1560 年拉丁文版面世，英文和德文版《君主论》要到 17 世纪才出现。所以 16 世纪的人们批判马基雅维利，基本上是因为他们对《君主论》并不了解。人们对马基雅维利和《君主论》本身知之甚少，他们的无知加上教皇焚书之举的"煽风点火"，使得马基雅维利遭受许多不公的谩骂。比如，法国胡格诺派（Huguenot）新教支持者英诺森·詹蒂列（Innocent Gentillet）憎恨美第奇家族的凯瑟琳在法国的统治，他将这种憎恶之情迁怒至佛罗伦萨和马基雅维利的头上，甚至声称 1572 年圣巴托洛缪大屠杀（St. Bartholomew）惨案并非出于宗教狂热，而是导源于马基雅维利的无神论主张。参见 Lee Cameron Mcdonald, *Western Political Theory, Part II: From Machiavelli to Burke*, New York: Harcourt Brace Jovanovich Inc., 1968, p. 217. 此外，艾伦认为，对马基雅维利造成误解的原因主要有三方面：第一，对其著作缺乏了解。在 16 世纪谴责马基雅维利的那些人当中，很少甚至没有人真正读过他的著作，除了那部颇具争议的《君主论》。第二，对其创作时的历史环境缺乏了解。在马基雅维利时代，整个欧洲局势瞬息万变，在马基雅维利逝世后没几年，其著作中所表现出的意大利复杂纷乱的形势便荡然无存了。第三，也许最关键的原因在于对马基雅维利自身的思维态度以及处事风格缺乏理解。他的那套政治历史观对于传统思想而言无疑是种挑战。J. W. Allen, *A History of Political Thought in the Sixteenth Century*, p. 447.

[2] Friedrich Meinecke, *Machiavellism: The Doctrine of Raison d'État and Its Place in Modern History*, trans. by Douglas Scott, New Haven: Yale University Press, 1957, p. 49.

价值体系都标志着对传统的离经叛道，但马基雅维利所关心的恰恰是现代政治无法回避的问题。

1469 年，马基雅维利出生于佛罗伦萨一个没落的贵族家庭，其父亲贝尔纳多（Bernado）是名从业律师，家里主要经济来源是农场的租金。马基雅维利出生那年正值西班牙阿拉贡王国的斐迪南二世（Ferdinand of Aragon）与卡斯蒂利亚王国的继承人伊莎贝拉一世（Isabella of Castile）政治联姻，当时佛罗伦萨实际的权力则掌控在大洛伦佐手里。尽管马基雅维利小时候家里条件艰苦，但他接受过人文教育，不仅学习古典文学和拉丁文，还略懂罗马法。在美第奇家族掌权期间，马基雅维利未曾在政府中谋得一官半职，直到 1494 年皮耶罗二世被驱逐流放，马基雅维利终于盼来了为共和国效力的机会。1498 年，马基雅维利被任命为共和国第二国务秘书，并成为"战事十人委员会"的成员，主管佛罗伦萨外交事务。也是在这一年，马基雅维利目睹了萨沃纳罗拉在韦基奥宫广场上被处以火刑。对于这位多明我会修士的盛衰沉浮，马基雅维利的情感是非常复杂的。他一方面信服萨沃纳罗拉的预知天赋，认为"在国王查理八世入侵意大利前，萨沃纳罗拉几乎料事如神"；[①]另一方面，马基雅维利却不赞同意大利人民遭受的灾难是源于上帝对原罪的惩罚这一说法。1498 至 1512 年，在皮耶罗·索德里尼（Piero Soderini）任执政官期间，马基雅维利的政治生涯可谓蒸蒸日上。索德里尼非常欣赏马基雅维利的才能，委予他一系列的行政、外交和军事任务。马基雅维利不仅肩负国家防御工事、组建民兵军队的重任，还代表佛罗伦萨政府多次出使他国，其中包括法国国王路易十二（Louis XII）和神圣罗马帝国皇帝马克西米利安一世（Maximilian I）的宫廷。马基雅维利在这段时期内积累了丰富的政治外交经验，这成为他日后写作的基础与素材。1512 年美第奇

[①] Sebastian da Graza, *Machiavelli in Hell*, New Jersey: Princeton University Press, 1989, p. 63.

家族复辟，马基雅维利不幸被革职下狱。1513年因乔万尼当选为教皇利奥十世后特赦，马基雅维利才获准回到自己在佛罗伦萨郊外的宅子。从此在佛罗伦萨的政坛上少了名忠心耿耿的臣仆，文坛上却多了位影响深远的"巨星"。不过马基雅维利虽身处乡间，却仍心系国务。白天他是失意落魄的政客，晚上则穿戴整齐在案头与古人长谈，用文字延续自己的政治理想，始终渴望有朝一日能够重返政坛。

马基雅维利留下许多脍炙人口的作品，如《君主论》、《论李维》、《兵法七论》（又译《战争的艺术》）、《佛罗伦萨史》等。他是政治家、外交大使，也是思想家、历史学家、诗人和文学剧作家。马基雅维利最著名的喜剧当属《曼陀罗》(La Mandragola)①，这部作品虽然充满了污秽淫荡的内容，却被视为意大利文艺复兴时期最好的喜剧。《曼陀罗》中流露的诙谐幽默不仅在佛罗伦萨市民当中引发了共鸣，这部剧甚至还被搬上了威尼斯的戏剧舞台。马基雅维利的文学作品处处饱含着对当时社会道德的灵活讽刺，在看似直白粗俗的诙谐下总是隐藏着敏锐深刻的政治用意。

1513年，马基雅维利的代表作《君主论》问世，这部"君主镜鉴"之作毁誉参半，为他赢得了千古名声，当然这当中也包括了"马基雅维利主义"的恶名。② 其实，马基雅维利自己已经说得很明白，《君主

---

① 〔意〕马基雅维利著，徐卫翔译：《曼陀罗》，《马基雅维利全集：戏剧、诗歌、散文》，吉林出版集团2013年版。

② 随着对马基雅维利思想研究的深入，"马基雅维利主义"已经不再被简单概括为"目的决定手段"，现代学者开始从马基雅维利思想的整体性角度，用公平客观的眼光来评判《君主论》的著述动机。一般认为，《君主论》是马基雅维利敬献给美第奇家族的"求职信"；也有学者认为《君主论》恰是一部反美第奇统治的讽刺之作，"只有站在讽刺的立意上，我们才能够理解为什么马基雅维利会选取切萨雷·博尔贾（Caesar Borgia）作为君主的楷模"；还有一种见解更标新立异，认为马基雅维利写《君主论》是希望美第奇家族会按照他的建议一步步走向厄运。参见 Garrett Mattingly, "Machiavelli's 'Prince': Political Science or Political Satire?", *The American Scholar*, vol. 27, 1958, p. 490; Herbert Butterfield, *The Statecraft of Machiavelli*, New York: Collier Books, 1962, p. 74。

论》这本小册子探索的是关乎君主国的问题,"什么是君主国,它有什么种类,怎样获得,怎样维持,以及为什么会丧失"[①]。马基雅维利极尽言辞只是为了表明人们实际上怎样生活与人们应当怎样生活是有天壤之别的,如果"一个人要是为了应该怎样办而把实际上是怎么回事置诸脑后,那么他不但不能保存自己,反而会导致自我毁灭"[②]。马基雅维利无非是比别人更清楚地洞察到那个时代的政治需求,用技巧性的话语揭露了政治的实质,正因如此,马基雅维利被视为近代政治学的奠基人。《君主论》的写作不仅仅是为了谋官求职,马基雅维利渴望重新得到重用的愿望源自他对政治权力的深刻理解。马基雅维利相信,如果自己能够有机会在新君主身边建言献策的话,或许就有希望实现他那解放并统一意大利的梦想。说到底,马基雅维利所做的一切都是为了找到一剂解救意大利于混乱危难的良药。意大利作为文艺复兴的发源地,她在14、15世纪取得了绚丽夺目的文化成就,焕发出鼓舞人心的艺术光彩。然而,当英国、法国、西班牙大踏步地向民族国家的发展模式急速迈进时,意大利各地的城市国家却依然纷争不休。面对外来强大"蛮族"的肆意践踏和凌辱,四分五裂的意大利显得那般无依无助。马基雅维利多么希冀能够再一次见到佛罗伦萨曾经引以为傲的自由与荣耀。

马基雅维利作为一个紧随时代步伐的政治思想家以其特有的政治眼力认识到了民族国家政治共同体是一种国家发展的趋势。诚然,马基雅维利没有提出国家政治共同体的概念,但他"对一个强有力政府存在的必要性有很敏感的意识"[③]。他站在国家政治权力运作的角度思考着如何发挥国家政治共同体的权力功能问题。马基雅维利甚至并不

---

① 〔意〕马基雅维利著,潘汉典译:《君主论》,译者序,第12页。
② 〔意〕马基雅维利著,潘汉典译:《君主论》,第73页。
③ 周春生:《马基雅维里思想研究》,第167页。

在意具体的"国家"立场，比如不计较自己是站在意大利还是站在法国的立场上发表见解。[1] 马基雅维利只想回答什么是一个国家在征服另一个国家时必然会呈现的权力功能和必须予以关注的权力使用方式。他关于世俗国家政治共同体的种种意识使他将近代早期西方国家政治的诸多本质问题勾勒了出来，具体"反映在《君主论》的写作上，就是马基雅维里对每一个政治现象、政治关系、政治治理的分析都以现实的政治利益关系和政治变化实际为宗旨，揭示国家层面上的政治权力运作特征和内容"[2]。经历了漫长的外交实践生涯后，马基雅维利对像法国那样刚刚显露出强大政治共同体功能的民族国家有着独到的理解。《君主论》分别在第 3、4、7、13、19 章中重点提到了法国，并对路易十二在意大利的荣辱得失做了详尽的分析。换言之，马基雅维利想要为我们展现的是一个初具民族国家整体功能的国家形象，实际上就是想把国家政治共同体的特征讲清楚，同时呼吁意大利尽快在一位称职的君主领导下实现民族统一。在《君主论》最后一章中，马基雅维利以彼特拉克的诗句结束全文，将创作立意升华到了民族整体的高度，呼吁意大利的儿女们为了共同的崇高目标去奋斗，实现民族团结和国家解放。[3]

---

[1] 参见周春生：《马基雅维里思想研究》，第 170 页。在 1513 年写给好友弗朗切斯科·韦托里（Francesco Vettori, 1474—1539）的信函中，马基雅维利表明他希望法国国王能够重返伦巴第，因为在这种均衡的形势下形成的和平将会更加持久稳定。参见 Lee Cameron Mcdonald, *Western Political Theory, Part II: From Machiavelli to Burke*, p. 196, note 24。

[2] 周春生：《马基雅维里思想研究》，第 167 页。

[3] 对于《君主论》第 26 章所起的作用，学术界依然存在着争议。如黑尔（John R. Hale）将之视为马基雅维利的另一个"求职广告"；斯特劳斯则指出了最后一章的异常之处，即马基雅维利为何要将改变的希望寄托在意大利稀缺的爱国主义之上？马基雅维利指望的新君主是能够统帅全体意大利人民、享有全军威望之人，但安能想象让一个威尼斯或米兰的士兵听从佛罗伦萨美第奇家族的号令？上述言论可参见 Lee Cameron Mcdonald, *Western Political Theory, Part II: From Machiavelli to Burke*, pp. 206-207。

其实当马基雅维利遭遇罢官流放之际，他的政治思想体系已基本成型。多年的政治经历影响了马基雅维利对人性的评判，丰富的参战经验让他意识到军事力量是国家强大之根基。马基雅维利为意大利的命运扼腕叹息，他憎恶法国和西班牙把意大利作为角逐的猎物，热切盼望在意大利能出现将狮子的勇猛与狐狸的狡猾集于一身的新君主。瓦伦蒂诺公爵博尔贾和战神教皇尤里乌斯二世都曾被马基雅维利寄予厚望。博尔贾在原本混乱的罗马涅地区建立起秩序和安定，凭借过人的精力、精准的判断力，以及大胆、欺诈、谋杀等各种卑劣手腕称霸一方。显然，如果博尔贾顾虑迟疑、摇摆不定的话，他的宏图大业就会功亏一篑。① 同样，出使法国的经历也让马基雅维利认识到，法国的君主政体与意大利有着明显不同；而与比萨作战的经历让马基雅维利看清了意大利军事作战方法上的致命弱点，认识到军事力量的重要性。1513年在遭遇流放后，马基雅维利有足够的时间来思考和诊断意大利"病疾"的根源，他要找出国家兴衰成败的原因，找出政治成功的秘诀，最重要的是要找出如何解救意大利的方法。

马基雅维利的《论李维》（又译《李维史论》）② 是《君主论》的姊妹篇，在这部著作中马基雅维利详细阐述了他对于"国家"和国家生活的想法。就一定程度而言，《论李维》要比赫赫有名的《君主论》更全面地展现了马基雅维利政治思想的概貌。从表面上看，《论李维》的谋篇布局有些粗糙无序。第一卷讨论的是国家构成及其运作，包括公民精神，国家的稳定、扩张、被奴役和如何解放的问题；第二卷主要讨论开疆扩土的方法，多处涉及军事力量的问题；第三卷讨论革命暴动、导致国家衰亡的原因以及如何避免衰亡。但《论李维》的整体结构显得松散杂乱，所有内容看似是被随意拼凑到一块的，甚至有个别

---

① 〔意〕马基雅维利著，潘汉典译：《君主论》，第7章。
② 〔意〕马基雅维利著，冯克利译：《论李维》。

章节与整卷主题格格不入。关于战争的叙述散见于卷二和卷三中,貌似马基雅维利丝毫没有顾及前后内容的承接。然而,我们不要忘了,《论李维》谈到的问题全部都是马基雅维利认为那个时代的意大利人必须要考虑的重中之重。实际上,整部著作形散而神不散,各卷内容都是马基雅维利面对新兴民族国家的反思,全都围绕着同一个主题:国家。马基雅维利直接或间接地向读者娓娓道来,无论身处和平还是战争年代,围绕"国家"的思考都刻不容缓,其中包括:维持国家强大的因素,导致国家衰败的原因,如何保持国家的稳定,如何有效治理国家,等等。由此可见,即便《论李维》在内容编排上不免支离破碎,但马基雅维利从未真的离题①,他想要说清楚如何在战争以及权力较量的游戏中制胜克敌,想要说明白道德与政治之间的相互关系,马基雅维利心中牵挂的始终是他热爱的祖国意大利。

《佛罗伦萨史》②同样是一部饱含马基雅维利爱国情怀之作,他从佛罗伦萨的起源一直写到1492年大洛伦佐去世,在写作方法上受到古罗马史家塔西佗和萨卢斯特的影响。马基雅维利要表明,光有良好的法律和制度并不够,关键还需要强大英明的统治者。但其时的佛罗伦萨党派倾轧,古典时代的公共美德早已被自私腐败所侵蚀,曾经拥有高尚荣耀的意大利民族现今沦为"蛮族"争抢的猎物,"在这些外来者的欺凌下被迫倒退到了奴隶制状态"。③ 直至1527年去世,马基雅维利始终都没能迎来他希望看到的全意大利解放与统一。1527年5月,神圣罗马帝国皇帝查理五世的雇佣军洗劫了罗马和梵蒂冈,史称

---

① 在《论李维》著名的卷三第六章,马基雅维利为密谋反叛者出谋划策、提供良机,看似离题,实则不然。政治上的尔虞我诈、阴谋诡计已经成为15、16世纪意大利政治现象中权力较量的普遍特征,同样也可以是让一个城市国家重获自由的出路之一。

② 〔意〕马基雅维利著,李活译:《佛罗伦萨史》。

③ Peter Bondanella and Mark Musa, eds., *The Portable Machiavelli*, New York: Penguin, 1979, p. 559.

文艺复兴时期的终结。总之，只有当我们结合马基雅维利所处的时代背景，考虑到他思考"国家"问题时的个人情感时，才能更好地理解那个长期以来饱受非议与误解的马基雅维利。

二、马基雅维利对德性政治的扭转

对于文艺复兴时期的佛罗伦萨乃至整个基督教世界的政教危机，马基雅维利提出了与文艺复兴早期意大利人文主义者们不同的解答。美国学者韩金斯认为，马基雅维利不仅是对佛罗伦萨的平民政体提出了强烈的质疑，同时他也不赞同彼特拉克式的人文主义德性政治。

马基雅维利在《佛罗伦萨史》中表明，佛罗伦萨传统民众政府体制从建立之初就是失败的，对此，他在美第奇家族当政时试图重新修订佛罗伦萨的宪制设计。马基雅维利所设计的新宪制容纳了所有的社会阶层，出于防止内部权力冲突和利益纷争的考虑，他在各阶层之间还设计了权力的分配与互相掣肘。根据马基雅维利设计的新宪制，佛罗伦萨将实现更高层次的统一和德性，人民也将不再受到精英压迫，因此他们能保持对政体和政府的忠诚。马基雅维利尝试以这种方式将民主精神下的民众品德转化为罗马式的战争德性，由此民众的民主精神可以被用来抵制外敌入侵，而非导致内部纷争和冲突。

尽管在马基雅维利看来，佛罗伦萨的民众政府以失败告终，但他并未采取彼特拉克式的人文主义德性政治，转而选择了一条高度现实主义的解决方案。马基雅维利试图通过特定的制度设计来寻求平民与精英之间的制衡，而不是像文艺复兴早期人文主义者那样一味寻求统治者德性的提升，期待着以德性政治来替代民主政治。

马基雅维利本人接受过良好的人文主义教育，他毕生从事古典研究，与15世纪的人文主义者一样，着力强调对君主还有共和主义政治家的教育。但从具体的政治方案上来看，马基雅维利与早期人文主义者截然不同，他甚至都不算严格意义上的人文主义者。马基雅维利在《论李维》中描绘了共和制的诸多优点，在一定程度上，马基雅维利是民众的支持者，他捍卫民众在政治中的角色，并且反对权势者对民众的掌控。就此而言，马基雅维利对于早期佛罗伦萨的民众政府是抱有同情的，但他同时又是现代思想的先驱。马基雅维利希望实现的宪政不仅会驱逐强权人物、剥夺他们的权力，同时他还要将权势者一并纳入到一种新的宪政框架内。这种新框架肯定了人民的政治角色，赋予了人民政治地位。但这种新宪政同时也吸纳精英阶层，通过其能力和经验来保护国家和政府，为城邦做贡献。马基雅维利所欣赏的政治制度不仅仅是开明的君主专制，还有民主的共和政体。

因此，马基雅维利对德性做了全新的定义，德性不再指传统意义上的美德，而是成为"权力有效运用"的代名词。韩金斯指出，马基雅维利激进地反对古代哲学家们关于善、幸福与传统德性之间不可分离的信念，继而推进了一种新的分析方式——关注"实际发生的历史"，而不是"应当发生的历史"。马基雅维利理解的历史学有了新的目标，即旨在理解权力的有效运作，而不是推出能够激发德性的道德楷模。在认识到马基雅维利作为创新者的同时，我们也应当认识到，通过对政治哲学的全新定位，马基雅维利是在为一种统治性的意识形态服务。这种意识形态更加接近中世纪晚期的大众主义，而非彼特拉克式人文主义的德性政治。

在德性政治问题上，马基雅维利与人文主义的直接分歧体现在对"人民德性"的推崇上。在马基雅维利的时代，锡耶纳的弗朗切斯科·帕特里齐写的两篇有关教育的文章在当时非常流行。从帕特里齐关于教育君主和共和国平民领袖的论述来看，无论针对君主还是平民领袖，人文主义者秉持的都是精英式的德性教育。换言之，人文主义关于共和德性的理解完全不同于马基雅维利提出的"人民德性"。直至16世纪晚期，马基雅维利反对德性政治的观点才开始发挥出压倒性的影响。通过对比帕特里齐与马基雅维利关于德性的主张，我们可以清楚地看到马基雅维利扭转人文主义德性政治观的具体历史过程。

伴随着"人民德性"的概念，马基雅维利尤其还强调"自由"。但对于古典哲学家来说，自由并不是主要的政治价值。马基雅维利尝试对国家提出的教导是，一个国家如何在受到其他国家威胁时保持自由，同时如何通过创造彼此之间互相平衡的两种力量来使国家内部也同样保持自由。国家在内外两种意义上的自由都与"人民德性"密切相关。根据这种新的人民德性，每个人都是自由的，但仍然有可能实现国家的有序统治和整体的稳定运作。基于马基雅维利的这个论证，自由政治的观念在17世纪的英国得以从理论转变为现实。

倘若说中世纪思想家"错"在漠视当时的政治现实，那么马基雅维利的"错"就在于他只关注当时的政治现实。当前人仰望天空，追寻上帝究竟在国家人事上扮演何等角色时，马基雅维利的目光却定格于四分五裂、战乱纷飞的当下。身处特定的历史环境，十多年外交生涯的耳濡目染，加之天生敏锐的政治头脑，这一切共同催发了马基雅维利对国家政治生活的独特思考，为我们开启了近代政治思想的大门。

人们经常说，马基雅维利提出了一种新的国家观念，或至少说，他帮助霍布斯等后继思想家形成了一种国家观念。在马基雅维利之后，让·博丹、格劳秀斯、黑格尔等一系列国家中心主义者的政治思想或多或少都是从马基雅维利的国家观中汲取营养，构成了政治现实主义的基轴。那么在马基雅维利脑海中到底有没有一种可以被称之为"国家"的东西？显然，马基雅维利思考的国家还不是现代政治意义上的国家，他真正关心的是当时实际运作的城市国家。马基雅维利确实提到过国家形成的问题，并且相信古罗马历史学家波利比乌斯（Polybius）主张的政体循环论，认为一切政治体都会因为人类天性中的弱点最终走向毁灭，但继而又会出现新的国家政治体。在马基雅维利看来，国家是必然的存在，因为只有国家才能保障人身安全和财产安全，也只有国家才能维护和平稳定，让人民不用担惊受怕。

我们暂且抛开传统的伦理道德不谈，马基雅维利政治思想中其实包含了一套基于现实政治考量的哲学体系。人是政治的、现实的动物，人类渴望安全自由，安于现状，害怕改变。无论何种政体下的国家共同体，都会本能地追求对内维持稳定，对外勤于扩张。正是由于谙熟人性中的自私贪婪，马基雅维利从不将国家行为的公正与否置于道德理性的天平上去衡量，因为他知道，不管结局怎样都无法改变人性。在马基雅维利看来，任何对人类欲望是否合乎道德的质问都毫无意义，国家存在的目的就是为了满足大部分人的利益，之所以要有国家和政府，就是为了让整体去实现个体无法实现的目的。

在道德与权力的博弈中，马基雅维利看似是选择了后者。在马基雅维利式教条中最著名的也许就是"目的决定手段"。马基雅维利的"国家理性"可以为任何欺诈残忍的言行开脱，他所认可的公民德性通常被概括为在实现目的的过程中无所畏惧和无所顾忌。正因如此，人们谴责马基雅维利颠倒善恶，称其为厚黑术鼻祖、为暴君代言。马基雅维利的确实现了德性与政治的分离，但这并不意味着马基雅维利就是不道德的，或者说是非道德主义者。准确而言，马基雅维利也讲道德，但他讲的是与伦理道德截然不同的政治道德，他剥离了"德性"中的道德意味，直指"德性"中的政治意味。在《论李维》中，马基雅维利明确指出，判断行为善否，要看这个行为是否能够促进国家政治共同体的公共利益。这里所说的利益是基于整体的考虑，是指对全体公民人身、财产安全的保障。杀戮、偷袭、背信等行为放在国家共同体中的个体成员身上，并且是出于个人利益考虑的话，那就是恶行；但倘若这种"恶行"有助于促进国家公共利益的话，那就是善行。

在马基雅维利的政治道德守则中,善恶是辩证的,是相对而言的。传统的社会道德情感并不能被用作判断道德善恶的标准,行为的实际效果才是马基雅维利采纳的唯一尺度,或许说"共善决定手段"才更贴近马基雅维利的政治道德观。我们来看马基雅维利列举的两个生动案例。一个是瓦伦蒂诺公爵、教皇亚历山大六世的私生子切萨雷·博尔贾。博尔贾征服罗马涅,夺取法恩扎,拿下乌尔比诺公国,进攻博洛尼亚。他起先依靠法国和罗马奥西尼家族的帮助,但在他察觉到外界力量可能会阻碍乃至攫取他所赢得的一切时,博尔贾决定心狠手辣地消除隐患,"决计成为托斯卡纳的主宰",并借助雷米洛·德·奥尔科(Remirro de Orco)这个棋子,在实现了自身目的后便将雷米洛杀死,让他暴尸于广场。博尔贾的所作所为在马基雅维利看来非但"没有可以非难之处",更值得"让那些由于幸运或者依靠他人武力而取得统治权的一切人效法"。① 马基雅维利曾把统一意大利的希望寄托在博尔贾的身上,因此博尔贾的所有在别人看来不道德的行为在马基雅维利眼里都具有道德正当性。另一个例子是古罗马执政官斯普利乌斯·波斯图米乌斯。在被萨谟奈人击败后,波斯图米乌斯"认为不应遵守考迪纳和约",并要求元老院把他送还给萨谟奈人。尽管战败,但波斯图米乌斯因"背信弃义"而在罗马人中间赢得的荣誉要比获胜者多得多。对此,马基雅维利总结到:

> 不遵守被迫作出的承诺,并不是可耻的事情。被迫作出的有关公共事务的承诺,一俟强迫的因素消失,总会被人违背,对于违约者而言,也不是什么丢脸的事情。从史书中可以看到各种这样的事例,当今之世每天也都在发生。②

---

① 〔意〕马基雅维利著,潘汉典译:《君主论》,第31—36页。
② 〔意〕马基雅维利著,冯克利译:《论李维》,第430页。

当国家陷于危难时，伦理道德理应让位于政治权力。马基雅维利对法国人赞赏有加，原因之一就是法国人在维护王国权力时会把所有道德顾虑抛在一边，一心只顾祖国安危，不择手段地保卫国家，不管行为是否正当，"是残暴还是仁慈，是荣耀还是耻辱"。法国人最厌恶听到的就是：这种政策让国王丢脸。① 君主在维护国家安危和公共利益时完全不用被传统道德所束缚。如果"恶行"能够挽救国家的话，那么君主根本"不必要因为对这些恶行的责备而感到不安"。一些看似善的行为，"如果君主照着办就会自取灭亡"，恰恰是一些看似恶的行为，"如果照办了却会给君主带来安全与福祉"。② 实际上，马基雅维利并非刻意颠倒是非善恶，他只不过提出了另一套划分道德善恶的标准，这杆道德天平上的每个刻度都是国家整体的利益。就这层意义而言，马基雅维利也是个伦理道德家，但他却是一个不计较善恶、只考虑国家利益的道德家，他大胆地说出了那个时代别人都不敢挑明的国家需求。

马基雅维利的国家观完全源自他对当时欧洲各国政治现象的观察。艾伦指出，马基雅维利心目中的国家主要有五方面的特征，笔者将之归纳为世俗性、自主性、目的性、群众性和同质性。第一，国家必须具有完全的世俗性。这不仅体现在国家与任何宗教团体没有关系，更体现在与上帝之间都没有瓜葛。马基雅维利将关乎宗教的神学之说视为未知的、不可知的、不存在的，是与世俗国家毫不相干的。虽说国家的有效统治需要宗教，但教会对于国家而言纯属工具。第二，国家是独立自治的政治体。国家在道德上是完全独立的，这源于国家对除了自身之外的任何事物都不具有职责义务，人们表面上看到的某些关联也仅限于偶然。第三，国家存在的唯一理由是出于人类的

---

① 〔意〕马基雅维利著，冯克利译：《论李维》，第434页。
② 〔意〕马基雅维利著，潘汉典译：《君主论》，第74—75页。

需要。人们希望国家存在，并非出于对国家的关心，而是关心自己的利益安危。由于人性贪婪，国家在对外关系中就是一个武力组织。每个国家都应当致力于扩大势力，唯此才能自我保全，因为它的邻邦不是潜在的对手，就是实际的敌人。第四，国家统治者必须赢得民心。越是能保障公民安全的政府就越得民心。在其他条件都对等的情况下，国家的强弱便取决于公民的爱国精神。第五，国家成员的同质性是助其强大的要因。所谓同质性就是大部分公民有着相同的语言和风俗习惯，在爱国心的驱使下团结在一起，要想摧毁这样的国家实属不易。①

我们在马基雅维利的国家中觅不到上帝的踪影，他所描绘的国家不仅有对英、法等新兴民族国家的反思，更是长期以来意大利城市国家政治情景的缩影。马基雅维利对于国家世俗性与现实性一面的描述是如此清晰，以至于可以毫不夸张地说，意大利文艺复兴时期不曾有过哪位思想家像马基雅维利那样，对"国家"的性质和目的有过这般透彻的分析。马基雅维利看到，在一个政治体里，若所有人都操同一种语言，遵循相同的习俗，信奉同一种宗教，那定是团结强大的武器。在《君主论》中，马基雅维利着重强调了征服不同质国家的困难，这就好比"在这些国家里面有无数的小王国"，当人们对旧主子的记忆尚未烟消云散时，新君主是无法稳坐江山的。"任何人一旦成为一个城市的主子，如果这个城市原来习惯于自由的生活，而他不把这个城市消灭，他就是坐待它把自己消灭。"② 同样在《论李维》中，马基雅维利指出："新的信仰一经出现，它就会为了赢得名望而消灭旧的宗派。如果新宗派的创立者语言各异，他们通常也会把语言消灭。"③

---

① J. W. Allen, *A History of Political Thought in the Sixteenth Century*, pp. 480-481.
② 〔意〕马基雅维利著，潘汉典译：《君主论》，第21、23页。
③ 〔意〕马基雅维利著，冯克利译：《论李维》，第225页。

像法国、西班牙这样的国家都是建立在民族情感基础之上的，这正是他们强大坚固的缘由所在。在《君主论》第 26 章和《佛罗伦萨史》第一卷中，马基雅维利俨然把意大利看作一个整体，意大利需要的是能够将日耳曼蛮族赶走的凝聚力。在马基雅维利看来，意大利虽不是独立行使主权的民族国家，但她仍是个自然"国家"，只是丧失了形式上与现实上的统一。在马基雅维利心中始终住着一个潜在的意大利国家。一个健全的国家不仅需要深厚文化底蕴的支撑，还需要以民族精神为依托，拥有公民组建起来的军队。这种公民精神和国民军队在一个外来者频繁穿梭的亚平宁半岛上注定是难以实现的。马基雅维利凭借敏锐的政治洞察力意识到，强大的民族国家才是一种国家统治模式的发展趋势。为此，马基雅维利急切盼望意大利能够成为这样的民族国家。古罗马为马基雅维利的信念注入了力量，他知道意大利在历史上曾经有过统一，坚信这种统一能够再度实现，因为在意大利各城市国家中，有对民族文化艺术的自豪感、相近的语言和习俗，这一切似乎都让统一变得指日可待。

马基雅维利的政治视野相当宽广，他放眼欧洲整体的政治格局，结合自身的从政经验，剖析了国家政治共同体涉及的方方面面。马基雅维利不光是在描述自己的国家构想，他更像在预言近代国家的观念，而且还是非常精准的预言，这主要体现在两个方面。首先，是教会与国家之间的关系。强大统一的民族国家模式是四分五裂的意大利前进发展的方向，但意大利已经远远落后了，对此，横亘在半岛中心地带的教会难辞其咎。马基雅维利将教会比作意大利最大的负担，教会是破坏统一和阻碍意大利世俗化进程的障碍。欧洲许多国家在 16 世纪都已经与教会决裂，还有些国家即便没有从根本上断绝与教会之间的关系，但也都尽量采取措施不依赖于教皇教廷。退一步而言，就连基督教国家也越发具有世俗化的特征。教会在马基雅维利看来最多算是国家统治的工具。国家需要宗教，需要能由国家掌控的教会，我们在整个16世纪都能充分感受到这种需求。但马基雅维利理解的宗教需求与中世纪思想家赋予教会的重要意义截然不同，教会的职能已经从精神权威降级为世俗国家的武器工具。鉴于此，我们完全可以说，尽管在欧洲各地还没有刮起宗教改革的飓风，但马基雅维利对教会职能的定位已经吹响了政教分离的前奏。其次，是国家与国家之间的关系。国家和政府的主要职责就是要确保人民及其财产的安全。马基雅维利认为，国家醉心于扩大权力与扩张领土的行为是再自然不过的了，16世纪的英国、法国、西班牙、瑞士、神圣罗马帝国等欧洲各国的外交行为也充分证实了这点。对此，艾伦指出，如果《君主论》没有被托马斯·克伦威尔（Thomas Cromwell）、凯瑟琳·德·美第奇（Catherine de Medici）、腓力二世（Philip II）、亨利四世（Henry IV）等奉为宝典的话，也不至于被指"阴险恶毒"。[①]虽然国家在疆域和民族上的划分要到17世纪才更加彰显，但16世纪国家之间的关系恰如马基雅维利预测的那样展开。

马基雅维利关于国家政治的预言已在历史发展进程中得到了证实，马基雅维利著作中流淌着的是历史教训，是对那个时代政治经验的深刻总结。16世纪的意大利面临内忧外患，对内有尔虞我诈的派系争斗，对外有战事频仍的"蛮族"入侵，意大利各城邦之间也相互虎视眈眈。意大利从未像16世纪那样迫切需要一位强有力的领导者。马基雅维利观察到的是一个成长中国家切实需要的东西，我们不得不叹服于他的政治眼光与预测能力。在很长一段时期内，马基雅维利的名声都与"暴君导师""马基雅维利主义"联系在一起。人们谴责马基雅维利背离了中世纪的宗教信仰与道德标准，但他们似乎忘记了马基雅维利所处的时代背景。诚然，马基雅维利的政治思想、思维模式确实与前人有着天壤之别，他对自然法的不屑一顾、对基督教的抨击漫

[①] J. W. Allen, *A History of Political Thought in the Sixteenth Century*, p. 483.

骂都让他与时代格格不入，但马基雅维利是在为经验事实代言，他是政治现实主义的代表。在马基雅维利的政治词汇中，善恶并非绝对，任何行为只要有益于国家公共利益，那就是善。

第二节
马基雅维利的国家政治共同体意识[①]

马基雅维利作为晚期人文主义者，其作品带有漫幻的理想主义色彩，但通过细致的梳理分析，我们还是能够辨别出其中蕴含的国家政治共同体意识，这种意识尤其体现在马基雅维利对国家实际政治运作的分析中。可以说是时代造就了马基雅维利，让他具备了洞察国家政治共同体的思想意识，也正是因为有了马基雅维利的时代，才基本奠定了今天西方国家政治所走的路线。

一、国家是保障各权势力量平衡的政治共同体

马基雅维利写《君主论》的目的是为了向君主进言统治的方法。但全书在提及君主统治的时候不时涉及君主利益与臣民利益息息相关、互为一体的问题。学者周春生指出，随着研究的深入，学术界逐渐达成一个共识，即马基雅维利是主张共和国政治体制的思想家，他一生所思考的政治问题就是如何解决共和国的稳定基础和统治方式的问题。[②] 但

---

① 郭琳：《马基雅维利的国家政治共同体意识》，第 25—33 页。
② 周春生：《马基雅维里思想研究》，第 177 页。

马基雅维利同时又为同样的政治难题所苦恼,即"如何使国家统治者的行政权既强有力又不至于强大到能颠覆共和国的统治模式,或者说国家统治者的权力既要强大,同时又要受到相应制约。所谓强大,要强大到行政命令畅通无阻,并能控制一切不利于共和国统治的局面发生"①。所谓制约,就是君主也是公民社会的一分子,即便其权力形式是世袭的,但也有法的认可限度。②这其中就牵涉到如何维系国家和公民之间关系的政治课题。马基雅维利心目中理想的罗马共和国立国之本就是保护公民的自由。③

与共和国相关的公民社会是马基雅维利考虑的重点问题。虽然马基雅维利在《君主论》第2章中声明将撇开共和国不予讨论,但《君主论》中几乎每一章都提及了公民的同义词"人民",第9章更被冠以"论市民的君主国"的标题。④其具体言论有:"我只是断言:君主必须同人民保持友谊,否则他在逆境之中就没有补救办法了。"⑤"一位君主要能够对抗一切阴谋,最有效的办法之一就是不要受到广大人民憎恨"⑥,"当人民对君主心悦诚服的时候,君主对于那些阴谋无须忧心忡忡;但是如果人民对他抱有敌意,怀着怨恨的话,他对任何一件事,对任何一个人就必然提心吊胆"⑦。"总之,君主最重要的一件事就是应该在人民当中生活,以免发生任何意外事件。"⑧归结起来,君主地位牢固的基础就是人民对他的需要,"一个英明的君主应该考虑

---

① 周春生:《马基雅维里思想研究》,第168页。
② 周春生:《马基雅维里思想研究》,第189页。
③ Vickie B. Sullivan, *Machiavelli's Three Romes: Religion, Human Liberty, and Politics Reformed*, Dekalb: Northern Illinois University Press, 1996, p. 4.
④ 关于该标题不同版本的英译情况,参见周春生:《马基雅维里思想研究》,第189页。
⑤ 〔意〕马基雅维利著,潘汉典译:《君主论》,第47页。
⑥ 〔意〕马基雅维利著,潘汉典译:《君主论》,第88页。
⑦ 〔意〕马基雅维利著,潘汉典译:《君主论》,第90页。
⑧ 〔意〕马基雅维利著,潘汉典译:《君主论》,第44页。

一个办法，使他的市民在无论哪一个时期对于国家和他个人都有所需求，他们就会永远对他效忠了"①。所以君主必须明白要立足于群众，少数贵族和富商巨贾的敌意不会对一位得民心的君主构成威胁，因为没有得到人民信赖的人就不是什么可怕的人，真所谓"得民心者得天下"，民心聚合亦即国之利刃。为了说明问题，马基雅维利还提到了意大利以外的政治现象。例如奥斯曼土耳其帝国于1453年灭拜占庭帝国后迁都君士坦丁堡的缘由也正是为了掌握民情、笼络民心。②"君主如果拥有强固的城市，又没有积怨结恨于人民，他就不会受到攻击"，但若是失去了民心，那君主离毁灭也为期不远了。"一个人纵使在武力上十分强大，可是在进入一个地方的时候，总是需要获得那个地方的人民的好感的。"③法国国王迅速攻占米兰后却又马上失去米兰的原因正是如此。在国家政治共同体中，民心民意正是保障国家稳定的关键所在，而愈能保障公民安全的政府也愈得民心。马基雅维利一直在暗示美第奇家族，国家的强大和稳定、君主地位的牢固与否最终都是依靠公民的爱国主义共和精神。无论国家性质及组织形式如何，统治者只有获得了大多数人民的忠诚才能够消除少数居心叵测者的图谋不轨。而君主所要做的就是确保民众的忠诚并维持人民生活安稳，保卫他们的荣耀和财产。当然拥有一支市民军队是保障君主强大和安全的关键，但若无法赢得人民的爱戴，军队也无济于事。当其他条件都相等的情况下，国家的力量就取决于公民的爱国主义精神。④

---

① 〔意〕马基雅维利著，潘汉典译：《君主论》，第49页。
② 〔意〕马基雅维利著，潘汉典译：《君主论》，第8页。
③ 〔意〕马基雅维利著，潘汉典译：《君主论》，第6、51页。
④ 吉尔伯特认为，在马基雅维利看来，爱国主义精神显然也是德性（*virtù*）的一种，而在一个组织良好的社会里，这种精神因素会渗入每个成员和机构中，将人民紧密团结成一个有活力的整体，而作为整体所发挥的力量远非个体的简单叠加所能及。参见 Felix Gilbert, *Machiavelli and Guiccardini: Politics and History in Sixteenth Century Florence*, New Jersey: Princeton University Press, 1965, p. 180。

"公民社会是国家政治制度的基础,近现代西方国家制度的建设都是与公民社会的发育同步进行的。公民是一个承担法律意义上权利和义务的社会成员"①,而国家正是体现公民权利和义务的政治共同体。这当中主要涉及三方面的内容。

第一,从参政的角度而言,在理想的国家里,公民应被赋予参政议政的权利。公民是构成社会、组成国家的基本要素,"公民社会的发育过程会对国家的宪政建设提出其内在和合理的要求"②。马基雅维利认识到,公民个体与集体利益间的相互关系构成了政治共同体的生存脉络,公民对国家事务的参与赋予了政治共同体以生命。在这方面,14、15世纪时期的佛罗伦萨无疑走在了意大利各国的前头,在公民个体和集体需要之间、在私人利益和公共福利之间达到了微妙而精细的平衡,而这种平衡正是政治实效之基础。③例如1343年建立的行会统治,较之以前任何时期更具有广泛的群众性基础。1382年,在五千人选人中经复查通过的约七百五十人具有担任公社政府最高官职的资格。此外,佛罗伦萨长老会议的九位"首长"(又译执政团成员,执政官或执政团长老等)的任期仅为两个月,下辖的两个辅助班子"十二贤人团"和"十六旗手团"的任期则分别为三个月和四个月。这种短暂任期的原则意味着每一年内,都有相当数目的公民享有公社最高官员的权力和声望。由于这样的政治运作兼顾了绝大多数公民的利益,佛罗伦萨在一段时期内保持着相对的稳定,并且避免了像米兰的维斯孔蒂或曼图亚的贡扎加那样的独裁统治。由于著作的侧重点不同,马基雅维利并没有在《君主论》中对上述问题做进一步论述,但在《论李维》《佛罗伦萨史》《兵法七论》等著作中,他都对共和国与公

---

① 周春生:《马基雅维里思想研究》,第185页。
② 周春生:《马基雅维里思想研究》,第185页。
③ 〔美〕坚尼·布鲁克尔著,朱龙华译:《文艺复兴时期的佛罗伦萨》,第186页。

民社会的关系进行了详细的论述。马基雅维利高度重视罗穆卢斯融法制和权威为一体建立起来的罗马共和国，并将之树为典范，同时在分析佛罗伦萨的历史时充分注意到公民社会与政治结构的关系，"原来的罗马公民是按照他们的需求授予元老、各种官员的职权"[1]，"以人民为基础，共和国的自由才能真正有保证"[2]。因为"贵族比平民有着更加强烈的支配欲望，而平民只有不受他人支配的欲望，较之权贵，平民有更强烈的意愿过自由的生活，更不愿意伤害这种自由"，所以平民会为捍卫自由付出更多的关切与努力，"既然他们无力侵夺它，他们也不会允许别人侵夺它"。[3] 根据马基雅维利在不同著作中所表达的观点，只有在公民社会里才谈得上真正意义的宪政。共和时期的罗马人之所以设立保民官，就是为了让他在平民和贵族、平民和元老院之间充当仲裁者，缓和内乱纷争，达到力量的平衡。[4] 真正的理想社会就是以公民社会为基础的、能充分体现共和国整体功能的国家。同时，公民在国家中享有充分的自由，并由公民来做最后的决断。马基雅维利分析共和国的基本出发点就是以公民社会的立场来考虑国家统治的艺术[5]，而公民自由和权力制衡构成了马基雅维利共和国理论的两个核心部分。艾伦也认为，最好的政府组织形式就是赋予其所有公民，或至少是绝大多数的公民参政的权利，因为公民参政能更好地促进共和精神，也因为共和政府较之于君主政府更加睿智且不善变。

第二，从法的角度而言，国家与社会的正常运行是基于公民和国家之间所达成的契约原则，而这种特定的政治契约是具有法律效应的。国家要由法来维系。在《论李维》第一卷论述城市国家的起源和

---

[1] 〔意〕马基雅维利著，冯克利译：《论李维》，第169页。
[2] 〔意〕马基雅维利著，冯克利译：《论李维》，第121页。
[3] 〔意〕马基雅维利著，冯克利译：《论李维》，第58页。
[4] 〔意〕马基雅维利著，冯克利译：《论李维》，第54—55页。
[5] Maurizio Viroli, *Machiavelli*, Oxford: Oxford University Press, 1998, Chapter 2.

建立时，马基雅维利就旗帜鲜明地指出，可遵循两种方式即"一为城址的选择，二为法律的实施"来判断创业者德行的高下。① 马基雅维利认为，为了建立国家和确保安全，统治者制定新的规章制度是立国之初的根本。马基雅维利列举的人物有摩西（Moses）、罗穆卢斯、提修斯（Theseus）等，总结其成功的原因，他认为除了依靠武力和个人能力外，立法是重要的方面，正是法律制度使一个民族开化起来。② 共和国必须维护公民的自由及合法的权利。同时，公民又必须懂法守法、理解契约，否则就不可能去遵守社会规则。按照马基雅维利的观点，任何人都生活在特定的公民社会之中，在他的政法思想体系里，公民身份是人参与伦理政治共同体的前提③，或者说，公民就是大写的人。因此包括君主在内的任何人都享有法所规定的权利，都必须履行法所规定的义务。从统治与被统治的关系看，君主与公民之间也是一种法的关系，公民对于君主同样也有法的制约力，在法的限度内君主失去其权力和地位也是极其正常的。

第三，从军事的角度而言，公民具有服兵役的义务。保家卫国是公民义不容辞的责任。马基雅维利从历史和现实两个方面痛斥雇佣军制度的危害性，认为由公民组成的国民军队才是捍卫共和国最有力的军事力量，并亲自投身到建设佛罗伦萨公民军队的事业中。④ 在

---

① 〔意〕马基雅维利著，冯克利译：《论李维》，第46页。
② 罗穆卢斯第一次将土地分配给个人，开创了罗马的土地私有化；提修斯设立了中央机关管理共同事务，从而产生了雅典民族的法律。参见《君主论》第6章，第26页脚注。另可参见 Machiavelli, *Discourses on Livy*, trans. by Harvey C. Mansfield and Nathan Tarcov, Chicago: The University of Chicago Press, 1996, pp. 9, 14。
③ 意大利学者维洛里认为，马基雅维利的一生就是生动地展示其公民形象并实践其公民理想的过程。参见 Maurizio Viroli, *Niccolò's Smile: A Biography of Machiavelli*, New York: Farrar, Straus and Giroux, 2000。
④ 马基雅维利的儿子洛多维科（Lodovico）作为国民军应征入伍，在1530年抵抗神圣罗马帝国入侵时将生命献给了祖国。参见〔意〕马基雅维利著，潘汉典译：《君主论》，译者序，第18页。

《君主论》《兵法七论》①等著作中，马基雅维利都谈到了"公民兵"的问题，认为公民武装是维系政权和国家安稳的重要保障。查博德甚至认为《君主论》的总体特性清楚地表现在论建立国民军的几章里。②在笔者看来，公民必须履行的兵役义务与国家存在的利益实为相互共存的，国家存在的最终目的正是为了达成统治者及公民自身的目的。总之，马基雅维利是从人性的角度和共和国政体的立场出发来考虑公民与国家间的军事问题的。

马基雅维利国家政治理论的另一出彩之处就是权力制衡。为了最大程度地实现和保护公民自由，就必须按照权力牵制的理论设置相应的机构。同时，执政官秉公行事，贵族与平民的权力则处于相互制约之中。曼斯菲尔德认为马基雅维利的政治科学的新特点之一就是"否定了那种谴责罗马贵族和平民之间纷争不已的传统成见"，马基雅维利是第一位称赞党争有益的政治学家。③在马基雅维利看来，任何集权于一人的政府总会出问题，所以理想的办法是：建立一种宪政，并让君主、贵族和平民相互制约，各自明确其政治权利与义务。④

在马基雅维利心中，法国是他那个时代里组织得最好、统治得最好的国家之一。马基雅维利之所以赋予法国如此高的殊荣是因为他看到了法国拥有令意大利人民羡慕不已的（至少是马基雅维利一直渴望意大利也能同样获得的）东西，即强大的国家政治共同体的运作，以及统一民族国家享有的充分自由。马基雅维利看到"法国国王的自由

---

① 《兵法七论》奠定了马基雅维利作为"第一个值得一提的近代军事著作家"的身份，该书是捍卫意大利国家独立与自由的战术论。参见〔意〕马基雅维利著，潘汉典、薛军译：《马基雅维利全集：君主论、论李维》，吉林出版集团2011年版，译者序，第13页。
② Federico Chabod, *Machiavelli and the Renaissance*, London: Bowes, 1958, p. 16；转引自〔意〕马基雅维利著，潘汉典、薛军译：《马基雅维利全集：君主论、论李维》，译者序，第6页。
③ 〔意〕马基雅维利著，冯克利译：《论李维》，哈维·曼斯菲尔德所撰导论部分，第15页。
④ 〔意〕马基雅维利著，冯克利译：《论李维》，第16—17、115页。

与安全赖以维持的优越的制度无数之多。其中主要的一个制度就是'议会'及其权力"①。当然，法国在中世纪时期的政治结构就有议会君主制的特点，1254年路易九世确立了"法国议会"作为中央皇家法院的地位，之后1302年菲利普四世召开第一次"三级会议"，进一步巩固了议会的地位。法国自古以来贵族势力相当强大，王公显贵往往独霸一隅，所占有的土地面积甚至超过王室领地，其享有的特权也堪比国王。法国国王为了牵制桀骜不驯的贵族，同时也为了达到赢得并利用人民的目的，想出了设立议会这个"作为第三者的裁判机关"。从形式上来看，议会的存在成为国王的保护伞，可以"弹劾贵族，维护平民，而用不着国王担负责任……担带责任的事情委诸他人办理，而把布惠施恩的事情自己掌管"②。但从某种意义而言，"议会"正是各种国内势力在相互博弈过程中取得相对平衡的结果。在这个机构中，国王、世俗贵族、圣职教士以及城市市民这股新兴的社会势力之间相互牵制。法国、英国到了13世纪末，之所以能够成为第一批近代的民族国家，原因在于在国家的形成过程中，其政治是以议会制为基础的，而"议会"正是各种政治势力扭结交互而成的共同体。

马基雅维利的结论是，不管在何种情况下，在各种政治势力当中保持形式上的权力制衡是必不可少的，而"权力制衡与利益兼顾又是互为表里的两个因素"③，国家正是体现各种政治势力权利和义务的政治共同体。议会宪政体现了权力的制衡，在政治形式上保证了国家机器的正常运转，而从其构成的内容上看，在分配权力时必须考虑到利益兼顾的问题，这也是马基雅维利在论及权力制衡问题时的出彩之处。

---

① 〔意〕马基雅维利著，潘汉典译：《君主论》，第90页。
② 〔意〕马基雅维利著，潘汉典译：《君主论》，第91页。
③ 周春生：《马基雅维里思想研究》，第180页。

二、国家是整合各权力机构功能的政治共同体

总体而言，文艺复兴时期意大利人文主义思想家对于"国家"的认识已经大大超越了中世纪神学思想禁锢下的国家观。中世纪思想家关心事物应该怎样，而忽视了事物实际怎样的问题；中世纪思想家迫切想要阐明政治义务的本质，却忽视了法律还不具备制裁功能；中世纪思想家急于想要搞清楚法律的本质，却根本不去理会法律修正的问题；中世纪思想家竭力要将"国家"与上帝旨意联系起来，却忘记了人类天性中具有的政治特征。"国家"观念在 12、13 世纪时尚未清晰，如果一定要假定一个理想国家的话，那就是基督教国家。不幸的是，基督教国家并非实际意义上的国家，它只是虔诚的信徒想象中的国度。然而，15 世纪欧洲政治形势急骤变化，在法国、西班牙、英格兰甚至意大利，"国家"作为一种整体性的政治共同体的观念开始出现。最明显的不同之处在于，文艺复兴时期的"国家"逐步摆脱了教会的控制与干涉，国家世俗性的一面初见端倪，世俗国家与"精神领袖"之间仅依靠一条微弱的纽带维系着，稍加用力便琴崩弦断。在这样的时代背景下，人们的思想也开始转变。但马基雅维利的国家政治思想与早期人文主义者之间还存有区别。姑且不论但丁、彼特拉克，即便是萨卢塔蒂、布鲁尼等第二代人文主义者也依然囿于中世纪政治思想的框架下，没有从根本上摆脱神学政治观的桎梏，更谈不上论述政教分离，将政治从道德的束缚中"解救"出来。究其原因，主要是因为早期人文主义者自身的政治地位以及所处时代格局的限制。但到了马基雅维利、圭恰迪尼等晚期人文主义者，或者说第三代人文主义者那里，残酷的政治现实让他们进一步看清了国家政治的本质。马基雅维利既没有在中世纪思想家的经院神学之根基上发展其思想，也没有沿着早期人文主义者"德性政治"的方向继续前进，而是前所未有地实现了道德与政治的分离。不过如前文所述，马基雅维利是将政治

道德从伦理道德的母体中剥离,他从人性、从国家的根本需求出发进行论述,任何有关宗教伦理、道德伦理的问题在马基雅维利的政治世界里根本就不值得一提。

1500年马基雅维利首次出使法国宫廷,会见法国国王路易十二,这次任务在马基雅维利看来是万分耻辱的。在诸多盼求法国垂青的意大利城市国家中,金钱和武力是唯一有分量的砝码,但可怜的佛罗伦萨两者皆少,马基雅维利在法国所受到的冷遇当然也就可想而知。"弱国无外交"的现实经历让马基雅维利认识到意大利的君主与强大统一的法国中央集权的君主有着明显不同,并促使其思考如何才能变得强大的问题。

15世纪中叶,法国已逐渐呈现出民族国家政治共同体的特征,中世纪王朝家族政治的模式逐渐被民族国家政治共同体所取代。在新兴的民族国家里,法律、军队、宗教、外交等各国务机构的职能得到了完美的结合,而由这些部件组合起来的近代民族国家堪比上了发条的机器正蓄势待发。例如法国就频繁地穿梭往来于亚平宁半岛,积极介入意大利各邦国的事务。1494年9月,法国国王查理八世率领三万大军浩浩荡荡进入意大利,永久地改变了意大利政治的本质。他引发了持续60多年之久的意大利战争,随着西班牙、瑞士、神圣罗马帝国、英国等各国势力的接踵而至,意大利城市国家政治体系被纳入欧洲国际政治体系的框架。由于美第奇政府的无能与妥协,佛罗伦萨在1494年丧失了比萨以及第勒尼安海岸的三座城镇。[①] 愤怒的佛罗伦萨人民将皮耶罗二世驱赶下台,重建佛罗伦萨共和政府。但法国入侵带来的痛楚在人们心理上烙下了深深的印记。屈辱是那么叫人

---

① 1494年,佛罗伦萨"僭主"美第奇家族的皮耶罗二世与入侵意大利的法国国王查理八世立约,答应把比萨暂时割让给法国,等法国在征服了那不勒斯王国后,再将比萨交回佛罗伦萨。但查理没有守信,把比萨交给了比萨人,该事件是致使佛罗伦萨人民将美第奇家族赶下台的导火索。

心酸，痛楚是那么真实。佛罗伦萨人民再也无法重拾自信，一种悲观的情绪在意大利政治讨论中开始蔓延。[1]这种情绪在马基雅维利身上也在所难免。但与他人不同的是，马基雅维利并没沉溺于感叹国运衰落、国力卑微，惶恐于法国赐予的脆弱的安全感下，他将目光投得更远，他要为国家号脉，还要为国家开药，他要探究造成这种悲剧的原因，以及如何摆脱或是改变当前局势的方法。

马克思认为，马基雅维利的国家政治理论将权力作为法的基础。[2]虽然马克思未对上述论点做进一步的阐释，但这里所表达出的分析立场已十分清楚，即与法的抽象性和道德规范相比，权力的运作更贴近人性和现实世界的需求。在国家对内的权力运用方面，马基雅维利做了全方位的权力功能研究[3]，他要表明，近代国家是使各种权力要素、政治机构有效运行的政治共同体。也就是说，君主的统治手段只有在近代国家的权力结构功能中才具有真正的效力和效应。"离开了近代意义上的军队，君主的一千次谎言也不过是一阵风动而已。因此不是君主的谎言能救一个国家；而是当一个国家具备了基本的权力功能时，也许需要一次君主的谎言。所以主流始终是权力功能。"[4]周春生指出，"用现代结构主义、系统论的观点加以评说，就是马基雅维里将权力的各个组成要素置于结构如何最大程度地释放其功能的理论框架内加以分析，其结果是使各个权力要素的内涵更加彰明显著"[5]。

在《君主论》第11至14章中，马基雅维利连续论述了宗教、军队的重要功能。虽然宗教改革的风暴还未正式到来，但在意大利诞生的马基雅维利的政治思想似乎早已与基督教或中世纪的经院思想分道

---

[1] 〔美〕布鲁克尔著，朱龙华译：《文艺复兴时期的佛罗伦萨》，第374—376页。
[2] 《马克思恩格斯全集》（第三卷），人民出版社1960年版，第368页。
[3] 参见《君主论》第10、12、24章等。
[4] 周春生：《马基雅维里思想研究》，第171页。
[5] 周春生：《马基雅维里思想研究》，第171页。

扬镳。在马基雅维利的时代，教廷不断插手世俗事务。宗教的世俗性一面与近代西方总体上的国家政治走向不符，马基雅维利已看透了其中的弊端。[①] 在 1521 年写给圭恰迪尼的信函中，马基雅维利对于教廷的厌恶之情显而易见，他不仅阐明了教廷内种种丑恶内幕，更是指责基督教是造成意大利分裂和军队不振的罪魁祸首。[②]"晚近在意大利，皇权开始受到排斥，而教皇在世俗事物方面却取得了更大的声势，意大利已分裂成为更多的国家……意大利就几乎全部落在教廷和一些共和国手里，而组成教廷的神父们和支配共和国的市民们由于不谙军事，两者都开始招募外国人当兵。"[③] 但马基雅维利对待宗教和对待教廷、教皇的态度不可同日而语。[④] 在马基雅维利看来，国家离不开宗教，也就是说宗教是国家政治共同体中不可分割的一个有机组成。但这种需求与中世纪对宗教的需求截然不同。马基雅维利心目中的宗教应该是政府用于统治的工具。艾伦也认为，马基雅维利将宗教视作检验人类行径及无政府倾向的最好手段。因此，国家政府必须扶持任何有助于其维护秩序的宗教，尤其是那些教导人们把为国家服务作为崇高职责的宗教，但在宗教中绝不能包含将国家与上帝意志联系起来的内容，至于这种宗教是真是假这点根本不重要。[⑤] 换言之，16 世纪的国家迫切需要的是受其掌控的教会，而不是那个高高在上破坏了意大

[①] 马克思认为马基雅维利"早就在他的《佛罗伦萨史》中指出教皇的统治是意大利衰败的根源"。参见《马克思恩格斯全集》（第十四卷），人民出版社 1965 年版，第 30、196—197 页。另外，在《论李维》第一卷第 12 章中，马基雅维利对罗马教会是造成意大利衰弱与分裂的祸根问题进行了全面的剖析。

[②] Lee Cameron Mcdonald, *Western Political Theory, Part II: From Machiavelli to Burke*, p. 194, note 17.

[③] 〔意〕马基雅维利著，潘汉典译：《君主论》，第 62 页。

[④] 在《君主论》第 11 章中，马基雅维利不惜言辞赞誉西克斯图斯英勇、亚历山大六世睿智、朱利奥二世（又译战神教皇尤里乌斯二世）光荣，并在第 18 和 25 章中再次肯定了两位教皇的作为。

[⑤] J. W. Allen, *A History of Political Thought in the Sixteenth Century*, p. 481.

利的统一和世俗化进程的罗马教廷，从那里散发出来的说教只会成为注入国家鲜活血液中的致命毒药。历史的进程证明了这种观念的正确性，从1517年马丁·路德宗教改革的德国到瑞典、英格兰，这些国家都在努力尝试着政教分离。一些即使没有与罗马教廷决裂的国家也尽量避免依赖教皇势力，就连基督教国家也愈发显现出世俗化的特征。在马基雅维利那里，任何神圣的启示，或者教会、上帝都无法干涉国家的运作，但国家确实需要借助宗教的外衣来实现自身的利益。①

马基雅维利认为，对于军队在国家政治共同体中的重要性，无论怎样强调都不为过。若要拯救国家，他认为"第一件事情就是组织自己的军队，作为任何一件事业的真正基础"②。因为"武装起来的人同没有武装起来的人是无法比较的。指望一个已经武装起来的人心甘情愿服从那个没有武装起来的人是不符合情理的"。因而"君主永远不要让自己的思想离开军事训练问题"，"君主除了战争、军事制度和训练之外，不应该有其他的目标、其他的思想……这是进行统帅的人应有的惟一的专业"。如果"不整军经武，就使得人们蔑视你，这是君主必须提防的奇耻大辱之一"。③黑尔认为，马基雅维利之所以得出这番结论、奉行强力军事的原因在于1500年出使法国宫廷时的亲身经历。在那段经历中，没人聆听来自佛罗伦萨大使的话语，并轻蔑地称他为"Mr. Nothing"。④拥有军队还不是关键，重点是必须要有一支自己的军队，即"由臣民、市民或者属军组成的军队"，为了说清雇佣军的危害性，马基雅维利再次搬出了法国这面镜子。法国国王查理七世"认识到依靠自己的军队武装自己的必要性，于是在他的王国里制定了关于步兵和骑兵的规章制度"，通过整军经武把自己国家组

---

① J. W. Allen, *A History of Political Thought in the Sixteenth Century*, p. 483.
② 〔意〕马基雅维利著，潘汉典译：《君主论》，第125页。
③ 〔意〕马基雅维利著，潘汉典译：《君主论》，第69页。
④ John R. Hale, *Machiavelli and Renaissance Italy*, London: Macmillan, 1960, p. 52.

织起来，从英国人的统治下解放出来。这正是马基雅维利期待意大利能同样效仿的步调。吉尔伯特指出，马基雅维利已经意识到无论意大利各城市国家在文化艺术领域达到多么辉煌的高峰，抑或是在经济贸易领域取得多少财富，都无法弥补军事力量上的劣势。[1]而在新一轮国家实力的角逐竞赛中，无论是维护国家独立统一、对外领土扩张还是捍卫海外的贸易殖民地，强大的军队是保障国家权力和利益的武器。[2]尽管马基雅维利之前的意大利人文主义者，比如布鲁尼也有过关于军队制度的著述[3]，但布鲁尼的军制构想与佛罗伦萨的扩张梦想息息相关。与之相反，马基雅维利奉行强力军事的原因则是为了拯救国家于水深火热。16世纪的政治现实让马基雅维利顿悟，拥有军队已不再是关键，重点是要组建一支国民军，从任何地方招募而来的雇佣军都不可信。雇佣军的危害性在马基雅维利时代昭然若揭，在法国、西班牙等国训练有素的军队面前，意大利人民惨痛的战败经历是一幕幕活生生的历史教训，这无疑成为16世纪意大利政治思想家呼吁军制改革最为原始的动力。公民对国家的情感决定了公民军的强弱。为了有效地培养公民的爱国精神，最好的方式就是赋予公民，或至少是绝大多数公民参政的权利，因为公民参政能够更好地促进共和

---

[1] Felix Gilbert, *Machiavelli and Guicarrdini: Politics and History in Sixteenth Century Florence*, pp. 182–183.

[2] 关于马基雅维利的军事理论，学者们的态度也是毁誉参半。查博德虽然承认军事分析是马基雅维利的强项，但在论及意大分裂的原因时，其对于军事因素的高估致使其忽略了对经济、政治、社会等各因素的全盘理解；克拉夫特则认为马基雅维利的军事建议并不理想，在他看来，马基雅维利更像是位充满幻想的诗人，而非政治理论家。参见 Lee C. Mcdonald, *Western Political Theory, Part II: From Machiavelli to Burke*, pp. 211–212；另外，潘汉典认为"在军事组织和军需供给上的城乡差别反映了马基雅维利的军事建设的阶级性"。参见〔意〕马基雅维利著，潘汉典、薛军译：《马基雅维利全集：君主论、论李维》，译者序，第7页。

[3] Leonardo Bruni, "De militia", in Gordon Griffiths, James Hankins et al. trans. and intro., *The Humanism of Leonardo Bruni: Selected Texts*, pp. 127–145.

精神，也因为共和政府拥有"三头六臂"、群策群力，较之于君主政府更加睿智且不善变。

法是国家权力的基础。[1]历史经验表明，如果在这个问题上模棱两可，就会导致一个人乃至一个国家的政治命运受挫。马基雅维利提到，"一切国家，无论是新的国家、旧的国家或者混合国，其主要的基础乃是良好的法律和良好的军队"[2]，君主只有在法律的前提下，才能既照顾到个人的利益，又兼顾共和国的利益。[3]然而马基雅维利所思考的法律并不是抽象的理论，而是一套发生现实效力的制度。在马基雅维利看来，"法是调控人性、实行有效治理和维系社会的手段"[4]。法律同那些抽象的道德意义上的概念，如公正、自由、理性、正义等超验的形式一样，倘若无法实现国家和公民的安全，没有了实际利益的具体体现，法也就失去了实际的政治意义。换言之，马基雅维利关注的、认为重要的是实定法，而不是抽象的自然法。艾伦认为，马基雅维利对自然法的不屑、对基督教的态度让他显得那么格格不入。[5]诚然，在过去的千余年里，人们更多的是从神学或自然法的层面去思考政治。与那些形而上学的法学论证不同的是，马基雅维利没有使自己的法学理论停留在法律的普遍性问题上。马基雅维利的思维倾向决定了他对诸如自然法之类的传统意识形态学说的轻视，"他只依赖自身的经历，检验从亲身经历中得出的结论，借鉴从历史研究中引出的某些准则"，这就是马基雅维利所做的一切。[6]"马基雅维利对自然法的轻视固然可谓是一

---

[1] Alfredo Bonadeo, *Corruption, Conflict, and Power in the Works and Times of Niccolò Machiavelli*, Berkeley: University of California Press, 1973, p. 105.
[2] 〔意〕马基雅维利著，潘汉典译：《君主论》，第57页。
[3] 〔意〕马基雅维利著，冯克利译：《论李维》，第113页。
[4] 周春生：《马基雅维里思想研究》，第192页。
[5] J. W. Allen, *A History of Political Thought in the Sixteenth Century*, p. 484.
[6] J. W. Allen, *A History of Political Thought in the Sixteenth Century*, pp. 451–452.

种遗憾，但就其思想体系和所要阐述的国家政治和国际政治的实际状况而言，少谈和不谈自然法反倒是成全了一种新理论体系的诞生。"①

第三节
政治现实主义者对现实政治的考量

圭恰迪尼与马基雅维利同为16世纪著名的意大利政治思想家，两人关于国家政治生活的思考都与他们自身的政治经历以及现实政治息息相关，两人都依赖观察与经验来分析国家政治、国家治理的方方面面。作为文艺复兴晚期的人文主义者，在特定的历史和政治环境中，圭恰迪尼与马基雅维利认清了国家世俗化的特征，他们都闭口不谈自然法，并与基督教传统分道扬镳。无论是在对内统治还是外交关系上，国家不必顾忌传统伦理道德规范的禁锢，无须计较实现目的的手段，大可抛开道德责任和义务的束缚。国家纯粹是为了"国家理性"而存在。在政治权力游戏中，马基雅维利和圭恰迪尼的眼睛始终牢牢盯着国家利益与民族利益，"国家理性"无疑是他们政治现实主义淋漓尽致的体现。于是早期人文主义者的德性政治转向了晚期人文主义者的现实政治，开启了国家理性化与信仰世俗化的进程。

一、圭恰迪尼政治观中的现实主义

弗朗切斯科·圭恰迪尼（1483—1540）与马基雅维利同时代，在

---

① 周春生:《马基雅维里思想研究》，第197页。

两人身上有着诸多共通之处，比如对古代历史学家的尊崇、对意大利命运多舛的悲叹等等。圭恰迪尼多才多艺，他是文艺复兴时期著名的历史学家、外交大使、政治思想家。1483年3月6日，圭恰迪尼出生于佛罗伦萨的一个贵族世家，在家中排行老三。圭恰迪尼家族约于13世纪早期在佛罗伦萨定居，最初以土地经营为主，后来以长途贸易发家，在里昂、安特卫普、纽伦堡、伦敦和那不勒斯等欧洲各地都设立了商业分支机构，因而圭恰迪尼家族是一个具有近代资本主义色彩的新兴贵族。圭恰迪尼从小就接受了良好的法学和人文主义教育，在佛罗伦萨、费拉拉、帕多瓦和比萨等地都有过求学经历。圭恰迪尼的政治生涯与美第奇家族有着不可分割的联系。索德里尼政府统治时期，圭恰迪尼作为外交使节出使西班牙。1512年佛罗伦萨共和政府被推翻、美第奇家族复辟后，圭恰迪尼便为美第奇家族的教皇效力，先后成为利奥十世和克莱芒七世（Clement VII）的心腹。他于1516年被教皇派至摩德纳（Modena），次年又被派至雷焦（Reggio），1521年担任帕尔马（Parma）总督，1523年成为罗马涅总管。这些城市原本都是费拉拉公爵的领地，成为教皇辖地后依然内部纷争不断、党派林立，圭恰迪尼却在这些难以驾驭的地方逐渐树立起了威望。里多尔菲评价道："圭恰迪尼赢得了被统治者的爱戴，获得了如此响亮的声誉，他镇压叛乱，平衡收支，他所治理的地方很快就重建规章秩序，成为邻邦羡慕的对象以及效法的榜样。""圭恰迪尼的成功在一定程度上得益于他曾经做过律师这个行当。律师必须在复杂的人际关系中找出一套不变的法律规则，这是责任观念的自然延伸，也是为何法学家被委以统治的重任时，总能立即取得成效。"[1]在当时的意大利半岛上，盘踞着神圣罗马帝国皇帝查理五世和法国国王弗朗索瓦一世这两头"猛虎"。在1525年的帕维亚战役中查理五世取胜，圭恰迪尼参与

---

[1] Robert Ridolfi, *The Life of Francesco Guicciardini*, pp. 69–70.

协商"科尼亚克同盟"(League of Cognac),并成为教皇军队的统领。罗马浩劫后,圭恰迪尼于 1531 年来到博洛尼亚担任总督。1532 年克莱芒七世任命亚历山德罗·德·美第奇为佛罗伦萨世袭公爵,佛罗伦萨由此翻开了公国历史的篇章。圭恰迪尼在 1534 年回到佛罗伦萨辅佐公爵,三年后因为自感不得重用而退出政坛,回到了他在圣玛格丽塔(Santa Margherita)的宅子里埋头著书。

圭恰迪尼与马基雅维利相熟,两人时常有书信往来,在这两位思想巨擘的身上有着诸多共通之处。同马基雅维利一样,圭恰迪尼也为后世留下许多宝贵的作品,其中包括《佛罗伦萨史》(History of Florence)、《意大利史》(History of Italy)[①]、《格言与反思》(Maxims and Reflections)[②]、《关于佛罗伦萨政府的对话》(Dialogue on the Government of Florence)、《关于马基雅维利〈论李维〉的思考》(Considerations of the Discourses of Niccolò Machiavelli)等等;两人都精通拉丁文和古典文化,通过自身政治实践与政治经历反思当时国家政治的方方面面;两人都善于寓政于史,在历史叙述中融入自己的政治观点,认为 15 世纪早期人文主义者对历史和政治的思考已经无法满足 16 世纪残酷的政治现实的需求;两人都主张个人道德美德在无情的政治权力面前是那么微不足道。[③]

[①] 史学家科克伦认为,圭恰迪尼的《意大利史》是一部历史杰作,相较于古典作家的历史作品,有过之而无不及。Eric Cochrane, *Historians and Historiography in the Italian Renaissance*, pp. 295-305.

[②] 鲁宾斯坦认为,在文艺复兴思想史上,圭恰迪尼的《格言与反思》占据了独一无二的重要地位。在 16 世纪的著述中,鲜有哪一部作品像《格言与反思》那样为我们呈现出作者的思想与情感。《格言与反思》与马基雅维利的《君主论》一样,是那个充满危机的历史转型期的杰作;《格言与反思》又与《君主论》不同,《格言与反思》包含了许多私人和公共生活的内容,既描绘出圭恰迪尼其人其事,又勾勒出一个作为政治理论家的圭恰迪尼。参见 Nicolai Rubinstein, "Introduction to The Torchbook Edition", in Francesco Guicciardini, *Maxims and Reflections of a Renaissance Statesman (Ricordi)*, trans. by Mario Domandi, intro. by Nicolai Rubinstein, New York: Harper & Row, 1965, p. 7.

[③] Albert Rabil Jr., ed., *Renaissance Humanism: Foundations, Forms, and Legacy*, vol. 1, Philadelphia: University of Pennsylvania Press, 1988, pp. 198-199.

16世纪上半叶，在所有批评马基雅维利的思想家中，圭恰迪尼算得上是最具分量的。吊诡的是，圭恰迪尼的政治视角与马基雅维利非常相似，他同样愤世嫉俗、贪恋权位、在乎荣耀和金钱。艾伦略带夸张地指出，如果圭恰迪尼是一位君王的话，他很有可能已经成为马基雅维利笔下另一个切萨雷·博尔贾。[1] 一方面，圭恰迪尼批评马基雅维利，主要批评马基雅维利审视政治问题的经验和视角，认为马基雅维利对古罗马历史的偏倚过重，试图从古罗马兴衰史中萃取经验的做法太过绝对。另一方面，圭恰迪尼赞赏马基雅维利，叹服马基雅维利对人性的透彻分析及对人类历史发展规律的敏锐洞察。圭恰迪尼与马基雅维利一样，也认为人性不易改变，历史仍会重演。对此圭恰迪尼说道："过去和现在的一切都将成为未来。但事物的名称和表象都会改变，所以没有慧眼的人是无法辨认的。"[2] 但不同的是，圭恰迪尼并不是历史经验论者，历史于他而言只能被用来借鉴，但却不能被用来总结与概括。马基雅维利则恰恰要从历史经验中总结出一套可被用于指导当下的行为准则。圭恰迪尼对此不以为然，在他看来，这个世上没有什么绝对的事情，任何基于经验的行为准则都不是万能。如果不加区分、泛泛而论的话，那就是弥天大错。由于环境的多样性，几乎每一种规则都有限制与例外。[3]

从表面上来看，圭恰迪尼似乎与马基雅维利一样偏爱共和政府的统治，在讨论母邦佛罗伦萨时尤其如此。不过圭恰迪尼对共和政府的偏爱最多仅就佛罗伦萨而言，他断然是不希望看到全意大利都施行共

---

[1] J. W. Allen, *A History of Political Thought in the Sixteenth Century*, p. 495.

[2] Francesco Guicciardini, *Maxims and Reflections of a Renaissance Statesman (Ricordi)*, pp. 60–61, no. 76.

[3] Francesco Guicciardini, *Maxims and Reflections of a Renaissance Statesman (Ricordi)*, pp. 42, 69, no. 6, 110.

和政制的。① 我们不要忘了，圭恰迪尼出身于官宦世家，有着显贵身份的圭恰迪尼不会像马基雅维利那样，对平民政府的优越性充满信心；与之相反，圭恰迪尼反复表达了对平民的鄙夷和蔑视。在圭恰迪尼眼中，人民好比"疯狂的野兽，只会招惹是非、酿下祸患"，人民对于政治动机、国家治理一无所知，他们在做政治决断时从来都是出于侥幸，而不是出于理性。② "人民统治的唯一优点就在于他们能够遏制僭主，但是由于人民愚昧无知，他们根本就不懂如何商议国家大事，那就是为何一旦共和国把权力交到人民手里便很快覆灭的原因。"③ 然而，圭恰迪尼却对"共和自由"青睐有加，将之视为抵御压迫的法宝。圭恰迪尼毫不避讳地指出："在佛罗伦萨，人民至少应该具有选举政府官员和表决立法提案的权利。"④ 但是在应当由人民还是贵族来充当"自由"守护者的问题上，圭恰迪尼给出了与马基雅维利以及公民人文主义者截然不同的答案。

首先，对于圭恰迪尼来说，"自由"的价值不过就是用来阻止僭主专制的工具，而不是意识形态的武器。单就这点而言，圭恰迪尼既不同于萨卢塔蒂、布鲁尼的公民人文主义，也有别于马基雅维利的共和主义。其次，圭恰迪尼始终都站在贵族的立场上思考。他以古罗马为例，虽然从平民中推选出来的"保民官"的职责是捍卫自由，但是罗马显贵同样对之义不容辞。执政官（Consuls）和独裁官（Dictators）都有捍卫自由的义务与权力，而且贵族显然会比平民发挥更大的作用，比如挫败格拉古兄弟（Gracchi）的改革以及平息喀提林阴谋

---

① J. W. Allen, *A History of Political Thought in the Sixteenth Century*, p. 497.
② Francesco Guicciardini, *Maxims and Reflections of a Renaissance Statesman (Ricordi)*, pp. 76–77, no. 140, 141.
③ Francesco Guicciardini, "Considerations of the Discourses of Niccolò Machiavelli", in James B. Atkinson and David Sices trans., *The Sweetness of Power*, DeKalb: Northern Illinois University Press, 2007, p. 390.
④ Francesco Guicciardini, "Considerations of the Discourses of Niccolò Machiavelli", p. 390.

（Conspiracy of Catiline）。况且保民官只能保卫平民利益，并不能保护整个国家。"如果一定要从平民和贵族中做出选择，组建一个纯粹的平民政府或是贵族政府的话，我认为选择贵族要比选择平民更加安全。因为贵族更具智慧、品德优良，他们要比平民更懂如何合理地统治；平民则劣迹斑斑、愚钝无知，他们只会搞砸和毁灭一切事情。"[1]如此看来，在对待平民的态度上，马基雅维利要比圭恰迪尼温和得多，至少马基雅维利对共和政府仍抱有很大的希望，正是这种希望支撑起马基雅维利共和主义的信念。马基雅维利认为，贵族与平民的差异在于前者旨在获取权力，后者只求不受压迫，"故较之权贵，平民有更强烈的意愿过自由的生活，更不愿意伤害这种自由"[2]。不过圭恰迪尼似乎在一个问题上要比马基雅维利看得更加透彻，即圭恰迪尼认识到，人们渴求"自由"主要是出于自身利益的考虑。"自由"常被用作个人野心的托词或掩饰，那些借助"自由"名义弑君的人通常就是日后的暴君，因为人类天生就会渴求对他人的主宰。[3]

圭恰迪尼对人性的判断相较马基雅维利而言更近人情。马基雅维利反复揭露人性之恶，"人性是恶劣的，在任何时候，只要对自己有利，人们便与（恩义）这条纽带一刀两断"，"除非某种需要驱使人们必须对你忠诚外，他们总是变成邪恶的"。[4]然而圭恰迪尼却不止一次地渲染人在本性上倾向于善，甚至认为谁没有这种向善的天性，谁就是恶魔禽兽。[5]"人类天生向善而非向恶，没有人生来就会弃善扬恶，除非有

---

[1] Francesco Guicciardini, "Considerations of the Discourses of Niccolò Machiavelli", pp. 394-395.

[2] 〔意〕马基雅维利著，冯克利译：《论李维》，第58页。

[3] Francesco Guicciardini, *Dialogue on the Government of Florence*, trans. and ed. by Alison Brown, Cambridge: Cambridge University Press, 1994, p. 51.

[4] 〔意〕马基雅维利著，潘汉典译：《君主论》，第80、115页。

[5] Francesco Guicciardini, *Maxims and Reflections of a Renaissance Statesman (Ricordi)*, p. 75, no. 134.

些因素诱导他如此。但是人类的天性又是那般脆弱，各种诱惑则是不计其数，于是人类很快便堕落地偏离了善的轨道。为此，明智的法官定下了赏罚规制，只为让人心生希望和畏惧、坚定向善的天性。"[1]可见圭恰迪尼与马基雅维利在对待人性的问题上，出发点是相反的。马基雅维利秉持的是"不到万不得已，人无行善之理，若能左右逢源，人必放浪形骸，世道遂倏然大乱"[2]；圭恰迪尼则似乎是在坚信人之初性本善，虽然人性易受诱惑而变，但若能加以法度制约，犹可令其改邪归正。值得注意的是，圭恰迪尼的人性泛论只是就伦理角度而言，一旦把人性投放到政治的大熔炉里，圭恰迪尼的向善说就变味了。比如，圭恰迪尼建议，"如果不能同时取悦于所有人，那么就不必布恩施惠于任何人。因为受到伤害的一方非但不会忘记屈辱，甚至还会无限放大自己的怨恨。与之相反，受到恩待的一方要么顷刻忘记惠泽，要么无限缩小你的好意。所以这么做的话，你所失却的终究比你所得到的要多得多"[3]。

圭恰迪尼似乎有时候要比马基雅维利更称得上是一位"马基雅维利主义者"。毋庸置疑，同为16世纪伟大的意大利政治思想家，马基雅维利和圭恰迪尼政治思想的相通之处有目共睹，并且这种共性是实质性的和根本性的，这在一定程度上会掩盖或削弱他们之间的殊异之处。在一些事情上，圭恰迪尼要比马基雅维利看得更加清楚透彻，他对待问题的态度也要比马基雅维利更加冷静审慎。比如：圭恰迪尼虽然赞同马基雅维利所谓的"目的决定手段"，但却同时点明了阴谋诡计、背信弃义等行为不利于政治上的长远稳定[4]；圭恰迪尼虽然也迫切

---

[1] Francesco Guicciardini, *Maxims and Reflections of a Renaissance Statesman (Ricordi)*, p. 75, no. 135.

[2] 〔意〕马基雅维利著，冯克利译：《论李维》，第54页。

[3] Francesco Guicciardini, *Maxims and Reflections of a Renaissance Statesman (Ricordi)*, pp. 47–48, no. 25.

[4] J. W. Allen, *A History of Political Thought in the Sixteenth Century*, p. 499.

希望将侵略者赶出意大利，但他并不认同马基雅维利所说的解放的时机已经成熟。[①] 不仅如此，圭恰迪尼认为意大利获得解放的机会简直渺茫，他甚至毫不忌讳地指出，意大利在文化艺术上取得的惊人成就与她未能早日统一的政治现实不无关系。如果意大利能够早日统一的话，这或许会对各个城市国家中绚丽多彩的文化生活起到反作用，因为中央政府的建立势必会抑制各地方政府的欣欣向荣，意大利也会因此经历更多的磨难。在统一呼声日益高涨、民族情绪集中爆发的时代，很少有人能够像圭恰迪尼那样具有看清、看透政治现实的眼力，而这种能力恰恰源于圭恰迪尼就是一名彻头彻尾的政治现实主义者。

二、国家理性化与信仰世俗化

"国家理性"与近代民族国家的兴起相生相伴，它源自近代早期欧洲从封建社会到现代社会的转变以及各个政治实体之间的竞争。与国家理性遥相呼应的是国家利益，新兴的民族国家以其强有力的政治统治模式，捍卫并促进本国的民族经济与商业利益。谁能充分发挥民族国家的整体功能，谁就能占据经济、政治、国际地位上的优势，近代国家愈发成为一种非人格化的统治机器。

马基雅维利的著作通常被认为最典型地阐述了国家理性的内涵和要义，有学者甚至认为，"国家理性"是一种马基雅维利式的政治道德态度的核心。[②] 学者甘阳指出，《君主论》第15章谈的就是政治现实主

[①] 与圭恰迪尼不同，马基雅维利在《君主论》第26章中指出，将意大利从蛮族手中解放出来的时机已经成熟，"只要有人举起旗帜，她就准备好并且愿意追随这支旗帜"。并且他将美第奇家族的教皇利奥十世视为救世的领袖，只要美第奇王室采取《君主论》中的谏言，解放意大利就不存在巨大的困难。为此，马基雅维利甚至谈到了上帝的神迹，"大海分开了，云彩为你指路，巉岩涌出泉水，灵粮自天而降"，颇有一种诸事俱备，只欠东风的意味。参见〔意〕马基雅维利著，潘汉典译：《君主论》，第122—126页。

[②] Lee Cameron Mcdonald, *Western Political Theory, Part II: From Machiavelli to Burke*, p. 218.

义，第18章则充分表明了马基雅维利就是一位政治现实主义者。因为马基雅维利已经注意到，柏拉图、亚里士多德等古典政治哲学家只会空谈"政治的理想"，却避而不谈"政治的现实"。他们津津乐道的"国家"都是从来不曾实际存在过的，也永远不可能存在的想象之产物。美国学者施特劳斯指出，色诺芬的对话体作品《希耶罗》(又译《论僭政》[Tyrannicus])和马基雅维利的《君主论》，最能体现出西方古典政治哲学与西方现代政治哲学的根本区别。《君主论》明明传授的是如何当好一名僭主的秘诀，但全书却偏偏刻意绕开了"僭主"一词。[1] 马基雅维利有意要忽视"君主"与"僭主"的区分，这种思考政治的方式不得不说是马基雅维利对其时代的政治现实的回应，这也是西方现代政治哲学发展的趋势。

不过也有学者指出，"国家理性"实际上肇端于圭恰迪尼，"马基雅维利确实有一套关于道德起源及意义的理论，尽管它不是一套关于义务和责任的理论。然而圭恰迪尼根本就没有什么道德的标准。对圭恰迪尼而言，行为的道德准则无异于方便起见的临时约定，它总是方便了他人，却不利于自己"[2]。在《关于佛罗伦萨政府的对话》里，圭恰迪尼正式提出了"国家理性"(ragion di stato)，但早在此前，圭恰迪尼所谓的"国家利益"(l'interesse dello stato)其实就是"国家理性"的代名词。[3] 国家理性对传统的自然法学构成了严峻的挑战，16世纪的意大利思想家立足于现实政治的需要，主张国家统治者在做政治决断时唯一需要依循的只有国家利益。马基雅维利与圭恰迪尼秉持的国家理性至上的观点在后继思想家乔万尼·博泰罗（Giovanni Botero，1544—1617）的《论国家理性》(Della ragion di stato)中得到进一步发

---

[1] 〔古希腊〕色诺芬著，沈默译：《居鲁士的教育》，华夏出版社2007年版，中文版序；Leo Strauss, *On Tyranny*, New York: The Free Press, 1991, p. 24.

[2] J. W. Allen, *A History of Political Thought in the Sixteenth Century*, p. 500.

[3] Lee Cameron Mcdonald, *Western Political Theory, Part II: From Machiavelli to Burke*, p. 218.

扬光大。艾伦颇有见地地指出，16 世纪的思想家思考的实际上都是如何稳定政治秩序的问题。政治秩序是在这百年里各国政府迫切需要的东西，各国君主和统治者都在为之不懈努力。英国、法国、西班牙、神圣罗马帝国在 15、16 世纪基本已形成了强大的中央集权国家，意大利在历经烽火硝烟后，最终在查理五世大军面前，结束了混乱不宁的局面。① 因此，国家理性化与信仰世俗化堪称文艺复兴晚期意大利政治思想的两大特征。

我们不妨看一下圭恰迪尼理想中的国家政体类型。在强大统一的中央集权民族国家已成大势所趋之际，圭恰迪尼却希冀混合政府体制能够帮助佛罗伦萨实现国家的有效运作。从表面上看，圭恰迪尼似乎在与时代背道而驰，但实际上这种"背道而驰"恰恰反映了这位老谋深算的意大利思想家基于现实政治的考虑。圭恰迪尼始终都将威尼斯视为国家治理的楷模，佛罗伦萨需要的是像威尼斯那样的"混合政体"。圭恰迪尼在《洛格罗尼奥论集》《关于佛罗伦萨政府的对话》《格言与反思》以及《关于马基雅维利〈论李维〉的思考》中，多次提到佛罗伦萨应当建立混合政府体制。他的国家政治理论呈现出浓郁的现实主义和宪政特征。圭恰迪尼强烈谴责美第奇家族的统治，无论是民主制还是贵族制，在圭恰迪尼看来都糟糕透顶。圭恰迪尼表示：他之所以赞成混合政府，是因为在这样的政府里，自由能够得到守护，国家是所有人的国家，让那些觊觎权力的人无计可施。混合政府有助于实现社会各阶层之间的平衡，各政治力量集团之间的均势制衡又是守护和确保自由的关键。即便放眼历史，强盛的古罗马共和国施行的也是混合政体，而非平民统治。② 实际上，圭恰迪尼早在 1508 年写《佛罗伦萨史》时就已经看出佛罗伦萨政府体制中潜藏的弊端，他写道：

---

① J. W. Allen, *A History of Political Thought in the Sixteenth Century*, p. 512.

② Francesco Guicciardini, "Considerations of the Discourses of Niccolò Machiavelli", p. 395.

很难想象有哪个城市比佛罗伦萨的政治结构更加松散和糟糕。所有症结都起源于没有谁能够在佛罗伦萨持久地拥有负责共和国事务的权力，即没有人能够从立法到执法这个过程中一以贯之地行事。首长团每两个月换届一次，旗下两大阁僚辅助班子的任期则分别是三个月和四个月。在如此短暂的任期内，每个人都只知道谨慎处事，没有人会感到自己对公共事务负有责任和义务。此外，法律规定三大权力机构的成员在任期届满后，要间隔很久才能再任，这项规定不仅针对个人，还同样适用于家族。后果就是，在大部分时间里，佛罗伦萨的官员都只能由一些缺乏经验、能力不足的人来担当。如果这些人再不听从有智慧的公民的意见，而倔强地一意孤行的话——情况也的确如此，因为他们害怕有声望的公民会将他们逐出政府——佛罗伦萨注定就要走向毁灭。不仅如此，当一大群人不得不商议一些存有争议的问题时，过程难免拖沓迟缓，人们无法果断行事，还有就是商议中容易走漏风声，由此引发的祸端不计其数。①

统治机构成员的频繁变动不仅导致佛罗伦萨政府内部很不稳定，并且还阻碍了信息对外畅通，导致佛罗伦萨的驻外大使们无法在第一时间得知国内发生的大小事件，在许多场合下往往处于被动的局面。圭恰迪尼对此深有体会。1511年，未满30岁的圭恰迪尼被任命为佛罗伦萨驻西班牙大使，为此他感到兴奋与自豪，"在记忆中，从未有过如此年纪轻轻的人被委以这般重任"②。但令圭恰迪尼始料未及

---

① Francesco Guicciardini, *The History of Florence*, pp. 218-219.
② Francesco Guicciardini, "Ricordanze", in Francesco Guicciardini, *Scritti autobiografici e rari*, ed. by R. Palmarocchi, Bari: G. Laterza & Figli, 1936, p. 69; 转引自 Athanasios Moulakis, *Republican Realism in Renaissance Florence: Francesco Guicciardini's Discorso di Logrogno*, p. 29.

的是，西班牙阿拉贡国王斐迪南二世只不过在表面上以礼相待，圭恰迪尼的出使任务进展得很不顺利。圭恰迪尼认识到，斐迪南二世奸诈狡猾、精明算计，佛罗伦萨在强大的西班牙面前根本无足轻重。为此，圭恰迪尼多次致信佛罗伦萨恳求指示，无奈全部石沉大海、杳无音讯。不仅如此，让圭恰迪尼更加感到耻辱的是，1512年索德里尼领导下的共和政府垮台，作为驻外大使的圭恰迪尼竟然对此事一无所知，反倒是西班牙国王抢先一步得知这个消息。在出使西班牙的这段时间里，圭恰迪尼始终心系佛罗伦萨并写下了《洛格罗尼奥论集》，只可惜被圭恰迪尼寄予厚望的共和国政府还未来得及按照他的意愿进行改革，便已分崩离析。不过这恰好说明了《洛格罗尼奥论集》并不是一部寻求机运转变的阿谀之作。圭恰迪尼对佛罗伦萨的社会、政治、政府体制做了详尽分析，他是基于现实的角度与实用的目的，在为佛罗伦萨把脉开药。[1]

从早期人文主义者到马基雅维利和圭恰迪尼那里，德性的观念也经历了转变。早期人文主义者讲究从德性出发思考国家治理和政治统治的问题，一来是为那些带有头衔缺陷的君主提供权力合法性的依据，二来也是希望通过提升统治阶级的德性从而实现社会政治风气的改良。然而，布鲁尼、帕尔米耶里、帕特里齐等早期人文主义者的德性政治观念是保守的，他们都属于固守时局的人。由于社会地位和政治身份的局限，早期人文主义者会从基督教思想中寻求理论上的支持，他们不可能从根本上动摇教皇以及教会的权威。与早期人文主义者不同的是，马基雅维利虽然也谈德性，但他却质疑早期人文主义者"德性政治"的有效性。实际上，马基雅维利是从传统的伦理道德中剥离出了政治道德，但他并不是一位非道德主义者。从早期人文主义

---

[1] Athanasios Moulakis, *Republican Realism in Renaissance Florence: Francesco Guicciardini's Discorso di Logrogno*, pp. 29-30.

者到马基雅维利和圭恰迪尼，德性的内涵发生了变化。马基雅维利和圭恰迪尼是从现实政治的需求出发来考量德性，他们推崇的德性简单而言就是统治者的政治道德，这是一种始终将国家利益摆在首位，基于整体利益考虑的能力，在国家利益面前，牺牲传统伦理道德、牺牲一部分人的利益是完全应当且值得的。

马基雅维利和圭恰迪尼都将教廷视为具有世俗特征的政治力量，教皇国所表现出来的世俗性其实与意大利半岛上任何一种世俗权力都无本质性的差异。如果一定要深究教会国家与世俗国家之间的区别，或许就是教会披上了一层虚伪与迷信的外衣。我们完全有理由认为，早在宗教改革的风暴到来之前，马基雅维利与圭恰迪尼就已经拉响了警报，他们不仅质疑神启的真实性，并且还质疑基督教社会和宗教国家的价值。在某种意义上，他们甚至要比宗教改革家走得更远。马基雅维利和圭恰迪尼都拒绝接受《圣经》的启示与教会的权威，他们要么从古代作家和异教思想中获得启发，要么开辟一个特立独行的先例。在他们看来，值得国家为之奋斗的东西无外乎就是强大统一、独立自由、安全稳定，以及一种虚幻的荣耀。

正因如此，像马基雅维利、圭恰迪尼这样的晚期人文主义者彻底摒弃了基督教传统。他们毫不留情地抨击教会，他们对中世纪基督教神学充满鄙夷，他们要瓦解教会赖以生存的根基。这种从传统思想道德中的解放或许对马基雅维利和圭恰迪尼，乃至整个文艺复兴时期而言，都算是标新立异、大胆激进的。但这是否就意味着西方政治思想由此向前迈出了一大步？是否标志着近代政治思想由此拉开了序幕？国家理性化和信仰世俗化是否象征着人类政治文明的继往开来？这些问题都有待进一步商榷，但有一点却毋庸置疑，14 至 16 世纪意大利人文主义者在西方政治思想史的发展历程上为后人留下了一幅幅历久弥新的绚丽画卷。

第五章
人文主义者国家政治理论中三点未尽之问题

文艺复兴早期的意大利人文主义者并不像中世纪经院哲学家或近代政治家那般注重政治理论的架构。14、15世纪，人文主义者的政治思想依然囿于以道德修辞为主的古典文化传统中，他们将提升统治者（或集团）德性和社会道德风气作为政治改革的目标。这一时期人文主义作品的风格侧重于高雅博学，而非精细入微，著作的受众对象一般都是受过良好教育的上层统治阶级。尽管在早期人文主义者的作品当中，鲜有能与《君主论》相媲美之作，但它们却从根本上影响了西方政治思想的发展进程，为之提供了赖以生存的肥沃土壤。早期意大利人文主义者的贡献并不在于提出了系统性的理论体系，而是在于营造了有利于迸发思想火花的氛围环境。直至16世纪，在马基雅维利、圭恰迪尼等晚期人文主义者的政治著述中，方才流露出近代政治思想中特有的张力与两难的特征。

一、双重政体的倾向与政治忠诚

　　"政治忠诚"是研究意大利人文主义者的国家政治理论时首先遇到的问题。美国学者韩金斯指出，改革家通常分成两派：一派相信可以通过改革政治体制从而实现个体改造；另一派认为通过改造个体从而带动制度体系的改变。14、15世纪的意大利人文主义者大多属于后者。①早期人文主义者最关心的是"德性"的问题，他们关注如何才能提升统治阶级的德性与智慧。我们知道，中世纪政治思想可以笼统地概括为两种对立的意识形态之间的较量。然而，教权与皇权的冲突到了14世纪初已渐入尾声。但丁希冀的"世界帝国"随着神圣罗马帝国势力的衰退变得虚无缥缈。1375至1415年的教廷大分裂更是让教皇和教阶秩序信誉扫地。就国家政治层面而言，文艺复兴时期是君主和寡头的时代，聚焦和争议的中心是统治地位和统治权力的合法性问题。当传统的权力合法性源头趋于枯竭之际，人文主义者自然将精力投注于个体身上。

早期人文主义者可谓固守时局的保守派，他们将改革的重心寄托在昌德明君身上，而不是从根本的政治制度上掀起一股彻底革命的飓风。他们这么做自有道理。也许最可信的解释就是，人文主义者大多依附于教会、君主或是其他统治阶层的门下以求谋生。基于这种生存条件，要对现有的社会秩序给予大力抨击显然不是明智之举。因此，早期人文主义政治著作基本采取道德说教的方式，或是向统治者建言献策，或是高歌赞美颂词。当人文主义者不得不对时政提出建设性意见时，他们的言辞往往显得趋炎附势，那种表露意识形态的激情阐释则付之阙如。换言之，人文主义者不会明确凭借某种特定的意识形态去排斥一切其他的政治观念。他们对政体制度的判断仅限于"好"与"坏"的程度，绝非"好"与"坏"的性质。在亚里士多德的影响下，人文主义者将各类政体视为自然发展的结果，将政治失败的原因归结为统治者德性的缺失。人文主义者对政治的理解极大地受制于他们对统治集团的依赖，比如帕特里齐、普拉蒂纳等人能够同时拥护共和制和君主制，只要统治者具有德性，政体本身并不是关键。这就是为何

---

① James Hankins, "Humanism and the Origins of Modern Political Thought", p, 119.

人文主义者能够轻易地改弦易辙，具有双重政体倾向的原因。但若按照现代政治的眼光来看，彼特拉克、萨卢塔蒂、布鲁尼、马基雅维利无疑都是政治上的"伪君子"，现代学者不惜笔墨对他们著作中诸多自相矛盾之处予以抨击。然而，倘若我们考虑到这些人文主义者的政治身份和教育背景，并且还原历史情境加以分析的话，便能理解人文主义者在政治忠诚上的朝秦暮楚了。

再者，人文主义者都接受过专业的修辞学训练，热衷于探讨同一个问题的正反两面。若是因为这一点而让人文主义者背负"政治不忠"之名并饱受苛责的话，他们定会辩驳说：按照西塞罗传统，演说者最重要的职责就是提升听众的道德理性（moral virtue），政治忠诚并没被包括在人文主义者对"道德"的定义中。修辞习惯已经渗透到人文主义思想文化中，意大利人文主义者并不讲究政治上的忠诚守信，有效的语言表达要比严格遵循事实更为重要。实际上，在人文主义者看来，一场能够赢得掌声的演说恰恰需要刻意隐藏事实，甚至需要编造事实，在某些特定场合下懂得如何说谎是修辞雄辩的技巧之一。所以说，精湛高超的修辞技巧必然会与矫饰伪行相伴相随。我们不妨来看一个生动的事例。米兰公爵菲力波·马利亚·维斯孔蒂的国务秘书皮埃尔·坎迪多·德琴布里奥（Pier Candido Decembrio，1399—1477）在1438年与佛罗伦萨人文主义者波焦之间曾有书信往来。米兰和佛罗伦萨这两个国家当时刚刚签订了停战协议，为了示好，维斯孔蒂让德琴布里奥写信给波焦，公然谴责那些抨击佛罗伦萨的文章。德琴布里奥的这封信完全就是一篇佛罗伦萨颂词：

> 佛罗伦萨因她的美丽与自由而受赞誉，因她灿烂的文化与人民固有的德性而备受敬重。她精湛的军事能力以及对和平的渴望远近闻名，她竭力抵御米兰的进攻并捍卫意大利的自由，

她决不允许帝国的武力威胁到她的盟友。①

显然，上述言辞仿照了布鲁尼的《佛罗伦萨颂》。但仅在两年前，当米兰和佛罗伦萨交战期间，德琴布里奥在《米兰城颂》(De laudibus Mediolanensium urbis panegyricus) 中却对佛罗伦萨横加谴责，批判佛罗伦萨冷酷暴力、内部四分五裂、在军事上依赖雇佣军、在文化上冒充领导者，并且假借捍卫意大利自由的名义来满足自己帝国扩张的野心。② 我们从这两封截然不同的书信中已能感受到人文主义者精湛的修辞技巧与讽刺妙笔。对此，波焦当然不甘示弱。在很长一段时间内，米兰维斯孔蒂家族都饱受佛罗伦萨人的唾骂，被冠以"暴君"的恶名。然而波焦在回复 1438 年德琴布里奥的信时，却破天荒地称赞詹加莱亚佐是"最优秀并值得称道的君主"，菲力波·马利亚则是"我们时代的领路人，在他的身上，意大利人祖先的美德与正义重焕光芒"。③ 作为政治宣传家，人文主义者能够娴熟地发挥修辞技巧；作为政府官员，他们熟悉政治权力的游戏，洞悉各城市国家的实力变化。人文主义政治家既要考虑国家的对外形象和声誉，同时又要注重公文言辞能否给国家带来实际的政治利益。通常情况下，"声誉"与"实用"往往无法兼容。由于人文主义者只是当权统治集团的代言人，而非政策的制定者，因而我们不能苛求他们在政治著述中对任何一位统治者个人始终恪守政治忠诚，人文主义者的政治立场永远取决于他们担任的政治职务。在政权更迭频仍的 15 世纪里，或许唯一不变的

---

① Riccardo Fubini, ed., *Poggio Bracciolini: Opera omnia*, vol. 1, Turin: Bottega d'Erasmo 1964, pp. 333-339; 转引自 James Hankins, "Humanism and the Origins of Modern Political Thought", pp. 121-122.

② 1429 年，佛罗伦萨主动进攻曾经的盟友卢卡共和国，由此拉开了对外侵略的战幕，这些都成为德琴布里奥狠狠抨击佛罗伦萨人的依据。

③ James Hankins, "Humanism and the Origins of Modern Political Thought", p. 122.

就是，人文主义者会尽其所能地为轮番掌权的统治集团服务，迎合统治者的利益。

二、寡头统治的辩护与共和思想

"共和主义"是研究意大利人文主义者的国家政治理论中另一个绕不开的问题。美国学者布莱斯指出，纵观"共和主义"在意大利政治思想史上的发展轨迹，可以看到两个非常重要的节点，它们分别是13世纪晚期亚里士多德《政治学》的重现，以及16世纪初期马基雅维利著作的问世。早期人文主义者的共和思想较为温和，他们既没有批驳中世纪思想家关于共和制度的言论，也没有提出让人耳目一新的、可被称作"文艺复兴共和主义"（Renaissance republicanism）的独特理论。[1]然而，人文主义者的共和思想有他们自己的特征。13世纪晚期的人文主义思想家倾向于平民共和主义；自14世纪晚期起，人文主义者在君主和寡头统治的时代大背景下重新阐释共和主义，在复兴古典共和传统的同时更贴近当时的政治现实。不仅如此，早期人文主义者还在"共和主义"中融入了"帝国主义"的元素，以此迎合政治需求。[2]随着人文主义者对古典道德哲学研究的深入，他们不断丰富着世俗生活的积极内涵，提倡公民社会的作用与价值。最终，以布鲁尼为代表的15世纪人文主义者发展出了一套共和传统的历史叙事模式，将共和自由与政治文化两相结合。下面我们不妨以布鲁尼为例，探究早期人文主义者是如何借助"共和自由"的武器为寡头意识形态服务的。

---

[1] James M. Blythe, *Ideal Government and the Mixed Constitution in the Middle Ages*, New Jersey: Princeton University Press, 1992.

[2] 自14世纪晚期开始，罗马、威尼斯、佛罗伦萨、米兰纷纷开始对外扩张，将周边城市纳入自己领土范围。对此，共和派人文主义者在借鉴古罗马历史的基础上，刻意美化这种带有帝国扩张性质的侵略行为，称之为抵御暴君、捍卫自由的正义战争。

布鲁尼被巴龙誉为共和制的捍卫者，但在其公民人文主义思想中却含有明显的贵族共和主义色彩。布鲁尼对亚里士多德六类政体的划分并不陌生[①]，在亚里士多德看来，共和制本质上是一种以民主制和寡头制的审慎结合为基础的混合形式，它的统治者由既不太富也不太穷的中间阶级组成。[②]巧合的是，翻译完《政治学》后不久，布鲁尼便在《论佛罗伦萨的政制》中明确表示："佛罗伦萨的政体类型不是纯粹的贵族制或民主制，而是两者兼而有之的混合政体"，并就公民参与国家政治的问题提出了"反贵族原则"和"反平民原则"。[③]布鲁尼一改早先对佛罗伦萨共和政体的颂扬基调，转而承认混合政体的做法，与其说是对亚里士多德的刻意模仿，不如说是当时佛罗伦萨政治现实的真实写照。借助西塞罗式的修辞语言，布鲁尼巧妙地将贵族寡头扶上了佛罗伦萨共和国的宝座，或者说城市显贵的寡头传统始终根植于布鲁尼公民人文主义思想的深处。

首先，布鲁尼颂扬佛罗伦萨的立足点是法律制度的公正与政治体制的合理，成功施行"共和政体"并不等于必须将统治权赋予全体公民。事实上，布鲁尼早已将统治佛罗伦萨的权杖交到了圭尔夫党派的手中。[④]"在佛罗伦萨众多官员中，没有哪个能比圭尔夫党派的领袖更令人瞩目"，党派倾轧、分权制衡是布鲁尼时代佛罗伦萨政治的显著特征。对此布鲁尼坚决站在圭尔夫党的立场表态，将之誉为"善

---

① 布鲁尼先后翻译了亚里士多德的《尼各马可伦理学》和《政治学》，其人文主义风格的译本因与中世纪经院主义哲学家的译本存在极大反差而引发争议，但布鲁尼翻译的《政治学》在15世纪取代了中世纪摩尔贝克的威廉译本并被广泛引证。James Hankins, *Humanism and Platonism in the Italian Renaissance*, vol. 1, pp. 193-239.
② 〔印〕阿·库·穆霍帕德希亚著，姚鹏等译：《西方政治思想概述》，第31页。
③ Leonardo Bruni, "On the Florentine Constitution", p. 171; 参见〔意〕莱奥纳尔多·布鲁尼著，〔美〕戈登·格里菲茨英译，郭琳译：《论佛罗伦萨的政制》，第101页。
④ 布鲁尼出生于阿雷佐的一个圭尔夫党派家庭，1384年阿雷佐城内的吉伯林党在法军的帮助下夺取政权，阿雷佐被划入佛罗伦萨的领土管辖范围。

党",并在述及佛罗伦萨圭尔夫党派的起源时也不惜笔墨地将之与雅典人相媲美。1260年在蒙塔佩蒂(Montaperti)战役中惨败、溃逃至卢卡的圭尔夫党人在布鲁尼心中同样不失英勇气概,他们"如同效仿杰出的雅典人在第二次希波战争中撤离雅典,这么做只为有朝一日能够作为自由人重新返回自己的城邦。正是出于这种精神,在惨烈战争中幸存下来的英勇的佛罗伦萨市民离开了祖国,相信只有通过这种方式日后才能更好地一雪前耻……终于时机成熟了,在骁勇善战的将领的带领下,他们踏上了讨伐西西里国王曼弗雷德的征程……最终建立起一个新的政府机构,组成人员都是圭尔夫党派的首领,他们都曾在这场正义的战斗中发挥领导作用。这个机构在佛罗伦萨享有很高的权威,几乎所有事情都由他们过问和监督,以确保共和国的运作不再偏离祖辈行进的轨迹,他们还要小心共和国的权力不会落入敌对派系的手里"[①]。布鲁尼竭力将由上层显贵组成的圭尔夫党包装为共和政府真正的统治者形象。他通过唤起人们心中对赢得战争胜利的感激和喜悦之情巧妙地营造出一种印象,即倘若没有圭尔夫党在1266年阿普利亚战役中为了佛罗伦萨浴血奋战的话,就不会有佛罗伦萨今日的自由与辉煌成就,并且自13世纪开始,佛罗伦萨的历史便与圭尔夫党紧密关联,效忠圭尔夫党的领导是获取政治自由的首要条件。

随着1434年美第奇家族势力在佛罗伦萨崛起,布鲁尼更加意识到调整政治立场的重要性。在《论佛罗伦萨的政制》中,布鲁尼抛弃了早年在《佛罗伦萨颂》中的立场,承认佛罗伦萨的政体介于贵族制和民主制之间。"在佛罗伦萨很少召开公民大会,因为每件事情事先都得到妥善安排,也因为执政阁僚和委员会有权决断一切事宜……尽管人民是主体,议会是权威,但正如我们所说,人民议会很少召开。""佛罗伦萨历经变迁,时而偏向民众,时而倒向贵族……外国雇

---

① Leonardo Bruni, "Panegyric to the City of Florence", pp. 172-173.

佣军取代了公民军投入战争，于是政治权力便不再属于民众，而是掌握在贵族和富裕阶层的手里，因为他们为城邦做出诸多贡献，用商议取代了武力。"① 也许有学者会辩称，布鲁尼这种反差鲜明的政体观是由于美第奇家族上台后佛罗伦萨政府性质或结构发生变化而引起的。但基于布鲁克尔、鲁宾斯坦等学者的研究可知②，随着梳毛工人起义后1382年新宪法的颁布，佛罗伦萨进入了一个长久稳定的寡头统治时期，1434年的政权更替并没给佛罗伦萨政府带来明显的改观，里纳尔多·德利·阿尔比齐（统治时期为1417至1434年）政府与科西莫政府都是寡头政权。因此，我们不妨换个角度来做解释，自1427年起担任佛罗伦萨政府国务秘书的布鲁尼深谙，唯有积极介入政治事务，并精心服务于为其提供庇护的佛罗伦萨寡头统治者，方能保住来之不易的权力。布鲁尼写作针对的受众对象是政府的当权者，他们在布鲁尼心中是确保国家安稳的关键。为了迎合统治阶级并保障切身利益，布鲁尼的公民人文主义无疑会带有保守色彩。③

其次，布鲁尼认识到政治权力与经济基础之间的作用与反作用关系，谁掌握经济大权谁就控制政治命脉，因此，布鲁尼所谓平等参政的权利实际沦为显贵阶层的特权，而寡头政治的特征又是以追求财富

---

① Leonardo Bruni, "On the Florentine Constitution", pp. 171, 174；参见〔意〕莱奥纳尔多·布鲁尼著，〔美〕戈登·格里菲茨英译，郭琳译：《论佛罗伦萨的政制》，第101、105页。
② Nicolai Rubinstein, *The Government of Florence Under the Medici 1434-1494*, Chapter 1.
③ 美国学者纳杰米曾对巴龙提出的以布鲁尼为代表的公民人文主义的积极内涵提出质疑，认为萨卢塔蒂、布鲁尼不过是通过对行会共和主义的重塑，进而创造出一套新式的政治话语。参见 John M. Najemy, "Civic Humanism and Florentine Politics", in James Hankins, ed., *Renaissance Civic Humanism: Reappraisals and Reflections*, pp. 75-105. 但纳杰米对巴龙的学术贡献仍给予高度评价，认为"19世纪的文艺复兴研究诞生了布克哈特，20世纪则绽放出了巴龙……通过对布鲁尼和15世纪早期公民人文主义的挖掘，巴龙无疑重新建构了上起彼特拉克下至马基雅维利的整个文艺复兴时期"。参见 John M. Najemy, "Review Essay of Hans Baron, *In Search of Florentine Civic Humanism*", *Renaissance Quarterly*, vol. 45, 1992, pp. 340-350。

为标志的。掌权的寡头集团除非遭遇经济破产或政治暗算，否则绝不会轻易交出手中的权杖。15世纪初期的佛罗伦萨面临着来自国内外的多重危机，加之对外扩张需要耗费大量钱财，这给政府带来了巨大的经济压力。战争的胜利愈发取决于投入战争的财力。布鲁克尔指出，"由战争引起的经济负担和紧张关系，是削弱共和国政治体制和道德准则的一个最有影响的因素，它同时把这个共和社会推向一种最初是由一个家族，后来是由单独一人占统治地位的政治制度"[①]。在庞大军费开支的压迫下，很多平民家庭不堪重税，背井离乡沦为难民，他们毫无自由可言，更不用说能够平等地参与社会政治生活。在奉行对外扩张的政策上，佛罗伦萨共和国与米兰公国并无大异，统治阶级狂热的战争欲望和野心给佛罗伦萨普通平民的生活不仅带来了经济重负，并且严重危及布鲁尼引以为豪的政治自由。经济实力与政治权利是支撑公民社会正常运作的两根支柱，丧失了经济能力的中下层市民自然地降级为权势家族的政治附庸。像美第奇这样拥有雄厚资本的大家族借机利用人民对政府的不满情绪拉帮结派，扩充自身政治势力[②]，在布鲁尼晚年成为佛罗伦萨实权的操控者，并且成功地在两个相互对立的原则——特权与平等——之间实现了张力的平衡。

从表面上看，1382年后佛罗伦萨政府官职所面向的群众范围在不断扩大，然而实际上任的资格却被严格控制在少数寡头贵族的手里，参与竞选的大部分公民都被精心设计的选任程序挡在了门外。1434年上台的美第奇家族通过操纵"中枢委员会"（*accopiatori*）和

---

① 〔美〕坚尼·布鲁克尔著，朱龙华译：《文艺复兴时期的佛罗伦萨》，第220页。
② 关于美第奇家族崛起、兴盛和没落的经历，参见 Dale Kent, *The Rise of the Medici: Faction in Florence 1426-1434*; Nicolai Rubinstein, *The Government of Florence Under the Medici 1434-1494*. 加拿大学者朱杰维奇明确表示，公民人文主义有效地加强了美第奇家族对佛罗伦萨的统治，参见 Mark Jurdjevic, "Civic Humanism and the Rise of the Medici", *Renaissance Quarterly*, vol. 52, 1999, pp. 994-1020.

"巴利阿"有效地筛选掉统治集团圈子外的候选公民,同时不断延长任职期限来巩固政权。[1] 圭恰迪尼为此感叹道,"科西莫为了保障他的权势,选定一批公民组成了为期五年的巴利阿……巴利阿的权力如此之大,以至于在他当政的年代,首长们几乎从来没能按抽签的方式产生,都是由中枢委员会按照他的意愿选举的。每当巴利阿五年届满时,只需把他们的权限再延长五年就可以了"[2]。身处当时的社会现实之中,布鲁尼清楚地知道普通市民即便拥有天生的政治权利和自由参政的意志,也不能在政府里享有一官半职。当布鲁尼描绘,"在所有人的面前存在着同等的自由,这种自由只受法律的限制……在所有人的面前同样存在着获得公职和升任的希望,只要他们具有勤勉和自然的禀赋,严肃认真和令人尊敬地生活。德性与廉洁是这座城市对公民提出的要求,任何人只要具备了这两种品德就被认为足以胜任管理共和国的事务……这是共和国真正的自由、真正的平等,不要害怕来自任何人的暴力和错误行动,公民在法律面前、在担任公职方面享有平等的权利"[3],必须注意布鲁尼的措辞相当谨慎。纳杰米尖锐地指出,布鲁尼并没有明确表示所有公民(即便是那些最具高贵品德的公民)能够平等地享有管理共和国的实际权力。布鲁尼给予民众的不过是一种希望,他所说的只是每个符合条件的公民都有相同的机会去获取高官职务。这种口吻无异于在说每个人都能平等地参与到选举的流程中去,但是,布鲁尼知道大部分候选人会被贵族寡头垄断的资格审查委员会阻挡在政府的门槛外,最终无法得到公正的选举结果。[4] 卡瓦尔

---

[1] John M. Najemy, *Corporatism and Consensus in Florentine Electoral Politics 1280-1400*, pp. 263-299.

[2] Francesco Guicciardini, *The History of Florence*, p. 5.

[3] Leonardo Bruni, "Oration for the Funeral of Nanni Strozzi", pp. 124-125.

[4] John M. Najemy, *Corporatism and Consensus in Florentine Electoral Politics 1280-1400*, pp. 308-309.

坎蒂那句"许多人获得了选任希望，少数人获得了政府官职"[1]，可谓是对当时佛罗伦萨政治现实非常形象的诠释。显贵寡头在貌似迎合公民参政热情的同时又悄然扼杀了他们通往政治道路的唯一希望。随着阶级差距的不断拉大，平等参政的口号不过是美好的幻影，人民大会与统治阶层间就战争立法的问题产生巨大分歧，日益激化的阶级矛盾使得城市中下层平民和上层显贵间的鸿沟已无法逾越。因此，尽管佛罗伦萨社会不是等级制的，她的上层分子却仍然有强烈的贵族化和特权化的倾向[2]，作为上流社会的一员，布鲁尼在享受身份地位带来的优越感的同时根本无法摆脱阶级意识形态的束缚。

最后，我们应当注意到布鲁尼政治术语中有资格参政的公民具有特殊的限定，这种公民必须同时满足多重条件：第一，具有佛罗伦萨公民权；第二，具有民众公认的才能与德性；第三，没有违反禁令包含的各项关于年龄、家庭裙带、历任时间以及公民义务的规定。"首长会议及其下设的两个办事机构的成员必须年满30岁，正义旗手要年满45岁，两大立法机构的成员则必须年满25岁。法律严格禁止家庭裙带关系出现在政府中，同一家庭内不得同时有两位成员在同一届政府里担任官职。历任时间的限制用于防止刚刚到任的官员再度获任，曾当选的公民在任期届满后必须间隔三年方可再任，其家庭成员则必须在他卸任后六个月才有资格任职。任何公民如果逃避纳税或者未能履行其他对城邦应尽的义务，同样也没有资格参政。"[3]据鲁宾斯坦统计，15世纪初，在佛罗伦萨两万名成年男性中仅有大约三千人具有担任官职的公民资格[4]，大部分公民都属于城市依附人群，被

---

[1] 转引自 John M. Najemy, *Corporatism and Consensus in Florentine Electoral Politics 1280–1400*, p. 311.

[2] 〔美〕坚尼·布鲁克尔著，朱龙华译：《文艺复兴时期的佛罗伦萨》，第126页。

[3] Leonardo Bruni, "On the Florentine Constitution", p. 173.

[4] Nicolai Rubinstein, "Oligarchy and Democracy in Fifteenth-Century Florence", p. 107.

排挤在合法公民身份之外，也就相应地被自动剥夺了参与政治的权利。如此严格限定参政公民身份的结果就是使所谓的"共同利益"缩水为贵族当权者的利益。不仅如此，1378年梳毛工人起义后，城市显贵家族为确保自身利益，采取一系列措施打击抑制小行会的发展。阿尔比齐家族[①]联合其他显贵开始有意排挤社会下层市民担任政府官职，如规定小行会参加政府的代表不得超过四分之一。[②]统治集团愈发集权化，1343年建立起来的佛罗伦萨行会政府的群众基础严重动摇。[③]学界已基本达成共识，认为从1382年建立起来以保守的显贵家族为主的新政府持续到1434年科西莫·德·美第奇回归，这半个世纪的佛罗伦萨政府通常可被称为"寡头政治"，更确切地说是"保守政治"。[④]因此，布鲁尼在创作《佛罗伦萨颂》时，通过新西塞罗式的修辞手法为佛罗伦萨披上了共和的外衣。[⑤]《佛罗伦萨颂》成为宣传和美化当权政府的工具，在美第奇家族掌权后依然留任国务秘书一职的

[①] 阿尔比齐家族继承了圭尔夫党派的传统和政策，喜欢更为贵族化的统治，排斥那些新近暴富的社会分子。

[②] 张椿年：《从信仰到理性——意大利人文主义研究》，第131页。

[③] 霍文利在《权力的集中：城市显贵控制佛罗伦萨政治的方式》一文中考察了佛罗伦萨城邦的显贵家族如何借助一系列集权措施逐步确立起寡头政府的统治方式。另可参见朱孝远：《公民参政思想变化新论——文艺复兴时期人文主义者参政思想浅析》，《世界历史》2008年第6期，第92—110页。

[④] 〔美〕坚尼·布鲁克尔著，朱龙华译：《文艺复兴时期的佛罗伦萨》，第183页。

[⑤] 西格尔在与巴龙的论战中曾明确指出"公民情感与直接参政并非判定公民人文主义思想的决定性因素"，布鲁尼的著作必须被视作"一种特殊形式的文化的产物，即注重修辞和雄辩的文化"，"我们要时刻牢记人文主义文化的根基就在于修辞的艺术"。参见Jerrold E. Seigel, "'Civic Humanism' or Ciceronian Rhetoric? The Culture of Petrarch and Bruni", pp. 10, 12；有关人文主义者对修辞技巧运用的研究，参见 Paul O. Kristeller, "Humanism and Scholasticism in the Italian Renaissance", *Studies in Renaissance Thought and Letters*, Roma: Edizioni di storia e letteratura, pp. 553-583；Hanna H. Gray, "Renaissance Humanism: the Pursuit of Eloquence", *Journal of the History of Ideas*, vol. 24, 1963, pp. 497-514。

布鲁尼可被视为寡头政府的忠实附庸。

此外，布鲁尼对广大下层民众流露出的不屑与鄙视也不容忽视。布鲁尼在政治著作中反复强调要捍卫公民自由，却又将下层民众排除在参政资格外。显然，布鲁尼政治术语中的公正不是彻底的平等，而是合适的比例；自由也非绝对的独立，而是有限的权利。布鲁尼在对待梳毛工人起义事件以及当佛罗伦萨谋求对外扩张时，完全倒向了统治阶级的立场。他将1429年佛罗伦萨进攻卢卡归结为市民盲目的爱国行为，并将战争失败的责任推卸到人民大众的头上，"最终，贤人顾问团以及政府领袖的意见被民众的呼声压倒了，在多数民众的压力下还是发动了对卢卡的战争"，"战争耗竭了佛罗伦萨的力量并造成严重的内部分裂……人民对一切都开始抱怨，这是他们面对事态恶化时的一贯所为，最可恨的是，这些人正是这场灾难的始作俑者，是他们从一开始就鼓动对卢卡的战争"。[1] 似乎可以认为，布鲁尼心中实际上并不赞成让大多数公民介入政府事务、参政议政，盲从无知的民众经常会带来逆反的效果，感性的冲动极易抹杀他们理性的思考，在政府政策失利的原因上多数民众难辞其咎。

三、政治道德的诉求与善恶之争

"善恶之争"是研究马基雅维利的国家政治理论中的一个恒久主题。16世纪四分五裂的意大利在新兴的民族国家机器前不堪一击，残酷的政治现实剜割着晚期人文主义者的内心。自柏拉图启端的整个西方政治传统遭到了质疑，在这场政治思想领域的严峻"危机"中，

---

[1] Leonardo Bruni, "Rerum Suo Tempore Gestarum Commentarius", in Gordon Griffiths, James Hankins et al. trans. and intro., *The Humanism of Leonardo Bruni: Selected Texts*, pp. 153-154.

马基雅维利无疑是最为激进的。

鲜有学者会否认马基雅维利是人文主义者。[1]然而，马基雅维利与早期人文主义思想传统之间的关系却颇为复杂。一方面，马基雅维利继承了早期人文主义者在政治忠诚问题上的灵活变通，并不拘泥于在君主制和共和制中做出抉择[2]；另一方面，马基雅维利欲求的是政治强权，他质疑早期人文主义者主张的"德性政治"。尽管马基雅维利也相信，鼓励统治阶级提升德性不失为有效的改革手段，但他更加关心如何保障国家政治共同体的整体有效运作。马基雅维利也从古典文化中汲取经验教训，将古罗马奉为典范，但马基雅维利的政治分析具有极强的现实性，他不仅要通过历史窥探权力的秘密，更要对教廷教会发起猛烈的抨击。

早期人文主义者中许多都是虔诚的基督教徒。他们虽然认识到教廷骄奢淫逸和腐败不堪，也意识到异教与基督教之间的矛盾冲突，但他们并没有在信仰与理性、在道德与权力之间割裂开一道无法逾越的鸿沟，他们对待基督教和教会的态度远不如马基雅维利激进。比如，瓦拉只是尝试用异教的价值观念重新阐释基督教伦理；费奇诺试图缓和极端异教思想与基督教神学之间的差异；布鲁尼提出区分政治价值与宗教价值，对教会在精神领域的权威予以认同。马基雅维利却不一样，他毫不避讳地指出自古罗马共和国以降，基督教伦理道德与建构世俗国家所需要的政治道德之间存在不可调和的分歧，并大胆地指出

---

[1] Robert Black, "Machiavelli, Servant of the Florentine Republic", in Gisela Bock, Quentin Skinner, Maurizio Viroli, eds., *Machiavelli and Republicanism*, Cambridge: Cambridge University Press, 1990, pp. 71-100.

[2] 当马基雅维利站在共和派立场上写作时，他要比萨卢塔蒂、布鲁尼、帕尔米耶里等人有着一颗更加虔诚的共和之心。无论是1512年被罢官革职时，还是1520年领命撰写《佛罗伦萨史》时，马基雅维利都没有放弃过共和制理想，他甚至向美第奇教皇利奥十世建议恢复佛罗伦萨共和国时期的大议事会制度。参见〔意〕马基雅维利著，潘汉典译：《君主论》，第17页。

宗教必须服从国家公共利益。马基雅维利把宗教从敬奉信仰的高度一下子拉低为政治统治的工具，这种观念可谓史无前例。英国学者以赛亚·伯林指出，马基雅维利是在复兴古代异教道德，为的是与基督教道德相抗衡，马基雅维利政治理论的创新之处在于，他认识到了这两种道德体系之间无法兼容。[1] 不过伯林的观点有待商榷，因为没有哪位古代道德思想家或许会纵容马基雅维利所鼓吹的行为价值论。但有一点毋庸置疑，虽然每个时代都少不了"恶人"，却从来没有像马基雅维利那样直白露骨、堂而皇之地拥护"不道德"的行为模式。

早期人文主义者大多从形式上效仿古人，倡导复兴古典时代的公民美德。但在马基雅维利看来，这种刻意的模仿肤浅卑陋。他希望通过历史总结出"国家"兴盛衰亡的经验，从中推导出一套能用于指导当时统治的行为准则，降低命运对人世事务的影响，提高政治算计的成功率。值得注意的是，尽管马基雅维利也提到德性或美德（virtù），也讲那些被人们普遍认可的优良品质，但马基雅维利政治思想中的德性既不是古希腊传统上的四主德，也不同于早期人文主义者对德性概念的诠释。马基雅维利剥离了德性中所包含的传统的道德意味，赤裸裸地指向了德性中的政治意味，他所倡导的德性包括了力量（strength）、实力（prowess）、能力（ability）和权力（power）。[2]

马基雅维利在《君主论》和《论李维》中都强调，政治制胜的行为法则与传统道德所鼓吹的行为法则毫不相干。这是早期人文主义者不曾也不敢触碰的敏感话题，马基雅维利无疑是在挑战古典哲学和德性伦理学赖以存在的伦理模式。自柏拉图以降的哲学家深信，在自然、幸福和德性三者之间有着无法割裂的内在纽带。人们在行为处事时只

---

[1] Isaiah Berlin, "The Originality of Machiavelli", in Myron P. Gilmore, ed., *Studies on Machiavelli*, Florence: G. C. Sansoni, 1972, pp. 147-206.

[2] James Hankins, "Humanism and the Origins of Modern Political Thought", p. 135.

有遵从了道德理性才会幸福。正确的行为准则就是听从理性的引导，践行德性才能拥有幸福。依同理，在国家政治生活中，国家是基于人类需要而自然形成的政治体，要使国家幸福，统治者必须依德行事。统治的艺术，或者说治国之术的要义就在于统治者能否养成德性，这种德性必定是受理性支配的。即便是教父哲学家奥古斯丁也不曾否认德性、善和幸福之间的联系，只不过他将对于德性的回报放到了来世。

然而，马基雅维利对于西方政治思想传统中关于自然、幸福和德性的说法却不以为然。"一个人如果在一切事情上都想发誓以善良自持，那么，他厕身于许多不善良的人当中定会遭到毁灭。所以，一个君主如要保持自己的地位，就必须知道怎样做不良好的事情，并且必须知道视情况的需要与否使用这一手或者不使用这一手。"[1]马基雅维利的不道德论源自16世纪政治现实带给他的痛苦教训。意大利的政治环境让马基雅维利体会到，生存是所有其他善行的先决条件，一旦沦为奴隶就没有任何幸福可言。君王出于统治的需要，人民出于生存的需要，有时候离经叛道、背弃道德也是迫不得已。为了保障国家政治体的有效运作，君王应当随时准备挣脱伦理道德规范的束缚。马基雅维利之所以被称为"政治学之父"，是因为他主张政治生活应当服从政治道德（而非伦理道德）的价值评估体系，行为者必须对自己行为的结果负责，无论是善行还是恶行。在《君主论》第15、16、17、18章，马基雅维利连续讨论了君王在良好的品质与恶行中该如何选择，即在慷慨与吝啬、仁慈与残酷、守信与违誓、受人爱戴与被人畏惧中进行选择。马基雅维利从人性出发，辩证地分析了"恶行"的好处。"君主必须提防被人轻视和憎恨，而慷慨却会给你带来这两者"，"新的君主由于新的国家充满了危险，要避免残酷之名是不可能的"，

---

[1] 〔意〕马基雅维利著，潘汉典译：《君主论》，第73—74页。

"被人畏惧比受人爱戴要安全得多","当遵守信义反而对自己不利的时候,或者原来作出承诺的理由不复存在的时候,明智的统治者绝不能够,也不应当守信"。①

意大利学者查博德曾说,文艺复兴时期意大利人的思想或许可以概括为:"为了艺术而艺术,为了政治而政治,为了科学而科学。"②查博德的这个评价用来描述马基雅维利的国家理论与政治思想是再贴切不过的了。笔者以为,马基雅维利想要灌输给君王的并不是什么邪恶之言,我们甚至可以将马基雅维利视为纯真的孩童,他用最直白最率真的话语描述出人间世道和政治世界的真相。可以肯定的是,马基雅维利不是一名谙熟修辞学和雄辩术的演说家,他与布鲁尼等早期人文主义者不同,不会用华丽的辞藻堆砌起一堵掩障他人耳目的"高墙",但马基雅维利从来都没有诋毁道德。在权力与道德的博弈中,我们可以说马基雅维利在漠视道德,他不会把传统的伦理美德置于政治权力的天平上衡量;我们也可以说马基雅维利在划分道德,用肺腑之言将道德一分为二:伦理道德与政治道德,他关心的只有那个以国家理性和公共利益为目标的政治道德。谁能解放和统一意大利,谁能让国家变得强大稳定,谁能助他实现政治抱负和理想,谁就是马基雅维利心目中那个拥有政治道德的真英雄。

---

① 〔意〕马基雅维利著,潘汉典译:《君主论》,第 78—80、84 页。
② 原文为 "Art for art's sake, politics for politics' sake, and even, ultimately, science for science's sake",参见 Federico Chabod, *Machiavelli and the Renaissance*, p. 184。

― 余 论 ―
人文主义德性政治与中国儒家贤能政治之比较

现代西方国家民主政治已然陷入危机。民众对政治精英的质疑暴露出西方统治精英所面临的种种困境。精英危机正迅速成为一种普遍现象，波及范围广泛且影响深远。从源头上揭示精英危机的本质、深究化解之道构成了研究西方当代政治的重要议题。

可以毫不夸张地认为，今天西方国家所走的政治道路是近代早期意大利政治思想家们所开辟的。而现代西方政治中遇到的各种问题，包括公民美德的培育、社会的发展、法治国家的建设、民主问责制的弊端等，都可以从文艺复兴时期意大利政治思想中追溯渊源。从各方面来看，美国的"占领华尔街运动""特朗普运动"，英国的"脱欧运动"，意大利政党"五星运动"，以及在法国、德国、荷兰等国家发生的类似运动都反映出西方统治精英所面临的危机，可视为民众对政治精英统治的合法性提出了灵魂考问，暴露出西方统治精英面临的种种困境。实际上，对精英品质的关切不仅源于现实的政治处境，它也是东西方思想传统共同关注的永恒议题。

乍看之下，精英危机的导火索在于精英自身权力受到了来自民粹主义的威胁，解决方案似乎藏于如何有效完善精英权力保障机制。然而，若从政治理论或社会学视角去分析的话，这种对精英权力的全面挑战就其内在结构而言是动态发展的，故不能将挑战方简单地归为民粹。即便现代政治中所谓的"民粹主义"带有鲜明的反精英主义特征，但如此标签化的称谓本身就会造成民粹与精英二元对立的错觉。事实上，就内在结构、活跃因素等各个方面而言，民粹主义并非就是站在了精英的对立面。对此，美国学者韩金斯教授在新著《德性政治：意大利文艺复兴时期的修身术与治国术》[1]中尝试打破这一二元对立，提出以德性检验政治。

针对现代西方国家出现的政治精英危机，韩金斯希望以史为鉴来指点迷津。在他看来，当今西方与意大利文艺复兴时期人文主义者有着同样的困惑：其一，如何确保善良、智慧者拥有统治权力？如何保障统治者（精英）服务于大多数人的利益（而不是在为少数人谋利）？如何防止统治集团蜕变成一个封闭、世袭、腐败的特权阶层？其二，如果将精英危机置于共和主义思想传统中，那么又会出现一系列新的困扰。比如，如何让被统治者心悦诚服地接受精英统治的权威？如何在不施加酷刑、惩罚等高压手段的前提下，促使民众自觉地遵纪守法？其三，在现代民主共和主义的框架下，精英危机还会引发另一个更加深刻的问题，即如何才能确保那些人民代表所代表的都是好人（而不是恶徒）？为了解开这些问题，我们有必要回到柏拉图和亚里士多德，方能从源头上厘清精英群体遇到的本质性问题。在亚里士多德那里，政治是一项不断追求善的事业，政治生活理应成为"具备了足够的需用的德性以至于能够拥有适合于德性的行为的生活"[2]。到了文艺复兴时期人文主义者那里，统治者和政治精英应当遵循善道，道德合理性源于公正、适度、仁慈，以及是否尊重公民自由等品格与行为方式。人文主义德性政治的立场部分地破坏了中世纪宗教德性理念，并与之后马基雅维利的善恶论形成了反差。

韩金斯借用希腊术语"教化"（*paideuma*）来指称这种"带有鲜明

---

[1] James Hankins, *Virtue Politics: Soulcraft and Statecraft in Renaissance Italy*.

[2] James Hankins, *Virtue Politics: Soulcraft and Statecraft in Renaissance Italy*, p. 26.

目的性的精英文化形式"[1]，这种文化形式通过提升上层阶级的道德水准和行为模式以确保精英能更好地掌控权力，维系社会长治久安。韩金斯同时指出，这种"教化"势必会催生出一门"教养学"（paideia），其内容由"一系列旨在培养心智与灵魂塑造的具体社会技能构成"[2]。教养学的关键在于古典文化教育，教育与人的培养紧密相连，人文学科（语法、修辞、诗学、历史、道德哲学）的熏陶则是通往德性的"快车"。道德教化的主张从另一个侧面阐释了人文主义者为何热衷于复兴古典文化，因为他们深信仿古有助于提升政治精英的道德水准，这是施行德性统治的必备前提。

自穆勒（John Stuart Mill）时代以降，现代西方政治理论对上述诸多问题的关注明显不足。这或许是长期以来对"人文主义"的误读所致。直至20世纪中晚期之前，"人文主义"作为一个历史术语，往往被释义为一种入世的人生哲学，它等同于运用理性和科学来观察周遭世界，与神学截然对立。而今人则专注于人文主义运动在文化、艺术领域的杰出贡献，将之视为一场穷经皓首的崇古运动，却忽视了人文主义的政治意蕴。韩金斯认为，人文主义不仅触及政治领域，而且丝毫不亚于任何政治运动。如果说人文主义运动是以宣扬某种价值为目标的话，那它一定是超越了艺术文化层面，升华为道德和社会政治价值。另外，学界普遍将马基雅维利视作文艺复兴政治理论的代表，马基雅维利主张的政治去道德化即便没有完全站在德性政治的反面，至少也在很大程度上弱化了人文主义德性政治。

作为西方古今政治思想的过渡，人文主义具有不言而喻的重要性。巴龙、加林，以及剑桥学派的波考克等权威学者认为"共和主义自由"（republican liberty）是人文主义政治思想的核心。但在韩金斯

---

[1] James Hankins, *Virtue Politics: Soulcraft and Statecraft in Renaissance Italy*, p. 2.

[2] James Hankins, *Virtue Politics: Soulcraft and Statecraft in Renaissance Italy*, p. 29.

看来，这或许是因当代政治兴趣引发的选择性偏见。[1] 基于多年来对盈千累万的人文主义文本（尤其是拉丁语文献）的分析，韩金斯指出，人文主义政治说到底就是一种"德性政治"。犹如"自由"之于古典自由主义，"平等"之于当代社会主义，"正义"之于罗尔斯主义，"德性"才是人文主义政治价值观的主导。

德性政治的表述很容易让人联想到道德伦理。作为道德（实践）哲学的分支，道德伦理学通常被认为承袭自亚里士多德，在当代哲学家如安斯康姆、威廉姆斯、麦金泰尔那里得以复兴。与另外两类规范伦理学（契约）道义论和（功利）后果论不同，德性伦理学（又称"目的论"）强调有必要通过反思与实践良好的行为模式（即德性）不断自我发展，从而获得善与幸福。将之放大到国家层面，它则专注于提升统治者的脾性和智慧，最终实现国家整体的幸福。德性政治将统治合法性与统治者的德性紧密相连，尤其注重统治者是否将共善置于私利之上，或者说德性政治是"他者导向"（other-directedness）的美德。

文艺复兴时期堪称君主和寡头的时代。人文主义者大多以私人教师、政治家、廷臣的身份在教廷和各城市国家中提供服务。意大利的"新君主"、寡头带着头衔缺陷操控城邦内外事务，如果统治精英无法自身做出改变，和谐的城邦生活只怕是无从谈起。鉴于此，14世纪中叶以彼特拉克为首的人文主义者开启了德性政治观念的复兴，将之作为治国济民的良方，探讨国家统治者应尽的职责与具体的行事指南，倡导从根源上培养、提升政治精英的德性（仁慈、慷慨、友善等）。人文主义不仅关涉政治，它还关涉其他许多被普遍认同的道德价值。人文主义者相信，合理地吸收、运用这些道德价值便能改变当时政治环境。

人文主义者希望呼吁包括统治者在内的社会各个阶层重估德性，以此来影响政治领域的变革。在人文主义者看来，法律通过立法或修

---

[1] James Hankins, *Virtue Politics: Soulcraft and Statecraft in Renaissance Italy*, p. 12.

订法规来影响政治，但若立法、司法部门主管缺乏德性，那建立起来的法政关系必然也不可信。政制亦是如此。共和制政府有好有坏，君主制同样也有明君、昏君。共和制和君主制孰优孰劣？其根本性差异并非在于政体制度上的不同，执政者的德性才是决定善政与否的关键。道德教化遂成为人文主义政治教育和政治谏言的理念支柱。

尚不止此，文艺复兴时期人文主义者对"自由"的诠释也是建立在德性政治之基础上，将自由观念道德化。这既不同于古典政治学，亦有别于当代共和主义政治理论家对自由的理解。在以亚里士多德、西塞罗思想为代表的古典政治哲学中，自由与奴役构成对立；在佩迪特、斯金纳看来，（无支配）自由意味着独立与自治。然而，文艺复兴时期人文主义者建构的德性维度上的"自由"首先必须迎合人类理性与道德。换言之，自由是与德性相伴相生的必然结果，所谓的自由行为一定是同时合乎道德的行为。倘若自由之举（比如烧杀掳掠）违背了道德正义，这种自由就变成了肆意妄为，是一种妨害他人自由的不道德行为，理应杜绝。另一方面，在政治生活中，自由意味着"若我与你一样优秀，我就不用听命于你"①，这种"公民的生活方式"(*vivere civile*)形同于"自由的生活方式"(*vivere libero*)。依照这个逻辑，在国家中不存在任何既定的统治者，血统、财富这些外在条件无法授予某人凌驾于他人之上的权力，唯一标准就看是否具有超越他人的道德德性(moral virtue)与理智德性(intellectual virtue)，即权力只有在德性的框架下才具有正当性。

有趣且令人欣慰的是，中国早在两千多年前，就有一种与人文主义德性政治相似的政治传统——儒家"贤能政治"(political meritocracy，又译尚贤制)。1958年，英国学者迈克尔·杨(Michael Young)造出了 meritocracy 一词。就词源学而言，它是拉丁语 *meritum*

---

① James Hankins, *Virtue Politics: Soulcraft and Statecraft in Renaissance Italy*, p. 349.

与希腊语 *kratia* 的结合，前者表示"美德"，后者表示"权力"，杨用该术语来讽刺新崛起的技术化精英。[①]那些靠智商、学业跻身于统治阶层的政治精英与旧式贵族不同，aristocracy 在现代英语中的含义则逐渐蜕变为世袭阶层，如公爵、伯爵、男爵、子爵等。

近年来，这些问题始终都是中国儒家政治思想的核心议题，而"儒家思想"可谓是当代中国最重要的政治思想流派之一。中西方在对待"精英""贤能"态度上的反差不足为奇，因为中国是世界上第一个孕育出"贤能政治"的国家，两千多年来，中国为贤能政治的实践提供了沃土。尽管在封建帝制时期的中国，国家的最高权威经历代王朝都是依靠世袭传承，但中国的官僚体制，包括官吏选拔却是建立在以科举制为基础的贤能政治的统治理念之上的。皇帝以下的各级官僚必须通过一套严谨的科举考试，才能获得相应的官职，而这套科举制的应试内容基本上是围绕古代儒家思想展开的。要想在仕途上有进一步的晋升，一方面要看为官者是否称职，另一方面取决于其文化学识水平。中国科举制度自隋朝时期（相当于西方中世纪早期高卢人治下的墨洛温王朝）开创，至清光绪三十一年（1905）举行了最后一科进士考试后被正式废除为止，在中国大地上延续一千多年。科举制在中国大地上延续一千二百余年，历经断裂、复兴和改良，其初衷即为选贤任能，扩大参政阶层的范围，应试内容则以儒家思想为主。两千多年来，儒家思想即为封建统治的正统和中国古代的主流意识形态。创立者孔子认为人心不古，世风日下，政治秩序混乱失常皆因道德堕落所致。为此，孔子希冀政治改革以继承、发扬夏商周三代尊尊亲亲传统思想，恢复礼崩乐坏的政治秩序，研习古代经典（如《诗经》）则是实现该理想的途径。

尽管封建帝制时期的贤能政治不可能自始至终都致力于提升统治

---

① Michael Young, *The Rise of the Meritocracy 1870–2033*, London: Thames and Hudson, 1958.

阶级自身价值，但不可否认，儒家贤能政治的目标旨在"提升统治阶级自身价值"，思考如何在封建帝制下建立起政治秩序的传统。相较于19世纪在西方兴起的"自由主义""民主主义"等其他各种近代西方政治理论，以科举制为代表的儒家贤能政治或许更贴近中国政治社会的现实需要，因而也更为可取，故也历时长远。

值得注意的是，今天在中国主张儒家贤能政治的政治理论家们并非民主政治的反对者，他们也会支持某些形式的民主统治，将之视为促进政治合法化以及社会和谐的重要保障。根据古代西方政治思想，此类政体属于"混合制"，受到亚里士多德及后世诸多政治思想家的推崇。事实上，精英问题与自"二战"以来西方政治理论界最关心的话题，如民主、自由、平等、社群主义、社会公正等同样值得研究。然而，无论是当代政治思想史家还是政治理论家，往往都容易忽视精英问题。但此前的研究不足又何尝不是一个新机会，它恰恰为我们直面和应对当今重大的社会政治问题提供了另一种新视角。

就历史上来看，任何时期的社会都会遇到不同程度的精英问题。当然，人们可以诉诸历史的经验教训去面对这些问题，无论是成功的经验抑或是失败的教训，总能为分析当下问题指点迷津，提供一种从历史视角寻找解决当下问题的方案。在西方社会，精英改革的问题往往有去道德化的意味，其最终目标是试图创建出一套能人规则，并证明这套规则切实可行；另外，中国和西方社会都会关心的另一个问题是，这些贤能精英是否通过公平的方式、正规的渠道进入统治集团，成为政治精英？这里我们不妨换一种思路来思考精英问题，即从精英本身出发，通过人文教育的熏陶来提高他们内在的道德水平，使得统治精英成为贤能之士，或许这在一定程度上能够起到缓解"精英危机"的作用。

对政治精英品质问题的关切不仅源于当今现实的政治处境，它也是东西方思想传统共同关注的永恒问题。现代西方政治科学集中关注的是民主政治中的平等、正义等问题，对德性政治鲜有讨论，这与东方的儒家传统有明显的差异。以儒家传统为基础的"贤能政治"理想不仅是东方儒家社会的独特观念，而且在意大利文艺复兴时期的人文主义思潮中，也包含着一种与儒家贤能政治理想对应的传统。这种传统起源于古希腊、罗马的德性政治理想，并在以彼特拉克为代表的人文主义思潮中得以复兴。

以儒家传统为基础的贤能政治不仅是东方社会的独特观念，它还与人文主义德性政治之间有着跨越时空的惊人的共通之处。第一，从思想和历史背景而言，春秋时代礼崩乐坏、政教失序、诸侯纷争的衰败局面促使孔子提出了复兴三代德政的理想。与早期儒家相似，彼特拉克从中世纪晚期意大利的混乱和危机中得出结论，如果想要消除神圣罗马帝国和教会遇到的政治危机，想要改善当时政治、社会生活环境，必须修内圣，而非创立新的法律和制度。换言之，挽救当时颓势的关键，就在于通过内在道德的自我改进，不断提升人的道德品性，人文主义者自然将希望投注于统治者身上。

第二，儒家贤能政治同样强调道德教化，提倡德治、礼治和人治，主张统治者应当行仁道、施德政，而不该动用武力。孔子曰："道之以政，齐之以刑，民免而无耻，道之以德，齐之以礼，有耻且格。"(《论语》2.3)刑罚只能使人避免犯罪，但不能让人懂得犯罪可耻的道理，而道德教化要比刑罚高明得多，既能让百姓循规蹈矩，又能让百姓懂得礼义廉耻，体现了德治与法治的不同。人文主义者同样认为强迫性服从犹如拍打皮球，用力越重反弹更甚。

第三，与儒家的士君子教育传统相似，由彼特拉克开创的人文主义也提出了复兴古典学问的主张。人文主义传统强调通过对拉丁语文学经典作品的研习来塑造新的贤人阶层。与强调修习诗书、体仁隆礼的儒家传统不同，人文主义更加强调"自由技艺"。就教育内容上来看，人文主义一方面通过语法和修辞术培养贤人阶层（统治精英）的言辞和写作能力；另一方面，通过历史、诗歌和道德哲学来修内圣，培养和提升道德品质和政治德性。人文主义不强调专业知识的划分，而是旨在实现广泛、全面的德性教育。

第四，针对宗法制度下选用官吏时唯亲是举的弊端，孔子提出"亲君子远小人"，"举直错诸枉，则民服；举枉错诸直，则民不服"（《论语》2.19）。所谓"君子"，是指受过教育、懂得礼制、心怀仁义之术的贤人。显然，儒家贤能政治的观念与世袭政治或庇护政治截然相反，实际上，儒家思想有意想要用新兴士大夫阶层取代拥有世袭特权的贵族，由此建构起一套教育、政治机制。在这套机制中，政府官吏必须同时拥有专业技术能力（思维卓越）和高尚的道德品格（抵制腐败），官员的升降任免都应以德性作为考核标准。毋庸置疑，儒家传统与彼特拉克倡导的人文主义传统都将政治统治的正当性建立在德性原则之上，因此，他们都反对贵族身份的世袭继承。儒家与人文主义同属于更看重和强调政治稳定的保守主义思想传统，至于涉及的政体、制度等具体内容，这些都不是儒家思想和人文主义者关注的重点。

第五，儒家与人文主义在德性政治的根本原则和动力上也持有相似的观点。与孔子、曾子乃至朱子的观点类似，人文主义者也认为，有德之人与天道和自然法必相和谐，因此有德性的人相应地也获得了一种特殊的统治正当性。儒家与人文主义者都相信道德楷模在政治领域中的典范效应，鼓励君王领袖行为自律，成为百姓心中效仿的典范。"为政以德，譬如北辰，居其所而众星共之"（《论语》2.1）；人文主义者卡斯蒂廖内毕生致力于教导廷臣要做君王的"磨刀石"，让君王德性的光芒辐射到人民，即所谓"见贤思齐"，由此提升全社会的道德水准。

相较于政体、律法、制度等具体的政治内容，儒家与人文主义都更看重治国者是否拥有德性，更强调政治稳定性。换言之，孔子和彼特拉克都属于保守的、温和派政治改革家,轰轰烈烈自下而上的民主革命从来都不是他们的政治目标。

当然,儒家贤能政治传统与人文主义德性政治观念之间也存在一系列根本性差异。其中,最为重要的就在于,儒家道德哲学比人文主义者更强调敬奉祖先、重视家庭;人文主义者虽然肯定了德性相对于欲望的优先性,但他们更看重商业利益,不如儒家那般关切平民、穷人的利益。这些差异也部分揭示了为何德性政治的传统在西方不如在东方社会中走得更远。相较于19世纪兴起的"自由主义""民主主义"等其他各种近代西方政治理论,德性(贤能)政治无疑更加适合中国政治社会的现实需要。这种跨越时空的思想碰撞也表明,德性政治关乎的诸多问题因贯通古今而具有普遍意义。

自人类政治文明伊始,人类就开始了对"理想国"的构思,对贤德明君的希冀则贯穿古今中外。无论是东方儒家贤能政治抑或文艺复兴时期人文主义德性政治,都是前人留给后世的宝贵财富,能为化解当今之精英危机提供思路。人文主义德性政治的历史经验告诉我们,政治不该拘泥于抽象的法律条文,治国之人才是政治统治的关键。借用美国保守主义思想家威尔(George F. Will)的话,治国术即修身术[1],执政者要懂得体恤关爱人民,在文化教育熏陶下不断提升统治精英的思想道德修养,道德教化所蕴含的变革力量实乃定国安邦之利器。

德性政治与贤能政治这两种东西方思想传统的比较进一步证明了中西方文明能够彼此互鉴与融通。但就德性与政治之间关系而言,该项研究工作仍然留下许多思考的空间,比如判断道德价值的标准是什么?如何辨别真正具有德性的统治者?如何应对那些道德腐败且漠视

---

[1] George F. Will, *Statecraft as Soulcraft: What Government Does*, New York: Simon and Schuster, 1983, pp. 19–20.

德性的权势阶层？社会如何保障政治精英阶层对所有符合条件的民众敞开大门？精英主义原则如何适应于不同的政体类型？如何确保统治精英将公共利益置于自身利益之上？谙熟修辞的人文主义者的著作到底在多大程度上能够代表他们真实的政治主张？无论是人文主义者生活的那个年代还是当今社会，谁又能被称作真正的有德之人？今人或许能够轻巧地感叹，文艺复兴时期的人文主义者最终没能也无法冲破时代与社会的羁绊，他们的政治构想太过于理想化，但对于思考化解西方当今的精英危机具有重要价值与现实意义。

透过德性的焦点不难看出，文艺复兴时期意大利人文主义者力图勾勒出一幅崭新的理想国画卷：上至君王将相，下至黎民百姓，每个人都平等地接受道德的评判。他们继而营造出德性竞争的良好社会氛围，使德性成为一种普世价值，让美德的行为广受嘉奖，让有德的个体加官晋爵。

那么，人文主义者德性政治传统对于现代政治秩序的形成到底贡献何在？日裔美籍学者福山（Francis Fukuyama）概括了现代政治秩序的三大要素——政府、法治、民主，并区分出三类政府体制——职能最优的现代政府、前现代政府、失败的政府。第一个要素现代政府属于非人格化的政治秩序，它代替了前现代社会中的部落和世袭的政治秩序。按照韦伯的说法，现代国家既有暴力方式的垄断，又有完美定义的权益，还有国家公仆和官僚机构，这些人假公济私，表面看是为了社会集体利益，实际上却中饱私囊，扶持家族亲信或朋友。福山称之为"宗法世袭主义"（patrimonialism）和"庇护主义"（clientelism）。第二个要素法治是逼迫包括统治者在内的所有人都要遵从成文法，没有人能凌驾于法律之上或者逃脱法律的制裁，但法律有时也会成为酌情决定权的障碍。第三个要素是民主问责制（democratic accountability），统治者要对国会、议会以及其他代表民意的政治机构负责，他们的统治权受制于广泛的民意，选举即是如此。

显然，人文主义者德性政治对现代国家的贡献集中体现在"德治"上，它同时挑战了宗法世袭和裙带关系的权力形式。14、15 世纪的意大利人文主义者不仅扮演着文人、律师、政治家、外交大使和宣传家的角色，他们更是驯化君主，提倡以德治人、治国的教育家；他们主张个人荣耀源于为国服务，将古典美德与公民义务两相结合；他们呼吁社会各阶层重视道德教化，将高贵品德作为衡量权力与地位的新标杆。

然而，人文主义者德性政治对现代法治的贡献则相对模糊不清。虽然像比昂多这样的人文主义者赞扬罗马共和国能够让最具权势、最受敬仰的罗马公民也臣服于法律统治，但大多数人文主义者还是倾向于认为，具有智慧和德性的统治者可以在法度之外酌情自由裁量。甚至还有极个别者主张国家可以背离法律。依笔者之见，人文主义者并没有法律至上的法治观念。事实上，他们恰恰背道而驰，究其原因是因为人文主义者们非常清楚当时司法体系漏洞百出、政府功能失调、官员偏袒舞弊，他们惧怕权势者操纵垄断司法程序，在法律名义下耍弄骗人的把戏。因此，人文主义者才会希望法律能够听从德性和智慧的号召，毕竟如果失去了德性的驾驭，哪怕再公平正义的法律条文也不过是一纸空文。①

纵观近代西方国家政治发展的状况可知，人文主义的德性政治观最终没能得以延续。这一方面是因为人文主义者以德性为中心的改革理念过于理想化，无论是在理论还是实践上无法有效地适应近代国家的运行机理和政治模式；另一方面是因为继人文主义者之后的马基雅维利主张的政治去道德化在很大程度上弱化了德性政治。在马基雅维利的时代，特定的历史和政治现实迫使思想家把目光从德性政治转

---

① 郭琳：《论意大利文艺复兴时期人文主义者的自由观——以德性政治为视角》，第 98 页。

向了国家理性，国家机器的整体运作（而非仅仅凭借提升执政者的德性）才是近代国家政治治理的发展趋势。但不可否认，德性政治既是意大利文艺复兴时期人文主义者应对其时政治现实需求之产物，亦是人文主义者留给后人的宝贵财富与思想启示。身处21世纪文明和社会核心价值观下的今人同样需要重视年轻一代的道德培育，需要教化成年人多为公共利益考虑。治国理政不能仅凭调节利益机制，在加强制度建设的同时，不断提高全社会的道德素养。

— 附 录 —

一、莱奥纳尔多·布鲁尼:《论佛罗伦萨的政制》

［英译本：格里菲茨版《布鲁尼人文主义文选》，1987年，第171—174页］

《论佛罗伦萨的政制》篇幅精短，原著为希腊文，具体写作年代不详。有学者推测该文大约写于1439年，目的是为了向当时来到佛罗伦萨参加宗教会议（Council of Florence）的希腊使节代表介绍佛罗伦萨政体，并剖析佛罗伦萨的政治结构。无论从写作目的、文本内容还是语言措辞来看，《论佛罗伦萨的政制》与布鲁尼早期的同题材作品如《佛罗伦萨颂》和《斯特罗齐葬礼演说》都存在明显不同。前者应当算是客观意义上的政治类作品，而后两部作品的修辞意味要远甚于政治客观性。在《论佛罗伦萨的政制》中，布鲁尼一改《斯特罗齐葬礼演说》中的观点，不再坚持宣称佛罗伦萨是共和平民政体，而是开宗明义地指出佛罗伦萨是贵族制和民主制两者兼而有之的混合政体。对于这种强烈的反差，只可能有两种解释：要么表明晚年的布鲁尼已经清楚地认识到其时佛罗伦萨寡头统治的政治现实，并且能够以更加客观严肃的态度去分析佛罗伦萨的政治体制；要么表明布鲁尼自始至终都站在统治集团阵营里，他的笔锋能够根据不同场合的需要迎合统治集团的政治利益。

基于阁下想要了解我们国家的政体类型（constitution）及其构成，我将尽力向您清晰地描述。

佛罗伦萨的政体类型不是纯粹的贵族制或民主制，而是两者兼而有之的混合政体。这清楚地反映在下述事实中：一方面，某些贵族家族被禁止出任政府要职，因为他们掌控着过于强大的人力和势力，这体现了反贵族原则；另一方面，手工业者和社会最底层公民不得参与国家政治生活，这体现了反平民原则。因此，佛罗伦萨避开两大极端而择其中庸，宁可启用上流富裕者也不要权尊势重者。

在佛罗伦萨很少召开公民大会①，因为每件事情事先都得到妥善安排，也因为执政阁僚②和委员会有权决断一切事宜，因此没必要召集公民大会，除非发生重大变故，只有这种情况才需要召开全体人民大会。尽管人民是主体，议会（assembly）是权威，但正如我们所说，人民议会很少召开。

城市的最高官职属于九名被称作"首长"的人，其中仅有两名首长来自行会平民，其他首长皆为贵族及显贵阶层，他们当中的首领称为"正义旗手"，只有出身高贵和声誉卓著的人才有资格担任。

除九名首长之外，另有二十八人担当执政团长老的顾问和助理。他们不在韦基奥宫③内居住，但当需要商议国家大事时会听从九名首长的召唤。九名首长视他们为同僚，不过我们可以称他们为"议员"④。九位执政首长与二十八名议员共同行事，享有很大的权力，这尤其体现在事先未经他们同意的情况下，任何事情都不得被提到"大

---

① 该处布鲁尼所谓的"公民大会"（ecclesia, assembly）是指"人民议会"（parlamento）。
② 布鲁尼用"执政阁僚"（archontes, governors）这个术语指称佛罗伦萨政府机构中的执政"首长团"。
③ 雅典建筑中"布列塔尼昂"（Prytaneion）的功能相当于佛罗伦萨的"市政厅"（Palazzo della Signoria）或称"韦基奥宫"。
④ 议员（Sunedroi），佛罗伦萨的两大参议机构（审议团体，senatorial bodies）通常被称作"顾问团"（colleges）。

议事会"上讨论。

佛罗伦萨的大议事会共有两个：三百人组成的"人民大会"（又译人民议会）和两百名出身高贵者组成的"公社大会"（又译公社议会）。任何需要召开大议事会商讨之事首先必须经过执政首长以及议员的严格审查，在获得他们的决议后提交至人民大会。如果人民大会通过后再提交至公社大会讨论，如果公社大会也准予通过的话，我们才可以说经由三大议事机构一致通过的该项决议具有法律效力。这就是我们在处理战争与和平、缔结与解散同盟、审查、豁免、公诉等所有涉及国家事务时所采取的方式。

如果由九名执政首长及其议员阁僚决定的提议在人民大会那里得不到通过的话，则该提议无效并不得被提交至另一个大议事会（即公社大会）；另一种情况为，人民大会通过了该项提议，但公社大会予以否决，则提议仍然无效。因此，提议必须通过三次表决：首先是九名执政首长和议员阁僚，其次是人民大会，最后是公社大会。

我想您现在已经能够看清佛罗伦萨的政体梗概了：大议事会代表了人民及其集会；九名执政首长和议员阁僚代表了议会，这在法律条文"经佛罗伦萨议会和人民共同决议"中得以证明，也是我们对该条文的阐释。

这些执政官员负责处理所有国家事务，接着就需要考察他们是如何以及从哪些人当中被挑选出来。每隔五年有一次首长选举，选举方式如下：九名执政首长、议员阁僚和某些特定的（尊贵）公民聚集在市政厅，根据所有候选公民的名单，每个人依次进行投票。获得三分之二票数的候选人便具备当选资格，但这并不意味着他能立即就职，而是要等到他被抽签抽中后方才有资格上任。当所有投票结束并确定下有资格的候选人后，按照城市街区的划分分别写下每个候选人的名字并放入抽签袋里。佛罗伦萨共分成四个街区，我们称之为"四分区"，因而就有相应四个抽签袋里装着有资格竞选的公民名字，当开始重新选举执政首长时，人们从每个分区的抽签袋中分别抽选两人。

每个分区有单独的正义旗手抽签袋，通过抽签选出的正义旗手之荣耀属于城市各个分区，所以这是整个城市必须共享的一种领导权。

议员阁僚的选举方式与九名执政首长相同。佛罗伦萨有两大议员顾问团：一个是由行会代表组成的"十六旗手团"①，佛罗伦萨共有十六个行会，每个行会选出一名旗手；另一个顾问团是由十二人组成的"十二贤人团"，他们是根据城市分区（而非行会）选举产生，即每个分区选出三名代表。这就是二十八名议员阁僚（或称执政首长顾问团）产生的方式。

至于大议事会，我们已经提到共有两个：人民大会和公社大会。大议事会成员通过抽签产生，首先仔细审查每位公民是否具备候选资格，然后旗手团将候选人名字放入抽签袋中，只是选举不像首长团那样是每隔五年一次，而是每当必要时就进行选举。这就是常规流程，所有职位的人选都必须先经过投票以及通过资格审查后，最终再由抽签决定。

但是如果出现其他一些障碍性特殊情况的话，抽签决定就不是流程的最后一关。这些障碍性情况非常繁多，包括年龄、裙带关系、历任时间和公民义务的规定。年龄限制将年轻人排除在职位之外：执政首长和议员阁僚（顾问团）必须年满 30 岁，正义旗手要年满 45 岁，两个大议事会（立法机构）的成员则必须年满 25 岁。

法律严格禁止家庭裙带关系出现在政府中。如果我的兄长、父亲、儿子或任何其他亲属在执政首长团内任职的话，我就没有担任首长的资格。法律禁止同一家庭的两名成员同时出任首长职务。

---

① 雅典人称"选区"（electoral constituencies）为"部落"（phulai, tribes），布鲁尼用该术语来表示佛罗伦萨的选民区，尽管佛罗伦萨术语"gonfalone"并不表示"部落"，而是指作为区划单位的"旗"（standard）。

历任时间的禁令用于防止刚刚卸任的首长再度获任,曾当选首长的公民在任期届满后必须间隔三年方可再任,其家庭成员则必须要等他卸任六个月后才有资格任职。任何公民如果偷税漏税或者未能履行对国家应尽的义务,同样也没有资格任职。

如此选任的首长主要负责处理佛罗伦萨的公共事务。

涉及私法的法令以及执行私法的官员与此不同,后者不是佛罗伦萨公民,而是外来者。考虑到执法职能,人们一般会挑选其他城市的出身高贵者来担任佛罗伦萨法官,并支付薪俸以吸引他们就职。他们根据佛罗伦萨的法律断案、惩罚罪犯和恶徒。法官分为两类:一类负责财产、商业及类似案件;另一类负责调教和惩罚犯人。他们的任期为六个月,届满时这些法官在离开前要接受调查,并对任职期间的行为负责。

选任外来者担任法官的原因是为了避免在佛罗伦萨公民之间产生冤仇。一方面,被判刑者一般都会怨恨法官,不论理由是否充分。另一方面,外来者可能会比佛罗伦萨公民更加公正独立地施加惩罚。由于被判刑者的死亡与鲜血会在法官心中挥之不去,在一个自由和平等的城市里,让一个公民对其他公民施加如此惩罚似乎令人难以接受。最后,外来者比佛罗伦萨公民更加害怕其行为触犯法律。基于这些原因,佛罗伦萨人认为最好由外来者执掌惩罚的权力。

接着应当谈谈国家的法律,但这部分内容需要追溯很长的历史。目前我们只需要知道:佛罗伦萨使用的是罗马法,并且曾经是罗马的殖民地。苏拉独裁时建立了这块殖民地,她拥有最好的罗马血统,因此我们的法律与罗马母邦的法律相同,除了一些因时代变迁导致的变化。

正如前文所言,佛罗伦萨国家是混合政体,我们可以说她既有民主制又有贵族制的倾向。民主倾向的特征之一是官员任期非常短暂,最高官职——九名执政首长——的任期不超过两个月;一些议员顾问

("十二贤人团")的任期为三个月,另一些("十六旗手团")则为四个月。官员任期短暂是民主制的特征,有利于平等;民主制还体现在佛罗伦萨高度重视和保护公民的言行自由,这是整个国家的目标和宗旨;通过抽签而不是根据财产多寡来决定职位人选则是另一个民主制的特点。

另一方面,佛罗伦萨政体也有很多特征表现出贵族制倾向。前期讨论机制,决议之前不能将事务公之于众,要求人民不得改动决议、只能选择全盘接受或是否定,在我看来这些最能体现贵族制的特点。

佛罗伦萨历经变迁,我相信其他城市亦是如此,时而偏向民众,时而倒向贵族。在过去,人民武装起来参加战争,(因为佛罗伦萨人丁兴旺)几乎征服了所有周边城邦。那时,城市权力掌控在人民手中,相应地,具有优势的人民能够剥夺显贵的权力。随着时代变迁,外国雇佣军取代了公民军投入战争,于是政治权力便不再属于民众,而是掌握在贵族和富裕阶层的手里,因为他们为城邦做出诸多贡献,用商议取代了武力。随着人民权力的逐渐消解,佛罗伦萨便形成了现在的政体模式。

二、弗朗切斯科·彼特拉克: 《论统治者应当如何统治国家》

[英译本:科尔版《世俗共和国:意大利人文主义者论政府和社会》,1978年,第35—78页]

《论统治者应当如何统治国家》是文艺复兴时期著名的人文主义者彼特拉克晚年所作,是他应邀献给庇护人帕多瓦的领主弗朗切斯科·卡拉拉的一封书信，讨论了国家统治者应尽的职责以及具体的行事指南，通过探讨政治美德的标准，把友善、仁慈、慷慨等视为君主应当具备的崇高德性。彼特拉克表达了自身的政治理想与政治目标，勾勒出一个理想化的城市国家蓝图，即统治者与民众结盟共治，根据民众所需建立政府。事实上，彼特拉克的政治情感复杂多变，甚至充满矛盾，许多学者都曾质疑他关于国家统治的观点，但不可否认的是，彼特拉克政治思想中始终都有对正义的信仰、对社会和平的向往，以及对意大利统一的渴望。

尊敬的阁下，长久以来我意图向您致信，您也以惯有的方式责备过我，因而我方才意识到，在我所致信的诸多伟大人物以及中层阶级的名单中，我遗漏了您的名字。每当我想到您还有您父亲为我提供的庇护，这种遗漏便使我羞愧难当。实际上，倘若我让自己把理应寄予您的感恩之情就这么抛之脑后的话，这定是一种十足的忘恩负义的行为。因此，我已决定向您致信，即便我对于自己应当从何写起，以及到底应当写什么主题还仍未拿定主意。这种迟疑不决并不是源于缺乏合适的题材，反倒是因为繁多的素材让人眼花缭乱，我深感自己就像是一个在十字路口徘徊踌躇的旅行者。一方面，您的伟大和一贯的慷慨让我感到必须向您致以最诚挚的谢意。实际上，向那些帮助过你的朋友，尤其是君主表示感谢是一个由来已久的风俗，我自己也已多次向您致谢。另一方面，您不断地让我载誉蒙恩，我不曾奢望自己仅凭言辞之意就能充分回报，唯恐这会愧对于您数之不尽的恩赐。何况我认为，与其试图用那不胜任的言辞来表达，倒不如用满怀敬意的沉默以示回报。

所以，我撇开一堆感激之言，转而投入对您的称颂。古往今来，人们之所以有歌颂君主的习俗（我自己也经常这么做），并不是为了从被歌颂者那里获得什么好处。人们这么做的目的是为了尊重事实的真相，通过在一位开明君主的耳边歌功颂德，以此来鞭策君主建立丰功伟绩，这种称颂要比任何其他形式的激励更加有效。但在这类歌功颂德的事情上，我发现没有什么要比阿谀奉承或是游移不定的态度更让人反感的了。有些人会赞美一些不值得称颂的人。但还有些人起初是在称颂他们的对象，但突然话锋急转，对称颂者开始了令人不可思议的谩骂。我不知道还有什么比这种行为更加卑鄙可耻。在这个问题上，西塞罗堪称臭名昭著，尽管我对西塞罗的敬重和仰慕要远甚于任何其他的古代作家，但在这点上我仍抑制不住对他的厌恶之情。西塞罗对很多人都这么做，最为典型的当属恺撒。西塞罗先是对恺撒极尽赞誉，随之又对他百般羞辱和唾骂。当阅读西塞罗写给其兄弟昆图斯（Quintus）的信时可知，信中所有关于恺撒的内容都是友好的恭维；但读西塞罗写给阿提库斯（Atticus）的信时你会发现，西塞罗对恺撒的态度从一开始的模棱两可，发展到后来的仇恨与叱责。再读西塞罗的演说，若是他单独面对恺撒或者当着恺撒和元老院的面，西塞罗口中的恺撒似乎完美无缺，西塞罗的赞誉能力也非凡人所及；但若进一步阅读西塞罗的《论义务》以及费力匹克演说（Philippic orations），你会发现西塞罗对恺撒的恨意丝毫不亚于之前的爱意，他对恺撒的辱骂完全可与先前的赞誉匹敌。让这种骤变的态度更显糟糕的是，西塞罗在恺撒生前对他竭尽赞誉，但当恺撒死后却对他百般谩骂。我或许更加能够接受的情况是，西塞罗在恺撒生前谴责他，但当恺撒死后却赞美他，因为死亡通常会削弱或将仇恨与嫉妒一并带离。不过，恺撒的情况并非特例，西塞罗在对待恺撒的养子奥古斯都的问题上也是这样。奥古斯都在军事能力上不如恺撒，但他的统治能力无疑要胜过恺撒。同样地，西塞罗起先对奥古斯都大加赞誉，但随后却开始对他强烈谴责，甚至当奥古斯都还活着的时候就开始责难。我并不愿意这么去说一个我非常敬重的人，不过真理重于仰慕。我并不想看到西塞罗这样，但事实就是如此。我毫不怀疑，倘若西塞罗此刻在场，他必将巧舌如簧地轻松应答我对他的指责，但是真理是不会为言辞所动的。

我认为我一定不会做先称道后诋毁的事情。现在，回归主题，在我们的谈话中我最先想到的就是：尽管真正的德性并不会拒绝应得的荣耀，但即便德性不愿荣耀相随时，荣耀也必须跟随德性，如影随形。我对自己说：你能够很轻易地看出，这个人，他更喜欢倾听批判，而不是褒奖，所以，比起给他应得的赞美，你更容易通过指责他而从中获得好处。那么，我应当怎么做呢？我该采取何种方式呢？一位能让我毫不吝啬赞誉的人，我也一定会毫不畏惧地去批判他。我承认，金无足赤，人无完人。一个略有瑕疵的人也能够被称为完美无缺的好人。因此，感谢上帝造就了现在的你。如果你的批判者和你的赞誉者拥有相同的能力，那么赞誉者自然会显得更善于雄辩。这就好比两个拥有相同能力与精力的农夫，那个能幸运地耕种到更肥沃土地的农夫看上去就更加能干。同样地，又比方说有两位各方面能力都不相上下的船长，谁能够在更平静的海面上顺风航行的话，谁就更加幸运。

然而，当我决定把批判您作为这封信所讨论的主题后，我发现在您身上除了一点，其他并无任何可指责之处，而且我在前不久与您私下聊天时也提到过这点。如果在这个问题上，您能虚心听取我卑微但忠诚的建议的话，毋庸置疑，您的身心很快便能因此得到健康的滋养，您现有的声望以及未来的荣耀都会因此受益匪浅。喀拉斯提努斯（Crastinus）在色萨利（Thessaly）战场上曾对恺撒说过："无论生死，你都会感激我。"我想把同样的话送给您。我不会再重提此言，对于那些早已参透话中之意的人，我又何必反复唠叨？您知道我想要的是什么，您也明白什么是我不该要的，还有我不能要的，我别无他求，对此您一定心知肚明。

既然如此，此刻我感到自己能够坦然向您诉说这个很长的故事，如我曾说过的那样，这个人尽皆知的故事对您而言，绝对不会悦耳。

我是指，当您年纪轻轻尚处于花样年华时，便失去了您那位伟大的父亲，您原本可以从博学典范的父亲身上学到所有高贵又伟大的举止。在本该接受人生导师指点的年纪，您接管了统治帕多瓦的缰绳。您的统治是如此卓越和稳重，以至于在那个巨变的年代，帕多瓦都不曾遭受流言与反叛的困扰。您掌权后不久便扭转了帕多瓦国库因欠外债导致的财政赤字。如今，多年执政经历让您愈发成熟，不仅您的臣民认为您是位伟大的君主，许多其他城市的统治者也将您奉为楷模。因此，我常常听闻邻邦的子民表示他们非常羡慕您的子民，希望也能接受您的统治。您从来不会傲慢自大地炫耀，也不会沉溺于堕落的享乐，您只专注于正义的统治，因此所有人都认可，您爱好和平却不会懦弱畏缩，您威严庄重却不会傲慢自大。因此，在您的性格中谦逊与气度并存，您也因此饱享尊严。您拥有极大的仁爱，允许那些卑微至极的人也能轻易地与您接触，您最杰出的行为之一就是为您的女儿们缔结了有利的婚姻，与远方别国的贵族家族联姻。您要比其他统治者更加热爱公共秩序与和平——这种和平是帕多瓦在公社政府或您家族其他成员统治时期都无法想象的，无论他们的政权持续多久——唯有您在帕多瓦边境的要塞建造了许多牢固的堡垒。您在任何方面的表现都让您的子民感受到自由与安全，您的统治不会让一滴无辜之血溅洒。此外，您还能安抚所有邻邦，无论他们是出于畏惧还是热爱，或者是出于对您卓越的仰慕，所以，多年来您统治的城邦欣欣向荣、和平安稳。然而，最终人类的对手，也就是和平的敌人（魔鬼）突然掀起了一场危险的战争，虽然您热爱和平，也从不畏惧恶魔的力量，但您仍勇敢地与威尼斯展开了持久的战斗，即便并没能得到您所期待的盟友的援助。当战局似乎最为有利时，您巧妙地缔结了和平，此举一石二鸟，人们不但赞美您的勇敢，同时也佩服您的政治头脑。从这些事例以及许多其他被我省略的事例中可知，您比任何一位帕多瓦的统治者和所有其他城邦的统治者都更加优秀，不仅在帕多瓦的臣民看来是这样，全世界也都会这么认为。

然而，对您详细地称道只不过是愉快的"热身"，尤其当事实本身已不言自明，任何对您批判的企图都将是徒劳无益。此外，由于缺乏批判您的素材，只要我一开口批判，立马就会以尴尬的沉默收场。鉴于此，我打算和您说说我已经决定的一个主题，我很肯定您对该主题已非常熟悉，我无须做进一步的阐述，不过即便对像您这样早就熟知该主题的人，或许偶尔老生常谈一下也并非无益。因为，即使我们的头脑已经很好地掌握某些知识，学得很透彻，并反复运用这些知识，但当受到他人言语的刺激时，我们的头脑仍然会回忆起这些旧知识，并且更容易沿着它自己的道路前进。因此，我将要讨论的是几乎人尽皆知，却往往被人忽略的事情，即一位被委以治国重任的统治者应当具备何种品格。我很清楚这个主题很容易就能引发长篇大论，但我只准备以一封信的篇幅来阐述。对一些人而言，只言片语要比盈篇累牍更有启发，况且，无论作者是谁，聆听者的思维要远比作者的雄辩更加重要。实际上，我还是想重复我经常说的话：在您心中一定有颗小小的火种，这颗火种在煽动下会不断燃烧，最终迸发出熊熊烈火。若没有了这颗火种，就成了毫无意义地煽动着一堆死灰。我希望（实际上我确信），在您身上不仅有星火余烬，更有炽热燃烧的炭火，这是伟大德性的火焰，杰出的头脑懂得运用一切所闻。我仍然记得，一封信是如何激发出您的卓越，这是一封由明智头脑写成的信，即布鲁图斯（Marcus Brutus）写给西塞罗的那封信。在很长一段时间里，您除了这封信之外几乎不言其他。我过去经常对自己说：倘若您不是德性的真挚好友，您也不可能因为这封精简的杰出之作而深受启迪。此外，我感到无比愉悦，因为是我搜罗到这封遗失很久的信，将它从人们的遗忘与忽视中重新带回到您的眼前的。

但是，在我开始讨论我刚才说的这个主题之前，请您重温一段西塞罗的名言，我猜您也知道这段话。像您这样的人无疑都想成为一名

优秀的统治者,一旦您明白,好的统治者意味着好的国家本身,您将会迫不及待地聆听从《论共和国》卷六中选取的片段:

> 大西庇阿对此也深信不疑,因而你也许要比他更渴望捍卫国家:所有那些保持、援助或扩展祖国疆土的人,都将在天堂拥有一席之地,他们将在天堂享受永恒的幸福生活。因为,对于用正义统治全宇宙的神而言,尘世间的一切没有比所谓的"国家"更能让至高无上的神欢喜的了。国家的统治者和守护者来自天堂,他们最终也将回到天堂。

可以想象,这段话应该发生在天堂。所有渴望统治并愿为天堂的犒赏去奋斗的人,有谁能够完全屏蔽内心的渴望,与卓越为敌,蔑视真正的幸福?尽管这段话出自异教徒之口,但他的思想与基督教真理或宗教信仰并不相悖,即便在涉及造人和灵魂的教义时,我们和他们在思维方式上有很大的不同。

现在,我将像我自己所承诺的那样,讨论一国之君应做的事情。我希望您边读这封信边审视自我,如同盯着镜子中的自己。如果您从我所描述的话语中看到了自己(这种情况无疑会很频繁),请好好享受这感觉。愿您每天都能更加虔诚,忠于赐予我们所有良善、禀赋和美德的上帝;愿您能不辞辛劳,战胜千难万险,并通达到您此时此刻还难以触及的神圣境界。另外,如果您有时候感到很难达到我所描述的标准,我建议您双手捂脸,揉搓掉写在您脸上的盛名,那样您才有可能因此变得更加光彩夺目。

君主应当具备的第一个品质就是友善,永远不要让好的公民心生畏惧,即便当面对坏公民时君主不得不凶狠,但他这么做也是出于正义的考虑。正如使徒所说:"因为他是神的用人,是与你有益的。你若作恶,却当惧怕,因为他不是空空地佩剑。"没有什么能比希望让所有人惧怕自己更愚蠢、更易破坏国家安定的了。无论是古典时代还是当今时代，有许多君主都一心想要让人畏惧，他们深信没有什么能比惧怕和残忍更有利于他们维持权力了。谈及这种想法，蛮族皇帝马克西米努斯（Maximinus）就是个例子。事实上，这种想法简直荒诞至极，相反，受人爱戴要比令人畏惧更为有利，除非我们讨论的是孝子畏惧慈父这种情况。其他任何形式的畏惧都与统治者的愿望截然相反。统治者一般都希望统治长久、生活安稳，但令人畏惧则与这两个愿望背道而驰，只有受人爱戴才与长治久安的目标一致。无论是政权长久还是生活安稳，都和畏惧相悖，而善意却能同时促成两者，该论断得到过西塞罗（或由讲述真理的西塞罗所说）的肯定。他说："万物中，唯有爱才能迅速获取并且长久地保持安稳，畏惧则是离安稳的目标最为遥远的。"西塞罗进一步说道："畏惧只不过是伺候在权力身边的可怜的侍卫，但是，爱则能够永久地确保权力的安危。"您很清楚，西塞罗非常重视这个问题，那我就再来引用一段他的原话："要做一名人人爱戴的公民，要对得起国家，被赞扬、被推崇、被爱戴是光荣的；但若被畏惧，成为仇恨的对象则是可耻可恨的，是懦弱与腐败的证明。"

现在，似乎没必要再谈安稳的问题了，因为不会有人在政治上愚蠢无知到不去相信这一观点，即畏惧总会威胁并终究会破坏安稳。这种畏惧源自臣民，而非统治者，因为受到威胁的首先是臣民的安危。对此，以智慧和学识闻名的罗马骑士拉贝里乌斯（Laberius）曾经对恺撒说过一句名言，我将以此作答，他说："让众人心生畏惧者必将反过来畏惧众人。"我将用西塞罗的话来加强这个观点，或许这样更具说服力，他说："那些希望被人畏惧的人，最终免不了会惧怕那些曾被他欺凌恐吓的人。"西塞罗这个观点的核心盖出于恩尼乌斯（Ennius），对此我们不用回避，恩尼乌斯说："人们憎恨那些令他们畏惧之人。无论人们恨的是谁，都希望看到憎恨之人死去。"我想补充一点，只要是众人想要的，就一定渴望实现，正所谓众志成城。

尽管真实情况如我刚才描述的那样，仍然会有人说："只要他们畏惧我，他们就可以仇恨我。"这正是欧里庇得斯（Euripides）让那位残忍的暴君阿特柔斯（Atreus）说的话。绝不比阿特柔斯好到哪去的卡里古拉（Caligula）每天也都在重复实践着这个想法。许多人甚至想把恺撒也归入这类暴君的行列中去。如果真是这样的话，倒是有点奇怪；因为尽管恺撒的所作所为是为帝国荣耀考虑，但我想说，在很大程度上恺撒所做的一切都还算温和仁慈，并且他是那么慷慨，所以他应当被爱戴而不是被畏惧。例如，他从来不为自己保留从无数次胜仗中赢得的战利品，除了会拿些战利品作为礼物犒赏其他人，关于这点，最权威的作家可以作证。实际上，恺撒待人非常仁慈，连西塞罗自己也曾写过，恺撒最习惯于忘却的就是过往的伤痛。饶恕过去的过错的确是一种完美的复仇；将他们彻底忘记则更加完美。最让人惊讶的是，西塞罗指出，这恰恰是恺撒最高贵的品质，要知道在西塞罗眼里，恺撒通常亦敌亦友。还想要更多的事例吗？我不想再多提恺撒拥有的其他伟大的品质，我只想说，恺撒要比其他人具备更多美德，只是许多美德并没被人们充分认可。事实上，在推翻恺撒的人当中，许多人都曾从恺撒那获取过巨大的财富与名誉，恺撒把自己胜利中获得的特权赐予那些人，却宽恕了所有敌视他的行为与伤害。不过，无论是恺撒的慷慨还是他的仁义最终都没能帮到他。在恺撒的葬礼上，帕库维乌斯（Pacuvius）的这句诗很有道理。

> 我，一个不幸之人，竟要拯救那些将我带入坟墓的无耻之人。

在恺撒的例子中，我们不妨发问，引发仇恨的原因是什么？因为针对恺撒的阴谋中肯定不乏仇恨。我能够想到的唯一的原因就是，恺撒稍带傲慢的仪态举止让他凌驾于习俗之上，因为在别人眼里，恺撒享有不合理的荣誉，并篡夺了无限的权力。罗马根本没有准备好忍受君主式的傲慢，这种傲慢在恺撒的后继者身上有增无减，恺撒与那些后继者比起来似乎都算得上是谦卑之主了。然而，恺撒的权力与财富仍没能保护他不受多数人的憎恶，因而重点就是要搞清楚，到底如何才能赢得被统治者的爱戴。因为憎恨是毁灭之源，而爱戴则是昌盛之本。前者致使统治者垮台，后者则能够保护统治者。

我想说，大爱在本质上与私爱相同。塞涅卡说："我要让您知道，有一种爱的配方，它无法用草药等成分制成，也并非制毒者所下的毒咒。如果您想被爱，那就去爱。"这就是我想要说的，尽管还有许多可以述说的，但塞涅卡的这句话囊括了一切。还需要什么魔法的艺术？还需要什么回报或付出？爱是无偿的，只要有爱就能够找到爱。有谁能够如此铁石心肠，不想回报一份高尚的爱？我是指"高尚"的爱，不高尚的爱根本就不是爱，那不过是隐藏在爱的伪装下的仇恨。用这种爱去回报另一个人龌龊卑鄙的"爱"，这就好比是两种罪行的叠加，不免沦为他人可耻的欺骗行为的一部分。我不想再过多地讨论这个话题，让我们回归高尚之爱的主题。

事实上，从这个话题讨论中您应该得到极大的愉悦，因为您的臣民是那么爱戴您，您在他们眼里似乎并不是高高在上的君主，而是"一国之父"。几乎所有的古代君主都享有这个头衔；有些君主当之无愧，但另一些则根本不配，他们与国父的头衔简直相去甚远。奥古斯都和尼禄都被称为"国父"，前者确是真正的国父，后者却是其祖国与宗教的宿敌。然而，国父的称号与您相得益彰。在您的臣民（我是指真正追求帕多瓦的和平与福祉的臣民）当中没有谁不这么认为的，他们都将您奉为国父。不过您必须继续努力以便对得起这份尊荣；您的无私付出将会令该尊荣永垂不朽。我希望，在受到鼓励和激励的情况下，您能够一如既往地按您长期以来的方式继续统治下去。

此外，您当知晓，要想配得上臣民对您的敬仰，您必须始终伸张正义并且善待臣民。您是否真想成为臣民的父亲？那么您就应该像对待自己的亲生孩子那样为您的臣民着想。我并不是说您必须像对待自己的孩子那样，给每一位臣民同样多的爱，我的意思是，您应当用爱自己孩子的那种方式去爱您的每一位臣民。因为，至高的立法者上帝并没有说"像爱自己（那么多地）一样去爱他人"，而是说"（方式上）要爱人如己"。这句话意味着，在爱的方式上要真挚，不带有欺骗，不为利益或奖赏，而是要以真爱的精神和自发的善意去爱。另外，我主张（无意质疑他人观点）您该爱的并不是每个公民个体，而是同时爱全体公民，也不是像爱一个孩子或父母那样，而是像爱自己那般。虽然就个体而言，对每个人都会有个人情感，但是就国家而言，所有的情感都被包括其中。因此，在方式上，您待臣民要像爱自己孩子那样，或者甚至（如果我可以这么说的话）要像爱自己身体或灵魂的一部分那般。因为国家是个有机的整体，您就是它的心脏。并且，这种爱的行为可以通过正义的言行举止来加以表现，最关键的是（如我所说），要奉行正义并忠于职责。因为谁会不爱一个总是和颜悦色、公正无私、乐于助人且始终以朋友自居的人呢？如果我们在这些优秀品质的基础上，再加上一位好君主素来习惯给予臣民的物质利益，那么在臣民之间肯定会产生一种难以置信的良善之风，这种善意将成为一个持久政府坚实而美好的基石。

所以，丢掉武器，解除侍卫，遣散雇佣军，偃旗息鼓吧！把所有用来对付敌人的这一套都收起来，因为对待您的臣民，爱已足矣。西塞罗说："君主不该由军队包围，而是应该被其臣民的爱戴与善意所围绕。"我所理解的臣民，是指那些渴望国家稳定长存的人，不是那些总是尝试改变的人，那种人只配被视为反叛者和公敌，而非臣民。这些想法让我想到了奥古斯都的一句名言："任何不希望扰乱城邦现状的人都是好公民，是好人。"因此，那些与之相反的人无疑就是恶人,他们不配被称作公民,也不配享有好人的身份。在任何情况下,您的本性总是很好地引导着您,所以您也已经赢得了公民的爱戴与善意。实际是,这些品质不仅是通往荣耀的道路,它们更是一条救赎之路。大西庇阿的父亲曾经对他说:"要爱正义和责任,两者对于父母家人非常重要,但对于祖国而言更是如此。这种生活是通往天堂的道路。"向往天堂之人又怎会厌恶那通往天国的阶梯?

无数事例表明,军队武器并不能帮助邪恶不公的统治者抵御来自被压迫者的愤怒。这里只需引证几个人尽皆知且最生动的例子。对于卡里古拉来说,他的那些赶来保卫他的日耳曼护卫又有何用?又如,当尼禄身处险境之际,他被告知士兵们都已擅离职守,护卫也都四散而逃。与之相反,奥古斯都、韦帕芗、提图斯却根本不需要士兵卫队。想想奥古斯都临终前,你在其病榻旁看不到任何武装的护卫,只有友善的臣民,他与朋友交谈并拥抱心爱的妻子,与其说奥古斯都是气数已尽,毋宁说他是被哄骗入睡了。此后,奥古斯都的遗体被妥善安葬,荣耀至极,百姓也都珍藏对他的记忆。提图斯虽然英年早逝,但他也是在百姓对他的感恩戴德中安然离世的。按苏埃托尼乌斯的说法,提图斯的死更像是一幕人间悲剧。实际上,我若没搞错的话,所有在治国理政中走到生命尽头的君主都当牢记:明君离世是安详幸福的,他们的死将百姓置于悲痛和险境,但对昏君而言,情况却恰好相反。尽管我前面提到的许多君王都是安详地离世,他们的名字在人们的敬爱中被牢记;但同样也是在罗马这座城市里,提图斯的兄弟图密善(Domitian)却遭暗杀,连罗马元老院也对此拍手称快,(我见过记载)用严厉的谴责和诽谤玷污了图密善的名声。不仅如此,元老院还下令推倒并摧毁图密善的雕像,把他的名字从碑文中抹去,消除一切关于图密善的记忆。同样地,加尔巴(Galba)的头颅被砍下并插在一根矛上,由随营仆从一路上带着,穿过所有敌视加尔巴的营地,让他遭受所有人的嘲笑。维特里乌斯身中数刀倒地而亡,死后又被碎尸万段。装有其尸块的袋子被勾着四处拖行后，最终被丢入台伯河。

我将略去其他许多不得善终的皇帝的例子。这些皇帝在死法上的巨大差异难道不是与他们活着时为人处世的方式直接相关吗？鉴于此，明智的奥勒留皇帝，将自己作为一名哲学家的所学糅合到帝国统治的艰巨任务中。在对许多前任皇帝的事迹进行讨论后，奥勒留总结到，每一位君王生前的作为决定了他的死法。奥勒留预言他自己将被归入那些安息的君主的行列。事实也确实如此。这是一位明智而又伟大人物的观点，但每一个聪明人都会同意，人应当尽可能端正体面地活着，这么做的目的除了能获得许多其他好处之外，也是为了能够得以善终。当然，用经年累月的努力去换取一个体面的临终也并非伟大之举，根据最佳观点，只需短暂的某个瞬间便可通往永恒。对此，我们不该胡思乱想，也不必感到惊讶，我们穿过死亡的狭窄之门进入一个巨大的空间，犹如我们驾着一条小船穿越了浩瀚的海洋。同理，我们通过瞬间的死亡走向了永恒，就像灵魂告别了肉体，永垂不朽。

下面，我将谈谈正义，它具有非常重要且高贵的职能，给予每个人他所应得的，也不让任何人无故受罚。即便有正当理由惩罚某人，您也应该尽量带有怜悯之心，要以天堂的审判者和永恒之主（上帝）为榜样。因为我们当中没有人是无罪的，人类天生带有原罪，没有谁会不需要同情怜悯。因此，渴求正义的人也必须仁慈。尽管仁慈与正义看似截然对立，事实上两者密不可分。正如圣安布罗斯在他的著作《论皇帝狄奥多西乌斯之死》(*On the Death of the Emperor Theodosius*) 中说："正义就是怜悯，怜悯就是正义。"因此，这两种品质不仅相连，更是合二为一。然而，这并不是说您可以让杀人犯、卖国者、罪犯和其他恶棍坏蛋逍遥法外，因为如果您对少数犯罪分子心存怜悯的话，您就等于在伤害绝大多数的臣民。我的建议是，您应该仁慈地对待那些稍微偏离正道、暂时误入歧途的人。但要切记，过分的怜悯之情以及不加以区分的宅心仁厚只会导致更大的残忍。

正义之后赢得公民爱戴的最好的方法就是慷慨。即便一国之君无法做到让每个个体受益，他至少要让公民整体受益。没有人会敬仰那个既不能给个体又不能给整体带来好处的人。当然，我所说的敬仰是针对君主而言的；在朋友同辈之间的敬爱则是另一码事，它完全是自足性的，友爱既不求又不指望好处回报。在公共慈善方面，包括修复寺庙和公共建筑，奥古斯都要比其他任何君主都值得赞扬。李维称之为"所有寺庙的建造者和修复者"。苏埃托尼乌斯也说过类似的话："奥古斯都不无理由地自夸道，他把砖砌的城市变成一座大理石城。"同样重要的是修筑城墙，这为奥勒良（Aurelian）赢回了些声誉，否则他就是一位残忍血腥的暴君。在奥勒良不到六年的统治时间里，他把罗马的城墙扩大到如今的规模。因此，历史学家弗拉维乌斯·沃皮斯库斯（Flavius Vopiscus）写道："罗马城墙的周长几乎达到五十英里。"我相信这是根据古代的度量体系得出的数据。祖先的勤劳让您免去了修筑城墙的工事，在全意大利，甚至整个欧洲，我并不认为有哪个城市的城墙比帕多瓦更加壮观。

但我相信，古人对于铺设道路的重视丝毫不亚于修筑城墙。战争时，城墙给人以安全感，但道路即便在和平时也非常有用。两者的主要区别在于，城墙由于自身规模而持久耐用，道路却因川流不息的人马交通很快受损，尤其是沉重的"塔尔塔四马车"（Tartarean carts），我希望厄瑞克透斯（Erichthonius）从未发明过这种车。四马车不仅损坏路面、破坏房基、影响周边居民的安宁，它还会扰乱那些试图沉思者的思绪。因此，我恳请您关注下帕多瓦的街道，长期疏于管理的道路已经开裂，严重毁损的路面急需改善。我想您愿意解决这个棘手的任务，不仅是因为您要对帕多瓦市及其居民负责。我知道，城市的美丽和居民的安居应当是——实际上也是——最让您挂心的，但修复街道同样也符合您的利益。我从不知道还有谁像您这般酷爱骑马——

我并不单指君主，而是指所有人——或许除了您父亲之外，他爱花大量时间骑马走遍国家各地。我并非在指责您的这一爱好，因为您的首要职责显然就是管好帕多瓦，像您这样的好君主总会让忠于您的臣民满意；然而，您该注意，您做热衷于做的事情时也应该注意安全。所以，您该把骑马爱好中的危险性与难度去掉，将之变为一种人们都乐于接受的娱乐活动。

请把修葺帕多瓦道路的工作交给某个致力于您的利益及城市福利的人去做吧。如果您任命某位出身高贵的人去干这件貌似肮脏卑下的工作的话，不要担心您就是在伤害他。因为在一个诚实正直的公民看来，任何能为其祖国带来福祉的工作都不会是卑贱的。历史已为我们提供了证明。从前，在底比斯有一位勇敢博学的人叫伊巴密浓达，他——如果我们只考虑德性，而不顾及运气的话，因为运气总会让一些不配的人得势——是希腊的领袖人物，或者至少说是领袖之一。关于这位伊巴密浓达，有记载写到，底比斯的荣耀随他生而生，随他亡而亡，但他的同胞却反对他——民主国家经常有这种情况——于是伊巴密浓达被派去清扫大街，这个工作在底比斯被视为最肮脏的活儿。底比斯人希望借此能减少伊巴密浓达身上的荣耀与声誉。然而伊巴密浓达并没有反抗这种惩罚，甚至连一句怨言都没，他立马接受了这项指派给他的工作，并说道："我接受这个任务，不会认为我会因为它而受辱；相反，我认为能够通过自己双手劳动，把通常被视为卑鄙低贱的工作变得高尚，这将给我带来尊严。"伊巴密浓达用自己杰出的行动使得清扫街道这项之前即便是社会最底层的平民也鄙视的工作很快赢得了声誉，扫大街变成了包括有名望者在内的所有人都竞相追捧的工作。我希望您能把扫街的工作也委托给某位勤劳诚实的帕多瓦公民，这样的话，您很快就会看到许多人都会争抢着去扫街，在广大公民的积极热情下，这片古老的土地将会面貌一新。

接着，我想写件看似极其荒诞的事情，您近日来阿尔卡探访我时，我也和您讨论过这个话题。您的多次探访让我倍感荣耀，尽管我也感到受宠若惊。我们讨论的主题非常明了。帕多瓦是一座美丽的城市，她的领袖家族有着高贵的血统，城市建在沃土之上，她的起源可以一直追溯到几个世纪前，甚至早于罗马建城。此外，帕多瓦拥有许多知名学府，有众多教士和杰出的宗教领袖，还有令人印象深刻的寺庙，包括普罗斯多西莫主教（Prosdocimo）、安东尼修士和殉教者嘉斯廷娜（Justina）的庙宇。我所想的并非无足轻重，还有一点就是，帕多瓦有您作为她的统治者和保护者。最后，维吉尔在诗里也赞美过帕多瓦。这座在各方面都如此杰出的城市，现在却变成——只要您不移开目光便能轻易地发现——猪群四窜的丑陋牧场！随处都可听见讨厌的猪叫声，随处都可以看见猪在用鼻子拱地。这是多么污秽的场景，是多么恼人的噪音！我们已经忍受这些畜生很久了，那些到访帕多瓦的客人也被这些猪给震惊到。这种情景让所有见者都避之不及，对于那些骑马者则更是糟糕，随处乱跑的猪群始终都是滋扰，有时还会构成危险，因为这些臭气熏天的顽劣的牲畜会惊吓到马匹，骑马者会因此从马背上跌落。我想起上次和您讨论这件事的时候，您曾说过有一条古老的法规，规定任何人发现街上自由游荡的猪，都可以扣押，并处以重罚。然而，谁不知道万物皆变的道理，就像人会长大变老，（法令作为）人类的创造不也一样吗？即便是罗马法也被废弃，如果不是因为经院学派刻苦钻研罗马法的缘故，很有可能罗马法已完全被抛诸脑后。您认为城市法是做什么用的？让我们再度运用这古老的法律，重新起草并对外公告，对牧猪者处以重罚。同时，派官员赶走在街道上乱跑的猪，这样的话，那些在城市里放猪的人在付出代价后会明白，他们不得蔑视法律去做法律规定不许做的事情。让养猪户把猪都圈养在农场，没有农场的养猪户把猪关在自己家里。那些连家都没有的人更不能被允许去破坏其他公民的家，也不能破坏帕多瓦的市容市貌。不能让养猪户认为，他们能不受法律约束，随心所欲地把帕多瓦这座著名的城市变成一个大猪圈！有些人或许认为这是件微不足道的琐事，但我既不认为这事琐碎也不认为它微不足道。相反，恢复帕多瓦昔日威严的工作不仅在于重大工程，更事关细枝末节。当然，细枝末节中多少都会涉及城市管理，您必须关注城市礼仪，让所有人的眼睛都能共享欢乐，让市民为城市面貌的改进感到骄傲与欣喜，让外来者感受到他们来到的是一个真正的城市，而不是什么村庄。这就是您能够为帕多瓦所做的，如果您能这么做，我认为您也是在为自己积德。关于这个问题我已经说得够多了。

这个问题又会带出另一个问题。在整修好帕多瓦市内以及从帕多瓦通往外面的主要道路后，我希望您能够不遗余力地排干城市附近的沼泽水洼。这样您就能够改进城市周边本就美丽的乡郊，并且充分发挥其作为著名的欧加内山区（Euganean Hills）农田的真正价值，把这片本该盛产葡萄美酒并蕴含智慧的土地上的沼泽排干，这样就能恢复被污秽肮脏的沼泽所阻碍的谷物种植业了。通过这个举措，您便能将实用与美观结合起来，真正做到一举多得。我恳请您实施这项工程，您会因此获得祖上不曾有过的荣耀，因为他们要么不曾想过，要么不敢去实践这项工程。上帝将助您完成这高尚的任务。大自然也会助您一臂之力，因为所有沼泽都位于海拔较高处，这就便于排水，让沼泽的水流到地势较低的地方，流入周边河流，然后再流入大海。这一代人会因此享有更多肥沃的良田、更美丽的乡间，以及更加健康怡人的气候。未来的几代人也将会因为这项举措而牢记您的大名。

我常因那些慵懒之辈说这项工程无法实现而感到愤怒，我通过常识和欧加内山区居民的判断可知，这项工程不仅可行，而且还易于操作。慷慨的君主，如您愿意着手此事，必将带来可喜的成果。您不应该认为这样的项目有损您的尊严，因为恺撒就曾以完成这样的任务为荣。关于这点，苏埃托尼乌斯写到，恺撒在他临死前不久，曾计划排干蓬蒂内沼泽（Pontine Marshes），挖一条连通科林斯港（Corinth）的地峡隧道,这样就能有效地促进北部和东部地区的海上贸易。我希望您也能致力于类似的重大工程。我所讨论的沼泽就像蓬蒂内沼泽一样并不远,它们就在您的眼前。趁您还年轻,健康与体力都正当年时,赶紧下令清理干净那恶臭的沼泽。我不想您为此嘲笑我,为了避免让您觉得我只会夸夸其谈,我打算为了这项排沼工程的完成贡献自己一份绵薄之力,即便我不是帕多瓦公民。君主应当做何贡献?我们又该对他人抱何期待?如果有人想知道我会做出什么贡献,答案将在恰当时机公开。当前,我将把罗马被释奴对奥古斯都所说的话作为我的回答,被释奴说:"至于我,主人,我将做出在您看来最适合我新身份的行为。"但是,您应当先着手处理我之前提到的修复道路的工作,因为修路工程相对简单也更光彩。我曾经听说,有一部分专门用于这类工事的公共资金,所以不需要再向百姓另外征税,也不需要消耗国库资金或您个人财产,便可完成这类民生工程了。

实际上,我并不否认,也不是不知道这个道理,即一国之君应该谨慎地避免一切多余无用的财政支出。这样他就不会耗尽国库,也不会在真正需要开支时弹尽粮绝。因而,君主不该把钱花在任何无助于促进城市美观与良好秩序的事情上。简言之,君主不该自恃为国家之主,而是应该像国家的守护者那样谨慎仔细。这是哲学家(亚里士多德)在其巨著《政治学》中提出的建议,该建议中肯有用,显然与正义一致。不这么做的统治者都将被视为国家的窃贼,而不是国家的捍卫者和保护者。人们应当牢记哈德良皇帝的话,我不知道他是以君主还是公民的身份说这话的。无论哪种情况,埃利乌斯·斯巴蒂阿努斯(Elius Spartianus)在谈到他时写道:"他经常在集会和元老院讨论国家政策,他在治理罗马时好似明白,罗马并非他个人财产的一部分,而是属于罗马人民。"我再重复一遍,哈德良所做的一切、他的所有花费开销都清清楚楚,显然,哪怕不是对罗马人民,至少是对神,哈德良也必须给出个交代。同样,奥古斯都在病榻上也非常恰当地把权杖给了元老院。任何一位值得尊敬的人——无关其社会地位——在掂量过每一种可能性后行事的人，即便他不用对任何人负责，他都可以针对自己的行为，向每一个人给出一个完整且诚实的交代。该行为与对责任的定义是一致的（如西塞罗所说）："所谓责任，只要你不忽视德性本身，你就无法忽视责任。"既然你的灵魂必须对它自己和它的良知负责，而良知如果不满意，就会让你感到悲伤和不愉快，那么为什么没有人对你负责（这个问题）就很重要呢？即便提比略并非最好的君主之一，但是他在元老院所给出的承诺完全值得信任，理应被奉为最佳，他说："我保证总是会对自己的言行举止有个交代。"提比略所做的已超过了我们所要求的，因为他不仅对自己的行为负责，还对他的言语负责。

谈到统治者在治国理政中应当具备的节制，我们不妨以韦帕芗皇帝为例。尽管皇帝在改进公共设施上一贯慷慨大方，但是当一位工人想用非常低廉的价格把巨大的石柱运到卡比托利欧山上时，韦帕芗感谢这位工人开出的"公道"价格，但他不同意这么做。皇帝说道："让我为我可怜的平民们提供面包吧。"这就是一位正义且值得称赞的好君主的当务之急，他尽一切努力让平民减少饥饿，他尽可能地为百姓提供充足的粮食，让幸福成为人们忠实的伴侣。关于这点，奥勒留皇帝有过一句再贴切不过的话，他说："没有谁比罗马人更能感受到粮食充足带来的幸福感。"这个道理在任何一个民族身上都适用：相较于道德缺陷带来的失望，食物匮乏更容易使人绝望。因此，物质保障要比精神更能给人带来幸福感。

这种关怀不仅可以给人民带来幸福，同时还能为统治阶级带来安全。没有人会比一个饥肠辘辘的平民更可怕，因为据说"饥饿的平民无所畏惧"。实际上，不仅是古代的事例，还有当代的例子，尤其是最近在罗马城里发生的事件都能够证实这种说法。在这方面，恺撒的审慎尤其值得称赞。恺撒在与高卢人还有日耳曼人作战时，总是非常关心粮食供给的问题,他一回到罗马便立刻派遣船只从富饶的岛屿上运回粮食,以满足罗马人民对粮食的需求。奥古斯都也同样关心粮食问题。据记载,当粮食短缺时,奥古斯都总会降价售粮,有时候还会挨个地向罗马人民慷慨赠粮。君主完全能因这种政策而受赞誉,因为制定这些政策的动机是出于对国家真正的爱以及为了赢得百姓的好评,这样百姓才会更加乐意地接受征税,更加自觉自愿地忍受困苦。当奥古斯都通过降低粮食价格,或免费发放粮食,从而缓解罗马人民的饥荒(如我前文所述)时,他已经充分地展示了爱民之心。然而,就是这位奥古斯都在平息供酒不足带来的民怨时,给出了尖刻冷漠的回答。这就表明,奥古斯都之所以给百姓提供粮食,并非为了巴结他们,而是出于对其臣民安康的考虑。奥古斯都告诉人们,罗马有足够多的水渠来满足口渴者的需求,这些水渠是由其女婿马库斯·阿格里帕(Marcus Agrippa)刚刚新建的,此外,流经罗马城内的台伯河也总能提供饮水。说实话,粮食与美酒之间是有很大差异的:前者为生存之必需,后者则常常有害健康。当然,对于那些经常追求饮酒乐趣而不顾健康的人而言,美酒要比面包更能让他们感到欢愉。但一位明智的好君主总是更加关心什么是有益的,而非什么是愉悦的。

仓廪充实俨然已成为君主职责的一部分,即便是昏庸的君主也无法完全不管粮食的问题。因此,好君主更应该勤于观察粮食是否充足。在此至关重要的问题上,您真的是得到了上帝和自然的眷顾,您所统治的地区物产丰饶,您完全有能力从您的地盘上向外出售大量的粮食,无须去进口粮食。然而,我建议您即便在丰收季节,也该做好歉收的准备,当有未雨绸缪的防患意识,而不是只看眼下收益,这样才能在始料未及的变化面前保护好您自己还有您的国家。

至此,我不知道在关于君主应当如何行事的问题上,我自己是否说得太多还是太少了。毋庸置疑,沉迷于设宴、马戏,以及展示珍禽异兽的行为是毫无用处的;这些只能给感官带来瞬间的愉悦和享乐,但对于一位好君主而言，这根本就是些低级趣味。因此，我建议好君主应该避开这些兴趣，即便在一些疯狂粗俗的暴民眼中，这些兴趣是令人欢快的。对此，我根本无法尊敬制定相关政策的古罗马领袖，尽管他们明白这类趣味是低级虚荣的，但为了讨好一些人，他们还是纵容了这类粗俗趣味，把本该用于真正所需之处的国库资金消耗在这上面。不过如果我接着开始悉数那些犯下这种错误的领袖，逐一叙述他们疯狂的行径的话，恐怕我很快就会言语无序，并完全离题。所以，我将立马回到正题上来。

当统治者出于公共需要的情况下，下令向其臣民征收某种新的税收时，他应该让所有人都明白，这种做法是万般无奈并与其意愿相悖的。简言之，他该表明，若不是因为迫不得已，他绝对不会征收新税。倘若君主能够拿出一部分自己的钱财来缴税的话，这将更有助于提高其良好的声誉。这么做等于在向民众表明，君主作为人民的领袖，也同样是人民的一员，与此同时他还要展现出他的稳健适度。罗马元老院在第二次布匿战争时就是这么做的，元老院听取了执政官瓦勒留斯·莱维努斯（Valerius Laevinus）的建议，此举被之后数代人都传为佳话。无论是多么高的苛捐杂税，总要让它看上去是合情合理的。尽管下面这句话并不是出于一位好君主之口，但我们还是不要忘记提比略曾给出的至理名言。他在写信给一位行省官员，要求对地方行省新增苛捐重赋时说道："好的牧羊人应该剪羊毛，而不是扒羊皮。"如果这种说法适用于罗马诸行省的话，难道它不应该也同样适用于罗马自身？因为我只希望将您与那些最杰出卓越的君主加以比较，所以我恳请您能够遵循和效仿那些值得称道的言行举止。当您的征税者试图用巨额利益来诱惑您时，请您以安东尼·庇护（Antoninus Pius）为榜样，据说他从来不会因为从行省百姓身上榨取到的任何收入而感到快乐。您又何尝不是想要减少对自己的臣民所造成的任何伤害？同样，君士坦提乌斯（Constantius）也说过一句让人击节称道的话，他说："我宁可把公共钱财分发给我的臣民，也不愿意让那些钱锁在我的宝库里。"君士坦提乌斯的这种想法包含了两层含义。首先，财富掌握在多数人手里要胜过被一个人独享；其次，个体公民应该通过自己的勤奋劳动去获取财富。如果只是出于贪婪而让金钱如粪土般堆积如山，这又能算得上什么财富？谁不知百姓的财富就是君主的财富？反之亦然。正如卢坎所说："仆从贫困则有害，这种祸害是针对主子而言，而非仆从自己。"

还有其他更容易赢得臣民爱戴的方法——我承认，对于一位傲慢的君主来说，那些方法很难，但是对于一位性情仁善的君主来说，则是简单愉快的。例如有这么一则逸事："哈德良皇帝曾喜欢一天去探访病患两到三次，后来发展成探访军队将士，再后来就是被释奴。他用安慰让人们重燃希望，用鼓励让人们精神振奋。他总会邀请他们中间的一些人与自己同桌进餐。"性情再乖戾的人，在面对主子如此热情善意时，有谁不会被感动？没有人比您更具备这些品质。因此，您所需要做的就是遵从善的本能，这样便能得到您想要的一切。请对那些饱受疾病困扰，或受其他不幸煎熬的人深表同情吧，若可以的话，您应当帮助他们。我相信您已经这么做了。当我们被劝说去帮助那些我们爱的人时，除了野蛮人，有谁会不为所动。

此外，正如人民对您的爱戴最容易通过仁慈和慷慨来获取，对应地，没有什么能比残忍和贪婪更能勾起人民对您的仇恨了。如果将两者加以比较便可知，残忍更可怕，贪婪则更普遍。尽管残忍更可怕，但却只能影响到一些人；贪婪虽然不可怕，却会影响所有人。不计其数的暴君和君王都因为这两种恶劣品质而身败名裂，导致他们几个世纪来一直被憎恨与诟病。但我认为一点也没有必要和您讨论残忍的弊端，因为您不仅对之并不陌生，并且您在行为上始终都积极抵制残忍。我断定，像您这般仁慈的人很难做出，甚至是很难想要做出伤害他人的残忍举动。残忍乃卑鄙无耻、变化无常、阴险奸诈之人的品性——这种人与您大相径庭——只要有一线机会,这种人很快就会复仇。这种恶意并非人类本性,尤其与君主的尊严相悖,因为君主的权力足以复仇。为此,哈德良皇帝的一句至理名言长期以来广为流传。当哈德良还是个普通公民时,有个人与他为敌。此人看到哈德良当上了皇帝后非常害怕,不安地等待着哈德良对他的各种惩罚,但哈德良却表情平静地对他说道:"既往不咎。"关于这点已无须赘述,在我看来,仁爱似乎就是对人性的最高表达。若没有了仁爱之心,一个人不仅不是个好人,甚至根本就不能被称为"人"。

然而,要想从性格中完全剔除贪婪就更难了。什么人能真正做到无欲无求?但我恳请您,蒙主恩典的您是能够以高尚的方式生活的,是能够抑制住贪婪的欲望的。所谓贪婪是欲壑难填、永不知足,任何被贪婪牵制的人,当他觊觎他人财产时,就会失去自己的财产。您或许会质疑这种说法?可以肯定的是:无论是谁,当他非常渴求某样东西但又苦于无法得到时,他常常就会忘记自己已经有的东西。这种人会失魂落魄,迷失方向,一心贪慕荣华,根本察觉不到大难当头;我想不到还能有什么比贪欲更能让人备受煎熬了。您不该像大多数人那样对自己说:"此刻我很好,但下一刻我又会怎样?"人根本就无法预料下一刻会发生的事情,所以这种杞人忧天的想法难道不是愚蠢至极吗?将这种无用的想法抛诸脑后吧,常言道:"将自己托付给上帝,主将庇佑你,主将永保正义。"您何必徘徊?何必惧怕?何必担忧?您难道不知上帝会看护您?您有位好的牧主,上帝永远不会让您失望,上帝永远不会抛弃您。此外,又有常言道:"向上帝倾诉您的需求,信任主,主会眷顾您。"或许有人会说,这种说法对僧侣有用,却不适合君主。这样的批判者并不理解,君主也应该信奉上帝,敬爱并信任上帝,因为君主已从主那里接受更多的益处。对于赐予你一切的上帝却还吹毛求疵,这就是忘恩负义。从褴褓到弥留之际,上帝无时无刻不在关心照料着你,上帝从不放弃对你的希望,即便你不对上帝抱有希望；事实上，自打胎儿在母亲子宫内发育的那刻起便已如此。

一旦您克服了这种不好的贪欲，我将告诉您另一种无可指责的好的贪欲。您必须要对德性的宝库以及对杰出荣耀的美誉有所欲求。这种财富是小人与奸人无法侵蚀的，是窃贼趁天黑无法盗走的。除非是在战争中（如最近发生的那样），或者是一些无法避免的困境下，您都该远离任何希望自己的主人以牺牲他人为代价去攫取财富的小人。实际上，绝大多数的廷臣都会这么怂恿君主。因此，您应该将所有向您如此谏言的人都视为破坏您良好声誉与高尚灵魂的敌人。这群奸诈的廷臣怂恿君主像他们一样去偷窃掠夺他人财产，导致民愤积攒。奸臣鱼肉百姓并欺君罔上，他们不仅毁了自己也毁了君王。关于这点，马里乌斯·马克西穆斯（Marius Maximus）说过一句至理名言——埃利乌斯·兰普雷杜斯（Elius Lampridius）在关于罗马皇帝亚历山大（Emperor Alexander）的历史中有记录——原话是："由一位坏君主统治的国家要比由拥有一群坏朋友的君主统治的国家更加幸福和安全；因为，如果坏人只有一个，他在众多正直者的影响下会变好，但如果是一群坏人的话，那么（君主）根本无法凭借一己之力控制住他们，无论君主本人是多么正直。"这位亚历山大皇帝是明君，他不仅本人拥有与生俱来的美德，他还有许多朋友。据兰普雷杜斯记载，亚历山大的朋友"正直不阿且受人尊敬，他们从不刻薄恶毒，不偷窃，不煽动民心，不狡诈，不集结作恶，不与正义结仇，不贪婪好色，不残暴冷酷，不欺君罔上，不嘲弄他人，不哄骗蒙蔽君王。与之相反，他们正直、节制，虔敬地拥戴他们的君主，他们既不嘲弄君王，也不希望君王成为他人嘲弄的对象，他们不兜售任何东西，不撒谎，不胡编乱造，从不会为了赢得君主青睐而使用阴谋诡计"。因而，兰普雷杜斯认为，这才是君主应当结交的朋友。还有另一类人，君主应像躲避瘟疫一样远离他们，要像对待人民公敌那样驱逐他们。这类廷臣最擅长作恶搞乱，他们总是憎恶好人。不仅如此，这种人总是迫切地想教导君王贪婪之道，如果君主被他们说服并走上了邪路，就会变成十恶不赦的人。如果贪婪对公民而言是魔鬼，那么对君王而言肯定更可怕。

就像君主具有伤害（他人）的能力，鄙视卑贱行径也同样可以是君主的优良品质，因而君主若贪婪并渴求钱财的话，是非常可耻的。这并非没有道理，明君马库斯·奥勒留（我之前偶尔有所提及）曾经说过："对君主而言，贪婪乃万恶之首。"正是因为贪婪，珀蒂纳克斯（Pertinax）与加尔巴残酷压榨百姓。因此，任何推崇美德并希望享有美誉的人都应该避免并且鄙视贪婪的恶行。但至关重要的是，君主必须先要避免贪婪，因为君主是人民的领导者，君主肩负着守护举国之财富乃至国家本身的重任。如果君主治国有方，他肯定认为金钱是肮脏卑污的腐败，他会去获取最受赞誉的财富，即纯洁通明的良心，以及对上帝和同胞的爱。那些听从个人欲望的人终将自取灭亡，因为他们贪婪的野心永远无法得到满足，他们必将遭受上帝和同胞的憎恶。智慧与经验都一致认为——永不变更的真理——对金钱的贪欲只会日益膨胀，永无休止。关于这点，伊壁鸠鲁给过一个最好的建议，他说，想要变得富有，无须增添钱财，而要克制欲望。显然，那些所谓的"财富"实际上都不是真正的财富，倘若真是财富的话，就一定会让人富有，但事实却不是。事实上，所有曝于日光之下的财富都无法让人富有，倒不如思考下那至理名言：放弃贪欲才能更贴近自然。

实际上，有许多种获取金钱的方式，如亚里士多德在《家政学》中指出的那样，而当今在君王身边的廷臣们又新增了无数其他的方式。结果就是亚里士多德在金钱问题上似乎变得浅薄无知。然而，一位好君主应该鄙视并谴责这些廷臣，如同他应当仇视任何背离正义的权宜之计。君主应该时刻将最博学最智慧者的箴言牢记于心：唯有公正诚实之物，方才是有用之物。有些廷臣，若是良臣则无人可比（这种情况极为罕见），若是奸臣则恶贯满盈（这种情况却极为普遍）；在这个问题上,我会和您谈谈我最后的想法,但这实际上并非我的想法,而是戴克里先(Diocletian)皇帝的思想。尽管戴克里先残酷迫害基督徒,但他仍然可被纳入杰出君主的行列。若我没记错的话,在一本关于奥勒留生平的书上,有一段戴克里先曾说过的话:"五人中的四个聚在一起,计划着欺骗君王,他们告诉君王哪些政策是他应该首肯的。这位君王在自己的宫殿内与世隔绝,也无法知道事实的真相。君王只能相信这些人告诉他的话,他罢免了本该留任的忠臣,任命了不该上任的奸臣。"还有什么可说的?戴克里先一定会说:"即便是善良、明智、正义的君王也常会被蛊惑。"当那位君王最终被迫下台时,他总结道:"没有什么比良好统治更难的了。"事实也确实如此。君主应该明白,在统治的过程中不可能同时享受到幸福与轻松;或许有些君主能够(一边轻松统治,一边)发现幸福,但我认为这种情况并不多见。若您不信,就去问问那些具有丰富统治经验的君主。

接下来,我想和您谈一个无论怎么反复强调提醒都不为过的问题,那就是,永远不要把国家的统治权力交给任何一位廷臣,永远不要让帕多瓦多出一位除您之外的君主。历史上曾有许多君王,他们提拔了随从大臣,却因此自贬权威,遭受臣民藐视与鄙视,最终毁在那些曾被他一手提拔起来的人手里,在人们的嘲笑中变得一贫如洗。尼禄的前一任皇帝克劳狄乌斯(Claudius)就是因此遭世人鄙视的。克劳狄乌斯对许多一无是处的被释奴青睐有加,如波西德斯(Posides)、菲利克斯(Felix)、纳西苏斯(Narcissus)和帕拉斯(Pallas),派这些人去管理罗马行省,他们掏空了罗马帝国与克劳狄乌斯自己。最终,克劳狄乌斯沦落到向他从前的奴仆、如今的富人乞讨的地步。苏埃托尼乌斯写道:"克劳狄乌斯不得不依靠这些人及他们的家室,他更像是卑贱的奴仆,而不是一国之君。"克劳狄乌斯被这些人牵引指使,做事愚蠢且残忍。皇帝埃拉伽巴路斯(Heliogabalus)也犯下同样的错误。让人心灰意冷的是,埃拉伽巴路斯让身边的人大权在握,允许他们卖官鬻爵。据兰普雷杜斯记载，一群奸诈不实的人玩弄皇帝于鼓掌，使得埃拉伽巴路斯"比他原来更像一个傻子"。狄第乌斯·尤里安（Didius Julianus）也同样因此受人责骂，因为他把统治权力完全交给了那些本该听命于其权威的人。当然，历史上总是有些愚蠢昏庸的君王做出这种让人难以忍受的事情。但我知道，您绝非这类昏君，您的所为全都杰出非凡。不过，除非您至少能够达到甚至超越历史上那么多杰出君王取得的成就，否则您还是无法实现我和许多人的心愿。若您做不到的话，我不认为这是您能力不足，而是因为您意志薄弱。

我们明明可以援引像奥勒留皇帝那样任人唯贤的杰出君王的事例，却为何只讨论那些平庸的君王呢？因为这类事例非常适合用来谆谆告诫每一位像您一样追求卓越和治国的君主，应当格外留意，不要让自己（像许多杰出的君主那样）掉入这种恶习的陷阱，它会利用君主（您所具备）的仁慈性情作为借口。虽说效仿杰出人物是不错，但您也不要事无巨细地亦步亦趋。人总会偶尔犯错，不可能始终尽善尽美。

但您会说，或许您已经对自己这么说了，说我是在建议您对您的廷臣忘恩负义。如果我果真如此的话，我自己又怎么能享有您给予我的恩赐？难道我会真的建议您吝啬小气？绝不会！对于君主或任何人来说，没有什么比吝啬更可恶的了。万事无绝对，美德也会有偏差，恶习也会有益处。只有忘恩负义不会令任何人满意，反过来，心存感激不会得罪任何人。您有许多东西可以用来赐予值得嘉奖的人，如马匹、衣服、武器、杯盏、武器、宅子、土地等。据《圣经》所记："恐怕将你的尊荣给别人。"我清楚地知道，您不仅乐意与您的朋友分享您的权力，甚至愿意分享您的生命。但我恳请您——不仅为了您自己，同时也是为了上帝让您来统治的国家——别这么做。让诸多不称职的人骑在百姓头上，不可能再有比这个更糟糕、更有害于帕多瓦人民的事情了。当前，所有人都视您为君主，人们尊敬您、仰慕您，甚至崇拜您，在百姓看来，您的廷臣并非统治者，他们只是被您派遣去执行您命令的代表而已。廷臣是既不尊贵也无权威的普通人，唯有您才能享有尊贵与权威这两者。还有其他原因表明我所说的是非常重要的。据我观察，许多公民在遭受一个人的苛刻统治时，通常能表现出令人难以置信的忍耐力；相反，一个公民在遭受多人要求他尊敬和顺从时，就会变得愤怒和反叛。其实，除非是我完全搞错了，否则这个话题在您一年多之前大驾光临我寒舍的时候，我们已经讨论过了。

我若继续和您讨论其他类型的朋友的话，就会显得多余，有些朋友并非为了谋求您的财物，他们就是敬重您的为人。这个话题真没必要多说，因为您自己就是最可信、最正直的友谊的培养者之一，西塞罗也有本专门讨论这个话题的精致小书。总而言之，可以说人世中没有比友谊更甜蜜的了，友谊是继德性之后最为神圣的东西。那些凭借自身实力与能力来统治的人，尤其需要结交愿与他同舟共济的真正的朋友。永远都别要求朋友做任何不光彩的事情，自己也不要以朋友的名义去做任何不光彩的事情，但光彩的事情是永远不会遭朋友拒绝的。您应当遵从如下原则：朋友之间，做任何事情都要同心协力，朝着同一个方向共同使劲；只要是朋友之间达成的共识，就永远不要因为其他想法、恐惧、迫在眉睫的危险而轻易地改变。每个人都该像爱自己一样爱朋友，漠视地位或财富上的差异。简言之，要按毕达哥拉斯的话去做，他要求："众人拧成一股绳。"同样，在圣经中也有关于真正友谊的表述，《使徒行传》写道："全体信徒一心一意，没有一个人说自己的财物是自己的，他们凡物公用。"如有人把"友谊"定义为忠于并热爱基督，我一定不会驳斥他，因为我相信，除非把基督作为共同的根基，否则就不可能存在友谊，或任何坚实稳固的交情。但同时，我也同意异教徒哲学家的观点，即如果不能同时拥有真正的智慧与德性，就不会有真正的友情。我无法苟同某些人的愚蠢诡辩，他们认为从来就没有，以后也不可能有所谓"智慧"的东西。我并不是在讨论某种不可能的事情，而是对人类的创造力充满信心，并且我们必须把我刚刚讨论过的友谊也归入其中。尽管我们很难说出自己与哪个朋友之间的友谊能够达到像小西庇阿和莱利乌斯（Laelius）那样完美无瑕的程度，但人与人之间仍常会有某种愉快美好的友情。在这种关系中从来不会有任何摇尾乞怜的阿谀，也不会有轻蔑贬损的言语，更不会有诽谤、不和及叱责。事实上，友情总是会为朋友带来快乐和荣誉，带来和平、和谐、友善的氛围。友情中不会有虚假矫饰和表里不一，这种情感只会是纯洁的、坦诚的、开诚布公的。拥有这种友谊的朋友之间可以共享很多：建议、工作、荣耀、财富、能力，乃至生命。我们知道，在历史上有许多关于这类友谊的事例，它们经常被人称道。我已经就这一点谈得很多了，您现在很容易就能分清楚友谊的真假。

从现在起，我将要讨论的都是事先并没考虑过的话题，但凡我脑海中跳出我认为是重要的话题，我都会动笔记下来。在我刚才讨论的友谊以及要对朋友慷慨的话题外，我想再补充一点。马提雅尔（Martial）的一句话在今天听起来尤其正确，他说："财富总是流进富人的腰包。"的确，有许多奸诈狡猾的人成为富人。西塞罗描述过一种根据利益算计而乐善好施的方法，尤其对一些慷慨的人行善施恩，因为他们肯定会加倍偿还您的善意。但是您却恰恰相反，您做善事从不求回报，您给人恩惠纯粹是为了能够从中获得心灵上的快乐与宁静，与贪婪的习惯形成对比。您不会随意白送自己的钱财，总是把它们给最需要的人，您还把从其他富人那里得到的捐赠送给贫苦的人。在这个方面，亚历山大可作为您的先例，（如我所说）当亚历山大还是一位年轻的君主时，他就已经这么做了。我并非不知道自己刚刚提出的建议似乎自相矛盾。虽然，我并没富有到令人心生嫉妒的地步，但您和您父亲的慷慨馈赠足以让我衣食无忧，在我看来这意味着至高的财富。不过我并没考虑到自己或者其他人，我给您提这些建议纯粹是以您的最大利益为出发点的。

　　我还想和您讨论另一件应该会非常合您意的事情。我知道，慷慨要比谦逊更能为君主带来赞誉，或许这并没错。但是，我真的认为这两种品质都值得称赞，并且慷慨与谦逊并不像一些愚笨者经常认为的那样，是相互排斥的。在这个问题上就和在所有问题上一样，愚民（的观点）永远是错的。愚民视宽宏为傲慢，视谦逊为胆怯，这两种观点都很荒唐。我希望您在成功时、在与百姓相处时能够谦逊；在逆境时、在面对您的敌人时能够宽宏。君主在这两种情况下都不算是胆怯的或傲慢的。在我看来，谦逊实际上在众多德性中处于第一位。然而，一些愚蠢盲目的统治者认为，除非自己以飞扬跋扈的姿态，摆出一副高人一等的样子，否则就不算是伟大的君王。这真可谓是愚昧无知。恶毒透顶的君王卡里古拉并不满足于人间荣耀，他希望自己能被当作神来崇拜。因此，他下令在神庙中为自己塑像，能让这位绝对不配受神一般敬重的君王被人们膜拜。卡里古拉甚至为自己建造了一所庙宇，让祭司在其金像前献祭。卡里古拉还做了许多自认为能给他带来更多荣耀的事情，但这只能暴露出他的愚蠢透顶。还有谁能比罗马皇帝康茂德（Commodus）更邪恶、更残暴？然而，即便是对这样一位最邪恶的君王（其父是伟大的皇帝奥勒留），人们还像供神一样给他献祭。人们按大力神赫拉克勒斯（Hercules）的样子为康茂德打造了神像。别说是神了，康茂德根本连人都不能算，他是残酷凶猛的野兽。甚至连埃拉伽巴路斯这样邪恶透顶的君王也开始受到膜拜。所有这些君王完全都该被当场杀死，他们的尸体都只配被投入台伯河或阴沟里。

　　我承认自己根本不想讨论这些罪行，我为这种罪恶滔天的人曾是我们的君王而感到忧伤和羞愧难当。我之所以讨论这些，并不是因为我享受这么做，完全是事实使然。同样，当今的一些北方蛮族也不该因为我这么说他们而迁怒于我，因为我是为了说出事实真相，而不是出于仇恨才这么说他们的。我不恨任何人，我恨的是恶行本身，而我们意大利人作恶要比其他人作恶更让我感到愤恨。与此相似，如果一个农夫在他自己的田地里发现了岩石、蒺藜等有害物，肯定要比在别人田里发现这些东西更令他烦恼。但我实在是受不了那些一无是处的北方民族夸夸其谈，他们总是吹嘘夸耀自认为的成就与辉煌。不过我将回到主题上来，免得与那些根本不在场的人发生新的争执。

继这些昏君之后，皇帝戴克里先也想被当作神来崇拜，他在自己的鞋子和衣服上都镶满了珠宝，掀起了罗马皇帝服饰的新潮流。这对原本严肃古板的人来说是一件新奇的事情，他退位后过上了宁静的生活。所以，我认为这种对排场的渴望并非出于对真正荣耀的渴望，而是脆弱的心智所致。在卑贱之人看来，当上了高官犹如升入了天堂，因此得意忘形，自我失控。相反，对于真正宽宏坦荡的统治者而言，任何世俗的荣耀都不算什么，他不会僭越本分。比如，最伟大的君王恺撒·奥古斯都并不觊觎神圣的荣耀，也不愿意自己受人膜拜。事实上，他甚至都不希望人民，甚至是自己的子孙称其为"帝王"（lord）。（据苏埃托尼乌斯说）奥古斯都相信"'帝王'之称应该像诅咒或辱骂一样遭人鄙弃"。因而，奥古斯都禁止使用"帝王"的称号，通过用带有威胁性的词汇、表情和手势来谴责那些胆敢称他为帝王的人。亚历山大也是这样做的——我不是指那位狂妄自大的马其顿国王，他在征服了波斯后，自己却被波斯文化所征服。受疯狂所驱，这位亚历山大开始希望自己能受到神一样的膜拜，根据波斯信仰自诩为神之子，这严重危害了真正的宗教实践。所以我所说的另一位亚历山大，他是罗马皇帝，我已多次提及，他不仅禁止人民对他进行膜拜，甚至要求人们只能以"你好，亚历山大"这样的方式与他打招呼。如果有人胆敢向他低头鞠躬或称呼他为皇帝的话，亚历山大要么勒令此人马上离开，要么大声嘲笑此人。

我对您以及您的信仰是那么了解（这么多年下来，我不可能不了解），我毫不怀疑"君王"头衔对您来说更多的是一种忍耐，而非欢愉。我不只一次地听您说过，而且几乎是在宣誓的情况下说的，作为帕多瓦的君主对您而言并非一种乐趣，倘若不是担忧入侵者有可能攻克城池、奴役帕多瓦人民，并迫使您屈从于新君主的话，您非常愿意放弃帕多瓦君主的头衔。另外，我也更加希望您只是个自由的公民，而不是统治的君王，那样您便可以靠自己的财富生活，还可以——像不用心系国家大事的重要人物那样——享受宁静舒适的生活，并能安度尊贵体面的晚年。这一切都充分地向我表明，除非您视某物为无价之宝，否则您不会引以为傲。但由于积习难改、习俗难废，所以，如果帕多瓦人民想要称呼您为"君主"的话，就让他们去吧。毕竟，您还是可以按自己认为合适的方式称呼自己。我知道，您在演说或落笔时从来都不会自称"君王"，这与其他大多数君王的做法完全不同。您在信尾落款时只写自己的名字，不加抬头；您在致辞发言时只用单数人称，而不用复数——不仅是对上级，对平级和下级也是如此。哪怕是对我（没有比您更谦逊的了），您也从来不像其他君王那样说"我们"（we），而是说："我希望，我恳请，我命令。"当我读到您信中的这些短语时，我很高兴，我对自己说，如果某人真是自恃清高的话，其在写作风格上也一定会傲慢无礼。其他君王都希望自己代表了众人，但他们甚至都代表不了自己，实际上他们什么都不是。在这方面，您做得很好，您是出于本能地、不知不觉地在效仿古罗马的伟大君王。看看尤利乌斯·恺撒还有奥古斯都写的信吧（有些内容您也可以在约瑟夫和苏埃托尼乌斯的著作中看到），在他们的信中，永远没有"我们"，没有"我们希望""我们要求"这样的字眼，只有"我希望""我要求"以及类似的说法。实际上，就像您经常说笑的那样，那些喜欢用复数来称呼自己的人，他们不仅在说自己，更是把他们的妻儿、家仆等都包括了进去。但您只以自己的名义说话，是您（而不是他人）在发号施令。我无比敬仰您的性格、处事方式以及写作风格，这不仅是我前面提及的同时代领袖的风格，而且还是几乎所有古罗马君王的风格。我们可以从许多不同著作的诸多文字中得知这一点。我之所以提及此事，是希望您可以为自己的致辞风格感到自豪，而其他君王则应该自惭形秽，他们自认为那么做可以凸显地位的尊贵，但实际上却明显暴露出他们的卑微与胆怯。

此外，在您演说中流露出的谦逊之外，您还有另一种谦逊，那就是大家有目共睹的着装谦逊。人们对于优良品德的肯定，无非就是通过耳闻或者目睹，两者皆需通过思想和感觉来传达这种谦逊有礼、文质彬彬的印象。有许多君王在他们的臣民面前衣着华贵，甚至披金戴银，全身珠光宝气——就像节日当天装饰过的祭坛——他们认为只要披上华贵的服饰就能显得自己非常重要。然而，您却只求着装得体，您的君主身份既非通过华服，也不是通过显摆来证明，而是从您高贵的行为举止和固有的权威中自然地流露出来。这有其双重益处，反之则坏处翻倍。庸俗的显摆招人厌恶，并常会因他人模仿而造成危害。每个人都会尽力模仿君主的言行举止，因而有句话说得好，"没有什么能比一个坏君主的榜样更有害于国家了"。有位诗人曾说过一句至理名言："全世界都以君王为榜样。"因而可以认为，君主的坏习惯不仅对他们自己有害，而且还威胁到每一个人。关于这点，西塞罗在《法律篇》卷三中有一段恰如其分的描述：

> 身居高位者做坏事不可以胡闹论之——尽管坏事本身恶劣透顶——因为这些人有许多效仿者。如果回到历史中去，你将发现那些卓越显赫的伟大人物的特征在任何时代都会再现；无论这些伟人的生活发生什么样的变化，这种变化在其同时代所有人身上也都会发生。较之于对亲爱的柏拉图理论的信心，我们对此应该抱有更大的自信。柏拉图认为，可以通过改变民族音

乐的特点，从而改变一个民族的特征。然而，我相信，当一个民族的贵族阶层在习惯上还有生活方式上发生变化，那么这个民族的特征也会随之发生转变。鉴于此，上层阶级的行为不端对国家而言尤其有害，因为上层阶级不仅自身沉迷于为非作歹，他们的恶行还会影响到整个国家，不仅是因为他们自身腐败堕落，而且那些效仿者所造成的危害要远胜于他们犯下的罪行。

西塞罗的观点已说得够多了。实际上，我自己在和您还有他人讨论时，经常说："这位君主不会对任何人吹牛自夸，他不会把任何人带向浮夸。"我经常反思李维关于汉尼拔（Hannibal）的描述，他说："汉尼拔在穿着上与别人无异，只有当他佩带武器骑在战马上时才显得与众不同。"不过，这在战争时期对一名士兵而言并不算是一种赞誉，如有必要，战争时期应当排除一切舒适。您在和平昌盛时期展现出谦逊质朴，而和平昌盛正是过度奢靡之母。因此，考虑到您的服饰穿戴，我不该将您与刚才提到的汉尼拔加以对比，而是应该与奥古斯都比较，他的统治带来了普天同乐。据说，奥古斯都只穿家人做的衣服，他身上的衣服都是由他的妻子、姊妹、女儿、孙女等人缝制的。

如果我不是担心可能耗尽您的耐心（或许您已因我的絮叨而感疲倦），我还想跟您讨论许多话题。但是有一个话题我不能就此略过，这一将要讨论的行为能让君王同时获得尊重与崇敬（其实您在这方面并不需要任何劝导）。简言之，我恳请您褒奖名人，给予他们尊重并与他们交好。您对之是如此渴望，您不可能另有打算（即便您想）——您的本性也会阻止您这么做——因为统治者遵从自己本性的做法才是最好的做法。习俗是一种强制力，教育更是强大，不过本性才是最强，如果三者能相结合，则能发挥最大功效。在我看来，所谓卓越者就是那些拥有某种独特的品质并因此从芸芸大众中脱颖而出的人，这可以表现为无与伦比的正义或圣洁（这在当今几乎不存在），或者是军事技能与经验,或者是在文学和科学方面的杰出造诣。尽管(就像西塞罗在《论义务》卷一中说的那样)"许多人认为,军事科学要比统治经验更加重要,但这种观点其实大错特错"。西塞罗列举了许多古希腊和罗马统治者的例子,比如泰米斯托克勒斯(Themistocles)和梭伦(Solon)、来山得(Lysander)和来库古(Lycurgus)等。罗马人则有盖尤斯·马略和马库斯·斯考卢斯(Marcus Scaurus)、格涅乌斯·庞培(Gneus Pompeius)和昆图斯·卡图卢斯(Quintus Catulus)、小西庇阿和普布利乌斯·纳西卡(Publius Nasica),由于西塞罗本人也渴求名誉尊荣,于是他把自己也加入了这份名单中。实际上,我认为西塞罗的判断不无道理,西塞罗向元老院揭发喀提林阴谋并把阴谋者打入大牢,此举并不亚于安东尼(Anthony)在战场上打败喀提林,我毫不怀疑这两者给罗马带来的好处是相同的。

在所有具有统治能力而受人尊敬的人当中,第一位当属有识之士。在这些有识之士当中,拔得头筹的当属那些通晓利国之法的人。如果这些人在精通法律之外,还热爱并维护正义的话,那他们就是(像西塞罗所说的)"不仅通晓法律,还匡扶正义"。然而,有些人虽然懂法却不伸张正义,这些人根本配不上法学家的头衔。因为光有(法律)知识是不够的,还必须要有运用知识的想法。一名好律师在拥有法律知识的同时,还要有善意。有许多这样的律师,他们为古罗马及其他城邦增添了荣耀,比如阿德利安·尤利乌斯·塞尔苏斯(Adrianus Julius Celsus)、萨尔维乌斯·尤利安努斯(Salvius Julianus)、尼拉提乌斯·普里斯库斯(Neratius Priscus)、安东尼·斯卡沃拉(Antonius Scaevola)、塞维鲁斯·帕皮尼亚努斯(Severus Papinianus)、亚历山大·多米提乌斯·乌尔比安、法比乌斯·萨比努斯(Fabius Sabinus)、尤里乌斯·帕洛斯(Julius Paulus)以及其他许多人。您也是(在时代允许的范围内)通过扶持大学教育从而为国增光的。另外有些有识之士,您可以从他们那里听取谏言,与他们做有益的交谈，并（如亚历山大所说）进行文学创作。据说尤利乌斯·恺撒曾以这种方式，向医生和讲授自由艺术（liberal arts）的人授予罗马公民权。在有识之士当中，我们无疑应该最器重那些讲授神圣知识的人（我们称之为神学家），只要这些神学家能够远离荒唐愚昧的诡辩术。

　　智慧的君王奥古斯都曾为有识之士提供庇护，以此鼓励他们留在罗马，同时希望这种奖赏能够起到激励他人学习的作用，因为在当时罗马公民权被视为无上的荣耀。当圣保罗宣布自己是一位罗马公民时，审判此案的保民官对他说道："我用许多银子，才入了罗马的民籍。"伟大的君王啊，您的馈赠中并没有此项，但您可以这么做，向那些有识之士以及从事高尚研究的杰出人物授予公民权。只要您能仁慈慷慨地对待学者，帕多瓦必会挤满有识之士，帕多瓦大学也能恢复昔日的荣耀。没有什么能够比君王的友善和庇护更吸引优秀者。恺撒·奥古斯都之所以能够在其身边聚拢一批著名的学者和艺术家，凭的是他的热情友善与慷慨赞助，而不是凭借帝国的力量。奥古斯都的朋友最初有西塞罗，之后又有阿西尼厄斯·波利奥（Asinius Pollio）、瓦勒留斯·梅萨拉（Valerius Messala）、帕里乌斯·盖米诺斯（Parius Geminus）等演说家，以及维吉尔、贺拉斯等伟大的诗人，他与这些诗人有着私信往来。从这些书信中可知，作为世间最高的统治者，奥古斯都不仅将维吉尔和贺拉斯这两位乡村人——一个来自曼图亚，一个来自维罗纳——视为自己的平辈，甚至尊他们为长者。奥古斯都通过这个例子教导他人，任何统治者都不应该为自己与普通人的友谊而感到羞耻，那些普通人因为他们的天赋与学识而高贵。倘若连皇帝奥古斯都都不为此感到羞愧，有谁还会因这种友谊而羞愧？之后，奥古斯都还与图卡（Tucca）、克雷莫纳的瓦里乌斯（Varius of Cremona）以及苏尔莫纳（Sulmona）的奥维德结为朋友，尽管奥古斯都最终发现奥维德不值得交往，并将其逐出宫廷。还有包括马库斯·瓦罗（Marcus Varro）在内的其他人，其中最博学的人大概就是帕多瓦人提图斯·李维了。李维是历史学之父，如果他还活着的话，就是您的同胞。在历史上的特定时刻，这些人以及许多其他人都聚集到奥古斯都身边，这批杰出人物带给奥古斯都的荣耀丝毫不亚于罗马军团的赫赫战功。从为奥古斯都带来的荣耀来看，难道三十五个罗马部落或四十五个勇猛的罗马军团真的能够与他和伟大人物维吉尔的友谊相提并论？维吉尔因其盛名而永垂不朽，但部落军团却早已成为历史的尘埃。其实，有识之士被奥古斯都的慷慨所吸引，他们从希腊还有意大利慕名而来。请问：对于一位天资聪慧才华横溢的人而言，有什么比深受正直仁义之君的器重更能使其幸福和充实？我深信，若非被您的慷慨气度所吸引，在帕多瓦的大批学者很快都会离去。就我本人而言，我为您的庇护资助而拍手称道。虽然在某些时刻，军人会对您有用，他们在战争时期会有良好表现，但唯有有识之士才能够在关键时刻提供真知灼见，确保您的名声。况且，有识之士还能引导您通往天堂的正道，您可以沿循着这些睿智灼见拾级而上，万一迷失了方向，您仍然可以听从他们的建议忠告而回到正道。

恐怕我已说得够多了。在这封信的开头，我打算劝导您，在信的结尾，我想对您臣民的道德加以纠正。不过我现在想来，这可能是件无法完成的任务，因为想要改变那些从风俗中演化而来的习惯实属不易。这不能通过法律或君王去强制实现。因此，我改变了目标，不搞无谓之举。但我对于帕多瓦人民的一个习俗实在无法漠视。我不是在要求您，而是恳求您能够亲手纠正这种公共陋习。您千万别对我说，我希望您纠正的这个陋习并非帕多瓦独有，在许多城邦也同样普遍。这是一个关乎您自身尊严的问题，您正是因为独具天赋才卓越超群，帕多瓦也正是因为有您才超越了所有的邻邦。

您该知道，据《旧约》记载："以利沙得了必死的病。"《新约》记："按着定命，人人都有一死。"异教作家有言："死亡是确定的，哪一天死则是不定的。"即便任何一本书中都没有记载，但人类共有的本性告诉我们,死亡依旧是确定存在的。我不清楚到底是因为人类本性使然,还是出于某种固有的习俗,当密友亲朋离世时,人们总是无法抑制住悲伤和泪水,在葬礼仪式上也是痛苦哀号。据我所知,在其他城市,这种在公共场合嚎天动地的癖性都不像帕多瓦那样根深蒂固。若有人死了——不管死者是贵族还是普通人——群众表现出来的悲痛不会有很大的不同,或许普通人表现出来的悲痛要比贵族更多,因为平民更易于表露出他们的情感,不太会受控于到底应该怎么做;一旦某人停止了呼吸,人们便开始号啕大哭。我并不是要求您禁止人们表达悲痛,鉴于人类天性,这么做太难,或许根本就不可能。耶利米(Jeremiah)所言极是,他说:"不要为死人哭号,不要为他悲伤。"伟大的诗人欧里庇得斯写道:"考虑到我们存在的罪恶,我们应该为出生而哀叹,为离世而欢喜。"但这些哲学观点并不广为人知,普通人总会觉得这种观点不可思议且异乎寻常。

让我来告诉您我希望您能做的吧。比如说,有位年迈的贵妇去世了,人们抬着她穿过大街小巷,经过广场时可以听到大声的哀号,一些不知情的人很容易就会误以为哪个疯子跑出来闹事,或以为城市受到了敌人的进攻。等殡葬随从最后来到教堂后,鬼哭狼嚎更是加倍上演,教堂本该是唱赞美诗的地方,或虔诚地为逝者的灵魂轻声乃至默默地祈祷,但此刻教堂四壁却回荡着哀悼者的哭喊声,圣坛都因妇女的哀号而震颤。所有这一切仅仅就是因为有个人死了。该习俗有悖于任何体面高贵的举止,与您统治的城市很不般配。我希望您能改变这种习俗。实际上,我并不是在建议您,(若我可以的话)我是在恳求您。您该下令,悲恸的妇人必须待在家中,如果一定要通过哀号来表示悲痛的话,就让她们在家里哀号,不要出来妨碍公共要道。

恐怕我已说得够多,但仍不及我心中所想。尊贵的阁下,若在您看来我哪里有纰漏之处,还请海涵,愿您能考虑一下我的忠言。愿您长治久安!再见!阿尔卡,11月28日。

三、文艺复兴时期意大利思想家及代表作一览表

姓名	生卒年份	代表作
托马斯·阿奎那 （Thomas Aquinas）	1225—1274	1.《神学大全》Summa Theologiae（1485） 2.《反异教大全》Summa Contra Gentiles（1264） 3.《论君主政治》De Regimine Principum 4.《论对犹太人的统治》De Regimine Judaeorum
但丁·阿利吉耶里 （Dante Alighieri）	1265—1321	1.《神曲》Divina Commedia（1307—1321） 2.《新生》Vita nuova（1295） 3.《飨宴》Convivio（1304—1307） 4.《论俗语》De vulgari eloquentia（1302—1305） 5.《论世界帝国》De Monarchia（1312—1313）
帕多瓦的马西利乌斯 （Marsilius of Padua）	1275—1342	《和平的保卫者》The Defender of the Peace（1320—1324）
弗朗切斯科·彼特拉克 （Francesco Petrarca）	1304—1374	1.《名人列传》Biblioteca dei gigantic della letteratura（1337） 2.《阿非利加》Africa（1338—1339） 3.《论秘密》Secretum（1347—1353）
乔万尼·薄伽丘 （Giovanni Boccaccio）	1313—1375	1.《十日谈》Decameron（1348） 2.《大鸦》The Corbaccio（1354—1355） 3.《名女》De claris muliebus（1361—1362）
科鲁乔·萨卢塔蒂 （Coluccio Salutati）	1331—1406	1.《论僭政》De tyranno（1400） 2.《论法律与医学之高尚》De nobilitate legum et medicinae（1399） 3.《论世俗与宗教》De seculo et religione（1381） 4.《论命运与气运》De fato et fortuna（1396—1399）

续表一

姓名	生卒年份	代表作
莱奥纳尔多·布鲁尼 （Leonardo Bruni）	1370—1444	1.《佛罗伦萨颂》Panegyric to the City of Florence（1404） 2.《斯特罗齐葬礼演说》Oratio for the Funeral of Nanni Strozzi（1427—1428） 3.《论骑士》De militia（1422） 4.《佛罗伦萨人民史》Historiae florentini populi（1492） 5.《论佛罗伦萨的政制》On the Florentine Constitution（1439） 6.《西塞罗新传》The new Cicero（1413） 7.《论财富》On wealth（1420） 8.《家政学译疏》Household management（1420）
波焦·布拉肖利尼 （Poggio Bracciolini）	1380—1459	《论贪婪》De avaritia（1428）
弗朗切斯科·帕特里齐 （Francesco Patrizi）	1413—1494	《论君王教育》De regno et regis institutione（1481—1484） 《论共和教育》De institutione reipublicae
阿拉曼诺·里努齐尼 （Alamanno Rinuccini）	1426—1499	《论自由》De libertate（1479）
马泰奥·帕尔米耶里 （Matteo Palmieri）	1406—1475	《论公民生活》Vita civile（1435—1440）
詹诺佐·曼内蒂 （Giannozzo Manetti）	1396—1459	《论人的尊严与卓越》De dignitate et exellentia hominis（1452—1453）
巴托洛缪·普拉蒂纳 （Bartolomeo Platina）	1421—1481	1.《论君主》De principe（1470） 2.《论至善的政体》De optimo cive（1474） 3.《论名誉的真实性》De vera nobilitate（1472—1477） 4.《论真实与虚伪的善》De falso et vero bono（1471—1472）

续表二

姓名	生卒年份	代表作
皮埃尔·保罗·沃格利奥 （Pier Paolo Vergerio）	1370—1444	1.《论绅士风度与自由学科》*De ingenuis moribus et liberalibus Studiis*（1404） 2.《论君王品质》*On Good Manners*（1402）
奥雷利奥·利波·布朗多利尼 （Aurelio Lippo Brandolini）	1454—1497	《共和国与君主国对比》*Republics and Kingdoms Compared*（1492—1494）
巴托洛缪·斯卡拉 （Bartolomeo Scala）	1430—1497	《关于法律和审判的对话》*Dialogue on Laws and Judgments*（1483）
季罗拉莫·萨沃纳罗拉 （Girolamo Savonarola）	1452—1498	1.《论基督徒生活的廉正》*De simplicitate Christianae vitae*（1498） 2.《论十字架的胜利》*Triumphus crucis*（1497） 3.《论佛罗伦萨政府》*Trattato sul governo della città di Firenze*（15世纪，年份不详）
安吉罗·波利齐亚诺 （Angelo Poliziano）	1454—1494	《帕齐阴谋》*Della Congiura dei Pazzi*（1478）
尼科洛·马基雅维利 （Niccolò Machiavelli）	1469—1527	1.《君主论》*The Prince*（1513） 2.《论李维》*The Discourses on Livy*（1532） 3.《佛罗伦萨史》*Florentine Histories*（1532） 4.《战争的艺术》*The Art of War*（1521） 5.《曼陀罗》*La Mandragola*（1518）
弗朗切斯科·圭恰迪尼 （Francesco Guicciardini）	1483—1540	1.《意大利史》*Storia d'Italia*（1537—1540） 2.《关于佛罗伦萨政府的对话》*Dialogo del reggimento di Firenze*（1527） 3.《格言与反思》*Ricordi*（1512—1530） 4.《洛格罗尼奥论集》*Discorso di Logrogno*（1512）
乔万尼·博泰罗 （Giovanni Botero）	1544—1617	《论国家理性》*Della ragion di Stato*（1589）

四、译名表

Abbreviator	速记员
Acciaiuoli, Angelo	安哲罗·阿恰约利
Acciaiuoli, Donato	多纳托·阿恰约利
Accoppiatori	中枢委员会
Aemilius, Paulus	保罗·阿米里乌斯
Agricola, Rudolf	鲁多尔夫·雅各里科拉
Agrippa, Marcus	马库斯·阿格里帕
Alamanni, Jacopo	雅各布·阿拉曼尼
Albergati	阿尔贝加蒂
Albert the Great	大阿尔伯特
Alberti, Benedetto	本内狄托·阿尔贝蒂
Albizzi, Maso degli	马索·德利·阿尔比齐
Albizzi, Piero degli	皮埃罗·德利·阿尔比齐
Albizzi, Rinaldo degli	里纳尔多·德利·阿尔比齐
Alboin	阿尔博英
Alexander V	教皇亚历山大五世
Alfonso of Aragon	阿拉贡的阿方索
Ambrosius	米兰主教安布罗斯
Anacharsis	阿纳卡西斯
Anaxagoras	阿那克萨哥拉
Anghiari	安吉亚里
Antony, Mark	马克·安东尼
Aquileia	阿奎莱亚
Aquinas, Thomas	托马斯·阿奎那
Arianism	阿里安教派

续表一

Archbishop of Mitylene	米推利尼大主教
Archivio delle Tratte	佛罗伦萨选官记录档案
Arezzo	阿雷佐
Argyropoulos, John	约翰·阿基罗保罗斯
Arquà	阿尔卡
Arti maggiori	大行会
Arti minori	小行会
Assisi	阿西西
Asti	阿斯蒂
Athenodorus	阿忒努德鲁斯
Atreus	阿特柔斯
Atticus	阿提库斯
Augustus	奥古斯都
Aurelian	奥勒良
Aurelius, Marcus	马库斯·奥勒留
Avignon	阿维尼翁
Babylonian Captivity	巴比伦之囚
Balìa	巴利阿
Barbarossa	巴巴罗萨（即腓特烈一世）
Bartholomew of Cremona	克雷莫纳的巴托洛缪
Battifolle	巴提弗勒
Benedict XII	教皇本笃十二世
Benedict XIII	教皇本笃十三世
Benevento	贝内文托公国
Benvenuti, Lorenzo	洛伦佐·本凡努蒂
Bergamo	贝加莫
Bernado, Niccolò	尼科洛·贝尔纳多
Bibbiena	比比恩纳

续表二

Biondo, Flavio	弗拉维奥·比昂多
Bisticci, Vespasiano da	维斯帕西亚诺·达·比斯提齐
Boccaccio, Giovanni	乔万尼·薄伽丘
Bologna	博洛尼亚
Boniface VIII	教皇卜尼法斯八世
Boniface IX	教皇卜尼法斯九世
boni homines	贤人
Borgia, Caesar	切萨雷·博尔贾
Botero, Giovanni	乔万尼·博泰罗
Bracciolini, Poggio	波焦·布拉肖利尼
Brandolini, Aurelio Lippo	奥雷利奥·利波·布朗多利尼
Brandolini, Raffaele	拉法埃莱·布朗多利尼
Broaspini, Gaspare Squaro de'	贾思帕雷·斯卡罗·德·布劳斯皮尼
Bruni, Francesco	弗朗切斯科·布鲁尼
Bruni, Leonardo	莱奥纳尔多·布鲁尼
Brutus, Marcus	马库斯·布鲁图斯
Buggiano	布迦诺
Buonuomini	十二贤人团
Cambiatore, Tommaso	托马索·坎比亚托雷
Canossa	卡诺莎觐见
Capitano del popolo	人民首领
Capitoline	卡比托利欧
Capponi, Jacopo	雅各布·卡博尼
Capponi, Neri	内里·卡博尼
Capponi, Niccolò	尼科洛·卡博尼
Capponi, Piero	皮埃罗·卡博尼
Cardinal Albornoz	阿尔伯诺茨主教
Carrara, Francesco il Vecchio da	（帕多瓦领主）弗朗切斯科·卡拉拉

续表三

Casentino	卡森蒂诺
Casini, Monsignore Antonio	蒙西约利·安东尼奥·卡西尼
Castellanni	卡斯特兰尼家族
Castello, Città di	卡斯特罗城
Castiglionchio, Lapo da	拉波·达·卡斯蒂昂奇奥
Castiglione, Baldassar	巴尔达萨尔·卡斯蒂廖内
Castle of Quarata	夸拉塔城堡
Cato	伽图
Catulus, Quintus	昆图斯·卡图卢斯
Cavalcanti, Giovanni	乔万尼·卡瓦尔坎蒂
Censor	古罗马的监察官
Cento	百人会议
Ceres	席瑞斯（谷物女神）
Chancellor	国务秘书
Chancery	秘书厅
Charlemagne	查理曼
Charles V	查理五世
Chrysoloras, Manuel	曼纽尔·克里索洛拉斯
Ciompi Revolt	梳毛工人起义
Civic humanism	公民人文主义
Cividale	奇维达雷
Claudius, Appius	阿庇乌斯·克劳狄乌斯
Clement II	教皇克莱芒二世
Clement V	教皇克莱芒五世
Clement VII	教皇克莱芒七世
Cocles, Horatius	赫雷修斯·科克勒斯
Colonna	科隆纳家族
Commune	公社

续表四

Commune government	公社政府
Concordat of Worms	《沃尔姆斯宗教协定》
Consul	执政官
Consular commune	执政团公社
Consulte e Pratiche	《建议与咨议》
Conspiracy of Catiline	喀提林阴谋
Contado	近郊领地
Corinth	科林斯港
Corsini	科西尼
Cosimo de' Medici	科西莫·德·美第奇
Coucy, Enguerrand de	恩格兰德·德·孔熙(法国勋爵)
Council of the Areopagus	(雅典)最高法院
Council of Commune	公社大会
Council of Constance	康斯坦茨大公会议
Council of People	人民大会
Council of Pisa	比萨大公会议
Council of Seven	七人管理委员会
Council of Seventy	七十人会议
Council of Ten	战事十人委员会
Cremona	克雷莫纳
Cromwell, Thomas	托马斯·克伦威尔
Damasus II	教皇达马苏斯二世
Dante Alighieri	但丁·阿利吉耶里
Dati, Gregorio	格列高里奥·达蒂
De Militia	《论骑士》
Decembrio, Pier Candido	皮埃尔·坎迪多·德琴布里奥
Decembrio, Uberto	乌博托·德琴布里奥
decemviri	罗马十人团

续表五

Demosthenes	德摩斯梯尼
Dialogues	《对话集》
Digesta	《学说汇纂》（又译《法学汇编》）
Diocletian	戴克里先皇帝
Dion	迪翁
Distretto	远郊区
Dodici Procuratori	十二人行政委员会
Dogana	海关
Dominican Order	多明我会
Domitian	图密善
Ducat	达克特（硬币）
Dufay, Guillaume	纪尧姆·迪费
Duke Humphrey of Gloucester	格洛斯特公爵汉弗莱
Duke of Berry	法国贝里公爵
Duke of Urbino	乌尔比诺公爵
Duke of Valentino	瓦伦蒂诺公爵
Eight of Consultation	八人顾问委员会
Emperor Charles V	查理五世皇帝
Emperor Maximilian	马克西米利安皇帝
Ennius	恩尼乌斯
Epaminondas	伊巴密浓达
Ephors	（斯巴达）监督官
Erasmus, Desiderius	德西德里乌斯·伊拉斯谟
Erichthonius	厄瑞克透斯
Este	埃斯特家族
Etruria	伊特鲁里亚
Euganean Hills	欧加内山区
Eugenius IV	教皇尤金四世

续表六

Euripides	欧里庇得斯
Exarchate Pentapolis	总督区五城
Faenza	法恩扎
Ferdinand of Aragon	阿拉贡国王斐迪南二世
Ferrara	费拉拉
Ficino, Marsilio	马西利奥·费奇诺
Fiesole	菲耶索莱
Filelfo, Francesco	弗朗切斯科·菲勒尔福
Fioraia, Tommasa della	托玛莎·德拉·菲奥莱雅
Flanders	弗兰德斯
florins	弗罗林金币
Fondi, Onorato da	奥诺拉托·达·丰迪
Forlì	弗利
Francesco, Niccolò	尼科洛·弗朗切斯科
Francis I	法兰西斯一世
Frantellanza	兄弟会
Fregoso, Tomaso di Campo	托马索·迪·坎波·弗雷戈索
Friedrich I	腓特烈一世（即红胡子巴巴罗萨）
Galba	加尔巴
Galeazzo, Giovanni	乔万尼·加莱亚佐
Gallixtus II	教皇卡利克斯图斯二世
Gateluxius, Dominicus	多米尼克·盖特卢修斯
Geminus, Parius	帕里乌斯·盖米诺斯
Genoa	热那亚
Gente nuova	新人
Ghibelline	吉伯林派
Giannotti, Donato	多纳托·詹诺蒂
Giano della Bella	贾诺·德拉·贝拉

续表七

Gino, Neri di	内里·迪·吉诺
Girolami, Remigio de	雷米焦·德·吉罗拉米
Gonfaloni	旗
Gonfaloniere	十六旗手团
Gonfalonier of Justice	正义旗手
Gonzaga	贡扎加家族
Great Council	大议会
Gregory VII	教皇格里高利七世
Gregory XI	教皇格里高利十一世
Guarino Guarini of Verona	维罗纳的瓜里诺·瓜里尼
Guelf	圭尔夫派
Guicciardini, Francesco	弗朗切斯科·圭恰迪尼
Guicciardini, Giovani	乔万尼·圭恰迪尼
Guicciardini, Luigi	路易吉·圭恰迪尼
Guinigi, Paolo	帕罗·奎尼吉（卢卡领主）
Hadrian	哈德良皇帝
Heliogabalus	埃拉伽巴路斯
Henry IV	亨利四世
Henry V	亨利五世
Hildebrand	希尔得布兰德（罗马副主教）
Holy League	神圣同盟
Imola	伊莫拉
Innocent III	教皇英诺森三世
Innocent VII	教皇英诺森七世
Isabella of Castile	卡斯蒂利亚的伊莎贝拉一世
Isocrates	伊索克拉底
Joanna II	乔安娜二世
John of Salisbury	索尔兹伯里的约翰

续表八

John II of Castile	卡斯蒂利亚国王约翰二世
John XXII	教皇约翰二十二世
John XXIII	教皇约翰二十三世
Julianus, Didius	狄第乌斯·尤里安
Justice Council	正义会议
King Ferrante	（那不勒斯）国王费兰特
King of Bohemia	波西米亚国王
King Dejotarus of Galatia	加拉提亚国王迪约塔鲁
King Ladislaus of Naples	那不勒斯国王拉迪斯劳
Laelius	莱利乌斯
Laertes	莱耳忒斯
Laevinus, Valerius	瓦勒留斯·莱维努斯
Lampridius, Elius	埃利乌斯·兰普雷杜斯
Landino, Cristoforo	克里斯托弗洛·兰迪诺
Landucci, Luca	卢卡·兰杜奇
Lateran Council	拉特兰会议
League of Cambray	坎布雷同盟
League of Cognac	科尼亚克同盟
Leonardo of Chios	希俄斯岛的莱奥纳尔多
Leonardo, Piero di	皮埃罗·迪·莱奥纳尔多
Leonello d'Este	莱奥内罗·埃斯特
Leo IX	教皇利奥九世
Leo X	教皇利奥十世
Ligarius, Quintus	昆图斯·里加鲁
Lodi	洛迪
Lombard Congregation	伦巴第圣会
Loschi, Antonio	安东尼奥·洛斯基
Louis of Anjou	法国安茹的路易

续表九

Louis XII	路易十二
Lucca	卢卡
Ludovico	卢多维科
Lycurgus	来库古
Lysander	来山得
Machiavelli, Niccolò	尼科洛·马基雅维利
Magnario	马涅亚利奥
Magra	马格拉河
Maiores	大族（上层）
Manetti, Giannozzo	詹诺佐·曼内蒂
Mantua	曼图亚
Marches	马尔凯
Marcellus, Marcus	马库斯·马尔塞鲁
Marius, Gaius	马略
Marquess of Mantua	曼图亚伯爵
Marsilius of Padua	帕多瓦的马西利乌斯
Marsuppini, Carlo	卡洛·马尔苏比尼
Maximilian I	马克西米利安一世
Maximus, Marius	马里乌斯·马克西穆斯
Medici, Catherine de	凯瑟琳·德·美第奇
Medici, Cosmo de	科西莫·德·美第奇
Medici, Giovanni de	乔万尼·德·美第奇
Medici, Guiliano de	朱利阿诺·德·美第奇
Medici, Lorenzo de	洛伦佐·德·美第奇
Medici, Piero de	皮埃罗·德·美第奇
Mediocres	中层
Mercado nuovo	新市场
Messala, Valerius	瓦勒留斯·梅萨拉

续表十

Milan	米兰
Mirandola, Giovanni Pico della	乔万尼·皮科·德拉·米兰多拉
Milites	骑兵
Milvian bridge	米尔维安桥
Minerva	密涅瓦（智慧女神）
Minores	小民（下层）
Modena	摩德纳
Moglio, Pietro da	皮耶特罗·达·莫里奥
Monachi, Niccolò	尼科洛·莫纳齐
Montaigne, Michel de	米歇尔·德·蒙田
Montaperti	蒙塔佩蒂
Monte	公债
Montefeltro	蒙特菲尔特罗家族
Montemagno, Buonacorso da	博纳克索·达·蒙特马尼诺
Montepulciano, Francesco da	弗朗切斯科·达·蒙特普尔夏诺
Monterchi	蒙泰尔基
Montpellier	蒙彼利埃
More, Thomas	托马斯·莫尔
Moses	摩西
Narcissus	纳西苏斯
Narses	纳尔西斯（拜占庭帝国的将军）
Nelli, Francesco	弗朗切斯科·内利
Nerli, Jacopo de	雅各布·德·内里
Nero	尼禄
Niccoli, Niccolò de	尼科洛·德·尼克利
Normanni, Galeotto	伽利奥托·诺曼尼
Novara	诺瓦拉
Odoacer	奥多亚克（日耳曼蛮族国王）

续表十一

Ordinances of Justice	《正义法规》
Orsini	奥西尼家族
Orsini, Paolo	帕罗·奥西尼
Otto I	奥托一世
Otto IV	奥托四世
Otto di Practica	八人顾问委员会
Otto Santi	八圣王战争
Ovid	奥维德
Pacuvius	帕库维乌斯
Padua	帕多瓦
Palazzo della Signoria	市政厅
Palazzo Vecchio	韦基奥宫
Palmieri, Matteo	马泰奥·帕尔米耶里
Panaetius	帕奈提乌斯
Pandolfini, Agnolo	安约罗·潘多尔菲尼
Pandolfini, Verocchio de	维罗齐奥·德·潘多尔菲尼
Parenti	帕伦蒂
Parlamento	公民大会（又译人民议会）
Parma	帕尔马
Patrizi, Francesco	弗朗切斯科·帕特里齐
Pavia	帕维亚
Pazzi Conspiracy	帕齐阴谋
Pazzi, Jacopo de	雅各布·德·帕齐
Peace of Cavriana	《卡夫里亚纳和约》
Peace of Ferrara	《费拉拉和约》
Peace of Lodi	《洛迪和约》
Pedite	步兵
Pepin	法兰克国王丕平

续表十二

Pertinax	珀蒂纳克斯
Perugia	佩鲁贾
Peruzzi, Ridolfo	里多尔福·皮鲁西
Petrarca, Francesco	弗朗切斯科·彼特拉克
Philip II	腓力二世
Philip IV	腓力四世
Philippic orations	费力匹克演说
Piacenza	皮亚琴察
Piccinino, Niccolò	尼科洛·皮齐尼诺
Pico della Mirandola, Giovanni	乔万尼·皮科·德拉·米兰多拉
Piero Soderini	皮埃罗·索德里尼
Pisa	比萨
Pistoia	皮斯托亚
Pius, Antoninus	安东尼·庇护
Pius II	教皇庇护二世
Pizolpasso, Francesco	弗朗切斯科·皮佐帕索
Podestà	督政官
Pollio, Asinius	阿西尼厄斯·波利奥
Polybius	波利比乌斯
Pompeius, Gneus	格涅乌斯·庞培
Pomponazzi, Pietro	皮耶特罗·蓬波纳齐
Pontine Marshes	蓬蒂内沼泽
Popolo	平民（又译人民）
Popolo grasso	平民上层
Popolo minute	平民下层
Poppi	波皮
Popular commune	平民公社
Popular government	民众政府（又译平民政府）

续表十三

Prato	普拉托
Prez, Josquin des	若斯坎·德普雷
Priors	首长（又译执政团成员，执政团长老）
Priorate	首长会议
Prosdocimo	普罗斯多西莫（主教）
Pyrrhus	皮洛士
Pythagoras	毕达哥拉斯
Quarata	夸拉塔
Quarters	四分区
Quintus	昆图斯
Ramus, Peter	彼特·拉姆斯
Ravenne	拉文纳
Reggio	雷焦
Regulus, Marcus	瑞古卢斯
Orco, Remirro de	雷米洛·德·奥尔科
Rienzo, Cola di	科拉·迪·里恩佐
Rieti	列蒂
Rimini	里米尼
Rinuccini, Alamanno	阿拉曼诺·里努齐尼
Robert of Naples	那不勒斯国王罗伯特
Roma Triumphans	《胜利的罗马》
Romagna	罗马涅
Romulus	罗穆卢斯
S. Martino	圣马尔蒂诺区
S. Spirito	圣斯皮里托区
Salutati, Coluccio	科鲁乔·萨卢塔蒂
Salutati, Piero	皮耶罗·萨卢塔蒂
Salviati, Giulio	朱利奥·塞维亚迪

续表十四

San Casciano	圣卡夏诺
San Romano	圣罗马诺
Savonarola, Girolamo	季罗拉莫·萨沃纳罗拉
Scala, Bartolomeo	巴托洛缪·斯卡拉
Scala, Mastino della	马斯蒂诺·德拉·斯卡拉
Scarperia, Jacopo di Angelo da	雅各布·迪·安哲罗·达·斯卡佩里亚
Scaurus, Marcus	马库斯·斯考卢斯
Scipio	西庇阿
Scrutiny	资格审查委员会
Sertorius, Quintus	昆图斯·塞多留
Sforza, Francesco	弗朗切斯科·斯福尔扎
Sforza, Galeazzo Maria	加莱亚佐·马利亚·斯福尔扎
Sforza, Lodovico	洛多维科·斯福尔扎
Siena	锡耶纳
Sigismund III	西吉斯蒙德三世
Signoria	首长团(又译执政团)
Signore	领主
Simone, Fioraia della	西莫奈·德拉·菲奥莱雅
Sixtus IV	教皇西科图斯四世
Societas militum	骑士团
Socitas popoli	民团
Soderini, Francesco	弗朗切斯科·索德里尼
Soderini, Piero	皮耶罗·索德里尼
Sottoposti	(大行会)下属
Spartianus, Elius	埃利乌斯·斯巴蒂阿努斯
Specula Principum	君主镜鉴
Spoleto	斯波莱托
squittino	资格审查委员会

续表十五

St. Jerome	圣哲罗姆
Strada, Zanobi da	扎诺比·达·斯特拉达
Stephen II	教皇史蒂芬二世
Strozzi, Palla	帕拉·斯特罗齐
Studia humanitatis	人文主义教育
Suetonius	苏埃托尼乌斯
Sulla	苏拉
Tacitus	塔西佗
Tartarean carts	塔尔塔四马车
The Gracchi	格拉古兄弟
The Great Schism	教廷大分裂
Thebes	底比斯
Themistocles	泰米斯托克勒斯
Theodoric	西奥多里克（东哥特人的国王）
Theseus	提修斯
Tivoli	蒂沃利
Tolentino, Niccolò da	尼科洛·达·托冷蒂诺
Tornabuoni, Francesco di Messer Simone	弗朗切斯科·迪·西莫奈·多纳伯尼
Tosa, Pino della	皮诺·德拉·托萨
Tre Maggiori	三大机构
Treaty of Cognac	《科尼亚克条约》
Tribunes	保民官
Turretini, Christopher	克里斯托弗·多雷蒂尼
Tuscan	托斯卡纳大区
Ulpianus, Domitius	多米提乌斯·乌尔比安
Umbria	翁布里亚
Valla, Lorenzo	洛伦佐·瓦拉
Varchi, Benedetto	贝内蒂托·瓦尔齐

续表十六

Vergerio of Padua	帕多瓦的维尔吉利奥
Vergerio, Pier Paolo	皮埃尔·保罗·沃格利奥
Verginius, Lucius	维尔吉尼乌斯
Verona	维罗纳
Varro, Marcus	马库斯·瓦罗
Vespasian, Titus	韦帕芗
Vettori, Francesco	弗朗切斯科·韦托利
Vico, Giovanni da	乔万尼·达·维科
Victor II	教皇维克多二世
Villani, Giovanni	乔万尼·维兰尼
Visconti, Filippo Maria	菲力波·马利亚·维斯孔蒂
Visconti, Gian Galeazzo	詹加莱亚佐·维斯孔蒂
Viterbo	维泰博
Volterra	沃尔泰拉
Vopiscus, Flavius	弗拉维乌斯·沃皮斯库斯
War of Investitures	叙任权之争
William of Moerbeke	摩尔贝克的威廉
Zambeccari, Pellegrino	佩勒格里诺·赞贝卡里
Zeno	芝诺(东罗马皇帝)

参考文献

一、英文原始文献

[1] Aristotle, *The Politics*, Cambridge: Harvard University Press, 1959.

[2] Aquinas, Thomas, *Political Writings*, ed. and trans. by R. W. Dyson, Cambridge: Cambridge University Press, 2002.

[3] Aquinas, Thomas, *Summa Theologiae*, Cambridge: Cambridge University Press, 2006.

[4] Marsilius of Padua, *Defensor Minor and De translatione Imperii*, ed. and trans. by Cary J. Nederman and Fiona Watson, Cambridge: Cambridge University Press, 1993.

[5] Dante, Alighieri, *Monarchy*, ed. and trans. by Prue Shaw, Cambridge: Cambridge University Press, 1995.

[6] Petrarca, Francesco, "How a Ruler Ought to Govern His State", trans. by Benjamin G. Kohl, in Benjamin G. Kohl and Ronald G. Witt, eds., *The Earthly Republic: Italian Humanists on Government and Society*, Philadelphia: University of Pennsylvania Press, 1978.

[7] Petrarca, Francesco, *Invectives*, ed. and trans. by David Marsh, Cambridge: Harvard University Press, 2004.

[8] Boccaccio, Giovanni, *Genealogy of the Pagan Gods*, vol. 1, ed. and trans. by Jon Solomon, Cambridge, Mass.: Harvard University Press, 2011.

[9] Salutati, Coluccio, "On Tyrant", trans. and intro. by E. Emerton, *Humanism and Tyranny: Studies in the Italian Trecento*, Cambridge:

Cambridge University Press, 1926.

[10] Salutati, Coluccio, "Invective against Antonio Loschi of Vicenza", in S. U. Baldassarri and A. Saiber, eds., *Images of Quattrocento Florence: Selected Writings in Literature, History, and Art*, New Haven: Yale University Press, 2000.

[11] Salutati, Coluccio, "Letter to Peregrino Zambeccari", trans. by Ronald G. Witt, in Benjamin G. Kohl and Ronald G. Witt, eds., *The Earthly Republic: Italian Humanists on Government and Society*, Philadelphia: University of Pennsylvania Press, 1978.

[12] Bruni, Leonardo, "Panegyric to the City of Florence", trans. by Benjamin G. Kohl, in Benjamin G. Kohl and Ronald G. Witt, eds., *The Earthly Republic: Italian Humanists on Government and Society*, Philadelphia: University of Pennsylvania Press, 1978.

[13] Bruni, Leonardo, "Oration for the Funeral of Nanni Strozzi (Selections)", trans. by Gordon Griffiths, in Gordon Griffiths, James Hankins, David Thompson, eds., *The Humanism of Leonardo Bruni: Selected Texts*, New York: Center for Medieval and Early Renaissance Studies, 1987.

[14] Bruni, Leonardo, *History of the Florentine People*, 3 vols., ed. and trans. by James Hankins, Cambridge, Mass.: Harvard University Press, 2001-2007.

[15] Bracciolini, Poggio, "On Avarice", trans. by Benjamin G. Kohl, in Benjamin G. Kohl and Ronald G. Witt, eds., *The Earthly Republic: Italian Humanists on Government and Society*, Philadelphia: University of Pennsylvania Press, 1978.

[16] Bracciolini, Poggio, *Two Renaissance Book Hunters: The Letters of Poggius Bracciolini to Nicolaus de Niccolis*, trans. by Phyllis Walter Goodhart Gordon, Columbia: Columbia University Press, 1991.

[17] Manetti, Giannozzo, *Biographical Writings*, ed. and trans. by S. U.

Baldassarri and Rolf Bagemihl, Cambridge: Harvard University Press, 2003.

[18] Scala, Bartolomeo, *Essays and Dialogues*, trans. by Renée Neu Watkins, intro. by Alison Brown, Cambridge, Mass.: Harvard University Press, 2008.

[19] Palmieri, Matteo, "Civil Life: Book II (Selections)", in Jill Kraye, ed., *Cambridge Translations of Renaissance Philosophical Texts*, vol. 2, Cambridge: Cambridge University Press, 1997.

[20] Valla, Lorenzo, *On the Donation of Constantine*, trans. by G. W. Bowersock, Cambridge, Mass.: Harvard University Press, 2007.

[21] Platina, Bartolomeo, *Lives of the Popes*, ed. and trans. by Anthony F. D'Elia, Cambridge, Mass.: Harvard University Press, 2008.

[22] Vergerio, Pier Paolo, "The Venetian Republic (Selections)", in Jill Kraye, ed., *Cambridge Translations of Renaissance Philosophical Texts*, vol. 2, Cambridge: Cambridge University Press, 1997.

[23] Brandolini, Aurelio Lippo, *Republics and Kingdoms Compared*, ed. and trans. by James Hankins, Cambridge, Mass.: Harvard University Press, 2009.

[24] Savonarola, Girolamo, *Selected Writings of Girolamo Savonarola: Religion and Politics, 1490–1498*, ed. and trans. by Anne Borelli and Maria P. Passaro, New Haven: Yale University Press, 2006.

[25] Castiglione, Baldassare, *The Book of the Courtier*, ed. by Daniel Javitch, New York: W. W. Norton & Company, 2002.

[26] Machiavelli, Niccolò, *The Prince*, trans. and intro. by Harvey C. Mansfield, Chicago: The University of Chicago Press, 1985.

[27] Machiavelli, Niccolò, *Discourses on Livy*, trans. by Harvey C. Mansfield and Nathan Tarcov, Chicago: The University of Chicago Press, 1996.

[28] Machiavelli, Niccolò, *Florentine Histories*, trans. by Laura F. Banfield

and Harvey C. Mansfield, Princeton: Princeton University Press, 1988.

[29] Guicciardini, Francesco, *The History of Italy*, ed. and trans. by Sidney Alexander, Macmillan, 1969.

[30] Guicciardini, Francesco, *Dialogue on the Government of Florence*, ed. and trans. by Alison Brown, Cambridge: Cambridge University Press, 1994.

[31] Guicciardini, Francesco, "Discourse of Logrogno", in Athanasios Moulakis, *Republican Realism in Renaissance Florence*, Lanham: Rowman & Littlefield, 1998.

[32] Guicciardini, Francesco, "Consideration of the Discourses of Niccolo Machiavelli", in James B. Atkinson and David Sices, eds., *The Sweetness of Power: Machiavelli's Discourses and Guicciardini's Considerations*, DeKalb: Northern Illinois University Press, 2002.

二、英文研究性文献

英文著作：

[1] Allen, J. W., *A History of Political Thought in the Sixteenth Century*, London: Bulter & Tanner Ltd., 1960.

[2] Baron, Hans, *From Petrarch to Leonardo Bruni: Studies in Humanistic and Political Literature*, Chicago: The University of Chicago Press, 1968.

[3] Baron, Hans, *In Search of Florentine Civic Humanism: Essays on the Transition From Medieval to Modern Thought*, 2 vols., Princeton: Princeton University Press, 1988.

[4] Baron, Hans, *The Crisis of the Early Italian Renaissance*, Princeton: Princeton University Press, 1966.

[5] Baron, Hans, *Humanistic and Political Literature in Florence and*

Venice at the Beginning of Quattrocento, Cambridge, Mass.: Harvard University Press, 1955.

[6] Becker, Marvin B., *Florentine Essays: Selected Writings of Marvin B. Becker*, Ann Arbor: University of Michigan Press, 2002.

[7] Becker, Marvin B., *Civility and Society in Western Europe 1300–1600*, Bloomington: Indiana University Press, 1988.

[8] Becker, Marvin B., *Florence in Transition: Studies in the Rise of the Territorial State*, 2 vols., Baltimore: Johns Hopkins University Press, 1967–1968.

[9] Black, Antony, *Church, State and Community: Historical and Comparative Perspectives*, Burlington: Ashgate Variorum, 2003.

[10] Black, Antony, *Guilds and Civil Society in European Political Thought: From the Twelfth Century to the Present*, London: Methuen, 1984.

[11] Black, Antony, *Political Thought in Europe 1250–1450*, Cambridge: Cambridge University Press, 1992.

[12] Black, Robert, *Studies in Renaissance Humanism and Politics: Florence and Arezzo*, Burlington: Ashgate Variorum, 2011.

[13] Blythe, James M., *Ideal Government and the Mixed Constitution in the Middle Ages*, Princeton: Princeton University Press, 1992.

[14] Bondanella, Peter and Musa, Mark, trans. and eds., *The Portable Machiavelli*, New York: Penguin Books, 1979.

[15] Bouwsma, William J., *Venice and the Defense of Republican Liberty*, Berkeley: University of California Press, 1984.

[16] Bouwsma, William J., *The Waning of the Renaissance 1550–1640*, New Haven: Yale University Press, 2000.

[17] Brucker, Gene, ed., *The Society of Renaissance Florence: A Documentary Study*, New York: Harper & Row, 1971.

[18] Brucker, Gene, *Florentine Politics and Society 1343–1378*, Princeton:

Princeton University Press, 1962.

[19] Brucker, Gene, *Renaissance Florence*, New York: John Wiley & Sons Inc., 1969.

[20] Brucker, Gene, *The Civic World of Early Renaissance Florence*, Princeton: Princeton University Press, 1977.

[21] Burckhardt, Jacob, *The Civilization of the Renaissance in Italy*, London & New York: Penguin Books, 1990.

[22] Burn, J. H., ed., *The Cambridge History of Medieval Political Thought 350-1450*, Cambridge: Cambridge University Press, 1988.

[23] Burn, J. H. and Goldie, Mark, eds., *The Cambridge History of Political Thought 1450-1700*, Cambridge: Cambridge University Press, 1991.

[24] Butters, H. C., *Governors and Government in Early Sixteenth Century Florence 1502-1519*, Oxford: Clarendon Press, 1985.

[25] Canning, Joseph, *A History of Medieval Political Thought 300-1450*, London, New York: Routledge, 1996.

[26] Canning, Joseph, *Ideas of Power in the Late Middle Ages 1296-1417*, Cambridge: Cambridge University Press, 2011.

[27] Carlyle, R. W. and Carlyle, A. J., *A History of Medieval Political Theory in the West, vol. 4: Political Theory from 1300 to 1600*, 6 vols., Pennsylvania: Barnes & Noble Inc., 1953.

[28] Carter, Charles, *The Western European Power 1500-1700*, Cambridge: Cambridge University Press, 2008.

[29] Celenza, Christopher S. and Gouwens, K., eds., *Humanism and Creativity in the Renaissance: Essays in Honor of Ronald G. Witt*, Boston: Brill, 2006.

[30] Chastel, André, Cecil Grayson et al. eds., *The Renaissance: Essays In Interpretation*, London: Methuen, 1982.

[31] Cochrance, Eric, ed., *The Late Italian Renaissance 1525-1630*, New York: Harper & Row, 1970.

[32] Cochrane, Eric and Kirshner, Julius, eds., *Readings in Western Civilization: Renaissance*, Chicago: The University of Chicago Press, 1986.

[33] Cochrane, Eric, *Historians and Historiography in the Italian Renaissance*, Chicago: The University of Chicago Press, 1981.

[34] Coleman, Janet, *A History of Political Thought: From the Middle Ages to the Renaissance*, Oxford: Blackwell Publishers, 2000.

[35] Creveld, Martin Van, *The Rise and Decline of the State*, Cambridge: Cambridge University Press, 1999.

[36] David, Sices, *The Sweetness of Power: Machiavelli's Discourses & Guicciardini's Considerations*, DeKalb: Northern Illinois University Press, 2002.

[37] D'Entrèves, Alexander Passerin, *The Medieval Contribution to Political Thought: Thomas Aquinas, Marsilius of Padua, Richard Hooker*, New York: The Humanities Press, 1959.

[38] D'Entrèves, Alexander Passerin, *Dante as a Political Thinker*, Oxford: Clarendon Press, 1952.

[39] Dunn, John, *The History of Political Theory and Other Essays*, Cambridge: Cambridge University Press, 1996.

[40] Dunning, W. A., *A History of Political Theories: Ancient and Medieval*, New York: Macmillan, 1902.

[41] Eugenio, Garin, *Italian Humanism: Philosophy and Civic Life in the Renaissance*, trans. by Peter Munz, New York: Harper & Row, 1965.

[42] Federico, Chabod, *Machiavelli and Renaissance*, trans. by David Moore, London: Bowes & Bowes Publishers, 1958.

[43] Femia, Joseph V., *The Machiavellian Legacy: Essays in Italian Political Thought*, New York: Macmillan, 1998.

[44] Ferguson, W. K., *The Renaissance in Historical Thought: Five Centuries of Interpretation*, Boston: Houghton Mifflin, 1948.

[45] Fubini, Riccardo, *Humanism and Secularization: From Petrarch to Valla*, trans. by Martha King, Durham: Duke University Press, 2003.

[46] Gewirth, Alan, *Marsilius of Padua and Medieval Political Thought*, vol. 1, New York: Columbia University Press, 1956.

[47] Gewirth, Alan, *Marsilius of Padua: The Defender of Peace*, vol. 2, New York: Columbia University Press, 1956.

[48] Gierke, Otto von, *Community in Historical Perspective*, Cambridge: Cambridge University Press, 1990.

[49] Gierke, Otto von, *Political Theories of the Middle Age*, trans. by F. W. Maitland, Cambridge: Cambridge University Press, 1913.

[50] Gilbert, Allan, trans. and ed., *The Letters of Machiavelli: A Selection*, Chicago: The University of Chicago Press, 1961.

[51] Gilbert, Felix, *History Choice and Commitment*, Cambridge, Mass.: Harvard University Press, 1977.

[52] Gilbert, Felix, *Machiavelli and Guicciardini: Politics and History in Sixteenth Century Florence*, Princeton: Princeton University Press, 1965.

[53] Gilmore, Myron P., *The World of Humanism 1453–1517*, New York: Harper & Row, 1962.

[54] Godman, Peter, *From Poliziano to Machiavelli: Florentine Humanism in the High Renaissance*, Princeton: Princeton University Press, 1998.

[55] Griffiths, Gordon and Hankins, James et al. eds., *The Humanism of Leonardo Bruni: Selected Texts*, New York, Binghamton: Center for Medieval and Early Renaissance Studies, 1987.

[56] Hale, John, ed., *A Concise Encyclopaedia of the Italian Renaissance*, London: Thames & Hudson, 1981.

[57] Hale, John, *Renaissance Europe 1480–1520*, Oxford: Blackwell, 1971.

[58] Hale, John, *War and Society in Renaissance Europe 1450–1620*, Baltimore: The Johns Hopkins University Press, 1986.

[59] Hankins, James, ed., *Renaissance Civic Humanism: Reappraisals and*

Reflections, Cambridge: Cambridge University Press, 2000.

[60] Hankins, James, ed., *The Cambridge Companion to Renaissance Philosophy*, Cambridge: Cambridge University Press, 2007.

[61] Hankins, James, *Humanism and Platonism in the Italian Renaissance*, 2 vols., Roma: Edizioni di storia e letteratura, 2003-2004.

[62] Hankins, James, *Plato in the Italian Renaissance*, Leiden: E. J. Brill, 1990.

[63] Hankins, James, *Virtue Politics: Soulcraft and Statecraft in Renaissance Italy*, Cambridge, Mass.: Harvard University Press, 2019.

[64] Haren, Michael, *Medieval Thought: The Western Intellectual Tradition From Antiquity to the Thirteenth Century*, New York: Macmillan, 1985.

[65] Hay, Denys, ed., *The Age of the Renaissance*, London: Thames and Hudson, 1986.

[66] Hay, Denys, *Europe in the Fourteenth and Fifteenth Centuries*, London & New York: Longman, 1989.

[67] Hay, Denys, *Italy in the Age of the Renaissance 1380-1530*, London & New York: Longman, 1989.

[68] Hay, Denys, *The Church in Italy in the Fifteenth Century*, Cambridge: Cambridge University Press, 2002.

[69] Holmes, George, ed., *The Oxford History of Italy*, Oxford: Oxford University Press, 1997.

[70] Holmes, George, *Florence, Rome and the Origins of the Renaissance*, Oxford: Clarendon Press, 1986.

[71] Ianziti, Gary, *Writing History In Renaissance Italy: Leonardo Bruni and the Uses of the Past*, Cambridge: Harvard University Press, 2012.

[72] Jacoff, Rachel, ed., *The Cambridge Companion to Dante*, Cambridge: Cambridge University Press, 2007.

[73] Jones, Philip, *The Italian City-State: From Commune to Signoria*, Oxford: Clarendon Press, 1997.

[74] Kelly, Donald R., *Renaissance Humanism*, Boston: Twayne Publishers, 1991.

[75] Kirshner, Julius, ed., *The Origins of the State in Italy: 1300–1600*, Chicago: The University of Chicago Press, 1995.

[76] Kohl, Benjamin G. and Witt, Ronald G., eds., *The Earthly Republic: Italian Humanists on Government and Society*, Philadelphia: University of Pennsylvania Press, 1978.

[77] Kraye, Jill, ed., *The Cambridge Companion to Renaissance Humanism*, Cambridge: Cambridge University Press, 1996.

[78] Kristeller, P. Oskar, *Studies in Renaissance Thought and Letters*, Roma: Edizioni di storia e letteratura, 1956.

[79] Kristeller, P. Oskar, *The Classics and Renaissance Thought*, Cambridge, Mass.: Harvard University Press, 1955.

[80] Kristeller, P. Oskar and Ernst, Cassirer, eds., *The Renaissance Philosophy of Man*, Chicago: University of Chicago Press, 1959.

[81] Kristeller, P. Oskar, *Eight Philosophers of the Italian Renaissance*, Stanford: Stanford University, 1979.

[82] Kristeller, P. Oskar, *Renaissance Thought: The Classic, Scholastic, and Humanist Strains*, New York: Harper & Row, 1961.

[83] Lopez, Robert S., *The Three Ages of the Italian Renaissance*, Boston: Little Brown, 1970.

[84] Lucki, Emil, *History of the Renaissance 1350–1550, Book V: Politics and Political Theory*, Utah: University of Utah Press, 1964.

[85] Maciver, R. M., *Community: A Sociological Study*, New York: Macmillan, 1928.

[86] Martines, Lauro, *Fire in the City: Savonarola and the Struggle for Renaissance Florence*, Oxford: Oxford University Press, 2006.

[87] Martines, Lauro, *Lawyers and Statecraft in Renaissance Florence*, Princeton: Princeton University Press, 1968.

[88] Martines, Lauro, *Power and Imagination: City-States in Renaissance Italy*, Baltimore: The Johns Hopkins University Press, 1988.

[89] Martines, Lauro, *The Social World of the Florentine Humanists: 1390–1460*, Princeton: Princeton University Press, 1963.

[90] Mattingly, Garrett, *Renaissance Diplomacy*, Boston: Houghton Mifflin, 1955.

[91] McDonald, Lee Cameron, ed., *Western Political Theory, Part II: From Machiavelli to Burke*, New York: Harcourt Brace Jovanovich Inc., 1968.

[92] Molho, A. and Tedeschi J., eds., *Renaissance Studies in Honor of Hans Baron*, DeKalb: Northern Illinois University Press, 1971.

[93] Molho, A. and Raaflaub, K., eds., *City States in Classical Antiquity and Medieval Italy*, Michigan: University of Michigan Press, 1991.

[94] Najemy, John M., *A History of Florence 1200–1575*, Oxford: Wiley-Blackwell Publishing, 2008.

[95] Najemy, John M., ed., *Italy in the Age of the Renaissance 1300–1550*, Oxford: Oxford University Press, 2004.

[96] Najemy, John M., *Corporatism and Consensus in Florentine Electoral Politics 1280–1400*, Chapel Hill: The University of North Carolina Press, 1982.

[97] Nederman, Cary J., *Community and Consent: The Secular Political Thought of Masiglio of Padua's Defensor Pacis*, Lanham: Rowman & Littlefield, 1995.

[98] Pocock, J. G. A., *The Machiavellian Moment: Florentine Political Thought and the Atlantic Republican Tradition*, Princeton: Princeton University Press, 1975.

[99] Rice, Eugene F. Jr., *The Foundations of Early Modern Europe 1460–1559*, New York: W. W. Norton & Company, 1970.

[100] Ridolfi, Roberto, *The Life of Francesco Guicciardini*, trans. by Cecil Grayson, London: Routledge & Kegan Paul, 1967.

[101] Ridolfi, Roberto, *The Life of Girolamo Savonarola*, trans, by Cecil Grayson, London: Routledge & Kegan Paul, 1959.

[102] Ridolfi, Roberto, *The Life of Niccolo Machiavelli*, trans. by Cecil Grayson, Chicago: The University of Chicago Press, 1963.

[103] Riesenberg, Peter, *Citizenship in the Western Tradition: Plato to Rousseau*, Chapel Hill: The University of North Carolina Press, 1992.

[104] Roeder, Ralph, *Renaissance Lawgivers: Savonarola, Machiavelli, Castiglione, Aretino*, Cleveland: World Publishing, 1958.

[105] Ross, James Bruce and Mary, Martin McLaughlin, eds., *The Portable Renaissance Reader*, New York: The Viking Press, 1953.

[106] Rubinstein, Nicolai, ed., *Florentine Studies: Politics and Society in Renaissance Florence*, London: Faber & Faber, 1968.

[107] Rubinstein, Nicolai, *The Government of Florence Under The Medici 1434–1494*, Oxford: Clarendon Press, 1997.

[108] Skinner, Quentin and Bo, Strath, eds., *States and Citizens: History, Theory, Prospects*, Cambridge: Cambridge University Press, 2003.

[109] Skinner, Quentin, *Machiavelli: A Very Short Introduction*, Oxford: Oxford University Press, 2000.

[110] Skinner, Quentin, *The Foundations of Modern Political Thought, vol. 1: The Renaissance*, Cambridge: Cambridge University Press, 1978.

[111] Skinner, Quentin, *The Foundations of Modern Political Thought, vol. 2: The Reformation*, Cambridge: Cambridge University Press, 1978.

[112] Skinner, Quentin, *Visions of Politics, vol. 2: Renaissance Virtues*, Cambridge: Cambridge University Press, 2004.

[113] Stephens, J. N., *The Fall of the Florentine Republic 1512–1530*, Oxford: Clarendon Press, 1983.

[114] Sullivan, Vickie B., *Machiavelli's Three Romes: Religion, Human Liberty, and Politics Reformed*, DeKalb: Northern Illinois University Press, 1996.

[115] Symonds, John Addington, *A Short History of the Renaissance in Italy*, London: Adamant Media Co., 2004.

[116] Tierney, Brian, ed., *The Crisis of Church and State 1050-1300*, New Jersey: Prentice-Hall Inc., 1964.

[117] Tierney, Brian, *Religion, Law and the Growth of Constitutional Thought 1150-1650*, Cambridge: Cambridge University Press, 1982.

[118] Ullmann, Walter, *Medieval Foundations of Renaissance Humanism*, London: Elek, 1977.

[119] Viroli, Maurizio and Bobbio, N., *The Idea of the Republic*, Oxford: Blackwell Publishing Ltd., 2003.

[120] Viroli, Maurizio, *From Politics to Reason of State: The Acquisition and Transformation of the Language of Politics 1250-1600*, Cambridge: Cambridge University Press, 1992.

[121] Viroli, Maurizio, *Machiavelli*, Oxford: Oxford University Press, 1998.

[122] Viroli, Maurizio, *Machiavelli's God*, trans. by Antony Shugaar, Princeton: Princeton University Press, 2010.

[123] Viroli, Maurizio, *Niccolò's Smile: A Biography of Machiavelli*, trans. by Antony Shugaar, New York: Farrar, Straus & Giroux, 2000.

[124] Waley, Daniel P., *The Italian City-Republics*, 3rd edn., London, New York: Longman, 1988.

[125] Witt, Ronald G., *In the Footsteps of the Ancients: The Origins of Humanism from Lovato to Bruni*, Boston: Brill, 2000.

[126] Witt, Ronald G., *The Hercules at the Crossroads: The Life, Works and Thought of Coluccio Salutati*, Durham: Duke University Press, 1983.

[127] Witt, Ronald G., *The Two Latin Cultures and the Foundation of Renaissance Humanism in Medieval Italy*, Cambridge: Cambridge University Press, 2012.

[128] Zophy, Jonathan W., *A Short History of Renaissance Europe: Dances over Fire and Water*, New Jersey: Prentice-Hall Inc., 1997.

英文论文：

[1] Baron, Hans, "Leonardo Bruni: 'Professional Rhetorician' or 'Civic Humanist'?", *Past and Present*, no. 36, 1967, pp. 21-37.

[2] Baron, Hans, "The Historical Background of the Florentine Renaissance", *History*, vol. 22, 1938, pp. 315-327.

[3] Baron, Hans, "A Struggle for Liberty in the Renaissance: Florence, Venice and Milan in the Early Quattrocento", *The American Historical Review*, vol. 58, 1953, pp. 265-289.

[4] Becker, Marvin B., "The Republican City State in Florence: An Inquiry into its Origin and Survival 1280-1434", *Speculum*, vol. 35, 1960, pp. 39-50.

[5] Becker, Marvin B., "Church and State in Florence on the Eve of the Renaissance 1343-1382", *Speculum*, vol. 37, 1962, pp. 509-527.

[6] Becker, Marvin B., "A Comment on 'Savonarola, Florence, and the Millenarian Tradition'", *Church History*, vol. 27, 1958, pp. 306-311.

[7] Becker, Marvin B., "Some Aspects of Oligarchical, Dictatorial and Popular Signorie in Florence 1282-1382", *Comparative Studies in Society and History*, vol. 2, 1960, pp. 421-439.

[8] Black, Robert, Review Article on "The Political Thought of the Florentine Chancellors", *The Historical Journal*, vol. 29, 1986, pp. 991-1003.

[9] Brown, Alison, "Political Thought in Early Modern Europe: The Renaissance", *The Journal of Modern History*, vol. 54, 1982, pp. 47-55.

[10] Brown, Alison, "Florence, Renaissance and Early Modern State: Reappraisals", *The Journal of Modern History*, vol. 56, 1984, pp. 285-300.

[11] Canning, Joseph, "The Corporation in the Political Thought of the Italian Jurists of the Thirteenth and Fourteenth Centuries", *History of Political Thought*, vol. 1, 1980, pp. 9-32.

[12] Ferguson, Wallace K., "The Interpretation of Italian Humanism: The Contribution of Hans Baron", *Journal of the History of Ideas*, vol. 19, 1958, pp. 14–25.

[13] Hankins, James, "The 'Baron Thesis' after Forty Years and Some Recent Studies of Leonardo Bruni", *Journal of the History of Ideas*, vol. 56, 1995, pp. 309–338.

[14] Hankins, James, "Exclusivist Republicanism and the Non-Monarchical Republic", *Political Theory*, vol. 38, no. 4, 2010, pp. 452–482.

[15] Ianziti, Gary, "Leonardo Bruni, the Medici, and the Florentine Histories", *Journal of the History of Ideas*, vol. 69, no. 1, 2008, pp. 1–22.

[16] Jones, Philip, "Communes and Despots: The City State in Late-Medieval Italy", *Transactions of the Royal Historical Society*, vol. 15, 1965, pp. 71–96.

[17] Jurdjevic, Mark, "Hedgehogs and Foxes: The Present and Future of Italian Renaissance Intellectual History", *Past and Present*, no. 195, 2007, pp. 241–268.

[18] Jurdjevic, Mark, "Civic Humanism and the Rise of the Medici", *Renaissance Quarterly*, vol. 52, 1999, pp. 994–1020.

[19] Kent, Dale, "The Florentine Reggimento in the Fifteenth Century", *Renaissance Quarterly*, vol. 28, 1975, pp. 575–638.

[20] Kristeller, P. Oskar, "Studies On Renaissance Humanism During the Last Twenty Years", *Studies in the Renaissance*, vol. 9, 1962, pp. 7–23.

[21] Molho, Anthony, "The Florentine Oligarchy and the Balie of the Late Trecento", *Speculum*, vol. 43, 1968, pp. 23–51.

[22] Molho, Anthony, "Politics and the Ruling Class in Early Renaissance Florence", *Nuova Rivista Storica*, vol. 52, 1968, pp. 401–420.

[23] Najemy, John M., "Guild Republicanism in Trecento Florence: The Successes and Ultimate Failure of Corporate Politics", *The American Historical Review*, vol. 84, 1979, pp. 53–71.

[24] Rubinstein, Nicolai, "Florentina Libertas", *Rinascimento*, vol. 26, 1986, pp. 3-26.

[25] Rubinstein, Nicolai, "Florence and the Despots: Some Aspects of Florentine Diplomacy in the Fourteenth Century", *Transactions of the Royal Historical Society*, vol. 2, 1952, pp. 21-45.

[26] Seigel, Jerrold E., "Civic Humanism or Ciceronian Rhetoric? The Culture of Petrarch and Bruni", *Past and Present*, no. 34, 1966, pp. 3-48.

[27] Witt, Ronald G., "The Crisis After Forty Years", *The American Historical Review*, vol. 101, 1996, pp. 110-118.

[28] Yoran, Hanan, "Florentine Civic Humanism and the Emergence of Modern Ideology", *History and Theory*, vol. 46, 2007, pp. 326-344.

三、中文文献

中文专著：

[1]〔英〕阿伦·布洛克著，董乐山译：《西方人文主义传统》，北京：群言出版社2012年。

[2]〔英〕埃尔顿主编，朱代强、孙善玲译：《新编剑桥世界近代史·第二卷：宗教改革1520—1559》，北京：中国社会科学出版社2003年。

[3]〔意〕巴尔达萨尔·卡斯蒂廖内著，李玉成译：《廷臣论》，北京：商务印书馆2021年。

[4]〔古希腊〕柏拉图著，郭斌、张竹明译：《理想国》，北京：商务印书馆2002年。

[5]〔法〕邦雅曼·贡斯当著，阎克文、刘满贵、冯克利译：《古代人的自由与现代人的自由》，上海：上海人民出版社2005年。

[6]〔美〕保罗·奥斯卡·克里斯特勒著，邵宏译：《文艺复兴时期的思想与艺术》，北京：东方出版社2008年。

[7]〔美〕保罗·奥斯卡·克利斯特勒著，姚鹏、陶建平译：《意大利文艺复兴时期八个哲学家》，上海：上海译文出版社1987年。

［8］〔英〕彼得·伯克著，刘耀春译：《欧洲文艺复兴：中心与边缘》，北京：东方出版社2007年。

［9］〔英〕彼得·伯克著，刘君译：《意大利文艺复兴时期的文化与社会》，北京：东方出版社2007年。

［10］〔英〕波特主编，张文华、马华译：《新编剑桥世界近代史·第一卷：文艺复兴1493—1520》，北京：中国社会科学出版社1999年。

［11］〔美〕查尔斯·霍默·哈斯金斯著，夏继果译：《12世纪文艺复兴》，上海：上海人民出版社2005年。

［12］丛日云主编：《西方政治思想史·第二卷：中世纪》，天津：天津人民出版社2006年。

［13］丛日云：《西方政治文化传统》，长春：吉林出版集团2007年。

［14］丛日云：《在上帝与恺撒之间——基督教二元政治观与近代自由主义》，北京：生活·读书·新知三联书店2003年。

［15］〔英〕戴维·赫尔德著，燕继荣等译：《民主的模式》（修订版），北京：中央编译出版社2008年。

［16］〔英〕丹尼斯·哈伊著，李玉成译：《意大利文艺复兴的历史背景》，北京：生活·读书·新知三联书店1988年。

［17］〔德〕斐迪南·滕尼斯著，林荣远译：《共同体与社会——纯粹社会学的基本概念》，北京：商务印书馆1999年。

［18］〔德〕弗里德里希·迈内克著，时殷弘译：《马基雅维里主义》，北京：商务印书馆2008年。

［19］高建主编：《西方政治思想史·第三卷：16—18世纪》，天津：天津人民出版社2005年。

［20］郭台辉、余慧元编译：《历史中的公民概念》，天津：天津人民出版社2013年。

［21］花威：《帝国屋檐下：奥古斯丁政治哲学研究》，北京：中国社会科学出版社2023年。

［22］〔英〕赫·赫德，德·普·韦利主编，罗念生、朱海观译：《意大利简史——从古代到现代》（上、下册），北京：商务印书馆1975年。

[23]〔日〕加藤节著,唐士其译:《政治与人》,北京:北京大学出版社 2003年。

[24]〔美〕坚尼·布鲁克尔著,朱龙华译:《文艺复兴时期的佛罗伦萨》,北京:生活·读书·新知三联书店 1985年。

[25]蒋百里:《欧洲文艺复兴史》,北京:东方出版社 2007年。

[26]蒋方震:《欧洲文艺复兴史》,北京:商务印书馆 1921年。

[27]〔美〕卡尔·弗里德里希著,周勇、王丽芝译:《超验正义——宪政的宗教之维》,北京:生活·读书·新知三联书店 1997年。

[28]〔芬兰〕凯瑞·帕罗内著,李宏图、胡传胜译:《昆廷·斯金纳思想研究——历史、政治、修辞》,上海:华东师范大学出版社 2005年。

[29]〔荷兰〕克拉勃著,王检译:《近代国家观念》,长春:吉林出版集团 2009年。

[30]〔英〕昆廷·斯金纳著,奚瑞森、亚方译:《现代政治思想的基础·文艺复兴卷》,南京:译林出版社 2011年。

[31]〔英〕拉斯基著,王造时译:《国家的理论与实际》,北京:商务印书馆 1959年。

[32]李强主编:《政治的概念》,北京:北京大学出版社 2008年。

[33]刘明翰主编,周春生等著:《欧洲文艺复兴史·法学卷》,北京:人民出版社 2010年。

[34]刘明翰主编,朱孝远著:《欧洲文艺复兴史·政治卷》,北京:人民出版社 2010年。

[35]马长山:《国家、市民社会与法治》,北京:商务印书馆 2002年。

[36]〔意〕尼科洛·马基雅维利著,潘汉典译:《君主论》,北京:商务印书馆 2010年。

[37]〔意〕尼科洛·马基雅维利著,冯克利译:《论李维》,上海:上海人民出版社 2012年。

[38]〔意〕尼科洛·马基雅维利著,李活译:《佛罗伦萨史》,北京:商务印书馆 2012年。

[39]〔意〕尼科洛·马基雅维利著,时殷弘译:《马基雅维利全集·用兵之道》,长春:吉林出版集团 2011 年。

[40]〔美〕麦基文著,翟小波译:《宪政古今》,贵阳:贵州人民出版社 2004 年。

[41]〔英〕梅因著,沈景一译:《古代法》,北京:商务印书馆 2010 年。

[42]〔意〕欧金尼奥·加林主编,李玉成译:《文艺复兴时期的人》,北京:生活·读书·新知三联书店 2003 年。

[43]〔意〕欧金尼奥·加林著,李玉成译:《意大利人文主义》,北京:生活·读书·新知三联书店 1998 年。

[44]〔意〕欧金尼奥·加林著,李玉成、李进译:《中世纪与文艺复兴》,北京:商务印书馆 2012 年。

[45] 彭小瑜:《教会法研究》,北京:商务印书馆 2003 年。

[46]〔英〕乔治·皮博迪·古奇著,耿淡如译:《十九世纪历史学与历史学家》,北京:商务印书馆 2009 年。

[47] 施治生、郭方主编:《古代民主与共和制度》,北京:中国社会科学出版社 1998 年。

[48] 唐士其:《西方政治思想史》(修订版),北京:北京大学出版社 2008 年。

[49]〔意〕托马斯·阿奎那著,马清槐译:《阿奎那政治著作选》,北京:商务印书馆 2010 年。

[50] 王晓朝:《基督教与帝国文化》,北京:东方出版社 1997 年。

[51] 王亚平:《权力之争——中世纪西欧的君权与教权》,北京:东方出版社 1995 年。

[52]〔美〕威廉·邓宁著,谢义伟译:《政治学说史》,长春:吉林出版集团 2009 年。

[53]〔德〕威廉·冯·洪堡著,林荣远、冯兴元译:《论国家的作用》,北京:中国社会科学出版社 2009 年。

[54]〔德〕文德尔班著,罗达仁译:《哲学史教程》(上、下册),北京:商务印书馆 1993 年。

[55] 〔英〕沃尔特·厄尔曼著，夏洞奇译：《中世纪政治思想史》，南京：译林出版社 2011 年。
[56] 〔美〕沃格林著，段保良译：《政治观念史稿·第三卷：中世纪晚期》，上海：华东师范大学出版社 2009 年。
[57] 徐大同主编：《西方政治思想史》，天津：天津人民出版社 1985 年。
[58] 〔瑞士〕雅各布·布克哈特著，何新译：《意大利文艺复兴时期的文化》，北京：商务印书馆 2010 年。
[59] 〔古希腊〕亚里士多德著，吴寿彭译：《政治学》，北京：商务印书馆 2008 年。
[60] 〔美〕约瑟夫·斯特雷耶著，华佳等译：《现代国家的起源》，上海：格致出版社 2011 年。
[61] 〔美〕詹姆斯·W. 汤普逊著，耿淡如译：《中世纪经济社会史：300—1300 年》（上、下册），北京：商务印书馆 1984 年。
[62] 〔美〕詹姆斯·W. 汤普逊著，徐家玲等译：《中世纪晚期欧洲经济社会史》，北京：商务印书馆 1996 年。
[63] 张椿年：《从信仰到理性——意大利人文主义研究》，杭州：浙江人民出版社 1994 年。
[64] 周春生：《马基雅维里思想研究》，上海：上海三联书店 2008 年。
[65] 周春生：《文艺复兴史研究入门》，北京：北京大学出版社 2009 年。
[66] 周民锋主编：《西方国家政治制度比较》，上海：华东理工大学出版社 2001 年。
[67] 朱龙华：《意大利文艺复兴的起源与模式》，北京：人民出版社 2004 年。
[68] 朱孝远：《欧洲涅槃——过渡时期欧洲的发展概念》，上海：学林出版社 2002 年。
[69] 朱孝远：《近代欧洲的兴起》，上海：学林出版社 1997 年。

中文论文：

[1] 顾春梅、周春生：《对 State 政治共同体内涵的历史阐释》，《学习与

探索》2018年第3期。

［2］刘训练：《公民与共和——当代西方共和主义研究》，天津师范大学政治学理论博士学位论文，2006年。

［3］刘训练：《古典共和主义公民身份理论的兴衰》，《天津社会科学》2012年第6期。

［4］刘训练：《马基雅维利与古典共和主义》，《政治学研究》2011年第4期。

［5］刘训练：《自由主义公民身份理论的演进》，《南京社会科学》2012年第9期。

［6］刘训练：《从"德性"到"德能"——马基雅维利对"四主德"的解构与重构》，《道德与文明》2019年第3期。

［7］刘耀春：《从"出世"到"入世"——论文艺复兴时期意大利的市民生活伦理》，《四川大学学报（哲学社会科学版）》2003年第3期。

［8］孟广林：《佛罗伦萨市民人文主义对封建传统思想的冲击》，《天津师范大学学报（社会科学版）》1988年第4期。

［9］孟广林：《近百年来西方的西欧封建王权理论》，《历史研究》1995年第2期。

［10］王挺之：《近代外交原则的历史思考——论马基雅维里主义》，《历史研究》1993年第3期。

［11］谢天冰：《文艺复兴的历史学家汉斯·巴伦及其"公民人文主义"》，《福建师范大学学报（哲学社会科学版）》1999年第4期。

［12］杨盛翔：《钝化的民主利器——文艺复兴时期佛罗伦萨共和国的抽选制》，《史学集刊》2017年第4期。

［13］张凤阳：《共和传统的历史叙事》，《中国社会科学》2008年第4期。

［14］张久春：《略谈佛罗伦萨的市民人文主义》，《内蒙古农业大学学报（社会科学版）》2003年第2期。

［15］郑群：《佛罗伦萨市民人文主义者的实践与"积极生活"思想》，《历史研究》1988年第6期。

［16］周春生：《近代以来西方国家政治理论与实践的路径——马基雅维

里遗产评说》,《政治思想史》2011年第3期。

[17] 周春生:《马基雅维里的人性论、才气说和命运观析微》,《上海师范大学学报(哲学社会科学版)》2004年第1期。

[18] 周春生:《道德的合理性与国家权力的合法性——西方马基雅维里思想批评史寻迹》,《史学理论研究》2005年第3期。

[19] 周桂银:《意大利城邦国家体系的特征及其影响》,《世界历史》1991年第1期。

[20] 周桂银:《意大利战争与欧洲国家体系的初步形成》,《史学月刊》2002年第11期。

[21] 周施廷:《关于但丁"文艺复兴先驱"的三次大辩论及其政治意义》,《世界历史》2009年第6期。

[22] 周施廷:《自我的觉醒:彼特拉克与现代性》,《史学集刊》2020年第2期。

[23] 朱孝远:《公民参政思想变化新论——文艺复兴时期人文主义者参政思想浅析》,《世界历史》2008年第6期。

[24] 朱孝远:《近代政治学的开端——简析彼特拉克的政治思想》,《上海行政学院学报》2007年第6期。

[25] 朱孝远、霍文利:《权力的集中:城市显贵控制佛罗伦萨政治的方式》,《河南大学学报(社会科学版)》2007年第6期。